제 4 판

시퀀스제어와 XGT-XGK PLC

정도영 저

실무 응용 예제
동영상 QR코드
제공 ▶▶▶

B.C.Info

머리말

시퀀스제어는 오래전부터 자동화가 요구되는 대부분의 산업분야에 사용되고 있는 제어장치의 핵심부분이다. 그러나 컴퓨터와 PLC(Programmable Logic Controller)의 발달로 기존에 사용하였던 릴레이 시퀀스나 디지털 논리 시퀀스는 점점 더 PLC로 대치하게 되었다. 산업사회의 자동화에 부응하여 전 세계적으로 뿐만 아니라, 국내의 여러 제조업체에서 PLC를 만들어 보급하게 되었으나, 제조업체마다 다른 명령어 및 규격으로 사용하기가 불편한 실정이다.

시퀀스제어와 PLC를 동시에 이해할 수 있는 마땅한 교재가 없는 상태에서, 저자는 이 분야에 수년 동안 강의를 하면서 틈틈이 서브 노트한 내용들을 집대성하여 국내 학생들에게 시퀀스제어와 PLC 개념을 쉽게 이해할 수 있도록 집필하게 되었다.

이 책은 시퀀스제어와 PLC를 처음 배우고자하는 학생들에게 알맞도록 교재를 구성하려고 하였다. 전기기사나 전기공사기사 실기시험을 준비하는 학생들에게 도움이 되도록 전체를 14장으로 나누어 기본개념의 이해를 도울 수 있도록 순서와 내용을 정리하였다.

1장에서 2장까지는 PLC의 하드웨어적 기초에 초점을 맞추어 설명하였다.
3장은 디지털 논리와 래더 논리 관계를 설명하였다.
4장은 센서를 포함한 시퀀스 제어장치들을 설명하였다.
5장부터 6장까지는 릴레이 논리를 다루면서 시퀀스 제어회로를 설명하였다.
7장부터 10장까지는 PLC의 래더 논리를 포함한 타이머와 카운터를 설명하였다.
11장은 Master-K Series 사용방법에 관하여, 12장은 GLOFA Series 사용방법을, 13장은 XGT PLC 사용방법에 관하여 설명하였다.
14장은 현장에서 바로 사용할 수 있는 PLC 실무 응용 예제에 관하여 자세히 설명하였으며, 이해를 돕기 위하여 동영상 QR코드를 제공하였다.

대학에서 교재로 사용할 경우에, 저학년에서는 모든 장을 배우는 것이 바람직하지만, 고학년에서는 취사선택하여 공부하여도 무방하다. 그러니 최근 기사 실기 시험에는 시퀀스 논리 회로뿐만 아니라, PLC 래더 논리 회로에서도 출제되므로, 필히 전 과정을 공부하는 것이 바람직하다.

PLC는 컴퓨터와 마찬가지이기 때문에 직접 프로그램을 작성해보고 동작시켜 보는 것이 PLC를 가장 잘 이해할 수 있는 방법이다.

본 교재의 전반부에서, 하드웨어적인 부분은 일반적인 PLC의 구성과 동작 원리를 설명하였고, PLC 프로그램 작성 명령어로는 세계적으로 가장 많이 사용되고 있는 Allen Bradely 사를 중심으로 Modicon 사와 Texas Instrumentation 사들을 다루었다. 왜냐하면 국내에서 출시되는 PLC는 물론 타 외국제품들도 대부분 이들 업체와 유사한 명령어로 프로그램이 작성되기 때문이다.

교재의 후반부에서, 국내의 자동화 설비에 많이 사용되고 있는 LS 산전의 Master-K (KGL)와 GLOFA (GMWIN) 및 XGT (XG5000)의 PLC 전용 소프트웨어 프로그램 작성 방법을 자세히 다루어 학생들의 이해를 도왔다.

책을 출간하고 보니 아직 미비한 점이 많으나 이에 대해서는 기회가 닿는 대로 계속 보완하기로 하며, 자동화 분야를 공부하는 학생들에게 다소나마 도움이 되기를 진심으로 바란다.

2020년 1월 저자

목차

4장 시퀀스 제어 장치

5장 릴레이 논리

6장 시퀀스 기본 회로

7장 PLC 래더 논리 회로

8장 PLC 타이머

9장 PLC 카운터

10장 시퀀서

11장 MASTER-K 프로그램 작성법

12장 GLOFA 프로그램 작성법

13장 XGT-XGK 프로그램 작성법

14장 실무 응용 예제

제 1 장 PLC의 개요

1.1 서론

프로그래머블 로직 컨트롤러 (Programmable Logic Controller : PLC) 란 제어 기능을 수행함에 있어 프로그램이 가능한 장치를 말한다.

그림 1-1 과 같이 PLC 가 출현하기 이전에는 전자기계식 릴레이 (relay) 나 실제배선 (hardwired) 된 반도체 논리 블록을 사용하여 산업 제어 문제를 해결하였다. 이들 전자기계식 시스템은 설계 시 매우 융통성이 있었으며 유지가 용이한 장점이 있는 반면, 릴레이 간 및 논리 블록 간에 많은 양의 배선을 사용해야 하는 문제점이 있었다.

따라서 배선거리 및 배선의 양을 최소화하기 위해서는 릴레이에서 릴레이로, 논리 블록에서 블록으로의 거리를 가능한 근접시켜 배치할 필요가 있었고, 복잡하고 대용량

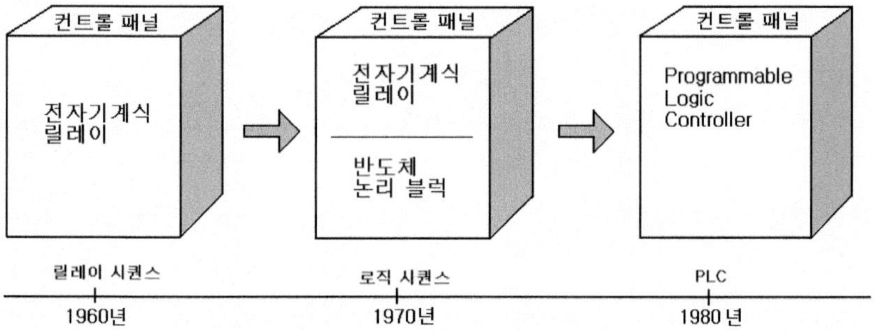

그림 1-1 시퀀스 제어의 발전

의 논리 제어 시스템을 운영하기 위해서 컨트롤 패널(control panel)을 개발하게 되었다.

그림 1-2는 전동기를 제어하기 위한 간단한 컨트롤 패널을 보이고 있다. 이러한 컨트롤 패널 개발로 여러 장치들을 간단히 검사할 수가 있게 되었다. 현장에 설치되어 있는 센서, 리미트 스위치, 푸시버튼 스위치 및 출력장치 등으로 구성된 제어 시스템이 제조 공정에 많은 부분을 점유함에 따라 기술자는 각 장치를 검사하는 데 많은 시간이 필요하게 된다. 따라서, 이때 제어 패널 내에 각 장치를 공통점을 정하여 배선하면, 각 장치에 대한 검사는 매우 신속히 행할 수 있다.

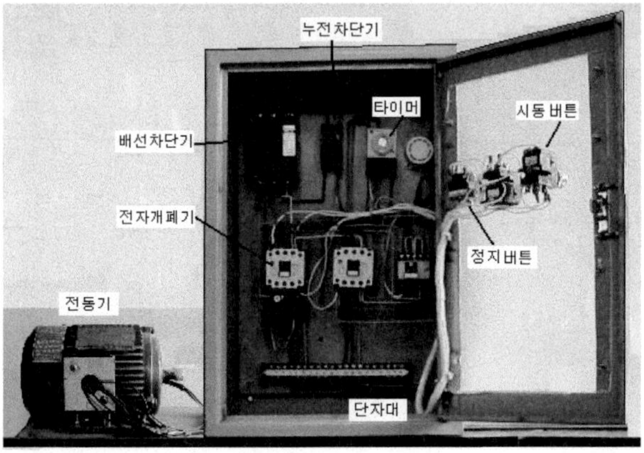

그림 1-2 전동기 컨트롤 패널

1968년 General Motors 회사에서는 유압 부문 엔지니어 그룹에 의해 최초로 PLC가 구상되었다. 제1세대라 할 수 있는 PLC는 다음과 같은 설계 기준으로 GM에서 마련하였다.

1. 기계는 프로그램을 용이하게 할 수 있어야 하며, 특히 공장에서 기기 동작 순서는 용이하게 수정할 수 있어야 한다.
2. 조립체에 장착(plug-in)이 되는 모듈 형태를 사용하도록 하여 유지 및 보수가 용이하여야 한다.
3. 플랜트(plant)에서 유니트(unit)가 릴레이 제어 패널보다는 보다 높은 신뢰도로 동작할 수 있어야 한다.
4. 유니트는 점유 공간의 최소화를 위해 릴레이 제어 패널보다는 작아야 한다.
5. 유니트는 중앙 데이터 수집 시스템으로 데이터를 송출할 수 있어야 한다.
6. 유니트는 현재 사용 중에 있는 릴레이 및 반도체를 사용한 패널보다 경제성이 있어

야 한다.

1968 년에 PLC 의 주요 관심은 단순히 릴레이를 반도체 소자로 교체하는 것이었다. 릴레이 래더 다이어그램에서는 접점의 상태가 폐쇄(closed)나 개방(open)이었으나, PLC 는 특정한 접점을 검사하여 접점의 폐쇄 또는 개방 상태를 결정할 수 있는 명령을 내장함으로써 보다 편리하도록 하였다. 마찬가지로, 출력도 여자 (energize) 또는 셋 (set) 이라는 2 개의 명령이 제공되었고, 프로그램은 수동 로더 (manual loader) 를 사용하여 메모리에 입력되었다.

1970 년대 중반에, 그래픽용 음극선관 (Cathod Ray Tube : CRT) 을 사용하여 프로그램을 입력함으로서 PLC에 큰 발전이 있었다. 이 패널은 사용자가 래더 다이어그램 프로그램을 편집, 수정, 서류화 및 유지할 수 있는 높은 수준으로, 도형적이며 기능 지향형 (function-oriented) 인 프로그래밍 기능을 제공하였다. 또한 CRT 단자에 연결된 텔레타이프를 이용하여 복사 및 프로그램 로딩이 가능하도록 하였다. 이후에 디지털 카세트 레코더가 도입되면서 PLC 시스템의 재프로그램 및 재로드가 한층 용이해졌다.

1978 년에 NEMA (National Electrical Manufactures Association) 는 PLC 의 기준을 NEMA Standard ICS3-1978, part ICS3-304 로 발표했다. NEMA 는 PLC 를 다음과 같이 정의했다.

> "디지털이나 아날로그 입력 또는 출력 모듈, 각종 형태의 기계 또는 공정을 통해 이를 제어하도록 논리, 순서, 타이밍, 카운팅 및 산술과 같은 특정 기능을 수행할 수 있는 내부 기억 장치의 명령들로 이루어지고, 프로그램이 가능한 메모리를 사용하면서 디지털로 동작되는 전자 장치"

즉, PLC 구조는 컴퓨터와 유사하며, 기본적으로 PLC 는 논리 회로를 수행하고 출력을 만들어낼 수 있도록 개발된 반도체 디지털 논리 부품의 집합체라 할 수 있다. 따라서 PLC 는 단순히 릴레이를 스위칭하는 것 뿐만 아니라 카운팅, 계산, 비교, 아날로그 신호의 처리 등 제조공정 장치와 기기의 동작을 제어하기 위하여 사용된다.

현재 PLC 는 전세계적으로 수백 여 개 이상의 업체에서 생산되고 있으며, 우리나라에서도 삼성, LS 산전 등 많은 업체에서 생산하고 있다 (그림 1-3 은 삼성항공에서 1980 년대에 생산하였던 PLC 를 나타낸다). 따라서, PLC 의 사용법도 다르기 때문에 시판 중인 모든 형태를 완전히 이해할 수는 없지만 대부분의 PLC 는 공통된 기능을 갖고 있으므로, 하나의 PLC 기능만 확실하게 익혀둔다면 기종이 다른 PLC 에서도 유사하게 이용할 수가 있다.

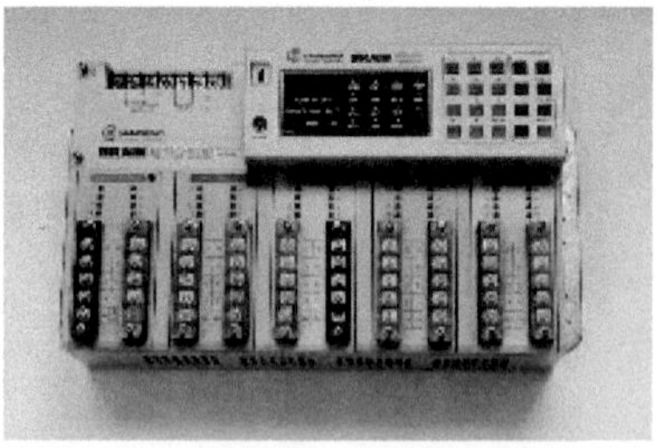

그림 1-3 초창기 PLC 모습

1.2 Relay 제어와 PLC 제어

다양한 종류의 PLC의 출현과 함께 PLC 시장이 급속히 확대됨에 따라 산업 제어용으로 기존에 사용되던 많은 장치들은 낙후되어 점차 사용하지 못하는 실정이다. 기존의 릴레이와 공압 시스템은 융통성 면에서 많은 한계를 가지고 있다. 즉, 조립용 기기의 동작 순서 중에서 시스템의 일부를 부가하거나 또는 제거해야 하는 공정이 발생할 경우 전기 및 공압 시스템은 재결선하는 데 많은 시간이 소요된다. 그러나 PLC 경우 프로그램의 일부만 변경하고 설치하면 되므로 전자기계식 릴레이 논리 시스템에 비하여 간단하면서 경제적이다.

그림 1-4(a)는 전동기를 전자기계식 릴레이를 이용하여 제어하는 방법을 나타내고, 그림 1-4(b)는 PLC를 이용하여 제어하는 방법을 나타낸다.

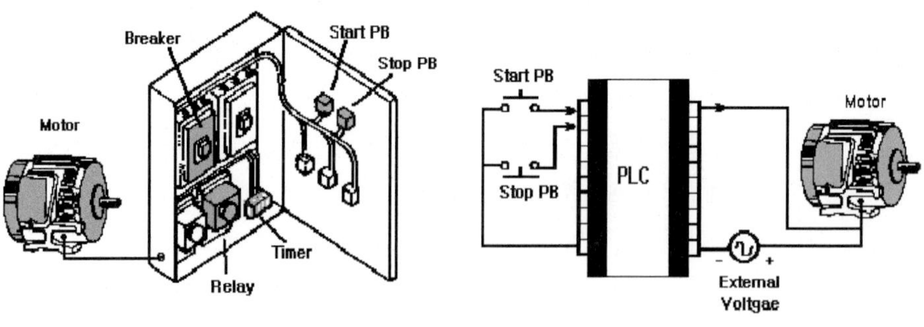

(a) Relay 제어 실체도 (b) PLC 제어 실체도

그림 1-4 전동기 기동을 위한 Relay 제어와 PLC 제어

그림 1-4에서 알 수 있는 바와 같이 PLC를 이용할 경우 릴레이, 타이머 등이 필요없이 제어반을 매우 간단하게 구성할 수가 있다. 왜냐하면 PLC 자체에 무접점 릴레이, 타이머, 카운터 등이 내장되어 있기 때문이다.

표 1-1은 Relay 제어반과 PLC 제어반을 비교한 것이다.

표 1-1 Relay 제어와 PLC 제어 비교

	Relay 제어	PLC 제어
제어 Logic 방식	결선 방식인 hard logic 사용	프로그램 방식인 soft logic 사용
제어 요소	Relay를 이용한 유접점 방식으로 제어하므로, 릴레이의 접촉불량과 수명에 제약을 받는다.	무접점 릴레이를 사용하므로, 신뢰성이 높고, 반영구적이다.
제어내용의 가변성	기구간의 배선을 변경하여야 하며, 완성된 제어반의 재사용이 불가능하다.	프로그램 변경만으로 제어내용의 변경이 가능하며, 제어반 재사용이 가능하다.
시스템 특성	독립된 제어장치로서, 컴퓨터와의 통신이 불가능하다.	시스템 확장이 용이하며, 컴퓨터와의 통신이 가능하다.
기술적인 이해도	오랫동안 보급된 관계로 이해하고 있는 사람이 많으며, 간단하고 알기 쉽다.	프로그램 소프트웨어의 규칙을 습득해야할 필요가 있다.
보존성	기구배열식이므로 유지보수가 비경제적이다.	일체형 및 모듈식을 사용하므로 유지보수가 경제적이다.
설계, 제작 기간	제작시 많은 도면을 필요로 하고, 부품 조달, 조립 및 시험에 많은 시간이 걸린다.	복잡한 제어라도 설계가 용이하며, 제작에 시간이 걸리지 않는다.
장치의 크기	일반적으로 크다.	복잡한 제어라도 크지 않다.

이상으로 PLC를 사용할 때 이로운 점들을 열거하면 다음과 같다.

1. PLC는 프로그램 및 설치가 용이하다.

   대부분의 PLC에는 입출력 장치의 신속한 배선을 위한 고속 해체형 스크루접속이 제공되며, PLC의 편집 기능에 의해 프로그램의 변경, 수정 및 로딩 절차가 대부분 수초 이내에 달성되도록 한다.

2. 내부 타이머의 동작 속도가 종래의 한시 계전기 시스템에 비해 훨씬 빠르다.
   예컨대, 한시 계전기는 300 [ms] 의 리셋 주기를 갖기 때문에, 지연 속도가 150 [ms] 인 반면, PLC 는 대략 15 [ms] 의 리셋 주기를 갖기 때문에 지연 속도가 15 [ms] 로 짧다. 즉, 이들 양 시스템간의 속도차로 보면 PLC 가 13 배 정도 빠르다. 이에 따라, PLC 를 사용한 조립 기계는 생산성을 높일 수 있다.
3. PLC 에 대한 접근이 키록 (key-lock) 과 같은 하드웨어 및 패스워드와 같은 소프트웨어에 의해 엄격히 규제된다. 또한, 타이머 및 그 타이밍값도 특정 명령을 통해 보호될 수 있다.
4. PLC 에 있어서의 문제 해결이 다른 형태의 컨트롤 시스템보다 용이한 것도 주요 특징이다. 대부분의 PLC 에는 전원, 중앙 처리 장치의 오류, 메모리 백업을 위한 낮은 배터리 전압, 입력 및 출력 상태, 강제 출력 상태를 모니터하는 진단 표시기가 설치되어 있다.
5. PLC 들이 국부적으로 원격 컴퓨터 시스템과 통신하거나, 휴먼 인터페이스 (human interface) 를 제공할 수 있는 통신 능력을 갖도록 설계되었다. 이들 인터페이스는 경보 시스템으로 영문 및 숫자를 표시할 뿐만 아니라, 현재의 공정 상태를 볼 수 있도록 정교한 비디오 스크린까지 나타낼 수 있다.
6. PLC 는 신뢰도가 높은 제어 장치로 열악한 상태에서도 고장 없이 동작할 수 있다. 대부분의 PLC 는 어떠한 규정에 따른 설치에 대해서도 요구 사항을 충족시킬 수 있다.

1.3 PLC 와 PC

PLC 의 구조는 기본적으로 PC (personal computer : 개인용 컴퓨터) 의 구조와 동일하다. 그림 1-5 는 PC 와 PLC 의 구조를 비교한 것이다.

개인용 컴퓨터는 그림 1-5 (a) 와 같이 컴퓨터 몸체라고 할 수 있는 CPU (기억장치 포함) 와 모니터, 키보드 및 프린터로 구성되어 있다. 마찬가지로 PLC 도 그림 (b) 처럼 키보드에 해당하는 수동 로더 또는 단말기와 마이크로 프로세서의 핵심인 CPU, 그리고 외부 입출력 장치 (프린터) 에 해당하는 부하 장치로 구성되어 있다고 할 수 있다.

만약 컴퓨터가 푸시버튼 스위치나 다른 스위치들로부터 정보를 입력받을 수 있는 방법이 제공된다면 PLC 와 동일하게 만들어질 수 있다. 물론 입력을 받아들이고 부하장치를 온-오프하는 방법을 결정하는 프로그램이 필요하다.

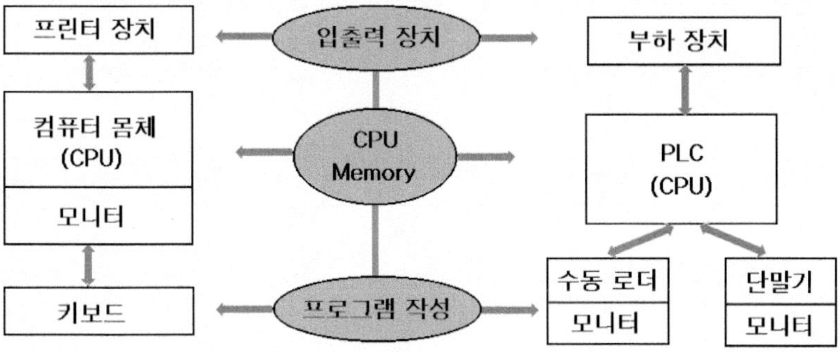

(a) PC 의 구조 (b) PLC 의 구조

그림 1-5 PC 와 PLC 의 구조 비교

하지만 PLC 와 컴퓨터를 구분하는 몇 개의 중요한 특징이 있다.

첫째로, 일반 PLC 는 컴퓨터와는 다르게 광범위한 온도와 습도를 가지는 산업 환경에서 동작하도록 설계되어 있을 뿐만 아니라, 대부분의 산업환경에 존재하는 전기적 기계적 잡음에도 강하다.

둘째로, PLC 하드웨어와 소프트웨어가 공장 전기기술자들이 사용하기 쉽도록 설계되어졌다는 점이다. 컴퓨터와는 달리 PLC 는 릴레이 래더 논리(relay ladder logic) 또는 쉽게 배울 수 있는 언어로 프로그램 되어진다.

그 외에 PLC 와 컴퓨터의 가장 중요한 차이점은 PLC 는 고도의 숙련된 컴퓨터 기술자가 아닌 일반 공장 전기기술자에 의하여 설치되고 유지 및 보수되도록 설계되었다는 점이다.

예제 1-1

실내의 온도, 습도 및 공기정화를 제어하기 위하여 Air conditioner를 사용한다. 만약 PLC를 이용하여 이들을 제어한다고 하면 입력/출력 접점은 어떻게 구현할 수 있는지 나타내라.

▸ 풀이

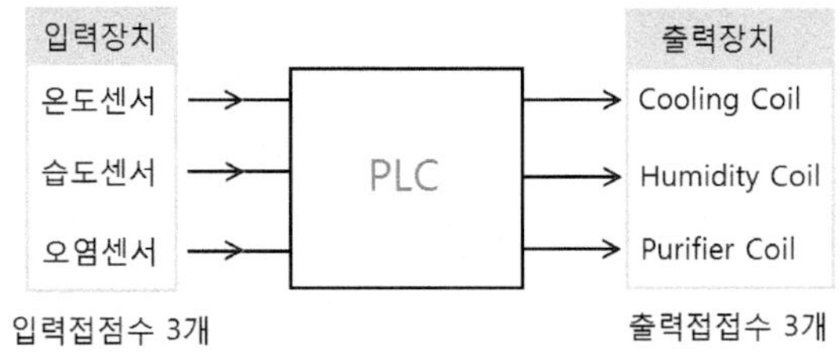

이상으로 PC와 PLC가 유사한 구조를 가지고 있으면서도 그 차이점을 비교하면 표 1-2와 같다.

표 1-2 PC와 PLC의 주요 항목 비교

	주요항목	Computer	PLC
하드웨어	목적	데이터 처리가 주목적임	자동화 설비를 이루기 위하여 시퀀스 제어가 주목적임
	CPU (프로세서)	데이터 계산(처리) 속도를 빠르게 하기 위하여 64 bit 프로세서가 주류를 이루고 있음	8 bit, 16 bit, 32 bit 프로세서 등으로 공장 규모(입출력 접점수)에 따라 선택할 수 있도록 다양한 종류가 있음
	입력장치	키보드, 스캐너 등으로 입력정보를 받아들여 프로세서에서 처리함	푸시버튼 스위치, 리미트 스위치 및 각종 센서 등으로 입력정보를 받아들여 프로세서에서 처리함
	출력장치	프린터, 모니터, Plotter 등으로 프로세서에서 처리한 내용을 표시함	전등, 모터, 릴레이, 표시등, 카운터, 타이머 등으로 프로세서에서 처리한 작업 내용으로 제어함
	사용자	숙달된 컴퓨터 전문가에 의해서만 잘 운영할 수 있음	현장 작업자가 프로그램을 추가하거나 변경이 용이함
	설치장소	사무실, 연구실, 공조실	공장, 현장(작업장소)
소프트웨어	OS (운영체계)	ROM BIOS 및 운영체계 소프트웨어인 Windows 등이 필요함	ROM BIOS가 필요함
	프로그램 언어	다양한 작업내용을 처리하며, 작업내용에 따라 전용 프로그램인 엑셀, C언어, 한글워드 등이 필요함	프로그램 작성을 위하여 래더도(ladder diagram)나 시퀀스 기능도표(sequential function chart) 중에서 선택하여 사용할 수 있음

그러나 컴퓨터의 눈부신 발달로 컴퓨터가 산업현장에서 주류를 이루듯이, PLC와의 통신방법이 개발되어 컴퓨터상에서 PLC를 운전할 수 있게 되었다. 현재까지 컴퓨터상에서 운전되는 PLC 소프트웨어는 다음의 두 가지로 분류할 수 있다.

1. Ladder Logic Language Software

사용자에게 PLC 프로그램(래더 논리 또는 다른 프로그래밍 언어)과 문서를 작성할 수 있는 도구를 제공하거나 또는 필요한 부분의 프로그램을 자세히 설명해주는 도구를 제공해준다.

2. Man Machine Interface Software

사용자가 공정을 모니터링하거나 제어할 수 있도록 해주는 PLC 소프트웨어이며, 특히 사용자가 화면상에서 공정 과정이나 플랜트 상태를 애니메이션으로 볼 수 있으며, 플랜트에 필요한 데이터의 분석 및 처리 등을 할 수 있다.

더욱이 인터넷(internet)의 발달로 인터넷상에서 공정을 모니터링하거나 제어할 수 있는 소프트웨어가 한창 개발 중에 있으며, PC와 PLC를 통합한 형태의 제어기가 연구 중에 있다.

1.4 PLC의 구성 요소

PLC는 크기, 복잡성 및 가격에 관계 없이 그림 1-6의 블록선도와 같이 입력 감지 장치(input sensing devices) 및 출력 부하 장치(output load devices), 중앙처리장치(CPU), 메모리(memory), 전원공급장치(power supply) 및 프로그래밍 장치(programming device) 등을 기본 부품으로 내장하고 있다. 이들 부품 중 일부는 하드웨어이고 나머지는 PLC 소프트웨어 또는 프로그램의 기능적 특성들을 갖는 부품 등의 장치들로 구성되어 있다.

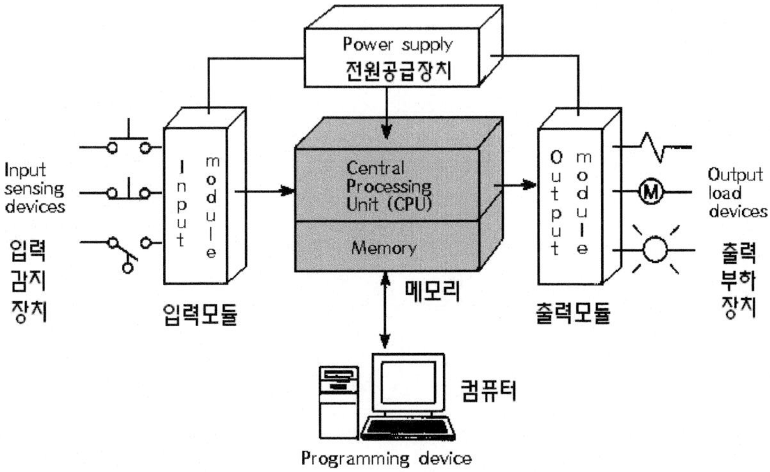

그림 1-6 PLC의 블록도

입력 감지 장치의 주기능은 필드 신호(field signal)를 수신하여 CPU가 사용할 수 있는 형태로 변환하는 것이다. 즉, 접점의 닫힘, 전류 신호, 아날로그 전압 등을 CPU가 이해할 수 있는 간단한 전압 레벨(voltage level)로 변경한다. 입력 인터페이스는 모듈 형태로 되어 있어 확장이 가능하므로 제어량이 증가할 경우 모듈을 추가하여 보다 많은 입력을 갖도록 할 수 있다. 가능한 입력의 수는 CPU 성능 및 메모리의 크기에 따라 정해진다.

출력 부하 장치는 입력 인터페이스와는 반대의 기능으로 CPU로부터 신호를 받아 솔레노이드, 모터 기동기, 전등부하 등과 같은 외부 장치가 제어 동작을 수행하기에 적합한 형태로 신호를 변환한다. 또한 출력 인터페이스도 모듈 형태로 되어 있어 필요할 때마다 모듈을 부가시켜 출력을 확장할 수 있다.

CPU(프로세서)와 메모리는 PLC의 주기능을 하는 것으로서, 기본적인 정보는 워드(word)라는 기본 작업 그룹으로 구성된 비트(bit)를 메모리에 저장하는 것이다. 메모리에 저장된 각 워드는 일련의 데이터, 명령 또는 명령의 일부분이 된다. 데이터는 입력부로부터 읽혀지고, 이미 저장된 프로그램에 기초하여 CPU는 논리적 결정을 행하고 출력을 구동시킨다. CPU는 다음 동작에 관한 명령 및 기준 데이터에 따라 메모리에 저장된 프로그램을 계속 검색한다. 또한, CPU는 외부 데이터를 저장할 수 있도록 메모리의 일부분을 스크래치 패드(scratch pad)로 사용하며, 어떤 의사 결정이 수반될 때 중간 동작을 위한 공간으로 활용한다.

전원공급장치는 PLC에 필요한 모든 전압을 제공한다. 입력전압 교류 110[V] 또는 220[V]를 변환하여 CPU, 메모리 및 I/O 모듈에 필요한 직류 전압을 공급한다.

사용자에 의해 프로그래밍되어 PLC의 메모리에 저장된 프로그램은 프로세스 상태에 대한 정확한 출력 제어 신호를 생성하는 데 필요한 동작을 표시한다. 이러한 프로그램에는 프로세스 데이터가 메모리로 이동되는 섹션(section), 의사 결정(decision- making)을 나타내는 섹션, 결정값을 물리적인 양인 출력으로 변환하는 섹션 등이 포함되어 있다.

프로그래밍 언어도 많은 형태가 있다. 모든 언어와 마찬가지로 PLC 언어도 CPU가 적절히 동작하도록 사용자가 프로그래밍할 수 있는 문법, 구문 및 어휘를 갖는다. PLC 제조업체는 업체마다 약간 다른 언어를 사용하나, 대부분의 PLC 언어는 릴레이 논리의 진보된 형태인 래더 논리(ladder logic)를 기본으로 하고 있다. 특정한 접점 및 코일을 부가하면, 래더 논리 프로그램에서는 산술적인 함수, 아날로그 제어, 복잡한 카운터 및 타이머 연산 등을 이용하여 수행하기도 한다. 다른 언어로는 컴퓨터 설계에 있어서 기본이 되는 부울(Boolean) 방정식을 사용하기도 한다. 어떤 PLC에는 플로우 차트(flow chart)를 이용한 프로그래밍 언어도 사용하는데, 이 플로우 차트는 프로세스들의 상호 접속을 나타내는 도해 언어이다.

사용자는 **프로그래밍 장치** 또는 **프로그래밍 단말기**를 사용하여 명령을 프로그램의 형태로 메모리에 입력할 수 있다. 프로그래밍 장치는 사용자에 의해 입력되는 기호, 문자 또는 숫자에 대응하는 전기 신호의 패턴을 생성한다. 이 프로그래밍 장치는 복잡성, 사용상의 용이성 및 가격 등에 따라 여러 종류가 있다. 프로그래밍 장치는 그림 1-7 과 같이 소형인 휴대용일 수도 있으며, 프로그램을 확대하여 볼 수 있고, 자동 프로그램 문서화까지 가능케 할 수 있는 대형의 CRT 화면을 내장할 수도 있다. 대부분의 PLC 는 현재 그림 1-8 과 같이 퍼스널 컴퓨터(PC) 를 사용하여 프로그램을 작성하여 사용한다.

특정 PLC 소프트웨어를 구입할 경우 PC 는 프로그래밍 단말기 기능을 하게 되어, 키보드를 쳐서 프로그램을 입력하거나 편집할 수 있다.

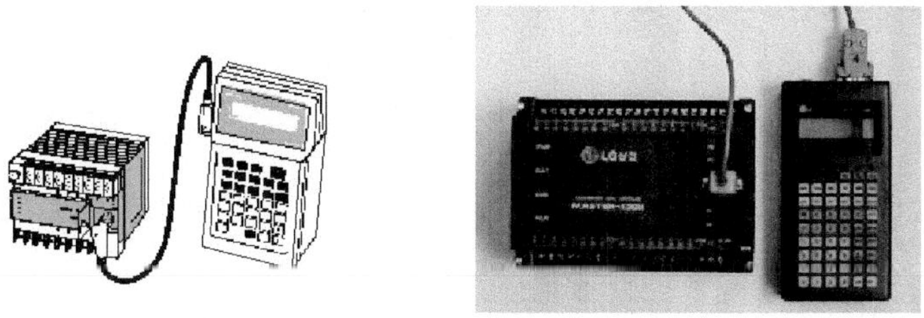

그림 1-7 휴대용 프로그래밍 장치

그림 1-8 PC 를 이용한 프로그래밍 장치

1.5 PLC 의 종류

PLC 의 종류에는 입출력장치(I/O device) 와 PLC 를 결합하는 방법으로 고정식(fixed type) 과 모듈식(modular type) 으로 나눌 수 있다. 그림 1-9 는 고정식을, 그림 1-10 은 모듈식을 나타낸다.

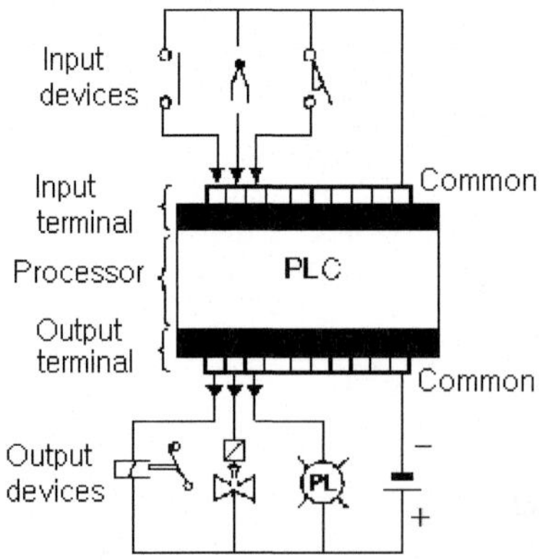

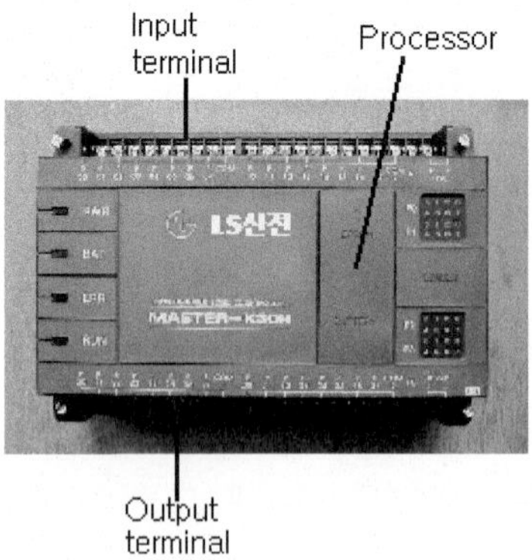

그림 1-9 고정식 PLC

그림 1-9의 고정식 입출력장치를 갖는 PLC는 분리되거나 제거될 수 있는 유니트가 없는 소형 PLC이다. 프로세서와 I/O는 함께 일체화되어 있으며 입출력 단자가 있지만 바꿀 수는 없다. 이러한 일체형의 주된 장점은 가격이 저렴하다는 것이다. 사용 가능한 입출력점 수는 다양하며 부가적인 고정식 입출력 유니트를 구입하여 확장 가능하다. 고정식 입출력의 하나의 단점은 유연성이 없다는 것이다. 즉, 일체화에 의해서 이미 결정된 수량이나 형태 내에서 얻어질 수 있는 것은 제한되어 있다. 또한 어떤 모델에서는 유니트의 일부가 고장난 경우, 유니트 전체를 교체하여야 한다.

그림 1-10과 같이 모듈식 입출력장치를 갖는 PLC는 개별 모듈들이 삽입될 수 있는 장치들에 의하여 나누어진다. 이러한 특성은 사용자의 선택권과 유니트의 유연성을 높여준다. 사용자는 제조회사가 생산하는 모듈들을 선택하여 사용하거나 목적에 맞게 혼합하여 사용할 수 있다.

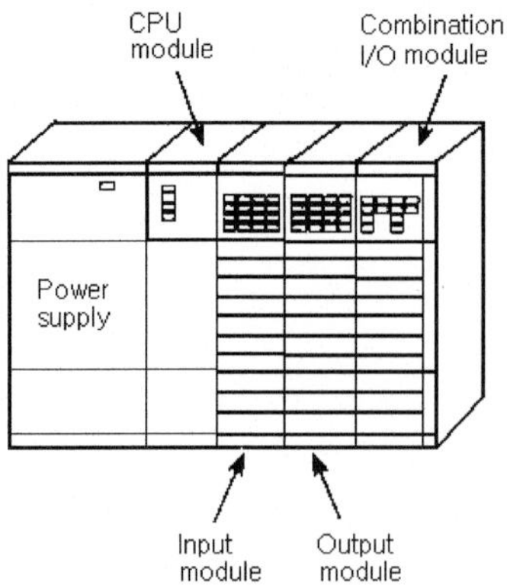

(a)

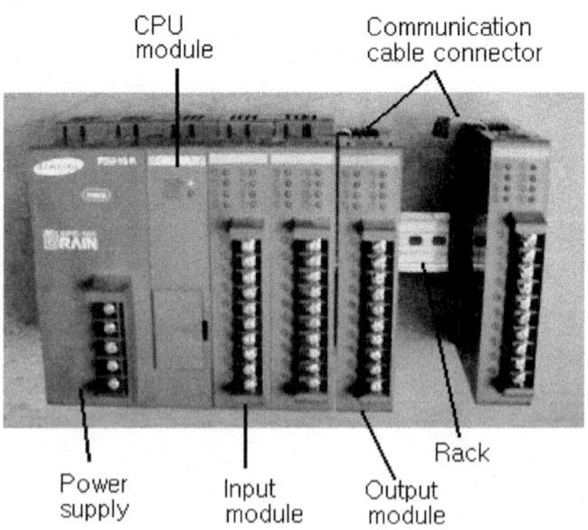

(b)

그림 1-10 모듈식 PLC

기본적인 모듈식 제어기는 랙(rack), 전원공급장치(power supply), 중앙처리장치(CPU) 모듈, 입출력 모듈(I·O module) 그리고 프로그래밍과 모니터링을 위한 작업자 인터페이스로 구성된다.

모듈들은 랙에 삽입된다. 모듈이 랙에 삽입되면 모듈은 랙의 후면에 있는 통신 케이블 컨넥터(cable connector)에 접속되어 전기적으로 연결된다. PLC 중앙처리장치 또한 후면판(backplane)에 연결되며 랙 내에 있는 모든 모듈과 통신할 수 있다

PLC는 크기에 있어서 매우 다양한 종류를 가지고 있으나, 보통 소형(또는 마이크로형), 중형, 대형 3가지의 크기로 나누어진다. 일반적으로 시멘트공장에서 사용되는 PLC는 입출력접점수가 2만개 이상인 대형 PLC를 사용하고 있다. 이들에 대한 차이점은 표 1-3과 같다. PLC를 선택하는 데 있어서 중요한 점은 어떤 유니트가 필요한지 정확히 예측하는 것이다. 일반적으로 현재 필요한 것보다 큰 PLC 시스템을 구매하는 것은 바람직 하지 않지만, PLC 시스템이 현재의 조건을 충족시키고 미래의 응용 조건을 충족시키는 적절한 사이즈인가 검토하여야 한다.

표 1-3 PLC 크기에 따른 종류

	소형 PLC	중형 PLC	대형 PLC
입출력 접점수	128 개	2048 개	16,000 개
메모리 용량	2 K Word	32 K Word	2 M Word
사용 분야	간단한 기기제어	온도, 압력 및 공정제어 응용에 사용	개별 생산공정 및 공장 전체를 제어

예제 1-2

시퀀스제어와 PLC의 차이점을 설명하라.

▸ 풀이

시퀀스(Sequence)는 '순차적으로 진행하는 제어방식'을 의미하는 것으로, 릴레이(Relay)제어와 PLC를 아우르는 용어이다. 그러나 통상적으로 시퀀스제어라 하면 릴레이제어를 의미한다. 반도체 소자와 PC(개인용 컴퓨터)가 개발되기 전에 릴레이를 사용한 시퀀스제어가 자동화산업을 이끌었다면 현재는 PLC가 이를 대신하고 있다. 그의 차이점은 표 1-1과 같다.

Q. 연습문제

01 본래 PLC는 (   )의 대체 장치로 설계되었다.

(a) 마이크로컴퓨터
(b) 아날로그 컨트롤러
(c) 릴레이 논리
(d) 수치 제어 장치

02 프로그래머블 컨트롤러의 4대 장점을 설명하라.

03 PLC에 저장된 제어 계획(control plan)을 (   )이라고 한다.

(a) 부울 제어
(b) CPU
(c) 워드
(d) 프로그램

04 입력 인터페이스는

(a) 사용자가 프로그램을 입력할 수 있도록 한다.
(b) 프로세스로부터의 신호에 CPU를 접속한다.
(c) CPU가 CRT 화면에 메시지를 입력할 수 있도록 한다.
(d) 필드 장치로부터 입력을 제공 받거나 제공한다.

05 출력 인터페이스는

(a) 프로세스로부터의 신호에 CPU를 접속한다.
(b) CPU에 데이터를 제공하여 분석한다.
(c) 메모리의 프로그램을 CPU에 의해 출력되도록 한다
(d) CPU를 프로세스에 접속하여 컨트롤 신호를 생성한다.

06 프로그래밍 언어의 3가지 형태를 들어라.

07 입력 인터페이스와 출력 인터페이스의 차이를 정의하라.

08 중앙처리장치(CPU)는

(a) 래더 논리만 이해한다.

(b) 출력 인터페이스를 조사하고, 프로그램에 의해 제공된 의사를 결정하고, 입력 인터페이스를 설정한다.

(c) 입력 인터페이스를 조사하고, 프로그램에 의해 제공된 의사를 결정하고, 출력 인터페이스를 설정한다.

(d) 메모리에 프로그램을 저장하는 일만 한다.

09 1장의 내용을 살펴보고, PLC의 메모리에 저장된 정보의 2가지 주요 형태의 명칭을 나타내어라.

10 프로그래밍 장치 또는 프로그래밍 단말기는

(a) 프로세스 신호를 출력 인터페이스 내로 전송하기 위해 PLC에 의해 사용되는 장치이다.

(b) 항상 CRT 화면이다.

(c) 사용자가 프로그램을 PLC 내로 입력할 수 있도록 한다.

(d) 흐름도 프로그램에 사용되는 방법에 적용되는 용어이다.

A. 해답

01 (c) **03** (d) **04** (d) **05** (c) **08** (c) **10** (c)

제 2 장 중앙처리장치 (CPU)

PLC는 래더선도를 작성할 수 있는 소프트웨어(프로그램)와 복잡한 전자장치로 구성된 하드웨어로 나눌 수 있다. 하드웨어 장치를 간단히 그림 2-1과 같은 블록으로 나타낼 수 있으며, 이 장에서는 하드웨어적으로 PLC를 구성하고 있는 중앙처리장치(CPU), 입출력모듈장치(I/O device), 메모리(memory), 전원장치(power supply) 등에 관하여 알아보고자 한다.

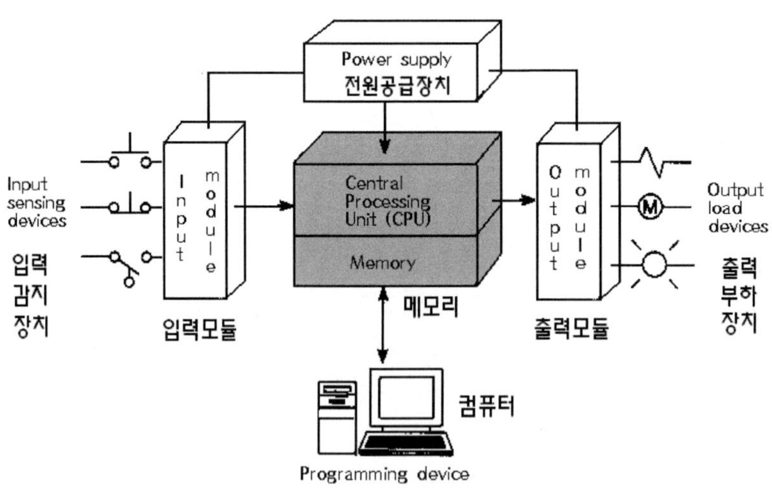

그림 2-1 PLC의 하드웨어적 구성 블록

❖ 2.1 중앙처리장치 (CPU) 의 구성

PLC의 하드웨어적 구성 요소 중에서 중앙처리장치(central processing unit : CPU)는 인간의 두뇌에 해당하며, 시스템의 지능부를 형성하는 모든 필요 요소를 포함한다.

CPU는 MPU(micro processing unit : 마이크로 프로세서)와 같은 의미로 사용되지만, MPU라는 단어는 그림 2-2와 같이 CPU와 메모리(memory) 및 전원장치를 포함한다고 할 수 있다.

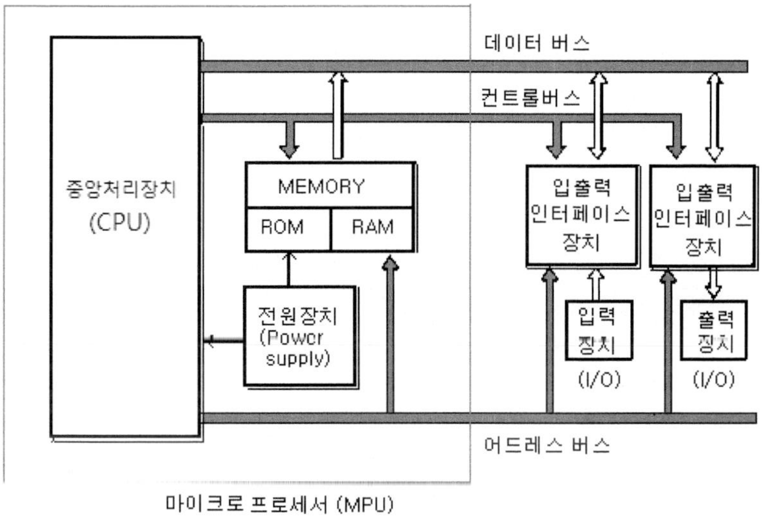

그림 2-2 마이크로프로세서 구조

마이크로프로세서는 기기나 공정을 제어하는 사용자 프로그램을 실행하고 해독하기 위하여 끊임없이 메모리와 통신을 주고 받으며, 전원공급장치는 프로세서와 메모리 요소가 적절히 동작할 수 있도록 필요한 전압 레벨을 제공한다.

그림 2-3(a)는 마이크로프로세서의 내부 구성도를 나타내며, 그림 (b)는 8비트 마이크로프로세서 중에서 보편적으로 많이 사용되고 있는 Z-80 CPU의 외형을 보여준다.

마이크로프로세서는 기억장치로부터 가져온 명령을 해독하여 데이터를 연산처리하고, 다른 장치들을 제어하는 역할을 한다. 마이크로프로세서는 레지스터부, 연산부, 그리고 제어부로 구성된다.

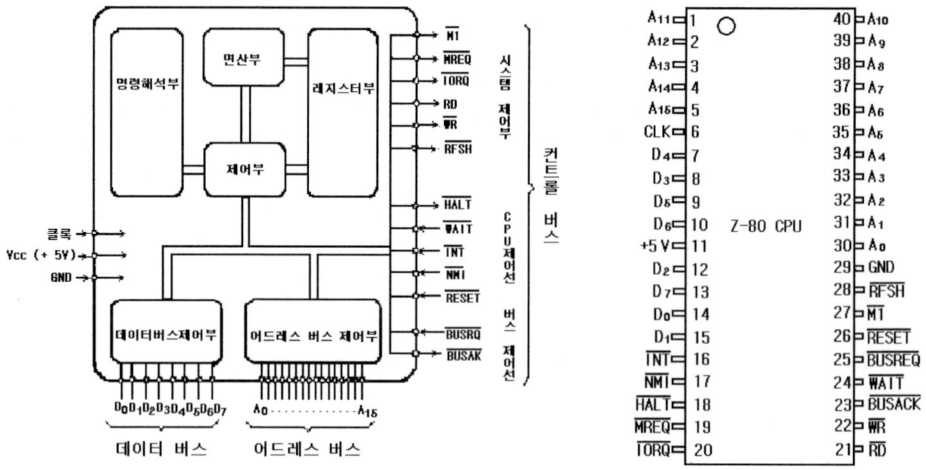

(a) CPU 내부 구성도 (b) CPU 외관

그림 2-3 마이크로프로세서의 내부 구성도

2.1.1 레지스터부

레지스터부는 여러 개의 레지스터 (register) 로 이루어지며, 각각의 레지스터는 몇 개의 플립플롭회로로 이루어진다. Z-80 과 같은 8 비트 마이크로프로세서에 있어서 레지스터는 8 개의 플립플롭회로로 구성되나, 16 개로 구성되는 것도 있다.

레지스터는 메모리에 기억된 프로그램이나 데이터를 연산부나 제어부 및 입출력부에 정보를 워드 (word) 단위로 전달한다. 이 역할을 레지스터가 하기 때문에 정보전달자라 할 수 있다. 레지스터를 통하여 명령 (프로그램) 이나 데이터가 각종 장치에 전송됨으로써 데이터가 처리된다. 뿐만 아니라, 레지스터는 프로그램이나 데이터를 잠시 보관하기도 하기 때문에, 임시 기억장치의 일부로 볼 수 있다.

그림 2-4 는 레지스터부의 여러 종류를 나타낸다. 이들은 각기 다른 기능과 역할을 담당한다. 그림 2-4 에서 CPU 는 어큐뮬레이터 (ACC) 와 같은 레지스터에 데이터를 임시 기억하였다가 사용하기도 한다.

Z-80 에는 어큐뮬레이터가 하나 있고, 이것 외에도 제 2 의 어큐뮬레이터(secondary accumulator) 로서 B, C, D, E, H, L 레지스터 등이 있다. 뿐만 아니라, 이들 어큐뮬레이터들은 별도로 한 세트가 더 있으며, 이들은 서로 교환해서 사용할 수 있어서 매우 편리하다. Z-80 내에 있는 기타 레지스터에는 program counter, stack pointer, index register (IX, IY), flag register, interrupt vector register, memory refresh register 등이 있다.

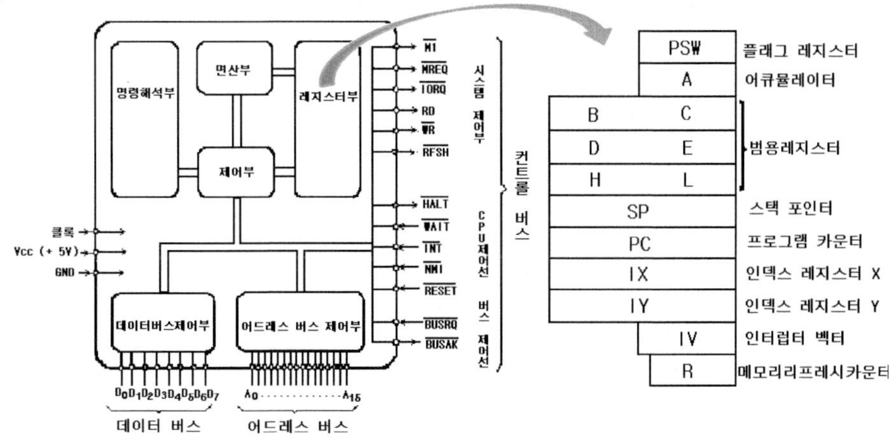

그림 2-4 CPU 의 레지스터부

2.1.2 연산부

마이크로프로세서의 연산부는 그림 2-5 와 같이, 산술논리연산장치 (ALU) 를 중심으로 어큐뮬레이터, 플래그 (flag) 레지스터, 10 진 보정회로 등으로 구성된다. ALU 에 대한 두 개의 입력 중 하나는 어큐뮬레이터 (A 또는 A') 이고, 다른 하나는 범용레지스터 (B, C, D, E, H, L 혹은 B ', C' , D ', E' , H ', L') 이다. 그리고 연산 결과는 반드시 어큐뮬레이터에 들어가고, 연산결과가 0 이 되거나 (-) 가 되는 경우 플래그-레지스터 (PSW) 에 상태를 표시한다.

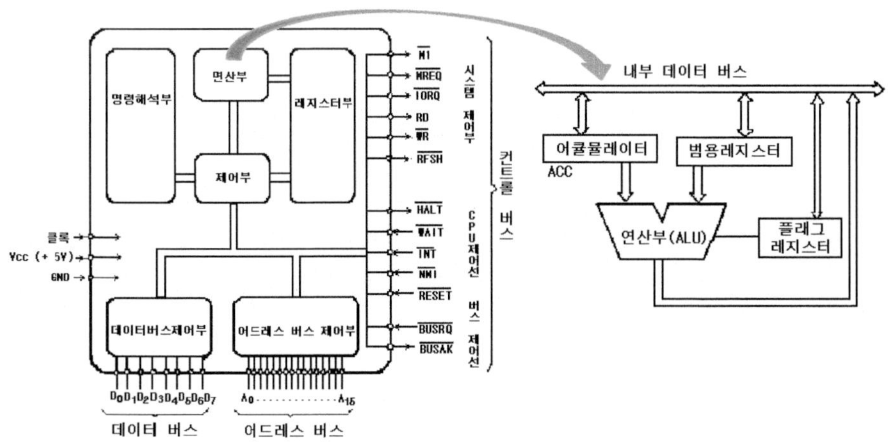

그림 2-5 CPU 의 연산부

2.1.3 제어부

마이크로프로세서의 제어부는 그림 2-6과 같이, 명령-레지스터(instruction register)와 명령-해독기(instruction decoder), 타이밍 및 제어회로(timing & control circuit)로 되어 있다. 메모리에 들어 있는 명령(instruction)들은 하나씩 명령-레지스터에 들어 와서, 명령-해독기에서 해독됨으로써 그 명령을 실행시키는데 필요한 여러 제어신호를 만든다. 이 제어신호의 일부는 CPU 내의 여러 장치를 제어하고, 나머지는 ROM, RAM, I/O 장치 등 외부장치를 제어한다.

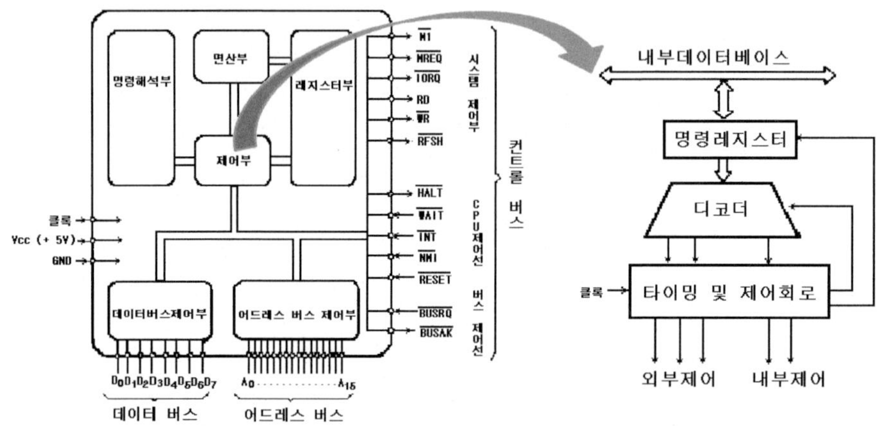

그림 2-6 CPU의 제어부

마이크로 프로세서와 메모리 또는 I/O가 데이터를 주고받기 위해서는 그림 2-3 (a)와 같이 주된 3가시 신호선(bus)들이 필요하나.

1) 데이터 버스

프로세서에서 메모리나 외부장치(I/O)로 데이터를 전송할 경우, 또는 그 반대의 경우 어느 쪽에서나 데이터를 전송할 수 있도록 데이터 버스(data bus)는 양방향성으로 되어 있다. 데이터의 버스가 8개의 신호선으로 구성되어 있는 프로세서를 8비트 마이크로프로세서라 한다.

2) 어드레스 버스

프로세서가 메모리 또는 I/O의 데이터를 판독(read), 기록(write)을 하는 경우, 어느 번지에 대한 것인가를 지정해야 한다. 이러한 신호의 집합을 어드레스 버스

(address bus) 라 하며, 대부분의 8 비트 마이크로 프로세서는 16 개의 어드레스선을 가지고 있다. 일반적으로 16 개의 어드레스선 상태를 2 진수법으로 4 자리로 표시하여 사용한다.

3) 컨트롤 버스

프로세서에서 메모리로 전송하거나 메모리에서 프로세서로 데이터를 전송하고자 할 경우 어드레스 버스와 데이터 버스를 사용하면 데이터의 전송이 이루어진다. 하지만 데이터 버스는 양방향성이므로 프로세서가 메모리의 내용을 판독 (read) 할 것인지 또는 기록 (write) 할 것인지를 메모리에 알릴 필요가 있다. 또는 메모리가 아직 준비되지 않은 경우, 프로세서에 이러한 사실을 알리는 신호가 필요하다. 이처럼 장치들 간에 데이터의 교환을 확실하게 해주는 제어선 (control bus) 들의 집합을 컨트롤 버스라 한다.

마이크로프로세서의 출력은 응답 가능한 명령의 수와 종류에 따라 결정된다. 여기에는 명령이 저장되는 프로세서의 메모리 장소 또는 레지스터의 크기에 따라 전체적인 제한을 받게 된다. 예를 들면, 8 비트 레지스터는 약 250 개의 조합을 유지할 수 있는 데 비하여, 16 비트 레지스터는 65,000 개의 조합을 유지할 수 있다. 즉, 8 비트와 16 비트 마이크로 프로세서간의 차이는 산술 연산을 수행할 수 있는 용량뿐만 아니라, 속도 및 정확성에 큰 영향을 준다.

2.2 CPU 모듈

그림 2-7 은 PLC 의 CPU 모듈을 보여주고 있다. CPU 모듈에는 메모리 팩을 삽입할 수 있는 메모리 모듈과 정전시 저장된 메모리의 내용을 보존해 줄 수 있는 백업 배터리 (backup battery) 그리고 컴퓨터와 같이 외부장치와 통신할 수 있는 RS232 포트로 구성된다.

PLC 시스템의 CPU 와 개인용 컴퓨터 (PC) 의 마이크로 프로세서 (MPU) 는 동일하지만, 그 차이점은 CPU 에서 사용된 프로그램이 PC 에서는 프로그램 언어로, PLC 에서는 래더 로직으로 작성할 수 있도록 한 것이다.

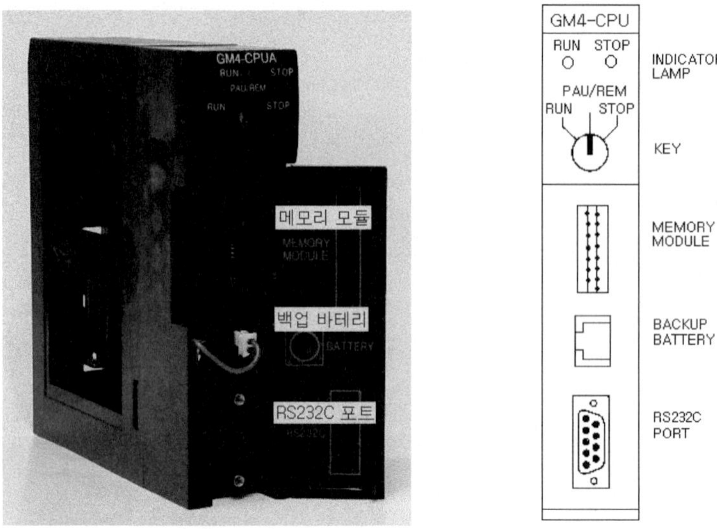

(a) CPU 모듈 실체 (b) 앞면

그림 2-7 CPU 모듈

CPU 는 사용자가 작성한 래더 로직을 PLC 의 하드웨어가 읽어들일 수 있도록 번역하고 파일을 편성하며, 입출력 제어에 관련된 서비스를 제공하는데, 이러한 소프트웨어를 **운영체제** (operating system) 라 한다. 운영체제는 마이크로 프로세서를 이용하여 PLC 를 제어, 프로세싱 (processing), 통신 및 기타 관련된 기능 모두를 수행할 수 있도록 한다.

따라서 CPU 는 운영체제 (실행 프로그램) 를 실행하고, 메모리를 관리하고, 입력을 모니터링하고, 사용자 래더 로직을 평가하고 적절한 출력을 턴-온 및 턴-오프시킨다.

CPU 유니트는 운용자에게 시스템 정보를 제공하기 위하여, "RUN" 상태나 "STOP" 상태를 나타내는 표시기 (indicator) 가 붙어 있다.

또한 다음의 3 개 동작모드 중에서 하나를 선택하기 위하여 키 스위치가 제공되며 동작모드는 다음과 같다.

RUN 모드

- ㅇ 마이크로 프로세서를 RUN 모드가 되게 한다.
- ㅇ 래더 로직 프로그램을 실행하고 출력장치를 동작시킨다.
- ㅇ 온-라인 (on line) 프로그램 수정을 실행할 수 없다.

PROGRAM 모드

- ㅇ 마이크로 프로세서를 Program 모드가 되게 한다.

◦ 프로세서가 래더 로직 프로그램을 실행하거나, 스캐닝하는 것을 방지하며, 제어출력을 멈추게 한다.
◦ 프로그램의 입력과 수정을 할 수 있다.

REMOTE 모드

◦ 마이크로 프로세서를 Remote (원격 운전) 모드가 되게 한다.
◦ 온-라인 프로그램 수정이 가능하다.
◦ 프로그래머 인터페이스 장치로부터 프로세서 모드를 변경할 수 있다.

2.2.1 CPU 진단

사용자에 의하여 PLC 에 입력된 래더 로직 프로그램을 제어 응용 프로그램(control application program) 이라 한다. 실행 프로그램 (executive program)은 제어 응용 프로그램에 응답하고, PLC 가 동작할 수 있도록 적절한 명령어로 번역된다. 그림 2-8 은 실행 프로그램의 일반적 기능 및 제어 응용 프로그램과의 관계를 나타낸 것이다.

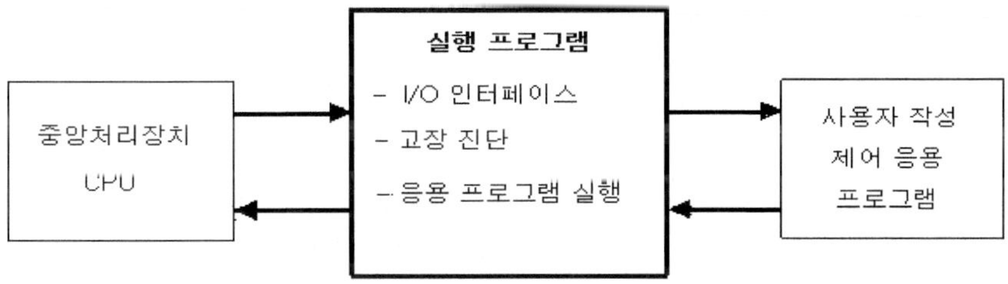

그림 2-8 실행 프로그램의 기능

CPU 에 의해 수행되는 진단 과정 (diagnostic procedure) 은 실행 프로그램에 의해 이루어지며, CPU 진단에는 다음과 같은 2 가지 방법이 있다.

1. 시동 또는 초기화시의 자기 체크
   자기 체크 진단은 메모리 정상, 프로세서 정상, 배터리 정상 및 전원 정상 등이 포함된다. 이들의 테스트가 이상이 없으면 이를 알리기 위해 CPU 에 지시등을 점등시킨다.
2. 사용자 초기화 진단
   사용자 초기화 진단은 모든 메모리를 테스트하고 통신 포트와 같은 다른 장치들을 체크한다.

시스템에 따라서는 진단 체크에 의해 드러나는 오류를 치명적 (fatal) 또는 비치명적 (non-fatal) 오류로 분류하며, 특별히 지정된 레지스터 그룹에 저장시킨다. 메모리 체크 실패 (memory-failure) 나 저전압 (low power supply) 등과 같은 치명적 오류는 오류-검출 릴레이를 동작시킨다. 따라서 오류-검출 릴레이는 마이크로프로세서에 의해 제어되어야 하며, 특정한 고장 조건이 발생되면 동작되어야 한다.

오류-저장 레지스터 (fault storage register) 를 내장하는 PLC 시스템은 프로그래밍 단말기에 의해 액세스될 수 있어야 하고, 특정한 오류 영역도 진단할 수 있어야 한다.

통신 포트의 테스트는 입/출력 서브시스템 (serve system) 과 통신하기 위하여 시스템 진단 절차의 일부로서 수행된다. 이러한 테스트를 통하여 데이터의 수신과 전송을 확실히 할 수 있다.

2.2.2 다중 처리

PLC 시스템의 CPU 에는 한 개 이상의 마이크로프로세서를 내장하기도 한다. CPU 를 2 개 이상 내장하여 다중처리를 할 경우, 장점은 제어 및 통신 작업이 분할되어 전체적인 동작 속도를 향상시키는 것이다. 이와 같은 상태는 각 마이크로프로세서가 처리하는 상태에 따라 결정되는데, PLC 제조업자에 따라서는 **컨트롤 마이크로프로세서**(control microprocessor) 및 **로직 마이크로프로세서**(logic microprocessor) 를 사용한다. 컨트롤 마이크로프로세서는 보다 복잡한 연산 및 데이터 처리를 수행하고, 로직 마이크로프로세서는 응용 프로그램의 감시는 물론, 타이밍, 논리 및 계수 동작을 수행한다. 그림 2-9 는 2 중 (dual) 마이크로프로세서 CPU 블록도이다.

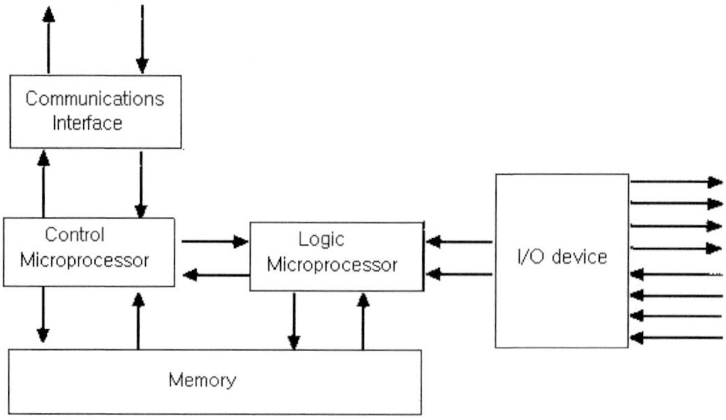

그림 2-9 2 중 마이크로프로세서 CPU 블록도

그림 2-9 에서, 로직 마이크로프로세서는 컨트롤 마이크로프로세서, 메모리 및 I/O 장치와 서로 영향을 주고 있는 것을 보여준다.

이 로직 마이크로프로세서는 컨트롤 프로그램을 검사하고, 입력 데이터를 내부 데이터와 조합하여 제어-출력신호를 발생한다. 로직 마이크로프로세서가 주어진 과제 이외의 함수적 연산을 행하여야 할 때에, 이 문제를 컨트롤 마이크로프로세서에 전송한다. 컨트롤 마이크로프로세서는 이 작업을 완료한 후, 로직 마이크로프로세서에 신호를 보내어 그 결과가 시스템 출력으로 통합되도록 한다.

2.3 메모리

PLC 의 메모리 용량 (memory capacity) 이란, RAM 메모리 내에 저장될 수 있는 비트 (bit) 의 총수를 말한다. 비트는 기억장치의 기본 단위가 되며, 그림 2-10 과 같이, 1 비트는 1 개의 플립플롭회로로 구성된다. 이 플립플롭을 8 개 혹은 16 개를 한 다발로 해 놓은 것이 레지스터 (register) 이고, 이러한 레지스터를 병렬로 나열해 놓은 것이 RAM 메모리이다. 즉, RAM 은 여러 개의 레지스터가 모여서 이루어진다.

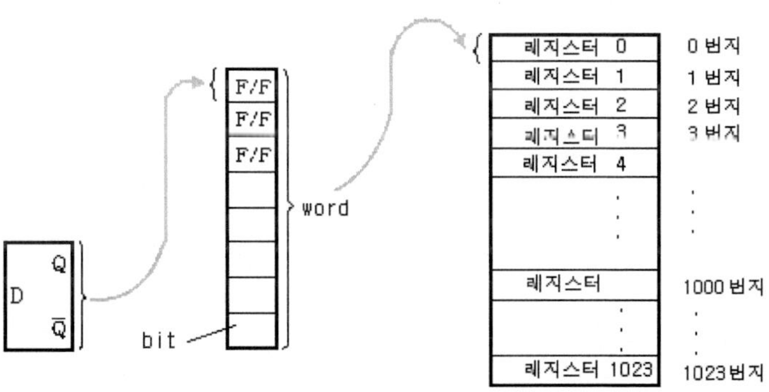

(a) 1 비트의 플립플롭회로 (b) 1 바이트의 레지스터 또는 1 워드 (c) 1K 바이트의 메모리

그림 2-10 메모리 구성

그리고 이들 각각의 레지스터에는 번지 (address) 가 붙게 된다. 하나의 번지에 들어갈 수 있는 2 진수의 개수, 즉 비트수는 8 비트 또는 16 비트가 보통이며, 하나의 번지에 기억되는 정보를 통틀어서 워드 (word) 라 한다. 그리고 1 바이트는 8 비트이고, 1K 바이트는 1024 바이트이다.

메모리 용량은 시스템이 작을 경우 256 워드에서부터 대규모 시스템의 128,000 워드까지 다양하다. 메모리 용량은 PLC 시스템에 저장될 수 있는 천 단위의 워드로서 표현된다.

예를 들어, PLC 가 1K 메모리 용량을 가진다면 1024 워드 또는 8,000 비트의 정보를 저장할 수 있으며, 64K 메모리는 약 64000 워드를 저장할 수 있다.

메모리 형태에는 일반적으로 **휘발성**(volatile) 및 **비휘발성**(nonvolatile) 의 2 가지 형태가 있다.

휘발성 메모리는 전원이 차단됨에 따라 저장된 정보 (데이터) 를 상실한다. 따라서 전원이 차단되더라도 데이터를 보존하기 위하여 전원이 차단될 때 동작하는 백업 배터리를 동작시켜 보호한다. 휘발성 메모리는 쉽게 변경되기 때문에 사용자가 작성하는 제어 응용 프로그램을 저장하는 메모리에 적합하다.

반면에 비휘발성 메모리는 전원이 차단되더라도 저장된 정보를 유지할 수 있어서 반영구적이므로, 운용 시스템에 사용한다. 그러나 회로를 소거하고 재프로그램을 하기 위해서는 특별한 조작을 필요로 한다.

2.3.1 메모리 종류

반도체 메모리 장치로는 바이폴라 (bipolar) 메모리 및 MOS 메모리로 나눈다. 바이폴라 메모리는 소형 바이폴라 트랜지스터로 구성되는 데 비해, MOS 메모리는 금속 산화물 반도체 전계 효과 트랜지스터인 MOSFET 를 사용한다. 바이폴라 반도체 메모리는 트랜지스터-트랜지스터 논리회로를 사용하므로 TTL (transistor-transistor logic) 이라고도 한다. MOS 메모리 장치는 TTL 보다 저속이지만 소비 전력이 적기 때문에 전원이 제거된 경우 백업 배터리를 사용하여 메모리 내용을 유지시키기가 쉽다. 따라서 휘발성 메모리에는 MOS 를 사용한다.

메모리에는 ROM, RAM, PROM, EPROM 그리고 EEPROM 등이 널리 사용된다.

ROM (read only memory) 은 메모리에 저장된 정보를 읽을 수 있으나 기록 또는 변경은 불가능하도록 설계되었다. ROM 내에 있는 정보는 PLC 시스템 운용과 동작을 위하여 사용하며 비휘발성 메모리이다. 따라서 ROM 은 전원이 공급되지 않더라도 그 정보를 유지하기 때문에 백업 배터리가 필요 없다. ROM 은 PLC 의 운용 시스템에 이용되며, 운용 시스템 프로그램은 PLC 제조회사에서 ROM 내부에 저장한다. 그리고 PLC 를 프로그램하기 위하여 사용하는 시스템 소프트웨어를 제어한다. 사용자가 작성한 래더 로직 프로그램은 상위 수준 언어이므로, ROM 내부에 저장된 운용시스템 소프트웨어에 의하여 래더 로직 프로그램은 마이크로프로세서가 이해할 수 있는 명령어로 변환된다.

RAM (random access memory) 은 R/W 메모리 (read/write memory : R/W) 라고도 하며 정보를 어떤 임의의 장소에 기록시키거나 또는 그로부터 판독될 수 있도록 설계된 메모리 소자이다. RAM 은 주로 TTL 또는 MOS 와 같은 집접회로로 구성된 반도체를 사용하며, 일반적으로 사용자 메모리로 이용된다.

사용자 프로그램, 타이머, 카운터 값, 입출력 상태 등이 RAM 에 저장된다. 프로그램이 실행될 때, 프로그램의 제어 하에 있는 마이크로프로세서는 RAM 정보를 입력하여, 메모리 내에 기억된 정보를 바꾸기도 한다.

RAM 은 전원이 사라지면 정보 내용이 상실되는 기억장치이다. 휘발성 RAM 은 일반적으로 배터리에 의하여 보호된다. 만약 전원이 잠깐 꺼지더라도 PLC 는 그 프로그램을 상실하지 말아야 하므로, 전원이 차단되었을 때 백업 배터리에 의하여 프로그램이 보존된다. 대부분의 PLC 는 사용자 메모리를 위하여 MOS-RAM 을 이용한다. MOS-RAM 은 전류소모가 적기 때문에 리튬 배터리를 이용하여 2~5 년 동안 메모리의 내용을 유지한다.

PROM (programmable read only memory) 은 프로그램을 할 수 있는 특수한 형태의 ROM 이다. 또한, PROM 은 일반적으로 RAM 메모리에 저장해야할 내용을 영구적으로 보존하기 위한 백업용 메모리로 사용한다. 프로그램을 입력하기 위해서는 특수한 프로그램 기기가 필요하며 한번 입력이 되면 변경이 불가능하다.

EPROM (erasable programmable read only memory)은 자외선 (ultra -violet) 광원을 사용하여 모든 메모리 내용을 소거한 후 재프로그램을 할 수 있도록 특별히 설계된 PROM 이다. EPROM 은 메모리 상층부에 작은 창이 형성되어 있어서, 이곳에 자외선광을 노출시키면 메모리 내용이 소거된다. 보통 수은 방전 광원을 사용하며, 소거 과정은 약 20 분 정도의 노출을 필요로 한다. EPROM 은 비휘발성이 요구되는 응용 프로그램에 매우 적합하나 프로그램 단말 장치를 통한 변경은 불가능하다.

EEPROM (electrically erasable programmable read only memory) 은 PLC 프로그래밍 단말기를 사용하여 프로그램을 할 수 있는 IC 메모리 장치이다. 그러나 EEPROM 은 어떤 새로운 정보가 입력되기 전에 이미 저장된 정보가 모두 소거되어야 한다. 소거/기록 (erase/write) 에는 약 10 [ms] 가 소요되며, 이는 데이터가 응용 프로그램 실행의 일부로써 기록될 때 큰 문제점이 될 수도 있다.

2.3.2 메모리 이용과 설계

CPU 의 메모리 장소에는 레지스터마다 그림 2-10 과 같이 번지 (어드레스) 가 붙여져 있고, 여기에는 워드 (word) 단위로 데이터가 저장된다. 한 워드는 일반적으로 8

비트 또는 16 비트로 구성된다.

메모리 이용 (memory utilization) 상황이란 여러 가지 형태의 명령어를 저장하기 위하여 요구되는 메모리 기억장소 (storage locations) 의 수를 말한다. 메모리 기억장소에 대한 가장 중요한 법칙은 코일 또는 접점 한개당 한 개의 기억장소를 차지한다는 것이다. 1K RAM 메모리는 1,024 바이트로서, 1,024 개의 코일 또는 접점을 가진 프로그램을 저장할 수 있으며, 만약 타이머가 2 바이트의 메모리를 갖는다면 1K 의 메모리 내에 512 개의 타이머를 가질 수 있다.

그림 2-11 에 8 비트 1 워드로 구성된 4K 메모리와 16 비트 1 워드로 구성된 4K 메모리-맵을 나타내었다. 상시 열린 접점이나 상시 닫힌 접점 하나의 명령을 저장하기 위해서 요구되는 비트 수가 16 비트라고 가정할 경우, 동일한 크기의 제어프로그램을 저장하기 위하여 요구되는 메모리 용량은 다르게 된다. 즉, 그림 2-11 (b) 가 4K 메모리 용량이 요구되면, 그림 (a) 는 8K 메모리 용량이 필요하게 된다.

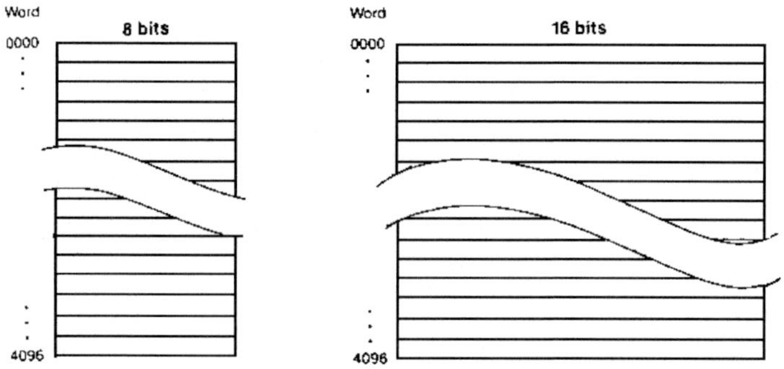

(a) 입력 8비트 4K (b) 16비트 4K

그림 2-11 4K 메모리의 기억 장소 (storage location)

PLC 의 메모리는 특정기능을 가진 부분들로 나누어진다. 입력과 출력상태를 기억하기 위하여 사용된 메모리를 입/출력 이미지 테이블 (input/output image table) 이라 한다. 이 말은 단지 입출력장치의 상태가 저장되는 기억장소라는 것을 의미한다. 그림 2-12 와 같이, PLC 가 I/O 모듈에 16 개의 입력으로 접속된 경우에는 16 비트를 포함한 입력 테이블이 필요하다.

각 비트는 입력이 열려 있는가 또는 닫혀 있는가에 따라 "0" 또는 "1" 이 된다. 닫힌 접점은 입력 테이블의 해당 기억장소에 2 진수 "1" 을 저장한다. 한편 열린 접점은 "0" 을 저장한다.

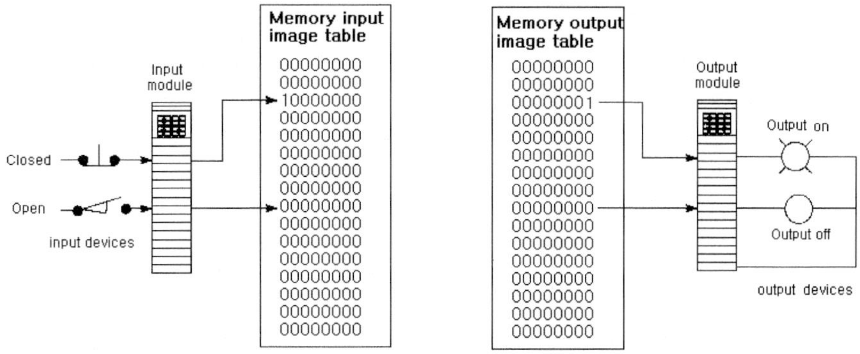

(a) 입력 테이블 (b) 출력 테이블

그림 2-12 입출력 이미지 테이블

같은 방법으로, 여자된 코일은 출력 테이블 내의 해당 기억장소에 "1"을 저장하며, 코일이 소자 되었다면 "0"이 저장된다. 입출력 이미지 테이블은 CPU에 의하여 일정 시간 간격으로 갱신된다. 입출력상태를 기억하는 메모리는 매번 접점이나 코일의 상태를 체크하여 만약 접점이 변경되었을 경우 이미지 테이블도 변경한다.

2.3.3 메모리 보호 장치

대부분의 CPU에는 메모리 보호 스위치가 설치되어 있다. 이 스위치는 키(key) 조작으로 동작하며, 만약 키를 제거하였을 때 RAM에 저장된 프로그램은 폐쇄(lock out) 된다. 이처럼 메모리 보호가 활성화된 경우 프로그램은 계속 동작하나, 프로그램을 변경하는 것은 불가능하다. 이 보호 시스템은 불법으로 기계에 메모리된 프로그램을 변경시킬 수 없도록 하기 위한 것이다.

PLC마다 메모리 보호를 위한 전용 키록(keylock) 스위치가 있다. (그림 2-7 참조) Allen-Bradley PLC와 같은 시스템에서도 Run/Program 동작을 위해 CPU에 키록 스위치를 사용한다.

CPU는 PLC에 의해 액세스될 수 있는 I/O 장치의 수를 결정한다. 소형 PLC는 256개의 I/O 포인트를 액세스할 수 있는 CPU를 갖고 있으나, 작업 내용에 따라 보다 큰 것을 사용하기도 한다.

I/O 포인트 수가 증가하게 되면 CPU의 메모리량도 증가해야 한다. 대부분의 PLC는 확장 가능한 메모리 용량을 갖고 있다. 즉, CPU에서 메모리 용량을 증가시키기 위해서는 부가적인 메모리 모듈을 구입할 수 있다. 64개 이하의 I/O 포인트를 갖는 작은 PLC에서는 일반적으로 확장 가능한 메모리를 갖지 않으나, 그 이상의 I/O 포인트를 갖는 시스템은 1K, 2K, 4K 등의 증가율로 메모리 확장 가능하다. 여기서 K는

1,024 개의 메모리 장소를 나타낸다.

대부분의 PLC 는 I/O 장치에서 엑세스할 수 없는 코일 및 접점이 있다. 이러한 소프트웨어 코일은 인터록 (interlock)을 목적으로 사용되며, 같은 목적으로 컨트롤 릴레이 (control relay) 가 릴레이 로직 시스템에서 사용된다. 이들 내부 코일 및 접점은 내부 저장비트 (storage bit) 로 취급되며, CPU 메모리 세트의 일부를 차지한다.

또한 CPU 는 타이머, 카운터 및 아날로그 모듈로부터의 데이터를 저장할 수 있도록 챙겨주는 메모리 장소를 갖게 되며, 이러한 주소 (address) 를 저장 레지스터 (storage registers) 라 하고 2 진 형태의 값을 저장한다.

2.3.4 메모리 구성

PLC 제조업체에서는 메모리에 저장되는 정보를 구성할 때 제조업체 고유의 방법을 사용한다. 모든 PLC 에 있어서 RAM 및 ROM 칩 등은 그 메모리 구조가 유사하지만 정보 비트가 메모리 되는 장소와 이들 데이터를 판독하기 위해 CPU 를 사용하는 방법은 다른 경우가 많다.

메모리 구성에 있어서는 PLC 가 가용 메모리부를 여러 섹션으로 분할하는 방식이 이용되고 있다. ROM 메모리에는 변경이 불가능한 정보도 포함하고 있기 때문에, 이 메모리 부분은 고정량이 된다. 그러나 얼마나 많은 바이트의 정보가 어떤 특정 기능을 위해 할당되는 지에 따라 응용 프로그램은 융통성을 갖는 것이 보통이다. 예를 들어, 다량의 카운터 및 타이머를 필요로 하는 PLC 시스템을 프로그래밍 할 경우, 이들 명령을 위해 할당된 메모리의 규모를 변경시키는 것이 가능하다.

전형적인 PLC 의 프로세서 메모리는 데이터 테이블 영역 (data table area), 사용자 프로그램 영역 (user program area) 및 메시지 저장 영역 (message storage area) 등 3 개의 주요부로 구성되어 있다. 이들 섹션은 입력 또는 출력 장치의 상태에 관한 정보를 저장하거나, 프로그램의 명령 및 메시지를 저장하기 위해 사용된다.

그림 2-13 은 Allen-Bradley PLC 의 표준 메모리 배치도이다. 메모리 그 자체는 처리 가능한 2 진 숫자, 즉 비트에 따라 분할되며, 그림 2-13 에서 좌측은 메모리의 각 부분에 할당된 전체 워드를 나타낸 것이다.

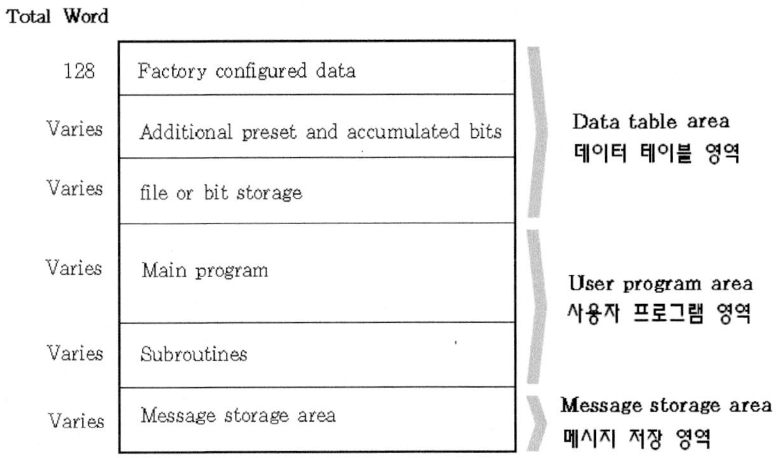

그림 2-13 Allen-Bradley PLC 메모리 배치도

2.4 스캔 기능

CPU 가 메모리에 저장된 프로그램을 실행하기 위해서는 여러 메모리 장소의 상황을 이해하고 있어야 한다. 입력 및 출력의 상태를 판독하고, 응용 프로그램의 명령을 검색하고 제어 프로그램을 실행하는 절차를 PLC 의 스캔 기능(scan function) 이라 한다.

CPU 는 기계 또는 프로세스를 제어하는 응용 프로그램을 해석하고 실행하기 위해 시스템 메모리 장치와 계속적으로 상호 정보를 제공한다. RAM 메모리에 저장된 프로그램을 판독하여 제어 프로그램을 실행하고 I/O 랙의 모든 출력을 갱신하기 위해 CPU 에 요구되는 시간을 스캔 시간(scan time) 이라 한다.

스캔 기능은 그림 2-14 와 같이, I/O 스캔(I/O scan) 과 프로그램 스캔(program scan) 으로 나눌 수 있다. I/O 스캔은 입력장치의 상태를 기록하여 이와 관련된 출력장치의 비트들을 활성화시키는 시간이며, 프로그램 스캔은 인스트럭션(명령) 이 시퀀스적으로 실행하는데 걸리는 시간이다.

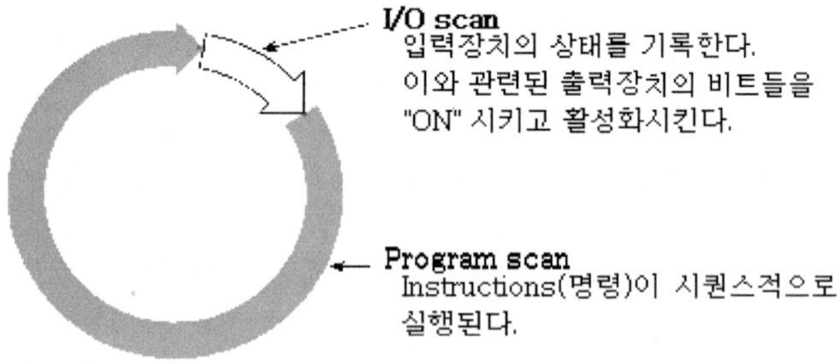

그림 2-14 스캔 기능

PLC 에서 스캔 시간은 매우 중요한 요소이다. 예를 들면, 하나의 스캔시 입력 신호의 상태가 두 번 변경되면, PLC 는 그 신호를 절대로 파악하지 못하게 된다. 이러한 상황은 입력 신호의 변화가 스캔 시간보다 빠를 경우에 일어난다. CPU 가 프로그램을 스캔하는 데 7 [ms] 가 소요될 경우, 입력 접점이 3 [ms] 마다 개폐되면 CPU 는 접점의 변경 상태를 알지 못한다. 대부분의 PLC 는 고장 수리 또는 프로그램의 오류 수정과 같은 다른 동작에 대해 조정될 수 있는 스캔 시간을 갖는다.

프로그램에 입력된 각 명령들은 그 명령이 실행되는 데 일정한 시간이 필요하다. 이 소요 시간은 명령에 따라 각각 다르다. 예로, 타이머의 누산값을 판독하는 데 소요되는 시간보다는 출력 코일의 상태를 판독하기 위해 프로세스에서 소요되는 시간이 적다. 프로그램 그 자체의 전체 길이도 스캔 시간에 영향을 미친다.

표 2-1 은 CPU 가 어떤 명령을 처리하기 위해 소요되는 평균 시간을 나타낸다.

표 2-1 일반적인 CPU 의 명령처리 평균 시간

명령	명령이 여자된 경우 평균시간	명령이 소자된 경우 평균 시간
정상 상태에서 열린접점	7μs	6μs
정상 상태에서 닫힌접점	5μs	5μs
출력 코일	8μs	8μs
한시 동작	50μs	35μs
한시 복귀	55μs	40μs
업-카운터	40μs	30μs
다운-카운터	35μs	30μs
연산 기능	30–300μs	15μs
시퀀서	400μs	50μs
데이터 변환	200μs	50μs

프로그램 전체를 스캔하는 데 필요한 시간은 사용하는 제조업체 및 모델 종류에 따라 1 [ms] 와 255 [ms] 사이에 한 번씩 변한다. 제조업체에서 할당된 RAM 메모리의 양도 전체 스캔 시간에 영향을 미친다. 일반적으로, 1K 의 사용 메모리에 2 [ms] 가 부가된다. 프로그래밍 단말기가 CPU 에 접속될 경우에는 I/O 의 상태를 CRT 화면에 전송하기 위해 시간이 길어지기 때문에 스캔 시간도 길어진다.

2.5 전원공급장치

PLC 의 전원공급장치는 PLC 동작에 필요한 모든 전압을 제공한다. 전원은 AC 110 [V] 또는 220 [V] 를 CPU 의 메모리 및 I/O 회로에 필요한 DC 전압으로 변환한다. PLC 는 DC +5 [V] 및 −5 [V] 로 동작한다. 따라서, 전원은 AC 입력 전압을 가변 레벨의 DC 전압으로 정류 및 강압을 시킬 수 있어야 한다. 이 변환에는 그림 2-15 와 같은 2 개의 전파 정류기 (full wave bridge rectifiers) 및 중간탭 변압기가 이용된다.

그림 2-15 에서, L1 및 L2 는 인입되는 AC 전원이다. 중성점 (G) 는 N 으로 표시되기도 한다. Line conditioner 는 AC 전압이 전원 장치에 낙뢰의 영향을 방지하는 것이다. 단자 T1 및 T2 는 변압기의 1 차측 단자이다. AC 전압의 정류 및 강압을 위해서 2 개의 전파 정류기를 사용하여 한 브리지는 DC +5 [V], 다른 브리지는 DC −5 [V] 를 발생시킨다.

정류기에서 나온 펄스 형태의 DC 전압을 평활하게 하기 위해 필터 (filter) 회로가 사용된다. 필터의 내부 회로는 저항, 커패시터 및 인덕터로 구성된다. 경우에 따라서는 필터링을 전자적으로 구성하기도 한다.

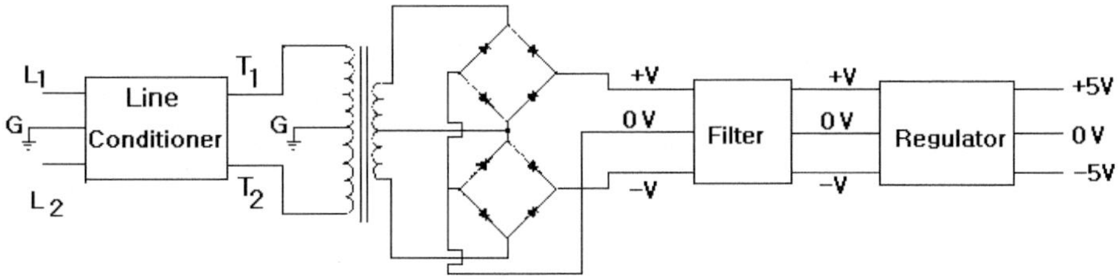

그림 2-15 CPU 전원장치

부하 상태와 관계없이 전원의 출력 레벨을 일정하게 하기 위해서는 정전압 회로가 필요하다. 이상적인 전원은 전부하 또는 무부하에 관계없이 동일한 출력 전압이 발생해야 한다. 정전압 조정기(regulator)는 출력 전압을 항상 DC +5[V] 및 −5[V]로 유지시킨다.

Q. 연습문제

01 PLC 에 있어서 CPU 는?

(a) RAM 에 저장되어 있다.
(b) 일반적으로 마이크로프로세서라 한다.
(c) 응용 프로그램을 포함한다.
(d) UV 광을 사용하여 소거할 수 있다.

02 PLC 의 CPU 가 수행하지 않는 작업은?

(a) 산술 기능
(b) 기본 데이터 처리
(c) 제어를 위한 프로세스 센서에 직접 접속
(d) 실행 및 응용 프로그램의 변경

03 ALU (산술논리연산장치) 의 2 가지 주요 기능은?

04 마이크로프로세서와 조합된 2 가지 버스는?

05 사용자에 의해 PLC 에 입력된 프로그램을 일반적으로 무엇이라 하는가?

(a) 실행 프로그램 (b) 제어 응용 프로그램
(c) ROM (d) RAM

06 PLC 에서 마이크로프로세서는 무엇으로 사용되는가?

(a) ROM (b) CRT
(c) bus (d) CPU

07 CPU 진단에 있어서 가장 일반적인 두 형태의 CPU 는?

08 진단 체크에 의해 드러나는 오류는

(a) 치명적 또는 비치명적이다.
(b) 무효이다.
(c) 사용자 프로그램에 의해 야기된다.
(d) 심각하지 않다.

09 PLC 에서 메모리 사이즈는 (　　) 로 표시되지 않는다.

(a) baud　　(b) 워드
(c) 비트　　(d) 바이트

10 휘발성 메모리는 ?

(a) 항상 ROM 이다.
(b) 결코 PLC 에 사용되지 않는다.
(c) 전원 제거시 데이터가 소실된다.
(d) 항상 코어 메모리이다.

11 반도체 메모리의 두 종류는 ?

12 프로그램이 가능한 판독 전용 메모리 장치 (PROM) 는 ?

(a) 판독/기록 메모리라고도 불린다.
(b) UV 광으로 재기록될 수 있는 특별히 설계된 PROM 이다.
(c) 통상적으로 RAM 메모리에 영구적 메모리 백업을 제공하기 위해 사용된다.
(d) PLC 프로그래밍 단말기를 통해 용이하게 프로그램될 수 있다.

13 PLC 에 있어서 응용 프로그램에 사용되는 메모리의 가장 일반적인 형태는 ?

(a) EEPROM　　(b) EPROM
(c) ROM　　(d) RAM

14 메모리 보호는 ?

(a) RAM 에 저장된 프로그램을 폐쇄한다.
(b) 전원의 제거시 RAM 메모리가 소실되지 않도록 한다.
(c) ROM 에 메모리된 프로그램을 폐쇄한다.
(d) UV 광이 프로그램을 소거하지 않도록 한다.

15 전형적으로 PLC 메모리에 저장된 워드는 (　) 로 구성된다.

(a) 8 바이트　　(b) 최대 26 문자
(c) 8 또는 16 비트　　(d) 8 또는 16 레지스터

16 메모리 이용이란 ?

17 1K 의 메모리는?

(a) 1,000 비트 (b) 1,000 바이트
(c) 1,024 비트 (d) 1,024 바이트

18 데이터 테이블이란?

19 대부분의 PLC 에 있어서 감시 소프트웨어는 배터리에 의해 백업된다.

(예), (아니오)

20 최대 256 개의 출력을 갖는 PLC 는 ( ) 의 출력 테이블을 필요로 한다.

(a) 256 바이트 (b) 256 비트
(c) 128 비트 (d) 128 바이트

21 PLC 시스템은 16 비트의 메모리 구조로서 8 비트 마이크로프로세서 형태를 갖는다. 메모리 용량이 8K 일 경우 메모리는 얼마나 많은 비트를 갖는가?

(a) 131,072 비트 (b) 8,192 비트
(c) 8,000 비트 (d) 128,000 비트

22 PLC 의 메모리 맵에 통상적으로 할당되지 않는 영역은 ( ) 이다.

(a) 응용 프로그램 (b) 데이터 테이블
(c) CPU (d) 실행 프로그램

23 스캔 시간이란?

24 PLC 의 전체 스캔 시간이 5 [ms] 이고, ( ) 신호를 모니터 해야 할 경우, CPU 는 신호가 변경되는 상태를 인식하지 못한다.

(a) 10 [ms] 에 상태가 한 번 변경되는
(b) 상태가 매우 천천히 변경되는
(c) 20 [ms] 에 상태가 한 번 변경되는
(d) 4 [ms] 에 상태가 두 번 변경되는

A. 해답

01 (b) **02** (c) **05** (b) **06** (d) **08** (a) **09** (a) **10** (c) **12** (c)
13 (d) **14** (a) **15** (c) **17** (d) **20** (b) **21** (b) **22** (d) **24** (d)

제 3 장 디지털 논리와 래더 논리

3.1 서론

모든 디지털 장비는 그 장비의 복잡한 구조와는 관계없이 논리 회로의 조합으로 제작된다. 논리 게이트 회로에서, 의사 결정 요소에 따른 출력 게이트는 입력 조건에 따라서 high 나 low 가 된다. 본 장에서는 논리 게이트의 원리와 이를 어떻게 PLC 에 응용하는가를 다룬다. 디지털 장치는 어떤 형태의 논리 회로로 조합된 것인가를 파악한 후, 진리표를 이용하여 논리 게이트의 동작을 이해하는 것이 바람직하다. 진리표 (turth table) 는 게이트 회로의 입력과 출력의 논리 레벨 사이의 관계를 그래픽하게 설명해준다.

부울 대수 (Boolean algebra) 는 기본적으로 수학적인 언어이지만, 제어시스템뿐만 아니라, PLC 에서도 이 언어를 많이 사용한다. 왜냐하면 대부분의 PLC 는 많은 변수를 포함한 복잡한 프로그램을 작성해야만 하는데, 이 언어를 사용하면 PLC의 래더 논리의 변수가 감소하기 때문이다. 따라서 **부울** 대수와 같은 언어는 복잡한 제어 문제를 해결하는 데 적합한 언어이다.

본 장에서 설명하는 기본 논리 게이트는 AND, OR, NOT, NAND 및 NOR 게이트이다. 논리 게이트에서는 입력과 출력 신호로 2 개의 가능한 2 진수 0 과 1 만 있는 논리 레벨 또는 상태이다. 논리 게이트와 **부울** 대수 외에 디지털 논리 회로와 래더 논리 관계도 함께 다룬다.

❖ 3.2 AND 게이트

전기 회로는 직렬 및 병렬로 연결된 요소의 집합으로 구성되어 있으며 이는 디지털 논리 회로에서도 같다. 그림 3-1은 2개의 스위치가 직렬로 접속되어 있다. 램프 Z가 동작하기 위해서는 2개의 스위치 모두가 동작하여야 한다. 따라서 출력 Z가 여자되려면 스위치 A "AND" 스위치 B 모두가 닫혀야 한다.

진리표는 입력 신호의 여러 조합에 따라 어떻게 출력에 나타나는가를 나타내는 것으로 그림 3-1의 진리표는 그림 3-2와 같다.

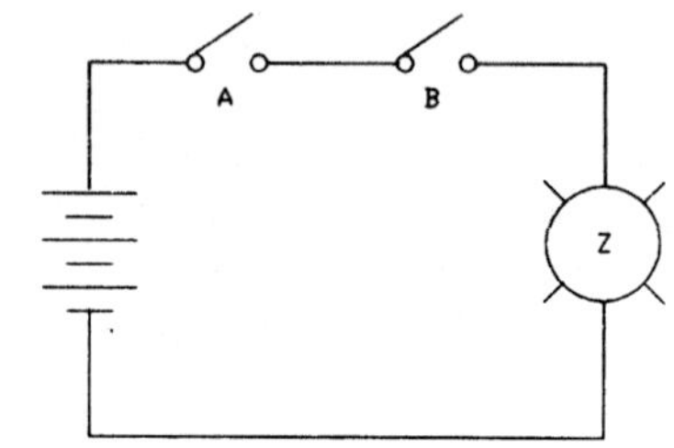

그림 3-1 직렬 회로

Switch A	Switch B	Output Z
Open	Open	OFF
Open	Closed	OFF
Closed	Open	OFF
Closed	Closed	ON

그림 3-2 그림 3-1 회로의 진리표 I

이때, 2진수 1이 스위치가 닫힌 상태이고 0이 열린 상태라면 그림 3-1의 진리표는 그림 3-3과 같이 쓸 수 있다.

부울 대수는 논리 게이트의 수식적인 함수로 표현되어 사용한다. **부울** 대수는 647년 G. Boole에 의해 개발되었으나, 본격적으로 이용된 것은 1938년 Claude Shannon이라는 엔지니어가 릴레이 회로에서 2가지 상태의 스위칭으로 해석한 이후이다.

Switch A	Switch B	Output Z
0	0	0
0	1	0
1	0	0
1	1	1

그림 3-3 그림 3-1 회로의 진리표 II

·부호는 부울 방정식에서 AND 동작을 나타내는 데 사용된다. 2개 입력에 대한 AND 게이트의 부울 방정식은 다음과 같다.

$$A \cdot B = Z$$

·부호는 AND 기능에 대한 선택으로 2개의 문자 사이에 부호가 없는 경우에도 AND 동작으로 해석하면 되는 것으로서, 이 방정식은 다음과 같이 표시하여도 된다.

$$AB = Z$$

그림 3-1 회로의 등가 논리 게이트는 2개 입력의 AND 게이트로 그림 3-4 와 같다. AND 게이트에서서는 입력의 수에 관계없이 출력은 모든 입력이 1인 경우에 한하여 1이 된다. 2진 입력의 가능한 조합의 총 수는 다음과 같다.

$$N = 2^n$$

여기서, N = 가능한 모든 조합
n = 입력 변수의 수

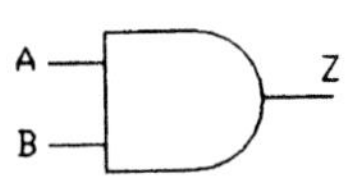

그림 3-4 2입력 AND 게이트

예제 3-1

4입력 AND 게이트에서 입력상태의 가능한 조합을 구하라.

▸ 풀이

$N = 2^n = 2^4 = 16$

예제 3-2

3입력 AND 게이트의 진리표를 작성하라.

▸ 풀이

3입력 AND 게이트 $A \cdot B \cdot C = Z$의 진리표는 그림 3-5와 같다. ($N = 2^3 = 8$)

A	B	C	Z
0	0	0	0
0	0	1	0
0	1	0	0
0	1	1	0
1	0	0	0
1	0	1	0
1	1	0	0
1	1	1	1

그림 3-5 3입력 AND 게이트의 진리표

3.3 OR 게이트

그림 3-6은 2개의 스위치를 병렬로 연결한 것이다. 이때 출력 Z가 여자되기 위해서는 어느 한쪽이나 양쪽의 스위치가 닫혀야 한다. 그러므로 출력 Z가 여자되기 위해서는 스위치 A "OR(또는)", 스위치 B가 닫혀야 한다.

그림 3-6의 회로에 대한 등가 논리 게이트는 OR 게이트로서, OR 게이트는 어느 입력이든 전압이 가해질 때 출력 전압이 발생하도록 하는 병렬 회로이다. 2입력 OR 게이트에 대한 부호는 그림 3-7과 같고, 이때의 진리표는 그림 3-8과 같다. 부호는 **부울** 대수에서 OR 기능을 표시하는 데 사용하고 2입력 OR 게이트에 대한 **부울** 방정식은 다음과 같다.

$$A + B = Z$$

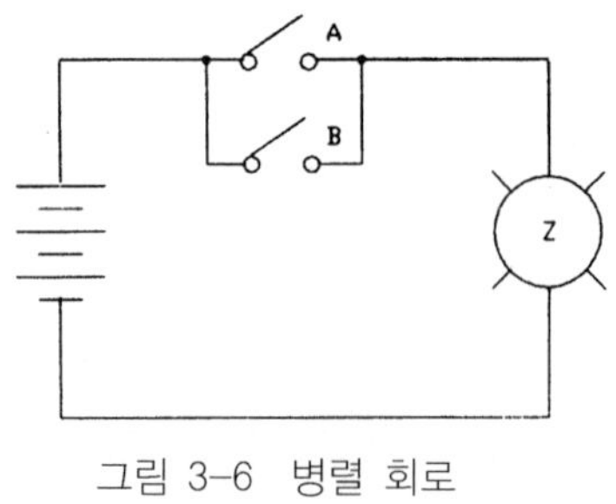

그림 3-6 병렬 회로

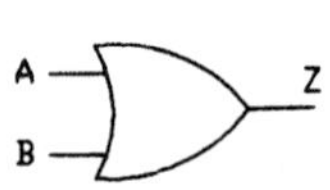

그림 3-7 2입력 OR 게이트

A	B	Z
0	0	0
0	1	1
1	0	1
1	1	1

그림 3-8 2 입력 OR 게이트의 진리표

3.4 인버터 (NOT 게이트)

인버터는 디지털 회로에서 입력을 가할 때 출력이 입력과 반대로 발생되는 회로이다. 예로서, 인버터에 가해지는 입력이 2 진수로 0 이면 출력은 1 이고, 반대로 입력이 1 이면 출력은 0 이 된다.

그림 3-9 와 같은 회로는 디지털 인버터의 기본 등가 회로로 스위치 A 가 NOT 으로 닫히면 출력은 ON 이고, 스위치 A 가 반대상태로 되면 출력은 OFF 가 된다.

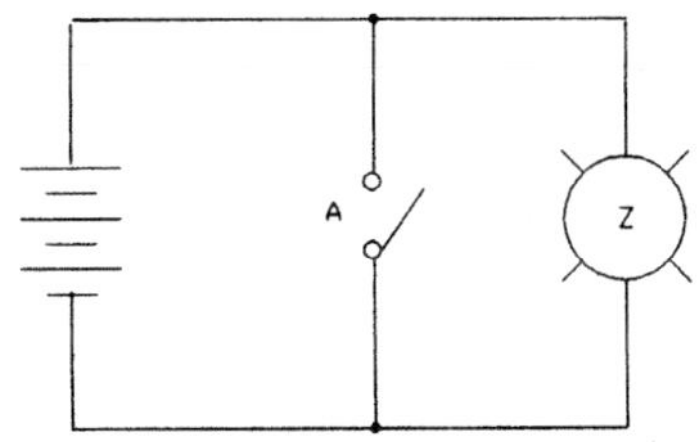

그림 3-9 인버터의 등가 회로

그림 3-10 은 인버터에 사용하는 2 가지의 기본 부호로서 반대 상태는 삼각형 앞이나 뒤에 있는 작은 원으로 동작된다. 이 부호에서 삼각형은 버퍼 증폭기로 표현되기도 하는데, 이 버퍼 증폭기는 전압을 증폭시키지 않는 전류원이다.

그림 3-10 인버터 부호

인버터에서 입력 A 에 대한 출력 Z 의 **부울** 방정식은 다음과 같고, 인버터에 대한 진리표는 그림 3-11 과 같다.

$$A = \overline{Z}$$

A	Z
0	1
1	0

그림 3-11 인버터에 대한 진리표

❖ 3.5 NAND 게이트

NAND 게이트는 그림 3-12 (a) 와 같이 AND 게이트에 인버터를 연결하여 출력한다. NAND 게이트의 부호는 그림 3-12 (b) 와 같다. 그림 3-12 (b) 에서 AND 게이트의 출력에 있는 작은 원은 역동작을 나타낸 것이다.

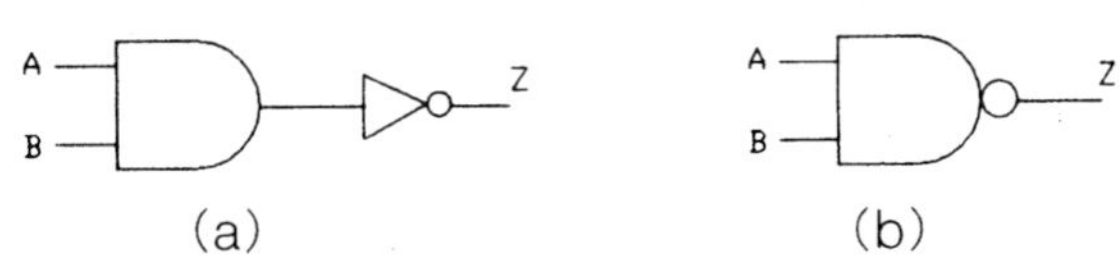

그림 3-12 (a) 인버터가 있는 AND 게이트, (b) NAND 게이트

NAND 게이트의 출력은 AND 게이트와 입력이 동일할 때 완전히 반대가 된다. 그러므로 NAND 게이트의 출력은 모든 입력이 1 일 때만 0 이 되고, 입력 중 하나라도 0 이면 출력은 1 이 된다. 2 입력 NAND 게이트의 진리표는 그림 3-13 과 같다.

A	B	Z
0	0	1
0	1	1
1	0	1
1	1	0

그림 3-13 2 입력 NAND 게이트의 진리표

2 입력 NAND 게이트에서 입력을 A 와 B, 출력을 Z 라 하면 **부울** 방정식은 다음과 같다.

$$A \cdot B = \overline{Z}$$

또는

$$\overline{A \cdot B} = Z$$

위의 방정식은 2 입력 NAND 게이트에서는 어느 것이라도 사용할 수 있으며, 전체 입력이나 전체 출력을 바꾸더라도 결과는 항상 같게 된다.

3.6 NOR 게이트

NOR 게이트는 그림 3-14 (a) 와 같이 NOR 게이트에 인버터를 연결하여 출력을 내고 부호는 그림 3-14 (b) 와 같다. 그림 3-14 (b) 에서 AND 게이트의 출력에 있는 작은 원은 역동작을 나타낸 것이다.

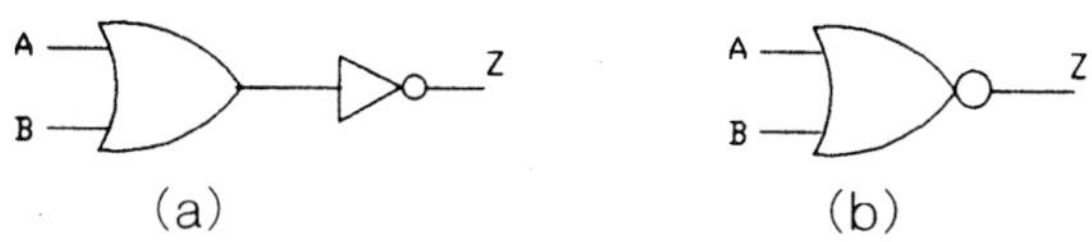

그림 3-14 (a) 인버터를 연결한 NOR 게이트, (b) NOR 게이트

NOR 게이트의 출력은 OR 게이트와 입력이 동일할 때 완전히 반대가 된다. 그러므로 NOR 게이트의 출력은 입력 중 어느 하나라도 1 이면 0 이 된다. 그리고 모든 입력이 0 이면 출력은 1 이 된다. 2 입력 NOR 게이트의 진리표는 그림 3-15 와 같다.

A	B	Z
0	0	1
0	1	0
1	0	0
1	1	0

그림 3-15 2 입력 NOR 게이트의 진리표

2 입력 NOR 게이트에서 입력을 A 와 B, 출력을 Z 라 하면 부울 방정식은 다음과 같다.

$$A + B = \overline{Z}$$

또는

$$\overline{A + B} = Z$$

위의 방정식은 2입력 NOR 게이트에서는 어느 것이라도 사용할 수 있으며, 전체 입력이나 전체 출력을 바꾸더라도 결과는 항상 같게 된다.

3.7 논리 게이트의 조합

논리 회로가 복잡해지면 이 회로에 대한 부울 함수의 표현식도 커지게 된다. 간단한 논리 게이트는 동작식을 즉시 작성할 수 있으나 복잡한 회로의 경우에 출력은 게이트별로 그룹화 하여 조합시킨다.

그림 3-16과 같은 회로에서 출력은 2개의 OR 게이트와 1개의 AND 게이트의 조합으로 입력 A, B, C 및 D의 상태에 따라 여자된다.

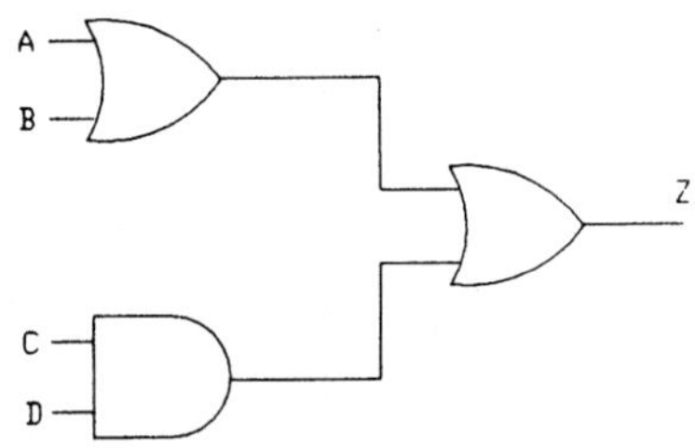

그림 3-16 조합 논리 게이트

그림 3-16 회로의 부울 방정식은 다음과 같다.

$$(A+B)+(CD)=Z$$

이 방정식에서 입력 A 또는 B가 1이면 출력 Z는 1이 된다. 또한 입력 C 와 D가 1이면 출력은 1이 된다. 즉, 그림 3-17의 진리표에서 출력은 부울 방정식으로부터 구할 수 있다.

A	B	C	D	Z
0	0	0	0	0
0	0	0	1	0
0	0	1	0	0
0	0	1	1	1
0	1	0	0	1
0	1	0	1	1
0	1	1	0	1
0	1	1	1	1
1	0	0	0	1
1	0	0	1	1
1	0	1	0	1
1	0	1	1	1
1	1	0	0	1
1	1	0	1	1
1	1	1	0	1
1	1	1	1	1

그림 3-17 그림 3-16 의 조합 회로에 대한 진리표

예제 3-3

그림 3-18 과 같은 논리 회로의 부울 방정식과 진리표를 작성하라.

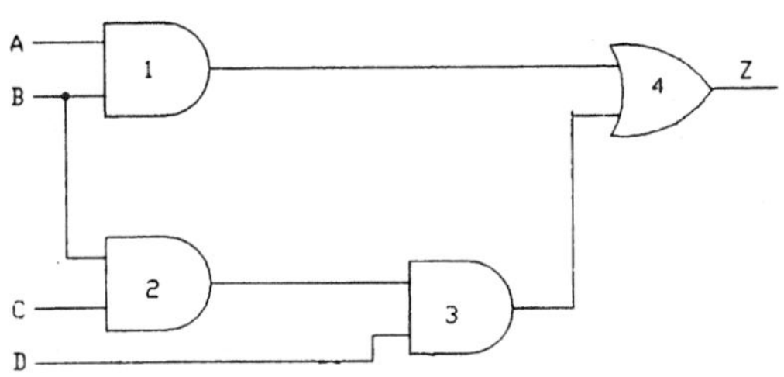

그림 3-18 예제 3-3 의 그림

▸ 풀이

게이트 1 의 출력은 AB, 게이트 2 의 출력은 BC 이므로 게이트 3 의 출력은 BCD 이다. 따라서, 게이트 4 는 게이트 1 과 게이트 3 의 출력으로 부울 방정식은 다음과 같고 진리표는 그림 3-19 와 같다.

$$AB + BCD = Z$$

A	B	C	D	Z
0	0	0	0	0
0	0	0	1	0
0	0	1	0	0
0	0	1	1	0
0	1	0	0	0
0	1	0	1	0
0	1	1	0	0
0	1	1	1	1
1	0	0	0	0
1	0	0	1	0
1	0	1	0	0
1	0	1	1	0
1	1	0	0	1
1	1	0	1	1
1	1	1	0	1
1	1	1	1	1

그림 3-19 예제 3-3 의 진리표

예제 3-4

그림 3-21 (a) 의 회로에서 부울 방정식과 진리표를 작성하라.

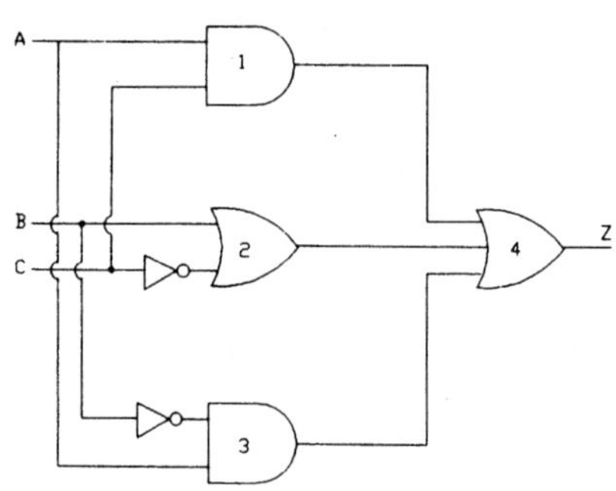

A	B	C	Z
0	0	0	1
0	0	1	0
0	1	0	1
0	1	1	1
1	0	0	1
1	0	1	1
1	1	0	1
1	1	1	1

그림 3-21 (a) 예제 3-4 의 회로 (b) 예제 3-4 의 진리표

▸ **풀이**

그림 3-21 (a)의 회로에서 게이트 1 의 출력은 AC, 게이트 2 의 출력은 $B+\overline{C}$ 이다. 게이트 4 의 출력은 게이트 1, 2 와 3 에 의해 결정되며, 부울 방정식은 다음과 같고, 진리표는 (b)와 같다.

$$(AC)+(B+\overline{C})+(A\overline{B}) = Z$$

3.8 DELAY 회로

DELAY 회로는 그림 3-22와 같이 ON DELAY와 OFF DELAY로 나눌 수 있으며, AND 게이트에 대각선 화살표를 사용하여 표시한다. 위로 향한 화살표는 ON DELAY를, 아래로 향한 화살표는 OFF DELAY 회로를 나타낸다.

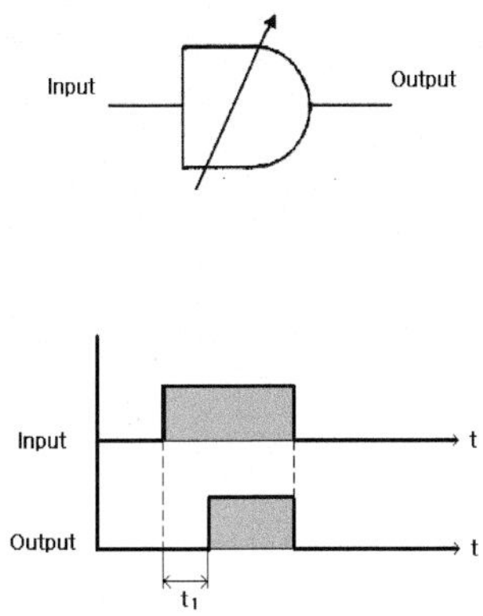

(a) ON DELAY

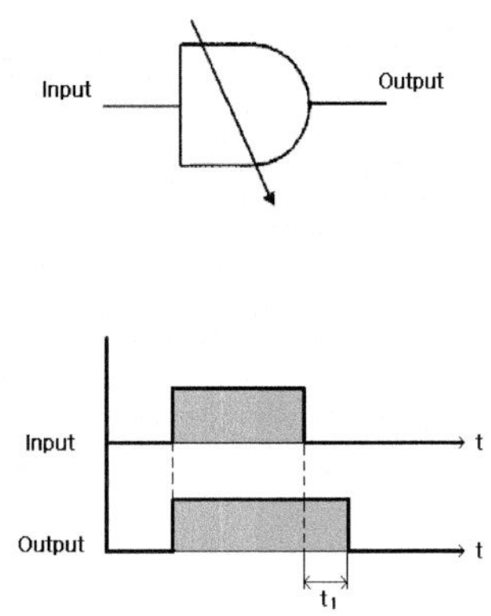

(b) OFF DELAY

그림 3-22 DELAY 회로

그림 3-22 (a)의 ON DELAY 회로는 입력신호가 ON 하여 t_1 시간이 경과한 후 출력신호가 발생하고, 입력신호가 OFF 되는 것과 동시에 출력신호가 OFF 된다. 반면에 OFF DELAY는 입력신호가 ON 하면 동시에 출력신호가 발생하고, 입력신호가 OFF 하면 t_1 시간 경과후 출력신호가 OFF 된다.

3.9 디지털 논리에서 래더 논리로의 변환

디지털 논리 회로는 각각의 논리 게이트를 등가인 **래더 논리** 회로망으로 변환할 수 있으며, **부울** 방정식을 기준으로 작성한 디지털 회로를 등가인 래더 논리 프로그램으로 변환하여 PLC의 기능을 수행시킬 수 있다.

AND 게이트는 기본적으로 2개의 입력신호를 직렬로 접속한 접점이므로 그림 3-23 (a)과 같은 디지털 2입력 AND 게이트에 대한 등가 래더 논리 회로는 그림 3-23 (b)와 같다.

(a) (b)

그림 3-23 (a) AND 게이트 (b) 등가 회로

디지털 2입력 OR 게이트의 그림 3-24(a)에 대한 등가 래더 논리 회로는 그림 3-24(b)와 같다.

(a) (b)

그림 3-24 (a) OR 게이트 (b) 등가 회로

인버터 그림 3-25(a)에 대한 등가 래더 논리 회로는 그림 3-25(b)와 같다.

(a) (b)

그림 3-25 (a) NOT 게이트 (b) 등가 회로

그림3-25 회로에서, 2진수 "0" 은 평상시 정상상태의 접점(또는 복구된 접점)을, "1" 은 정상상태에서 변화한 접점을 나타낸 것으로 가정한 것이다.

그림 3-25(b)의 등가회로에서, A가 변화되지 않은 닫힌 상태("0")이면 코일 Z는 온-상태("1")가 되고, A가 닫힌 상태에서 열린 상태("1")로 변화하면 코일 Z는 오프-상태("0")가 된다.

그림 3-26(a)의 NAND 게이트는 그림 3-26(b) 회로와 같은 등가 래더 논리 회로로 표시할 수 있다. 그림(b)에서 2개의 입력 접점중 하나라도 정상 상태에서 닫혀있는 접점("0")이면 출력 코일 Z는 ON 상태("1")가 된다.

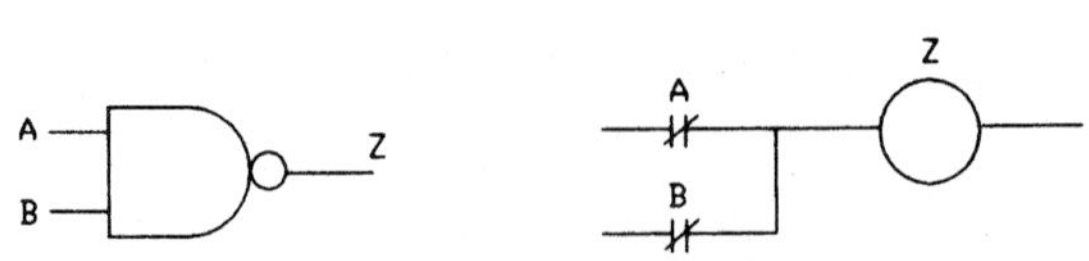

(a) (b)

그림 3-26 (a) NAND 게이트 (b) 등가 회로

그림 3-27 (a) 의 NOR 게이트는 그림 3-27 (b) 회로와 같은 등가 래더 논리 회로로 표시할 수 있다. 여기서, 2 진수 "0" 은 정상상태에서 복구되어 있는 접점이고 "1" 은 변화된 상태의 접점이므로, 2 개의 입력 접점 모두가 닫힌 접점("0")일 때에만 출력 코일 Z 가 온-상태("1")가 된다.

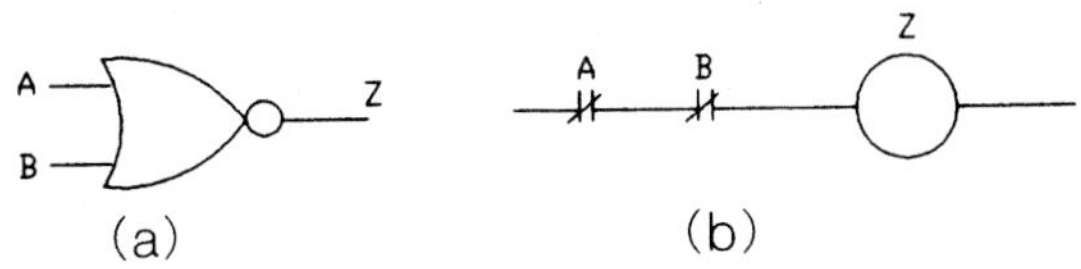

(a) (b)

그림 3-27 (a) NOR 게이트 (b) 등가 회로

예제 3-5

그림 3-28 의 회로를 등가 래더 논리 회로로 변환하라.

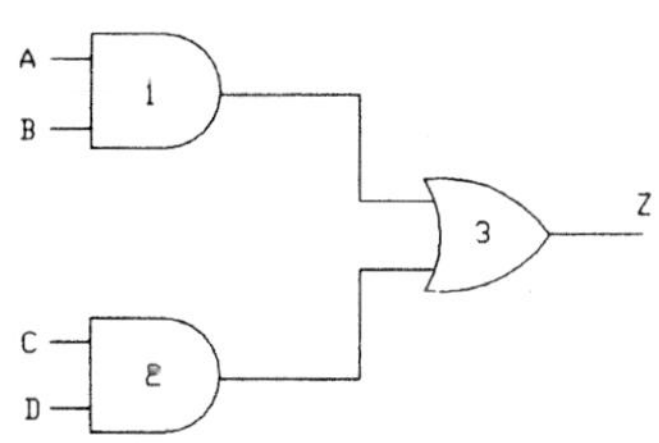

그림 3-28 문제 3-5 의 회로

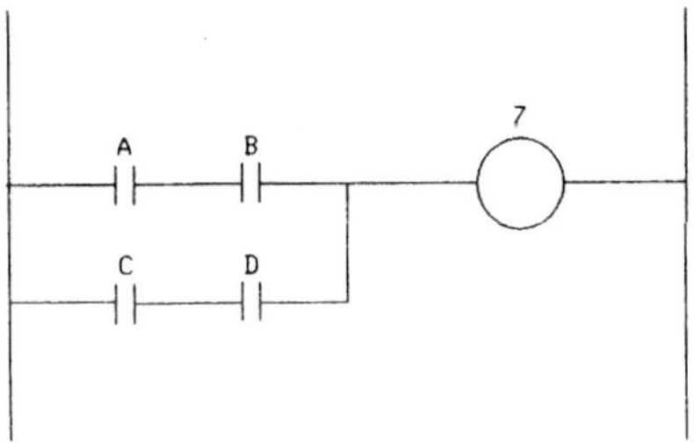

그림 3-29 그림 3-28 의 래더 논리 회로

▸ 풀이

그림 3-28 의 디지털 회로는 4 개의 입력이 있으므로 등가 래더 논리 회로는 4 개의 접점과 1 개의 출력 코일이 필요하다. 논리 게이트 1, 2 는 AND 게이트이므로 접점 A, B 는 직렬, 접점 C 및 D 가 직렬이 되어야 한다. 게이트 3 에는 OR 게이트로 2 개의 접점 세트가 각각 병렬로 연결되어 있다. 그림 3-29 는 그림 3-28 의 등가 래더 논리 회로이다.

예제 3-6

그림 3-30 과 같은 래더 논리 회로를 부울 방정식으로 표시하라.

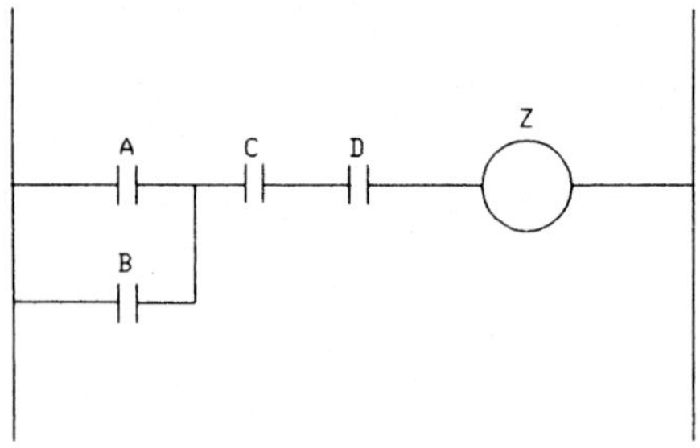

그림 3-30 문제 3-6 의 회로

▸ 풀이

그림 3-30 의 래더 논리 회로는 2 개의 접점이 직렬로 연결되어 있고 여기에 2 개의 접점이 병렬로 접속되어 있다. 따라서 부울 방정식은 다음과 같다.

$$(A+B) \cdot CD = Z$$

예제 3-7

그림 3-30 과 같은 래더 논리 회로를 등가 디지털 논리 회로를 변환하라.

▸ 풀이

접점 A 와 B 는 병렬이므로 OR 게이트가 된다. 접점 C 와 D 는 직렬이므로 AND 게이트가 된다. 다음 접점 A 와 B 의 OR 게이트와 접점 C 와 D 의 AND 게이트는 직렬로 이 회로의 출력이 된다. 따라서 그림 3-31 은 그림 3-30 래더 논리 회로의 등가 디지털 논리 회로이다.

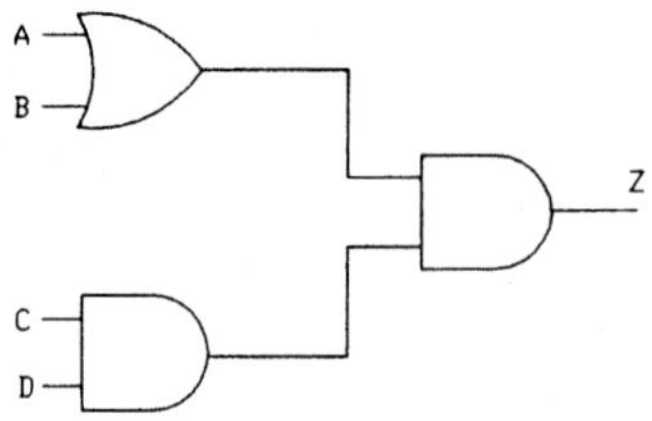

그림 3-31 예제 3-7 의 디지털 논리 회로 해

3.10 부울 정리

프로그래밍 언어로서 **부울** 대수를 이용한 PLC의 프로그램을 위해서는 **부울** 대수의 기본 개념을 이해하여야 한다. 이미, 앞장에서도 기본적인 논리 게이트에 **부울** 방정식을 이용한 바가 있다. 그러나 **부울** 방정식의 크기가 커지고 복잡해짐에 따라, 기본적인 정리를 이용하여 방정식을 간략하게 할 필요가 있다. **부울** 정리는 **부울** 방정식의 크기와 복잡한 것을 줄이는 데 사용한다. 이 정리에는 8개의 단변수 정리와 7개의 다변수 정리가 있다. 등가 래더 논리 기능이 있는 단변수 정리(single variable theorems)는 표 3-1과 같다.

표 3-1 단변수 정리

정리 (Theorem)	래더 로직 형태 (Ladder logic form)	간소화 된 형태 (Reduced form)	부울 형태 (Boolean form)
1.	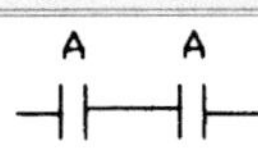	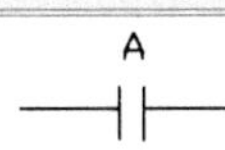	$A \cdot A = A$
2.	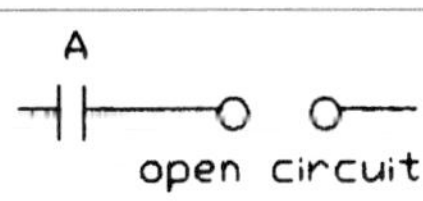	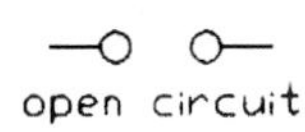	$A \cdot 0 = 0$
3.	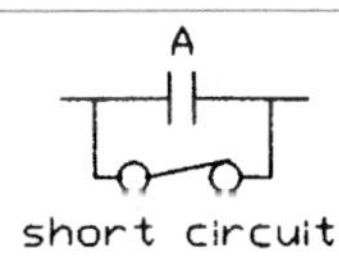	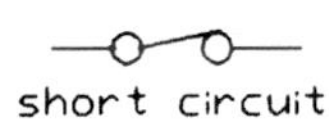	$A + 1 = 1$
4.	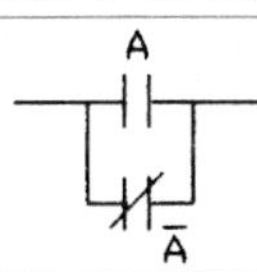	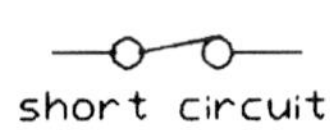	$A + \bar{A} = 1$
5.	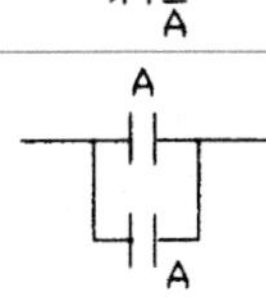	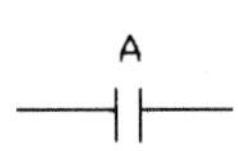	$A + A = A$
6.	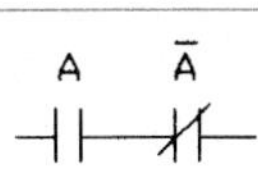	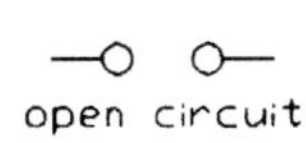	$A \cdot \bar{A} = 0$
7.	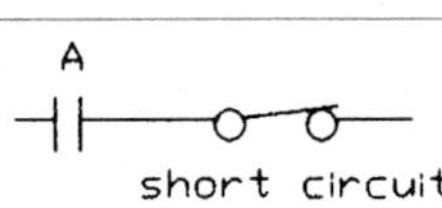	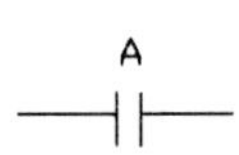	$A \cdot 1 = A$
8.	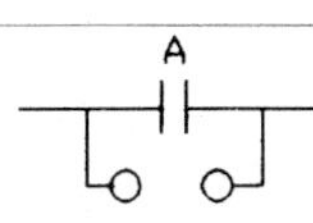	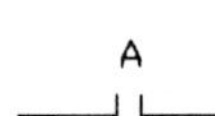	$A + 0 = A$

표 3-1에서 정리(Theorem) 1은 디지털 로직으로 변환하였을 경우 "AND 게이트"에 해당하며, 정리 5는 "OR 게이트"에 해당한다. 특히, 정리 4와 정리 6을 합쳐서 "Don't care" 회로라고 한다. 즉,

4. $A+\overline{A}=1$
6. $A\cdot\overline{A}=0$

한편, 표 3-1의 단변수 이외의 다음 7개 다변수 정리(multivariable theorems)는 한 개 이상의 변수를 가진 경우가 된다.

9. $x+y=y+x$
10. $xy=yx$

정리 9와 10은 교환 법칙으로, 변수의 덧셈이나 곱셈에서는 변수간의 순서를 바꾸어도 된다는 의미이다.

11. $x+(y+z)=(x+y)+z=x+y+z$
12. $x(yz)=(xy)z=xyz$

정리 11과 12는 결합 법칙으로, 임의의 순서로 변수의 합이나 적의 항을 그룹화하는 것은 가능하다.

13. $x(y+z)=xy+xz$

정리 13은 분배 법칙으로 원래의 계산 방법과 같이 항별로 항끼리 곱할 수 있다.

14. $x+xy=x$
15. $x+(x+\overline{x}\,y)=x+y$

위의 7개 다변수 정리에 관한 래더 로직회로와 디지털 로직회로를 표 3-2에 나타내었다.

정리 9와 11은 디지털 로직으로 변환했을 경우 2입력 또는 3입력 AND 게이트가 되며, 정리 10과 12는 2입력 또는 3입력 OR 게이트가 된다. 정리 13, 14 및 15는 래더 로직으로 변환하여 생각하면 부울 방정식이 성립하는 것을 쉽게 알 수 있다.

표 3-2 다변수 정리

Theorem	Ladder Logic Form	Digital Logic Form
9. $x+y=y+x$ 11. $x+(y+z)$ $=(x+y)+z$ $=x+y+z$	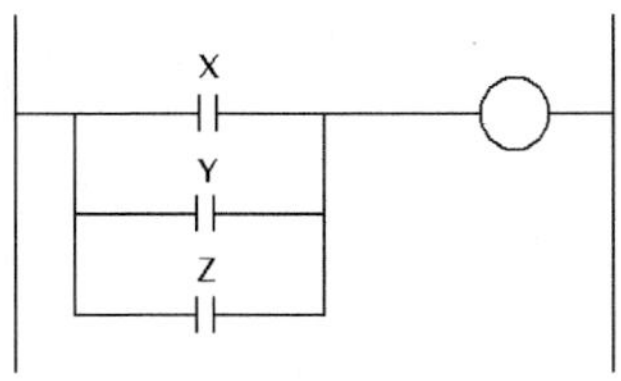	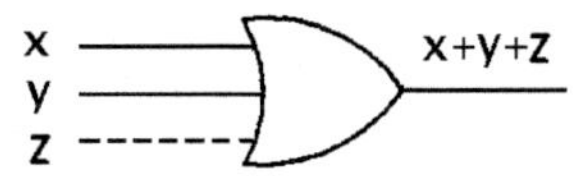
10. $xy=yx$ 12. $x(yz)$ $=(xy)z$ $=xyz$	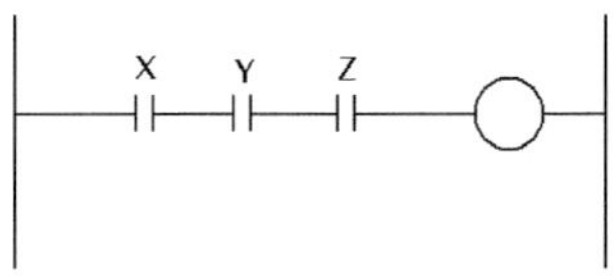	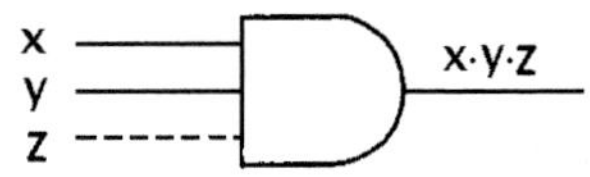
13. $x(y+z)$ $=xy+xz$	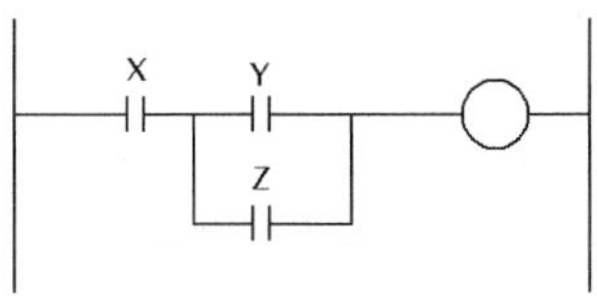	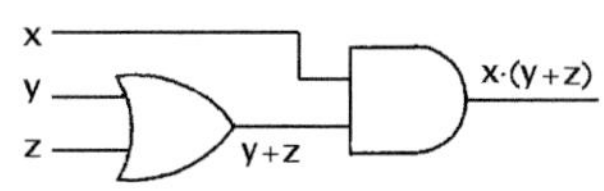
	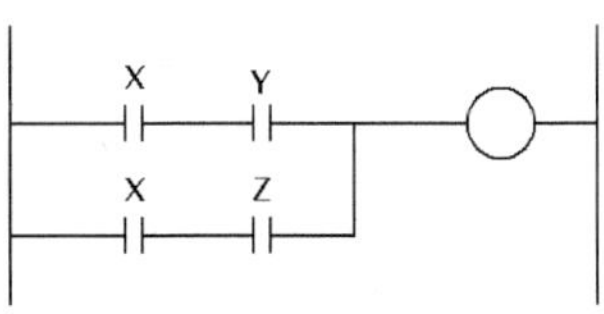	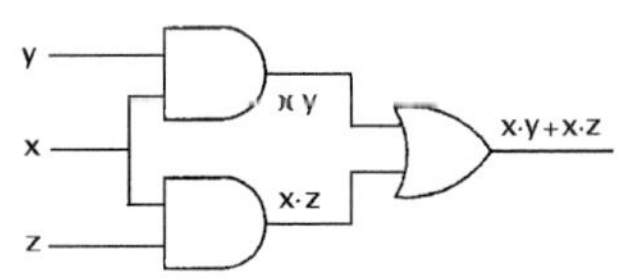
14. $x+xy=x$	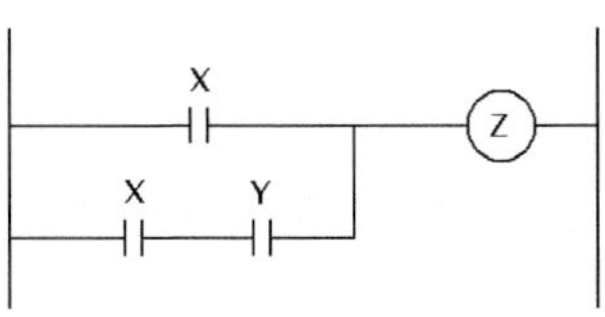	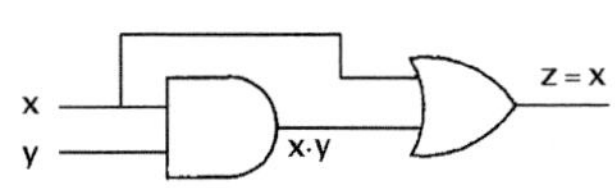
15. $x+(x+\bar{x}y)$ $=x+y$	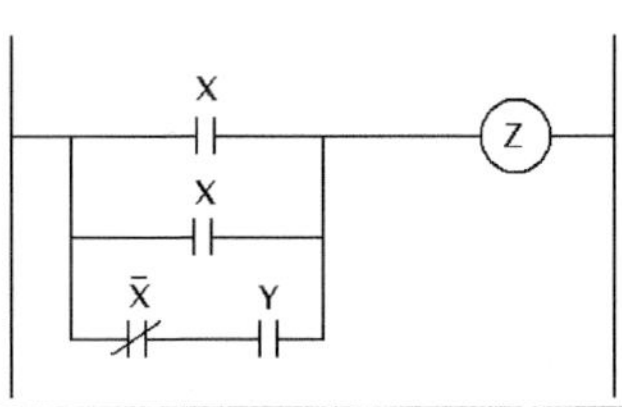	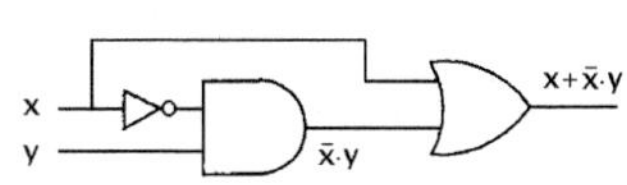

예제 3-8

그림 3-32 와 같은 래더 논리 회로를 간략화하라.

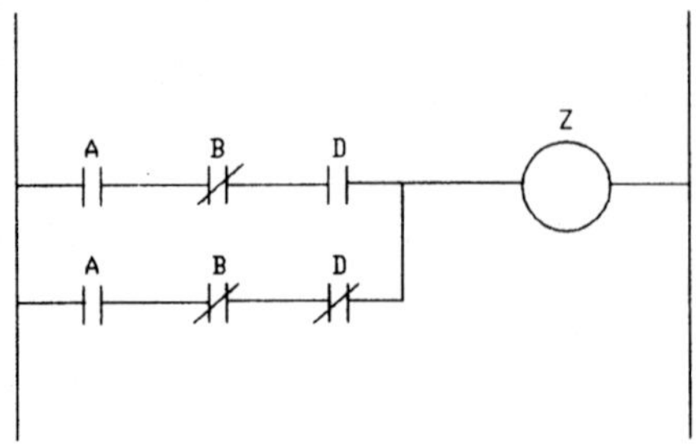

그림 3-32 예제 3-8 의 래더 논리 회로

▸ 풀이

우선 디지털 논리 회로에 대한 부울 방정식을 구한다.

$$A\overline{B}D + A\overline{B}\overline{D} = Z$$

다음 정리 13 을 이용하여 공통변수 $A\overline{B}$ 를 바깥에 놓는다.

$$A\overline{B}(D + \overline{D}) = Z$$

정리 4 를 이용하면 괄호 안의 값은 1 이 된다. 따라서,

$$Z = A\overline{B} \cdot 1 = A\overline{B} \quad (\text{정리 } 7)$$

이때 간략화한 래더 논리 회로는 그림 3-33 과 같다.

이 예제로부터 부울 대수는 실제의 래더 논리 회로를 간략화할 수 있는 도구임을 알 수 있다.

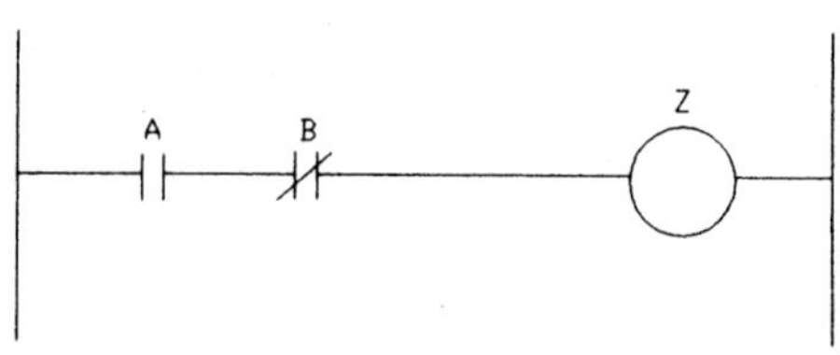

그림 3-33 그림 3-32 의 간략화한 래더 논리 회로

예제 3-9

논리식 $(\overline{A}+B)(A+\overline{B})=Z$를 간략화하라.

▸ 풀이

다음과 같이 곱한 값을 구한다.

$$\overline{A}A+\overline{A}\overline{B}+BA+B\overline{B}=Z$$

다음 정리 6을 이용하면 $\overline{A}A$ 와 $B\overline{B}$ 는 0이 된다.

$$Z=0+\overline{A}\,\overline{B}+BA+0=\overline{A}\,\overline{B}+BA$$

예제 3-10

논리식 $ACD+\overline{A}BCD=Z$를 간략화하라.

▸ 풀이

다음과 같이 공통변수 CD를 바깥에 놓는다.

$$CD(A+\overline{A}B)=Z$$

정리 15를 이용하여 $A+\overline{A}B$를 $A+B$로 대치한다.

$$Z=CD(A+B)=ACD+BCD$$

3.11 래더 논리 회로에 드 모르간 정리 이용

드 모르간(DeMorgan)은 부울 대수에서 중요한 부분을 차지하고 있는 2가지 정리를 제안한 논리가이며 수학자이다. 드 모르간의 정리는 다음과 같이 설명할 수 있다.

1. 합의 보수는 각 보수의 적과 같다.
2. 적의 보수는 각 보수의 합과 같다.

식으로 표현하면 다음과 같다.

$$\overline{A+B}=\overline{A}\cdot\overline{B}$$

$$\overline{A\cdot B}=\overline{A}+\overline{B}$$

드 모르간의 정리는 논리 회로를 간략화 하는 데 주로 이용된다. 드 모르간의 정리를 NAND 게이트와 NOR 게이트를 예를 들어 표 3-3에 증명하였다.

표 3-3에서 NAND 게이트와 NOR 게이트에 대한 진리표를 작성한 후, 진리표에 근거한 래더 로직회로를 작성하면 부울 방정식이 성립됨을 알 수 있다.

표 3-3 드 모르간 정리

드모르간 정리	Digital Logic	진리표	Ladder Logic	부울 방정식
1. 적의 보수는 각 보수의 합과 같다.	NAND 게이트 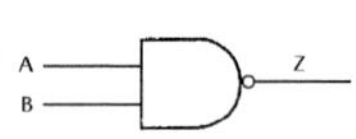	A B Z 0 0 1 0 1 1 1 0 1 1 1 0	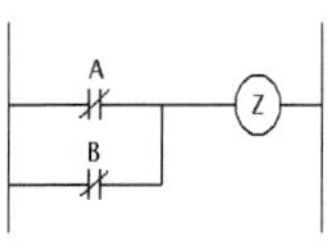	$\overline{A\cdot B}=Z$ 그러므로, $\overline{A}+\overline{B}=Z$
2. 합의 보수는 각 보수의 적과 같다.	NOR 게이트 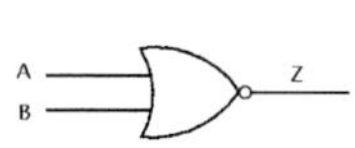	A B Z 0 0 1 0 1 0 1 0 0 1 1 0	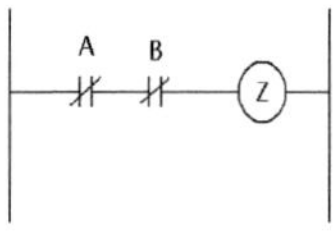	$\overline{(A+B)}=Z$ 그러므로, $\overline{A}\cdot\overline{B}=Z$

다음의 예제들은 드 모르간의 정리가 디지털 논리 회로와 래더 논리 회로를 간소화하는 데 어떻게 이용되는가를 설명해 준다.

예제 3-11

드 모르간의 정리를 이용하여 그림 3-34와 같은 디지털 논리 회로를 간략화하라.

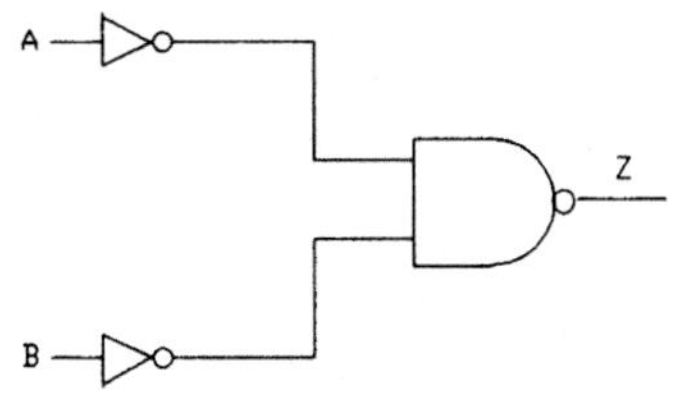

그림 3-34 예제 3-11 의 디지털 논리 회로

▸ 풀이

우선 디지털 논리 회로에 대한 부울 방정식을 구한다.

$$\overline{A} \cdot \overline{B} = \overline{Z}$$

수학적으로는 방정식의 어느 한 쪽을 변화시키면 다른 쪽도 변화시키게 된다. 그러므로 전체 출력을 반전시키면 전체 입력 또한 반전된다.

$$\overline{\overline{A} \cdot \overline{B}} = Z$$

이 방정식에 드 모르간의 정리를 이용하면 다음과 같다.

$$\overline{\overline{A}} + \overline{\overline{B}} = Z$$

입력을 2 번 반전시키면 2 중바는 제거되어 다음과 같이 된다.

$$A + B = Z$$

드 모르간의 정리를 이용하면 문제의 디지털 논리 회로는 다음 그림과 같은 OR 게이트로 간소화된다.

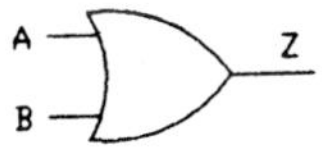

그림 3-35 예제 3-11 의 OR 게이트 해

예제 3-12

그림 3-36 의 디지털 논리 회로를 드 모르간의 정리를 이용하여 등가 래더 논리 회로로 변환하라.

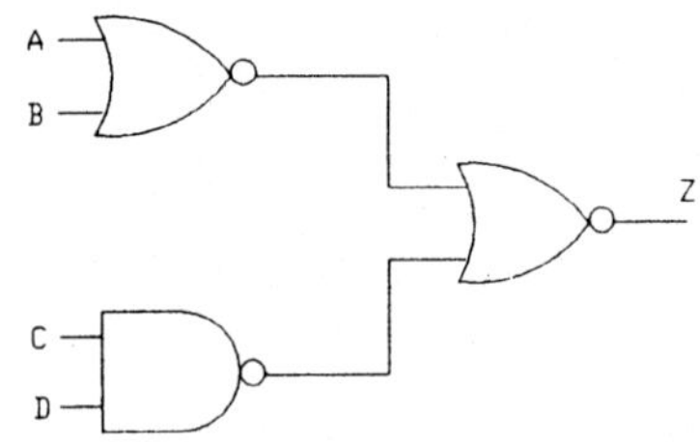

그림 3-36 예제 3-12 의 디지털 논리 회로

▸ **풀이**

우선 디지털 논리 회로에 대한 부울 방정식을 구한다.

$$(\overline{A+B})+(\overline{C\cdot D})=\overline{Z}$$

$$\overline{(\overline{A+B})+(\overline{C\cdot D})}=Z$$

이 방정식에 드 모르간의 정리를 이용하면 다음과 같다.

$$\overline{(\overline{A+B})}\cdot\overline{(\overline{C\cdot D})}=Z$$

2 번 반전시키면 2 중바는 제거되어 다음과 같이 된다.

$$(A+B)\cdot(C\cdot D)=Z$$

그러면 등가 래더 논리 회로는 다음 그림과 같다.

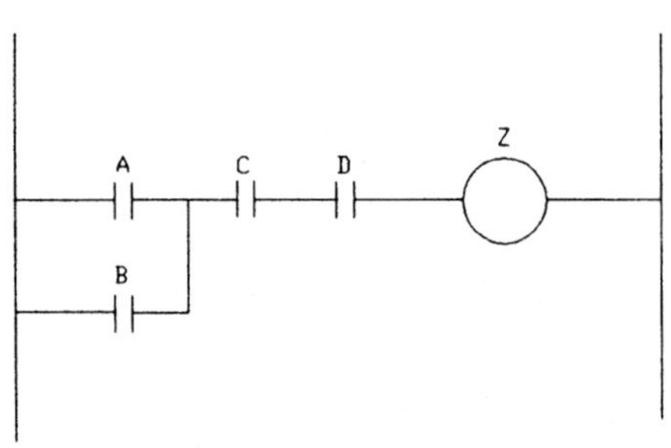

그림 3-37 예제 3-12 의 래더 논리 회로

예제 3-13

그림 3-38 의 디지털 논리 회로를 드 모르간의 정리를 이용하여 등가 래더 논리 회로로 변환하라.

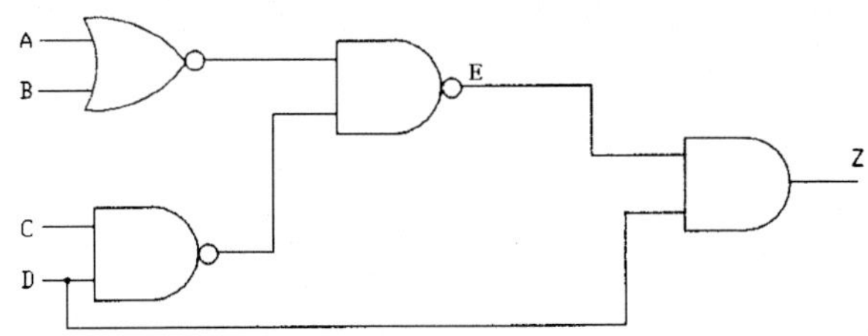

그림 3-38 예제 3-13 의 디지털 논리 회로

〈풀이〉

우선 디지털 논리 회로에 대한 부울 방정식을 구한다.

$$[\overline{\overline{(A+B)} \cdot \overline{(C \cdot D)}}] \cdot D = Z$$

위 방정식에 드 모르간 정리를 이용하면 다음과 같다.

$$[\overline{\overline{(A+B)}} + \overline{\overline{(C \cdot D)}}] \cdot D = Z$$

즉, 2 번 반전시키면 2 중바는 제거되고, 정리하면

$$[(A+B)+(C \cdot D)] \cdot D = Z$$

따라서, 등가 래더 논리 회로는 다음 그림과 같이 된다.

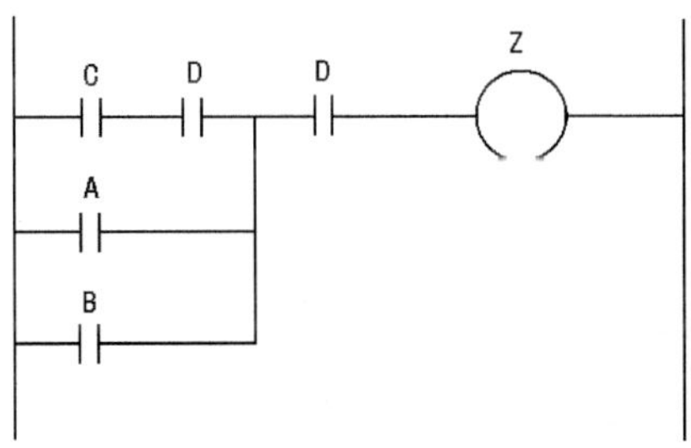

그림 3-39 그림 3-38의 래더 논리 회로

Q. 연습문제

01 진리표 (truth table) 란 ?

02 논리 게이트의 5 가지 유형은 ?

03 논리 레벨이란 ?

04 AND 게이트는 ( ) 과 같은 원리이다.

(a) 직렬 회로 (b) 병렬 회로
(c) 직병렬 회로 (d) 위 사항에는 해당 없음

05 디지털 논리 회로에서 **부울** 대수가 이용되는 이유는 ?

06 3 입력 AND 게이트의 **부울** 방정식을 써라.

07 5 입력 AND 게이트가 있는 입력 상태의 조합 가능한 경우는 ?

08 4 입력 AND 게이트가 있는 경우의 진리표를 작성하라.

09 OR 게이트는 ( ) 과 같은 원리이다.

(a) 직렬 회로 (b) 병렬 회로
(c) 직병렬 회로 (d) 위 사항에는 해당 없음

10 2 입력 OR 게이트의 **부울** 방정식을 써라.

11 다음 그림과 같은 디지털 논리 회로의 **부울** 방정식과 진리표를 작성하라.

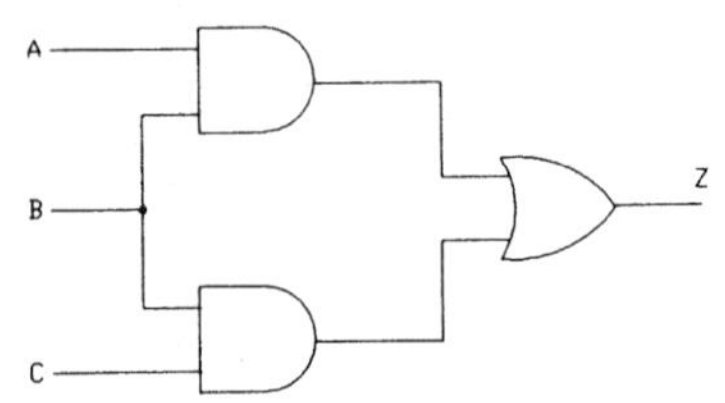

12 인버터의 부호를 그려라.

13 2 입력 NAND 게이트의 **부울** 방정식을 써라.

14 3 입력 NAND 게이트의 진리표를 작성하라.

15 NOR 게이트는 (   )

(a) 인버터가 AND 게이트의 출력에 접속된 것이다.
(b) 인버터가 OR 게이트의 출력에 접속된 것이다.
(c) 직렬 회로와 등가이다.
(d) 병렬 회로와 등가이다.

16 4 입력 NOR 게이트의 **부울** 방정식을 써라.

17 3 입력 NOR 게이트의 진리표를 작성하라.

18 다음 그림과 같은 디지털 논리 회로의 **부울** 방정식과 진리표를 작성하라.

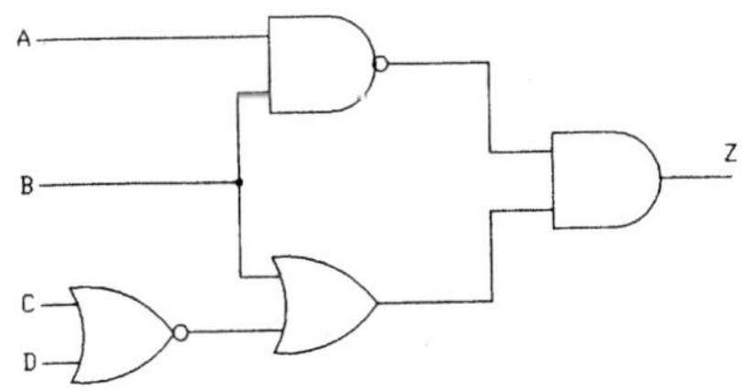

19 다음과 같은 부울 방정식의 디지털 논리 회로를 작성하라.

$$(A+\overline{B})\cdot(B+\overline{C})=Z$$

20 다음 그림과 같은 디지털 논리 회로의 **부울** 방정식과 진리표를 작성하라.

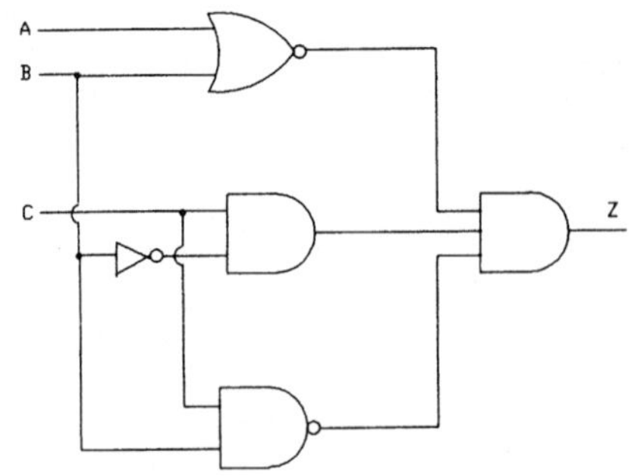

21 3 입력 AND 게이트에 대한 등가 래더 논리 회로를 작성하라.

22 2 입력 NOR 게이트에 대한 등가 래더 논리 회로를 작성하라.

23 다음 그림과 같은 디지털 논리 회로의 등가 래더 논리 회로를 작성하라.

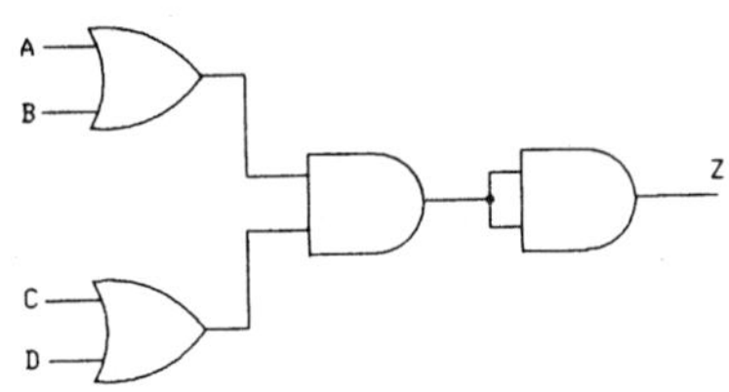

24 다음 그림과 같은 래더 논리 회로의 **부울** 방정식을 작성하라.

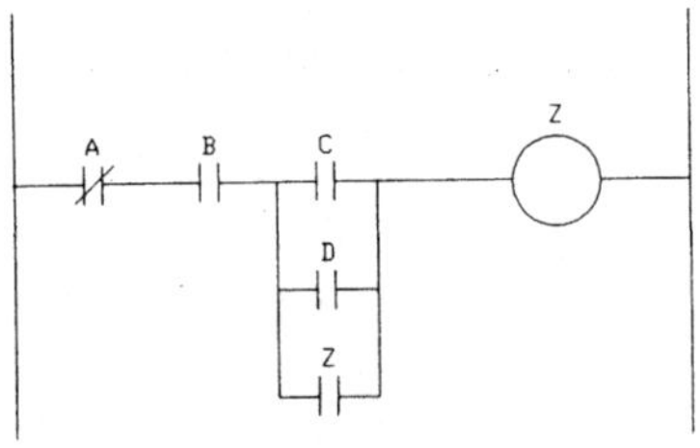

25 연습문제 24번과 같은 래더 논리 회로의 등가 디지털 논리 회로를 작성하라.

26 **부울** 정리의 2 가지 형이란 ?

27 **부울** 정리와 관련된 3 가지 법칙의 이름은?

28 다음과 같은 **부울** 방정식을 간략화하라.

$$(A+\overline{B})\cdot(\overline{A}+B)=Z$$

29 다음 그림과 같은 래더 논리 회로를 **부울** 정리를 이용하여 간략화하라.

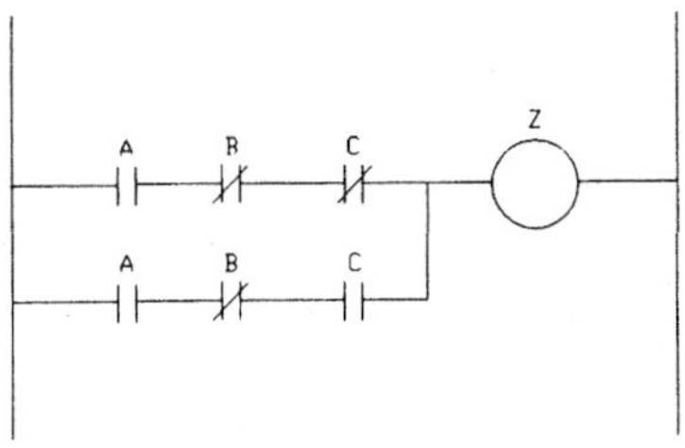

30 다음 그림과 같은 디지털 논리 회로를 드 모르간의 정리를 이용하여 간소화하라.

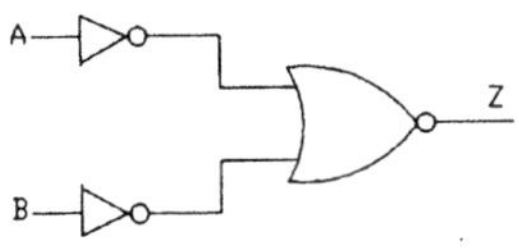

31 다음 그림과 같은 디지털 논리 회로를 드 모르간의 정리를 이용하여 등가 래더 논리 회로를 작성하라.

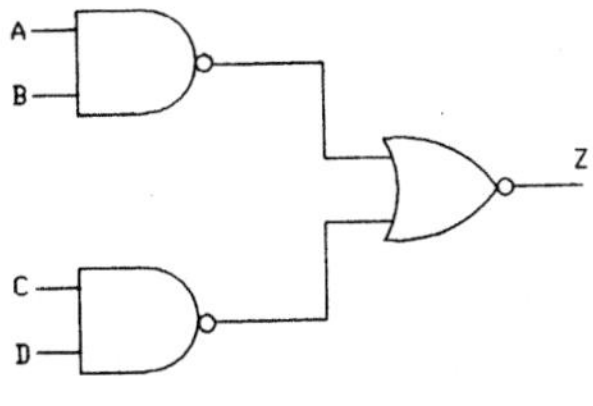

32 다음과 같은 부울 방정식에 해당하는 논리 회로를 작성하라.

$$AB+\overline{B}C=Z$$

A. 해답

04 (a)

09 (b)

11 $Z = AB + BC$

A	B	C	Z
0	0	0	0
0	0	1	0
0	1	0	0
0	1	1	1
1	0	0	0
1	0	1	0
1	1	0	1
1	1	1	1

15 (b)

18 $Z = \overline{AB}(B + \overline{C + D})$

A	B	C	D	Z
0	0	0	0	1
0	0	0	1	0
0	0	1	0	0
0	0	1	1	0
0	1	0	0	1
0	1	0	1	1
0	1	1	0	1
0	1	1	1	1
1	0	0	0	1
1	0	0	1	0
1	0	1	0	0
1	0	1	1	0
1	1	0	0	0
1	1	0	1	0
1	1	1	0	0
1	1	1	1	0

19

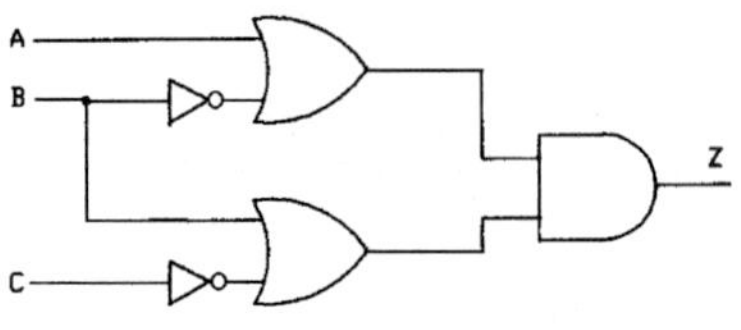

20 $Z=(\overline{A+B})(\overline{B}C)(\overline{BC})=\overline{A}\,\overline{B}C$

A	B	C	Z
0	0	0	0
0	0	1	1
0	1	0	0
0	1	1	0
1	0	0	0
1	0	1	0
1	1	0	0
1	1	1	0

23

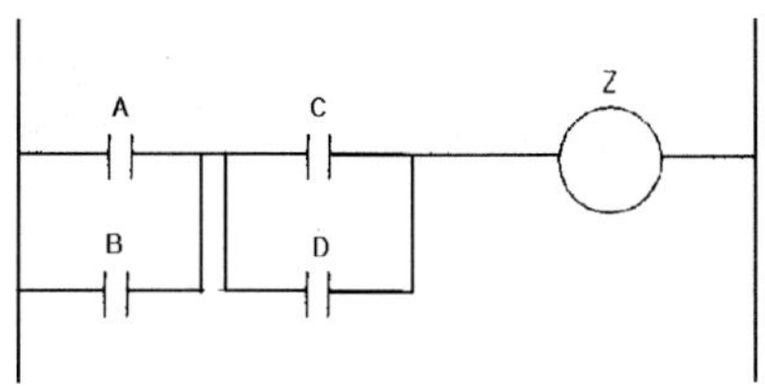

24 $Z=\overline{A}B(C+D+Z)$

28 $Z=AB+\overline{A}\,\overline{B}$

29 $Z=A\overline{B}\,\overline{C}+A\overline{B}C=A\overline{B}(\overline{C}+C)=A\overline{B}$

30 $Z=AB$

32

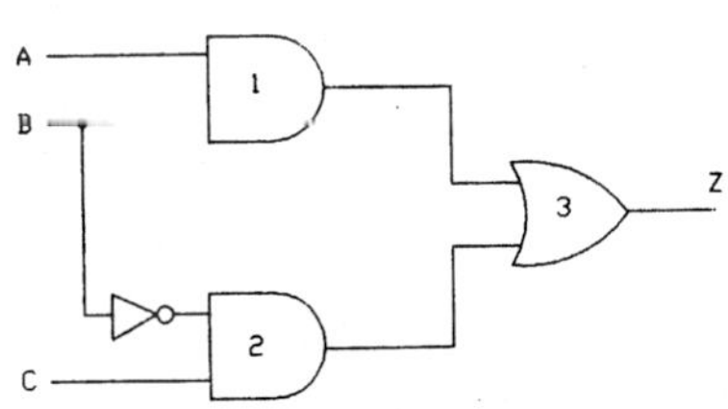

제 4 장 시퀀스 제어 장치

❖ 4.1 서론

일반적으로 시퀀스 제어시스템은 제어하고자 하는 제어대상(plant)과 제어를 담당하는 제어장치(control device)로 구성된다. 그림 4-1은 전동기를 Y-△로 기동하는 시퀀스 제어회로이다. 여기서 제어대상은 전동기의 속도 제어가 되며, 원하는 속도로 운전하기 위하여 제어장치 및 제어기기가 필요하다.

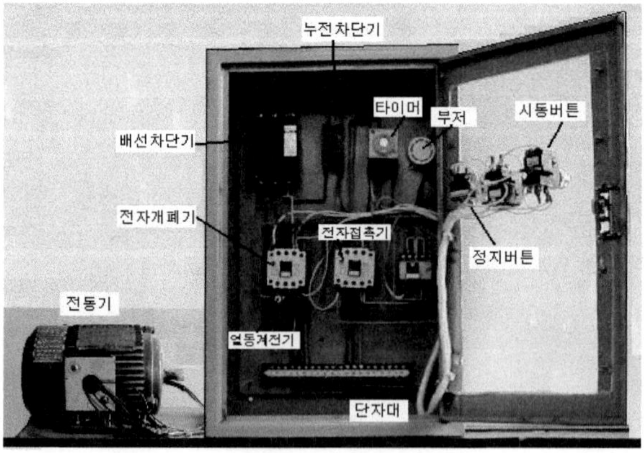

그림 4-1 전동기 Y - △ 기동 시스템

그림 4-1에서 전동기가 Y-△로 운전되기 위하여 다음과 같은 순서로 진행된다.

1. 배선차단기가 온되었는지를 확인하고, 시동버튼을 누른다.
2. Y-전자접촉기가 우선 온되어 전동기를 기동한다.
3. 타이머가 카운트하기 시작하며, 30초를 카운트한다.
4. Y-기동 후, 30초가 지나면 타이머가 동작한다. 타이머의 동작으로 Δ-전자접촉기가 온되어 전동기는Δ-기동으로 전환되어 가동된다.
5. 전동기가 Δ로 기동된 후, 과열되면 열동계전기가 동작하고 전자개폐기는 오프된다. 이때 운전자에게 고장을 알리기 위하여 부저가 울린다.

그림 4-1로부터 전동기 시퀀스 제어를 구성하는 주요기기를 살펴보면 다음과 같다.

1. 운전자가 전동기를 기동하거나 정지하기 위하여 푸시 버튼 스위치를 누르는데 이러한 역할을 하는 것을 조작용 스위치라 한다. 시퀀스 제어에서 사용되는 조작용 스위치는 대부분 푸시 버튼 스위치와 캠 스위치이다. 조작용 스위치 이외에 리미트 스위치와 같은 검출용 스위치가 있다.
2. 전자접촉기(또는 릴레이)는 전동기 부하를 개폐하고자할 경우에 사용된다. 즉, 전자접촉기는 릴레이가 감당할 수 없는 중대형 전동기의 큰 개폐전류를 구동하기위한 기기이다.
3. 타이머는 시퀀스 제어가 적절히 이루어지도록 시간을 늘이거나 빠르게 하기 위한 전자 제어기기이다. 릴레이와 카운터도 전자 제어기기로 사용된다.
4. 전자개폐기에 있는 열동계전기는 회로의 이상전류에 의해 가열되고, 바이메탈 접점을 개방시켜 회로를 차단하는 릴레이이다. 여기서 바이메탈은 온도를 감지하는 센서이다.
5. 부저는 열동계전기의 작동으로 전자개폐기가 오프되면, 경보음을 발하는데 이를 경보용 기기라 하며, 푸시 버튼을 눌렀을 때에도 전동기가 가동되고 있는지를 알아볼 수 있도록 표시등이 켜진다.

이 절에서는 시퀀스 제어에 필요한 제어장치 및 제어기기에 대하여 알아본다.

4.2 조작용 스위치

조작용 스위치는 시퀀스 제어 시스템에 사람의 의지인 작업명령을 부여하는 역할을 한다. 기계적인 메커니즘을 누르거나, 당기거나 또는 돌리는 조작을 하여 전기신호로 변환하는 기능을 하는 스위치를 말하며, 푸시 버튼 스위치, 유지형 스위치, 캠 스위치 및 풋 스위치 등이 사용된다.

(1) 푸시 버튼 스위치(Push button switch)

수동 조작 스위치는 손으로 조작하는 스위치이다. 이러한 스위치의 종류에는 푸시 버튼 스위치, 토글 스위치, 나이프 스위치, 선택 스위치 등이 있다. 푸시 버튼 스위치는 "스타트" 또는 "스톱" 명령 입력용 스위치 중에서 가장 많이 사용되고 있는 스위치로서 기능, 모양, 크기에 따라 많은 종류가 있다.

푸시 버튼 스위치의 동작원리는 그림 4-2에 나타낸 바와 같이 조작부를 손으로 누르면 접점상태가 변하는 것으로서, 조작을 멈추면 내장된 스프링에 의해서 자동적으로 초기상태로 복귀하는 스위치로서 수동조작 자동 복귀형 스위치라고도 한다.

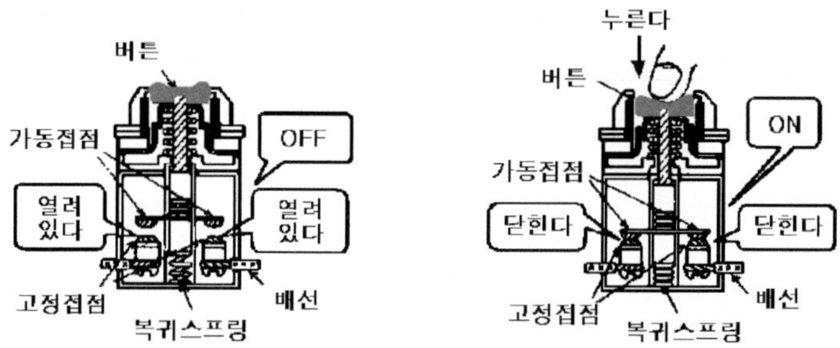

(a) 초기상태　　　　(b) 동작상태

그림 4-2 푸시 버튼 스위치의 구조 및 동작원리

접점의 형태는 a 접점과 b 접점이 항상 공유하게 되며, 여기서 a 접점이란 초기상태에 접점간에 통전되지 않는 상태를 말하는 것으로서, 상시 개방 접점 (Normally Open contact : NO) 또는 메이크 접점 (make contact) 이라고 하고 2 진 신호의 형태로는 0을 말한다. b 접점은 조작하는 힘이 가해지지 않을 때 통전된 상태에 있는 접점으로 상시 폐접점 (Normally Closed contact : NC) 또는 브레이크 접점 (break contact) 이라하고 2 진 신호의 형태로는 1을 말한다. 또한, 브레이크 - 메이크 (break-make) 푸시 버튼 스위치는 인터록 제어를 행하기 위해 사용되며 버튼이 눌러졌을 때 하위 접점이 닫힌다.

푸시 버튼 스위치의 접점기호는 그림 4-3 (a) 와 같고 그림 4-3 (b) 는 브레이크 - 메이크 푸시 버튼 제어회로를 나타내고 있다.

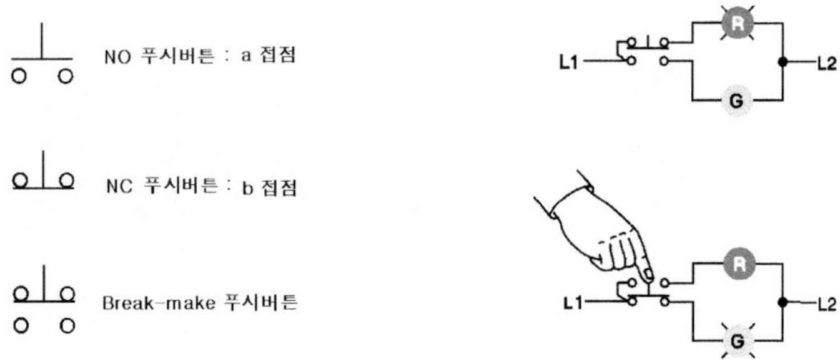

(a) 푸시 버튼 스위치 종류 (b) 브레이크 - 메이크 푸시 버튼 제어회로

그림 4-3 푸시 버튼 스위치의 기호와 스위치

(2) 유지형 스위치(Holding switch)

유지형 스위치는 일명 잔류 접점 스위치로, 조작을 가한 후 반대 조작이 있을 때까지 조작했을 때의 접점 상태를 유지하는 스위치이다. 시퀀스에서 자동⇔수동, 연동⇔단동 등과 같이 조작 방법의 절환에 주로 사용되며, 간단한 회로에서는 운전⇔정지와 같은 프로그램 제어용으로도 사용된다.

유지형 스위치의 종류에는 토글 스위치, 로타리 스위치, 선택 스위치 등이 있다. 그림 4-4는 선택 스위치의 외관을 나타내고 있다.

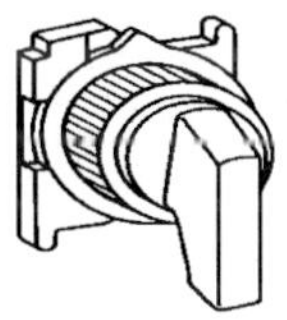

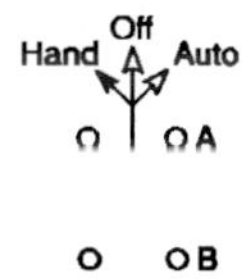

	Contacts	
Position	A	B
Hand	X	
Off		
Auto		X

(a) 선택 스위치의 외관 (b) 3-위치 선택 스위치와 진리표

그림 4-4 선택 스위치

(3) 캠 스위치(Cam switch)

캠의 작용에 의해 접점이 개폐되는 스위치로, 여러 개의 단자를 이용하여 다양한 회로를 구성할 수 있어 산업용 전기설비, 자동 개폐기의 조작과 전류, 전압 등 계기류 및 각종 전기화로의 절환 스위치로 광범위하게 사용된다. 그림 4-5는 캠 스위치의 외관을 나타내고 있다. 캠 스위치를 절환스위치(cut off switch : COS)라고도 한다.

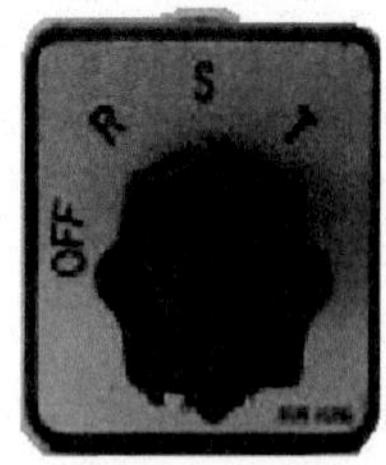

그림 4-5 캠 스위치

(4) 풋 스위치(Foot switch)

대부분의 스위치가 손 조작에 의해서 조작되는데 발로 밟아서 조작되는 스위치가 풋 스위치이다. 작업자의 손이 직접 작업에 사용되는 경우 스위치의 조작이 불가능해지므로 이때 풋 스위치는 유용하게 이용된다. 풋 스위치는 주로 반 자동기, 프레스, 소형 공작기계, 용접기계, 의료기계, 사진기기 등에 많이 사용된다. 그림 4-6은 풋 스위치의 외관을 나타내고 있다

그림 4-6 풋 스위치

4.3 검출용 스위치

검출용 스위치는 제어 장치에서 사람의 눈과 귀 역할을 하는 부분이다. 검출 용 스위치는 크게 나누어 동작물체와 접촉하여 검출하는 접촉식과 접촉하지 않고 검출하는 비접촉식으로 분류된다. 접촉식 스위치의 대표적인 종류에는 마이크로 스위치와 리미트 스위치가 있고, 비접촉식 기기의 종류에는 근접 스위치, 광전 스위치 등이 있다.

(1) 마이크로 스위치

마이크로 스위치는 비교적 소형으로 성형품 케이스에 접점 기구를 내장하고 밀봉되지 않은 구조로서, 주로 계측장치나 소형 기계장치의 검출기용으로 많이 사용된다. 마이크로 스위치는 일반형(Z형)과 일반형보다 작은 소형(V형)으로 분류되며, 그림 4-7 은 마이크로 스위치의 내부구조와 외형을 나타내고 있다.

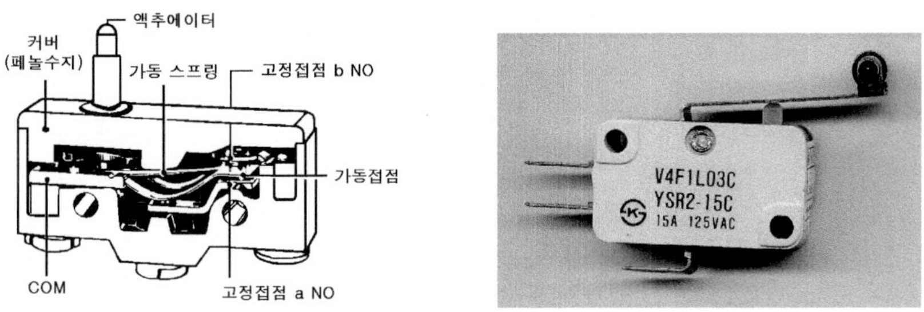

(a) 마이크로 스위치의 내부구조 (b) 마이크로 스위치의 외형

그림 4-7 마이크로 스위치의 내부구조 및 외형

마이크로 스위치의 형식을 나타낼 때에는 그 스위치의 제특성을 문자나 숫자로서 나타내는데, 다음은 KS형식에 의한 마이크로 스위치의 분류 식별법은 다음과 같다.

(예) Z 4 G 1 L01 B
① ② ③ ④ ⑤ ⑥

① 기본 구성 - Z : 일반형, V : 소 형
② 정격 통전전류 - 2 : 5A, 3 : 10A, 4 : 15A
③ 접점간격 - G : 0.50mm, F : 1.00mm
④ 접촉형식 - 1 : 쌍투형, 2 : 상시 폐로형, 3 : 상시 개로형
⑤ 액츄에이터 - P01 : 핀 누름 버튼형, P03 : 스프링 누름 버튼형,
P05 : 패널 부착형, P07 : 롤러 패널 부착형,
L01 : 힌지 레버형, L03 : 힌지 롤러 장레버형
L04 : 힌지 롤러 중레버형, L05 : 힌지 쇼트 레버형
⑥ 단자 - A : 러그단자, B : 나사조임단자, C : 탭단자

(2) 리미트 스위치

마이크로 스위치를 물, 기름, 먼지 등으로부터 보호하기 위해 견고한 금속 케이스

나 수지 케이스에 조립해 넣은 것을 리미트 스위치라 한다. 리미트 스위치는 내구성이 요구되는 장소나 외력으로부터 기계적 보호가 필요한 생산설비와 공장 자동화 설비 등에 사용된다. 따라서 리미트 스위치를 봉입한 마이크로 스위치라 한다. 그림 4-8은 리미트 스위치의 구조를 나타내고 있다.

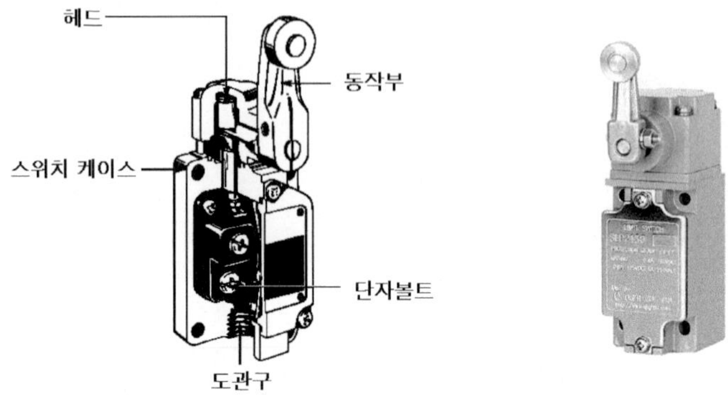

그림 4-8 리미트 스위치의 내부구조 및 외형

그림 4-9는 마이크로 스위치나 리미트 스위치의 접점기호를 나타내고 있다.

(a) a접점 (NO 접점)　　　(b) b접점 (NC 접점)

그림 4-9 마이크로 스위치와 리미트 스위치의 접점기호

(3) 근접 스위치(Proximity switch)

근접 스위치 또는 근접 센서는 물리적인 접촉없이 물체의 존재를 감지하는 장치로서 종래의 마이크로 스위치, 리미트 스위치와 같은 기계적인 접점에 의한 것을 무접촉화하여 검출 대상물의 유, 무를 판별하는 스위치이다.

근접 스위치는 검출코일의 인덕턴스 변화를 이용하는 고주파 발진형 근접 스위치와 커패시턴스의 변화를 이용하는 정전 용량형 근접 스위치가 있다.

그림 4-10은 대표적인 근접 스위치의 외관 및 내부구조를 나타내는 것으로 몰드 케이스 내에는 주형수지로 고정되어 있어서 환경이 나쁜 장소에서도 사용이 가능하고, 내진동, 내충격성이 우수하다. 또한 그림에 나타낸 것과 같이 내부는 반도체 소자로 구성되어 있어 가동부분이 없고 수명이 길며 보수가 불필요하다.

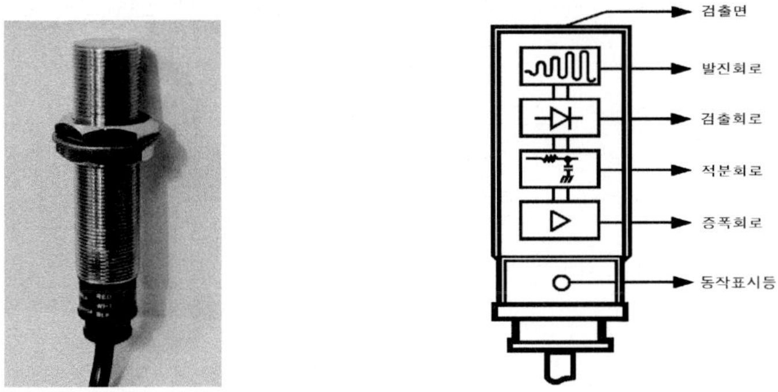

(a) 근접 스위치의 외관 (b) 근접 스위치의 내부구조

그림 4-10 근접 스위치

그림 4-11은 고주파 발진형 근접 스위치의 동작원리도와 발진파형을 나타낸다. 고주파 발진형 근접 스위치는 기본적으로 검출코일, 발진기, 출력부로 구성되어 있다. 검출면 내부에 있는 발진용 검출코일 가까이 검출물체(금속체)가 존재하거나 접근하면 전자유도작용에 의해서 검출물체 내에 와전류가 흐른다. 이 와전류는 검출코일이 발생하는 자속의 변화를 방해하는 방향으로 발생하여 발진회로의 진폭을 감쇠하거나 또는 정지한다. 이 발진상태의 변화를 포착함으로써 검출 물체의 접근을 검출하여 출력부로 출력신호를 발생시킨다. 고주파 발진형 근접 스위치는 와전류가 발생되는 조건으로 검출물체는 도체(금속)에 한정된다.

고주파 발진형 근접스위치는 응답이 빠르고 동작거리의 정밀도가 높기 때문에 근접스위치 중에서 가장 많이 사용되고 있다.

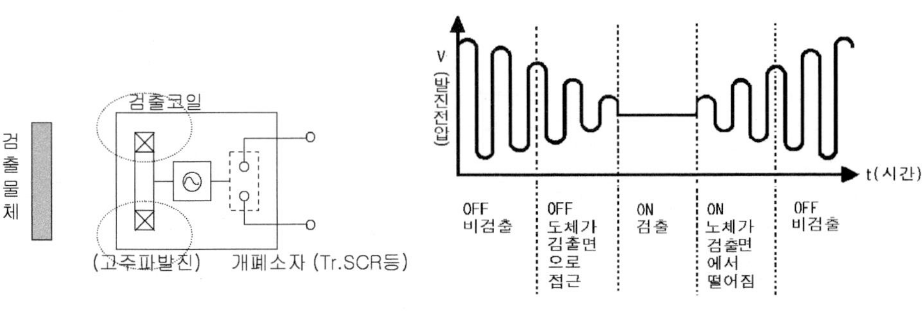

(a) 고주파 발진형 근접스위치의 내부 구조 (b) 물체의 감지와 발진파형

그림 4-11 고주파 발진형 근접 스위치

정전 용량형 근접 스위치는 검출부에 검출 전극을 가지고 있다. 그림 4-12는 정

전 용량형 근접 스위치의 동작원리도와 발진 파형을 나타낸다.

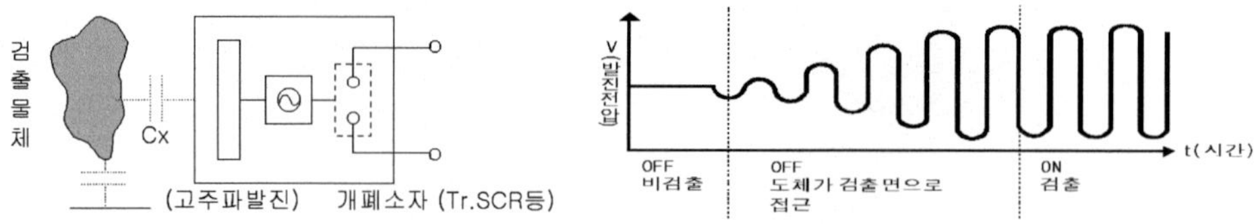

(a) 정전 용량형 근접스위치의 내부 구조 (b) 검출물체 접근에 따른 발진파형

그림 4-12 정전 용량형 근접 스위치

그림 4-12 에서 검출 전극에 검출 물체(금속 또는 유전체)가 존재하거나 접근하면, 전극과 물체 표면에 분극이 발생하여 검출 전극과 대지간에 정전용량이 크게 변하므로 이러한 변화량을 검출하여 출력신호로 발생시킨다.

정전 용량형 근접 스위치의 특징은 도체(금속체)를 포함해서 물, 종이, 플라스틱 , 나무, 유리 등과 같은 거의 모든 물체의 검출이 가능하다는 점이다. 감지거리는 재질의 유전계수에 따라 차이가 난다.

근접 스위치의 형상으로는 원주형과 사각형 외에 금속봉이나 구의 검출에 적합한 관통형, 평면 부착형 등이 있다. 근접스위치의 검출거리는 일반적으로 5~30 mm 정도가 표준으로 비교적 작다. 그러나 이것은 철을 기준으로 했을때의 검출거리로 철 이외의 금속이나 도금의 영향에 따라 검출거리가 크게 변하므로 선정시 주의를 해야 한다. 표 4-1 은 검출물체의 재질에 따른 검출거리의 변화 관계를 (철을 100 % 감지하였을 때의 거리를 기준) 나타내고 있다.

표 4-1 검출물체에 따른 검출거리의 변화

재질	감지거리 (%)	고유저항(20° C) [μ Ω·cm]
철 (St37)	100%	9.68
순니켈 (Nr)	85%	7.50
스테인레스 (V2A)	75%	5.26
알루미늄 (Al)	40%	2.75
금 (Au)	24%	2.44
은 (Ag)	22%	1.62
구리 (Cu)	30%	1.69

(4) 광전 스위치(Photo switch)

광전 스위치 또는 광전 센서(포토 센서)는 투광기의 광원으로부터 광을 수광기에서 받아 물체를 검출하는 스위치이다. 검출체가 접근하면 광의 변화가 발생하고 이를 검출하여 온-오프 스위칭 동작을 얻어내는 센서로서, 빛을 투과시키는 물체를 제외하고는 모든 물체의 검출이 가능하다.

검출거리도 10 mm 에서부터 수십 미터에 이르는 것까지로써, 근접 스위치에 비해 검출거리가 현저히 길다. 또한, 검출기능도 물체의 유무나 통과여부 등의 간단한 검출부터 물체의 대소분별, 형태판단, 색채판단 등 고도의 검출을 할 수 있으므로 자동제어, 계측, 품질 관리 등 모든 산업분야에 활용되고 있다.

그림 4-13 은 광전 스위치의 구조를 나타낸다. 광전 스위치는 발광소자(GaSa, CaA1As, GaP 등의 PN 접합 소자)로부터 발생하는 빛을 검출대상에 조사하고, 검출대상에 의해 변화된 빛을 수광소자에서 수신하여 전기적 신호로 변환 및 증폭시키는 수광부로 이루어진다.

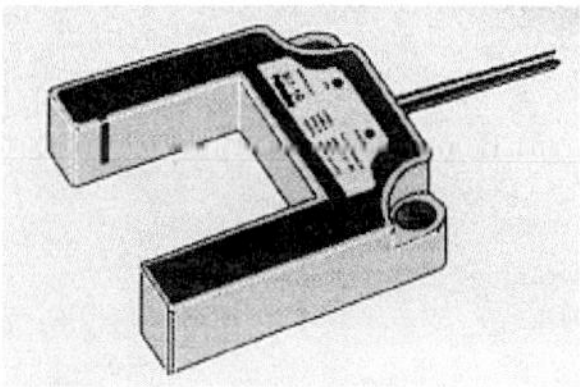

(a) 광전 스위치의 외관

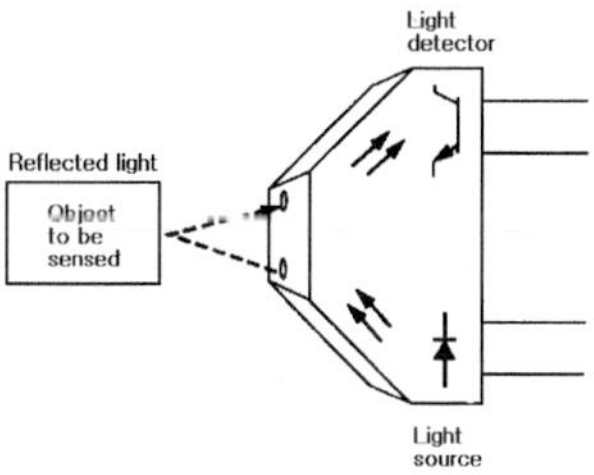

(b) 광전 스위치의 동작

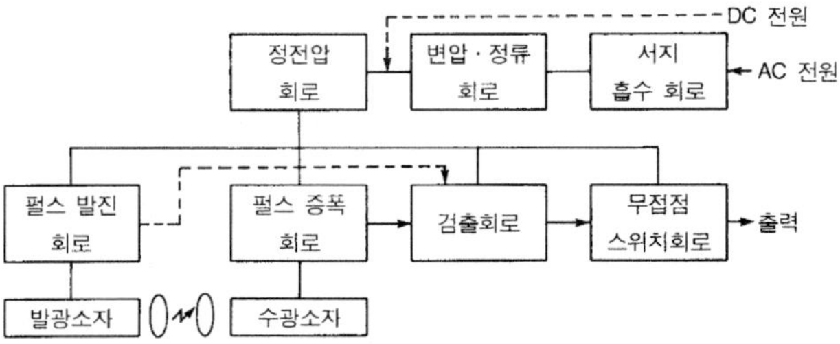

(c) 동작 원리도

그림 4-13 광전 스위치의 구조

(5) 리드 스위치 (Reed switch)

전자 (electron) 는 지구와 같이 자전하고 있는데 이것을 스핀이라 하며, 이 전자 스핀이 종합적으로 같은 방향을 향한 상태로 되어있는 자성체가 영구자석이다. 또한 영구자석을 접근시켰을 때에만 전자 스핀이 같은 방향을 향하는 자성체도 있다. 리드 스위치 혹은 자석 스위치는 후자와 같이 자석이 접근했을 때만 자성체가 되는 재료를 사용하여 스위치를 구성한 것이다.

리드스위치는 다른 근접 스위치에 비해서 다음과 같은 특징을 가지고 있다.

① 외부 분위기에 영향을 받지 않는다.
② 동작부분의 질량이 작기 때문에 응답속도가 빠르다.
③ 소형 경량이다.
④ 접점은 내식성, 내마모성이 우수하고 개폐동작이 안정되어 있다.
⑤ 내 노이즈성이 우수하고 증폭회로가 필요 없다.

리드 스위치는 그림 4-14 와 같이 1쌍의 Fe-Ni 합금의 리드를 이것과 열팽창 계수가 거의 같은 글라스 관 내에 불활성 가스와 함께 봉입하고 접점부에는 오버랩과 갭을 적당히 형성하여 로듐이나 루테늄 등의 귀금속 도금을 한 것이다.

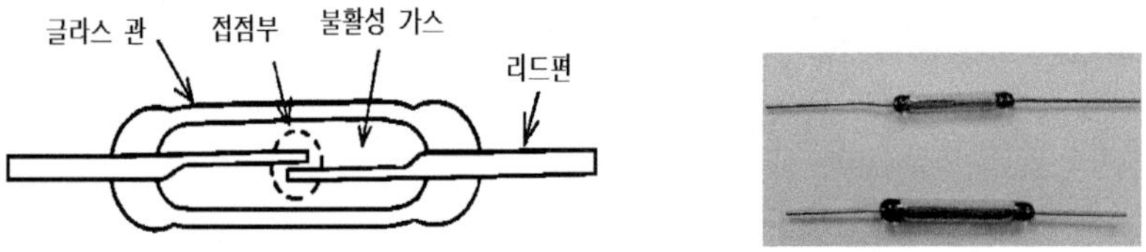

그림 4-14 리드 스위치의 구조와 외관

이 리드 스위치는 마그네트 동작형과 철판 동작형의 2가지 종류가 있다. 마그네트 동작형은 그림 4-15 (a) 의 오프 상태의 리드 스위치에 영구자석 등과 같은 외부 자계가 접근하면, 리드편이 자화되어 그림 4-15 (b) 와 같이 접점부에 생긴 자기흡인력이 리드편의 스프링력보다 커져 접점이 온 상태로 된다. 외부 자계를 제거하면 접점의 흡인력이 없어져 리드편의 스프링력에 의하여 오프 상태로 된다.

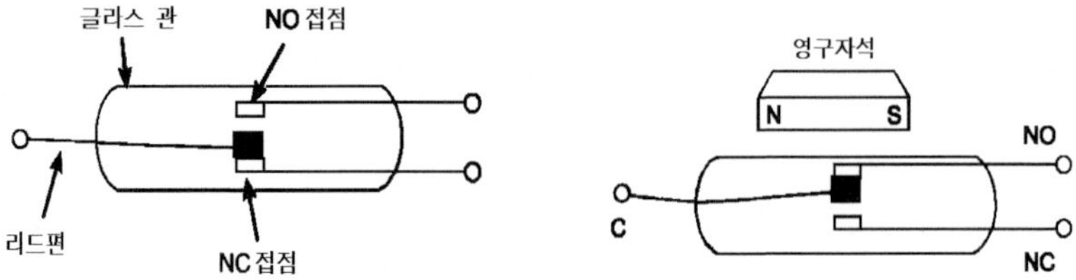

(a) 오프 상태 (b) 온 상태

그림 4-15 마그네트 동작형의 리드 스위치

철편 동작형은 그림 4-16 (a) 와 같이 리드 스위치와 영구자석을 조합한 형태로 되어있다. 검출체가 없는 상태에서는 리드 스위치의 리드편에는 거의 균등한 자계가 가해지며 오프 상태로 되어있는데, 철 등의 자성 검출체가 접근하면 그림 4-16 (b) 와 같이 접근한 측의 자력이 자성체에 흡수되어 리드 스위치에 가해져 있던 자기 벨런스가 무너져 접점이 온 상태로 된다. 영구자석은 리드 스위치에 사용되는 가장 보편적인 액츄에이터(actuator)이다.

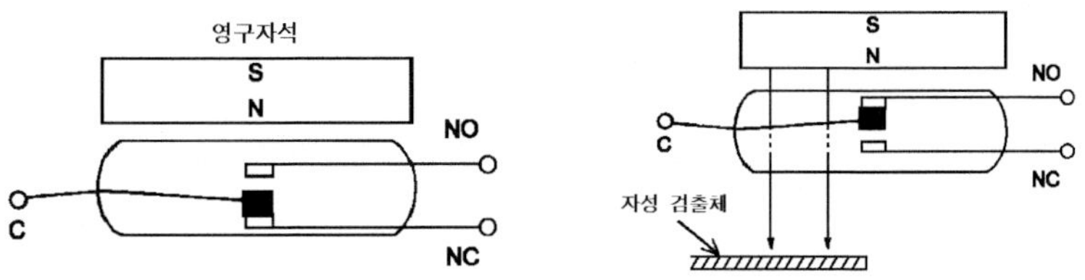

(a) 오프 상태 (b) 온 상태

그림 4-16 철판 동작형의 리드 스위치

(6) 레벨 스위치

레벨 스위치는 액체의 레벨을 검출하기 위하여 사용된다. 플로트(float)식 레벨 스위치는 레벨 스위치에 부착된 플로트의 상승 또는 하강에 의해서 레벨 스위치를 소정한다. 플로트 스위치는 NO 접점 또는 NC 접점을 사용하여 펌프 또는 오수 등을 처리하는데 사용된다.

그림 4-17 은 플로트식 레벨 스위치의 구소와 기호를 나나내고 있다. 최근에는 플로트와 리드 스위치가 결합한 레벨 스위치도 있다.

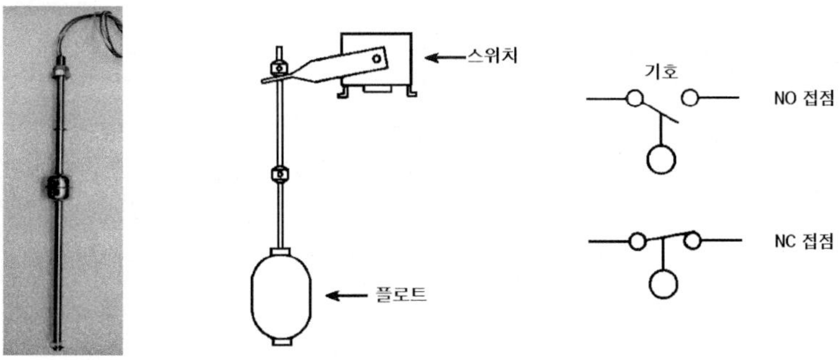

그림 4-17 플로트식 레벨 스위치

4.4 변환기와 센서

변환기 (transducer) 는 에너지를 한 형태에서 다른 형태로 변환시키는 장치이며, 센서 (sensor) 는 어떤 물리적인 양을 측정하거나 감지하는 변환기이다. 열전대 (thermal couple), 저항 온도 감지기, 압력 변환기, 흐름 변환기, 광전지 변환기 등은 PLC 에서 사용하는 대표적인 변환기들이다.

(1) 열전대

열전대는 온도를 전압으로 변환하는 장치이다. 서로 다른 두 종류의 금속을 접합하고, 접합면의 온도를 변화시키면 금속 양단에는 열기전력 (전위차)가 발생한다. 이러한 현상을 제백 (Seebeck) 효과라 한다. 열전대는 합금을 사용하므로, 고온 측정이 가능하고, 진동, 충격 등에 강하다.

그림 4-18 (a) 는 산업에 사용하는 열전대의 종류와 평균 동작 온도 범위를 나타내며 그림 (b) 는 전형적인 열전대 외관을 나타낸 것이다. R 형 열전대에 의해 발생되는 전압은, 1 [℃] 당 약 0.006 [mV] 이다. 열전대에 의해 발생되는 최대 출력 전압은 100 [mV] 이하가 대부분이므로, PLC 에서 아날로그 입력 카드로 열전대를 사용하는 경우에는 PLC 가 인식할 수 있는 값으로 신호의 크기를 증가시키는 전압 증폭기가 사용된다. 전형적으로 아날로그 입력 모듈은 0~10 [V], 4~20 [mA] 에서 응답하는데, 증폭기를 부착한 열전대를 온도-측정 송신기 (temperature measuring transmitter) 라고도 한다.

형	금속	동작범위
J	철 + 콘스탄탄	−180℃ ~ 750℃
T	동 + 콘스탄탄	−200℃ ~ 370℃
K	크롬 + alumel	−190℃ ~ 1260℃
E	크롬 + 콘스탄탄	−100℃ ~ 1260℃
S	90% 백금 + 10% 로듐	0℃ ~ 1482℃
R	87% 백금 + 13% 로듐	0℃ ~ 1482℃

(a) 열전대의 종류와 평균 동작온도

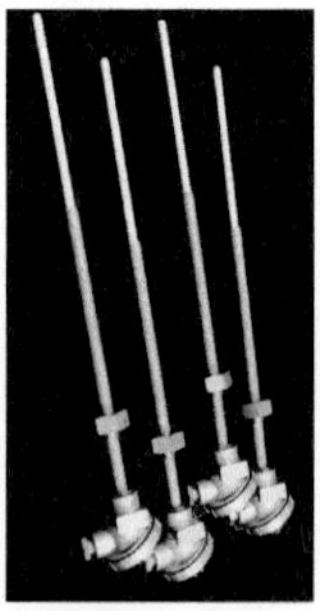

(b) 열전대 외관

그림 4-18 열전대 종류

그림 4-19 는 온도-측정 송신기의 출력 특성이 선형적인 곡선을 나타내며, 측정 온도에 따라 4 [mA] 와 20 [mA] 사이의 출력 전압이 발생한다. 최저 온도에서 출력

전류는 4 [mA] 로, 최대 온도에서 출력 전류를 20 [mA] 로 설정한다. 최고 온도와 최저 온도와의 차이를 구간 설정값 (span setting) 이라 한다.

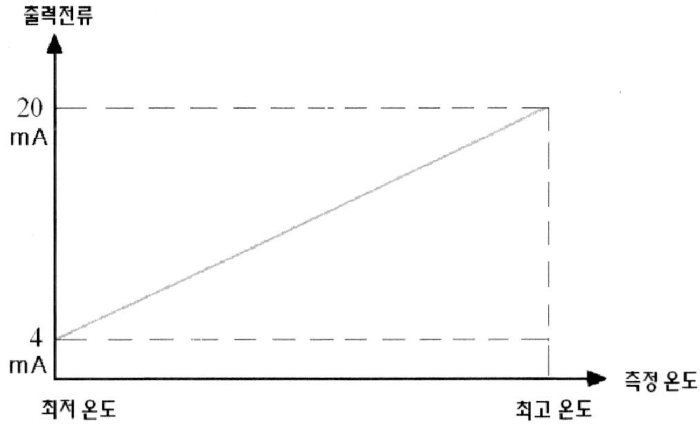

그림 4-19 온도-측정 송신기의 입력 온도와 출력 전류

열전대는 전기 잡음에 매우 민감하기 때문에 열전대가 PLC 시스템에서 이용될 때에는 특히 주의하여야 한다. 가능하다면, 열전대로부터의 리드선은 연선을 사용하고, 리드선 주위는 박 (foil)으로 감아 잡음을 차폐한다.

(2) 저항 온도 감지기

저항 온도 감지기 (Resistance Temperature Detectors : RTD) 는 온도범위에서 금속의 저항변화를 검출하는데 사용한다. 순수한 금속은 온도 계수가 (+) 이기 때문에, 물체의 온도가 증가하면 이에 비례하여 저항은 증가한다.

산업 현장에서는 여러 형태의 RTD 가 사용된다. RTD 는 온도를 저항으로 바꾸는 변환기이므로, 아날로그 입력 모듈에 접속되기 위해서는 저항값을 전압으로 변환해 주어야 한다. 그림 4-20 은 RTD 로 구성된 브리지 회로이다. 차동증폭기가 브리지의 출력에 연결되어 있다. 예를 들어, RTD 가 대기 중에 있을 때 브리지 출력 전압은 0 [V] 가 된다. RTD 의 온도가 변화하면 저항값이 변화하고, 브리지는 불평형 상태가 된다. 이에 따라 브리지 사이에는 전위차가 존재하므로, 차동 증폭기의 출력이 PLC 아날로그 입력 모듈에 가해지게 된다.

열전대의 경우와 같이, PLC 제조업체에 따라서는 백금이나 니켈과 같은 순수한 금속 도체를 직접 연결한 RTD 모듈을 사용하기도 한다. 금속의 온도가 변화하면 저항변화가 RTD 모듈에 감지되고, 이 모듈에 의해 PLC 에 정보를 제공하게 된다.

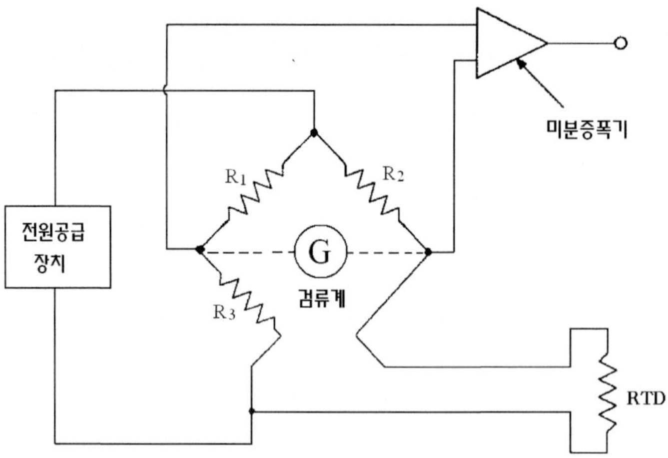

그림 4-20 RTD와 연산 증폭기를 사용한 브리지 회로

(3) 압력 변환기(Pressure transducer)

압력이란 "물체의 단위 표면적에 가해지는 힘의 크기"를 말하는 것으로 미터 공학 단위로 [kgf/cm2] 또는 [kg/m2]을 주로 사용한다. 압력 변환기는 액체나 기체와 같은 유체를 측정하고 제어하기 위하여 사용하며, 탄성체 방식, 스트레인 게이지 등이 있다. 탄성체 방식의 압력센서는 탄성체에 힘이 가해지면 탄성체가 변형하는 것을 기계적으로 확대하여 압력을 측정하는 것으로써 부르돈-관(bourdon tube)형, 다이어프램(diaphragm)형, 벨로즈(bellows)형 등이 있다.

그림 4-21은 부르돈-관형 압력변환기의 구조와 외관을 나타내며, 그림 4-22는 벨로우즈를 사용한 압력 변환기 구조를 나타낸 것으로 벨로우즈는 압력 차이를 변위로 변환한다. 코일의 인덕턴스값은 권선이 감겨있는 코아(철심)의 위치에 의해 정해진다. 압력이 증가하거나 감소하면 벨로우즈는 팽창되거나 수축된다. 코일의 탭이 중간에 있으므로, 한 코일의 인덕턴스가 증가하면 다른 쪽 코일의 인덕턴스는 감소한다. 이 코일의 인덕턴스가 변화함에 따라 컨버터(converter)에서 비례하여 전기적 신호를 발생한다.

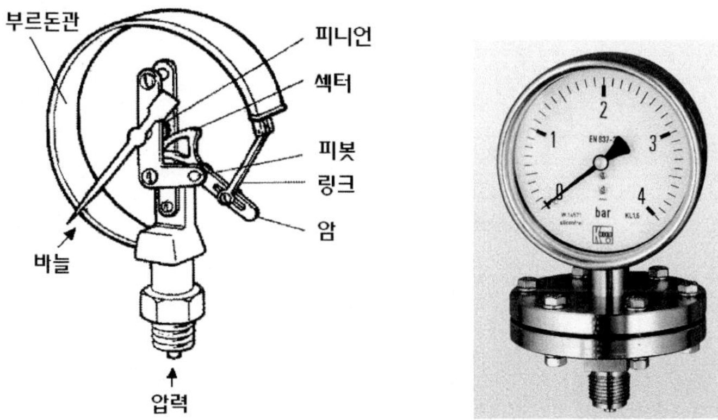

(a) 부르돈-관형 내부 구조　　(b) 압력게이지 외관

그림 4-21　압력 변환기의 구조

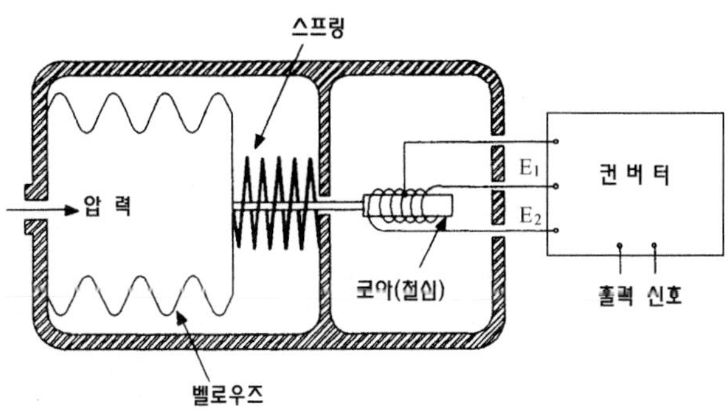

그림 4-22　벨로우즈형 압력 변환기 구조

스트레인 게이지(strain gauge)는 Load Kelvin이 1856년에 개발한 것으로 금속체를 잡아당기면 가늘어지고 동시에 전기저항이 증가하며, 반대로 압축하면 줄어들고 전기저항이 감소한다는 원리를 응용한 것이다. 그림 4-23 (a) 에서와 같이 절연체 기판 위에 저항률이 높은 금속저항선을 접착제로 고정시키고, 말단에 인출선이 연결되어 있다. 이것을 피측정물의 한쪽면 또는 양쪽면에 접착제로 붙여서 물체의 스트레인을 전기저항으로 변환하여 검출한다. 최근에는 저항선 대신에 같은 종류의 합금으로 저항박 (다이프램)을 이용한 금속저항박 스트레인 게이지를 사용하기도 한다.

스트레인 게이지의 저항변화는 그림 4-20 처럼 휘트스톤 브리지(Wheatstone bridge)를 이용하여 전기적 신호로 변환하여 사용한다.

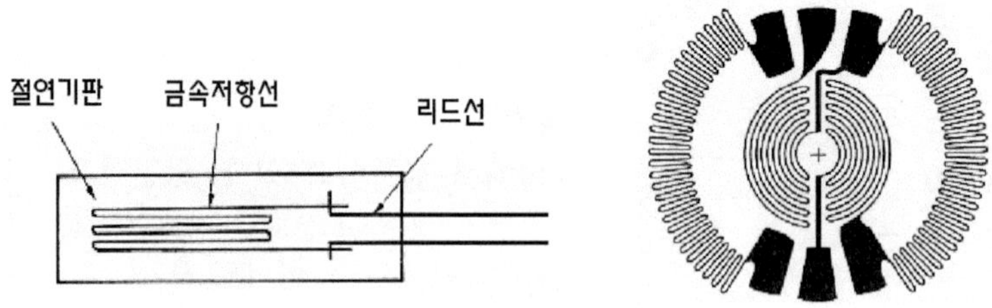

(a) 와이어 형 (b) 다이아프램 형

그림 4-23 스트레인 게이지 방식

스트레인 게이지를 각각의 피측정물에 접착하기 위해서는 많은 노력과 기술이 필요하기 때문에 스트레인 게이지와 피측정물을 일체화한 로드 셀(load cell)이라는 하중(중량) 변환기가 있다. 그림 4-24는 일체화된 로드 셀과 외관을 나타내며, 이러한 하중 센서는 전자저울, 전자체중계, 차량용 하중계 등에 사용되고 있다.

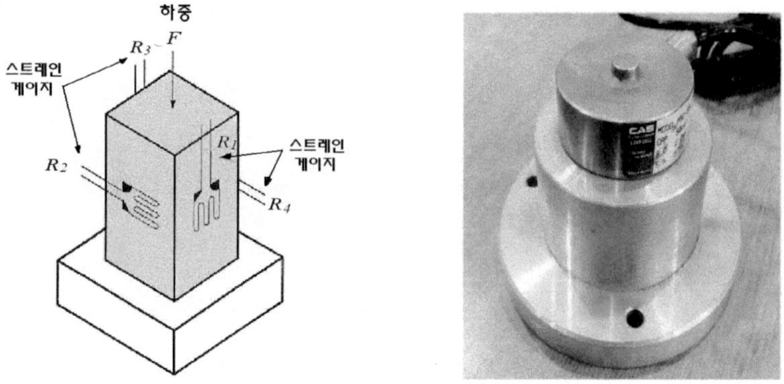

(a) 로드 셀 구조 (b) 로드 셀 외관

그림 4-24 로드 셀 구조

선형 가변 차동 변압기(Linear Variable Differential Transformer : LVDT)는 변압기 철심의 변위를 이용한 것으로 작용하는 힘을 측정하는 것이다. 그림 4-25(a)는 1차 코일에 2개의 2차 코일 및 가동 철심으로 구성된 LVDT를 나타낸다.

PLC의 아날로그 입력에 연결된 출력 전압은 철심의 위치에 따라 0~10 [V] 사이에서 변화한다. 정상적인 위치에서 철심은 2차 코일 중간에 있다. 이 위치에서 2차 권선에 유기되는 기전력은 크기는 같고 방향은 반대가 된다. 따라서 출력 전압은 0이다. 철심이 왼쪽으로 이동하면, 코일 1은 코일 2보다 큰 유기 전압이 발생된다. 이 때 전압의 극성은 철심이 이동하는 방향에 따라 영향을 받고, 전압의 크기는 철심이 이동하는 거리에 따라 정해진다.

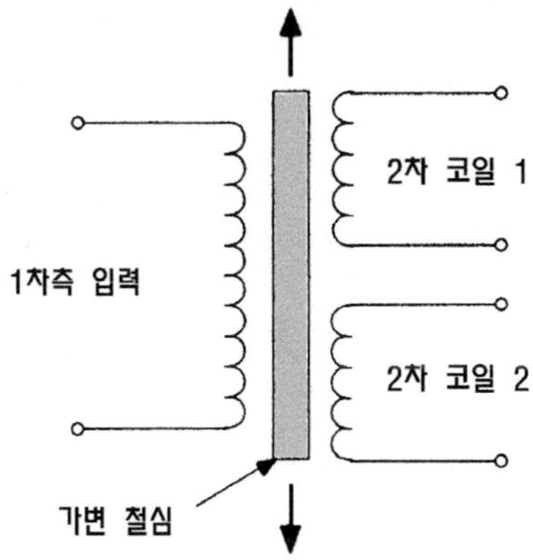

(a) LVDT 구조

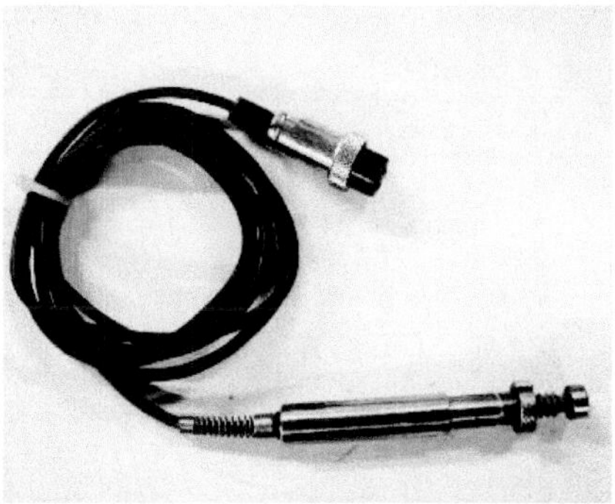

(b) LVDT 외관

그림 4-25 2개의 출력이 있는 LVDT

(4) 흐름 변환기(Flow transducer)

흐름 변환기의 주요 용도는 분쇄되는 물체나 곡물 같은 고체물질을 측정하거나, 액체의 흐름을 측정하는 것이다. 고체의 흐름은 그림 4-26과 같이 컨베이어와 로드 셀을 사용한다. 이 시스템에서 물체는 호퍼로 들어가 밸브를 거쳐 배출구로 나오게 된다. 배출구를 빠져나온 물체가 로드 셀에 많은 힘을 가하게 되면 출력 신호가 커져서 전동기의 속도를 증가시키고, 로드 셀에 가해지는 힘이 적으면, 출력 신호는 작아져서 전동기의 속도는 감소하게 된다. 따라서 흐름비는 일정하게 된다.

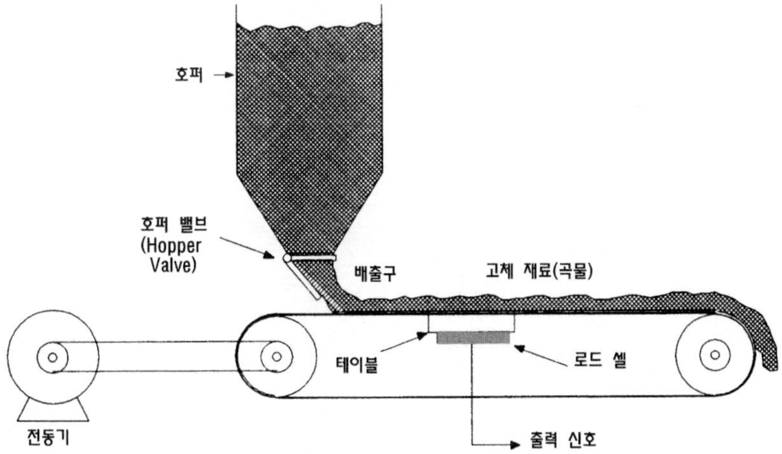

그림 4-26 로드 셀을 사용한 중량 감지 시스템

유체의 흐름을 측정하는 표준적인 방법으로는 베르누이의 원리를 이용한다. 이 원리는 유체의 속도가 증가하면 압력은 감소한다는 것이다. 따라서 유체 흐름을 억제하여 흐르게 하면, 속도는 증가하고 압력은 감소한다.

그림 4-27은 벤추리-관(Venturi tube)을 이용한 차동 압력 유량계기이다. 벤추리란 유체의 흐름을 감소시킬 수 있는 파이프이다. 점 P1은 벤추리의 앞부분 압력이고, 점 P2는 벤추리 내부의 압력이다. 유체의 흐름이 없는 경우 LVDT의 철심은 중앙 부분에 위치하게 된다. 그러나 파이프에 유체가 통과할 때, P1의 압력은 P2에 비해 높아진다. 즉 벨로우즈는 늘어나고, LVDT는 오른쪽 철심으로 힘이 가해지며, 이때 LVDT의 출력신호는 PLC의 아날로그 입력 모듈에 전송된다.

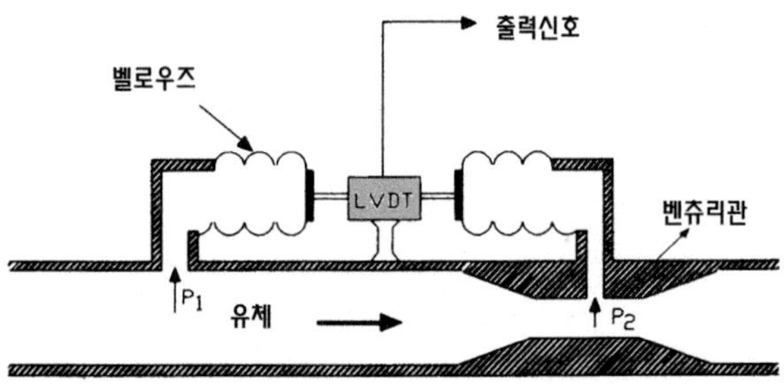

그림 4-27 차동 압력 유량계 구조

(5) 광전지 변환기(Photovoltaic transducer)

물질이 광자를 흡수하고 그 결과 전자를 방출하는 현상을 광전효과(photo electric effect)라 하고, 광전효과를 이용하여 광(빛) 에너지를 전기에너지로 바꿔주는 변환기를 광센서라 한다. 일반적으로 광센서는 광전효과에 따라 표 4-2와 같이 분류한다.

표 4-2 광전효과에 따른 광센서 분류

광전효과에 의한 분류	센서 종류	비고
(1) 광기전력 효과 (photovlotaic effect)	포토 다이오드 포토 트랜지스터 태양 전지	전자부품 및 태양발전 등에 이용
(2) 광전도 효과 (photoconductive effect)	CdS 셀 CdSe 셀	카메라 등에 이용
(3) 광전자 방출 효과 (photoemissive effect)	광전관 광전자 증배관	
(4) 집전 효과	적외선 센서	방범장치 등에 이용

광전지 변환기는 빛의 세기에 비례하는 전압을 발생하는 장치이다. 광전지에 조사되는 빛이 증가하면 전압 발생이 증가하고, 빛이 감소하면 전압 발생도 감소한다. 그림 4-28 은 전형적인 광전지의 구조를 나타낸다. 광전지는 p 형 반도체와 n 형 반도체로 구성된다. 이 반도체의 접합부분을 공핍층 (depletion layer) 이라 한다.

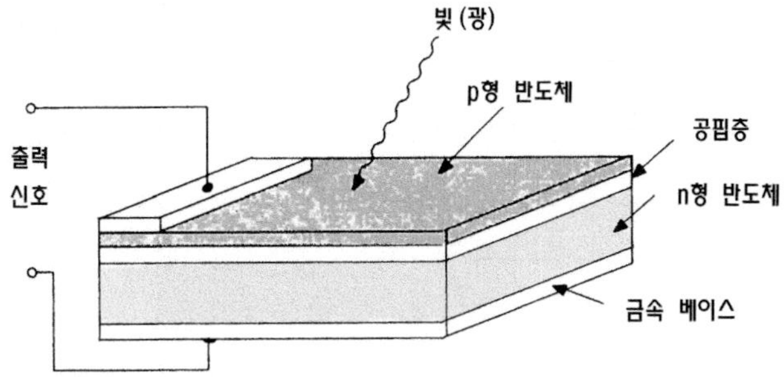

그림 4-28 광전지의 구조

빛이 광전지에 가해지게 되면 전자-홀 쌍이 생성되어 공핍층은 소멸되고, 소수 캐리어는 pn 접합으로 이동된다. 이때 부하가 p 형 반도체와 n 형 반도체 사이에 접속된다면 전류가 흐른다. 전류의 양은 빛의 세기에 따라 형성된 캐리어의 양에 비례하여 흐르게 된다.

광전지에 의해 발생된 출력 전압으로 PLC 의 아날로그 입력 모듈을 동작시키기에 너무 작으므로, 신호를 증가시키기 위해 전압 증폭기를 사용한다. 그림 4-29 는 PLC 의 아날로그 입력 모듈과 광전압 사이에 연산증폭기 (Op-amp) 를 직렬로 접속시킨 회로이다.

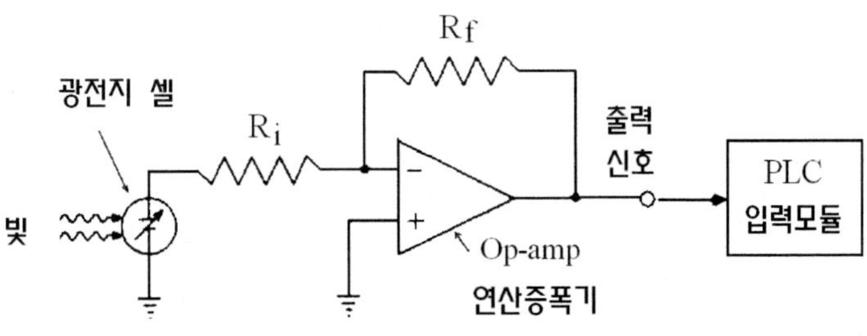

그림 4-29 연산증폭기를 사용한 광전압 증폭회로

(6) 속도 변환기

발전기의 출력전압은 발전기가 구동되는 속도에 따라 변화한다. 타코 미터 (tachometer) 는 영구자석을 가진 타코 발전기로서, 회전 속도에 비례하여 전압이 발생하는 변환기이다. 그림 4-30 (a) 는 타코미터의 사용 예를 나타낸다.

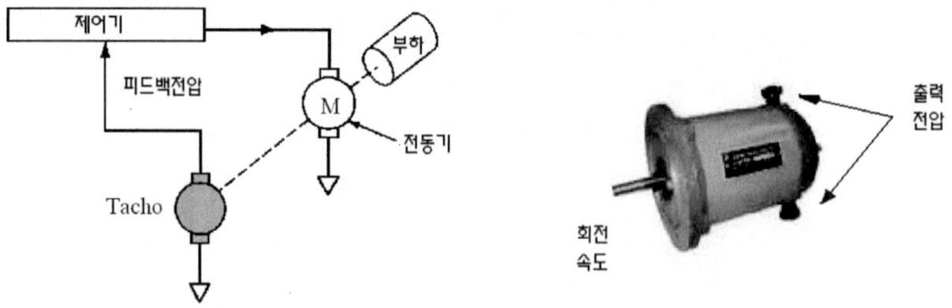

(a) 전동기 속도 제어에 사용된 타코미터 (b) 타코미터의 외관

그림 4-30 타코미터의 사용 예

전동기에 결합된 타코미터는 전동기 속도에 비례하는 피드백 전압을 이용하여 전동기의 속도를 제어하는데 사용된다. 그림 (b) 는 타코 발전기의 외관을 나타내며, 타코 발전기의 용도는 각종 회전물체의 회전수를 측정하여 회전감시 및 제어하는 데 이용된다.

4.5 전자 제어기기

시퀀스 제어가 적절히 이루어지도록 전자적으로 제어하는 기기에는 크게 유접점 기기와 무접점 기기로 대별되는데, 여기서는 유접점 신호처리 기기인 릴레이, 타이머, 카운터 등에 대해 설명한다.

(1) 전자 릴레이

전자 릴레이란 전자 계전기라고도 하며, 전자 코일에 전원을 주어 형성된 자력을 이용하여 가동 철편을 움직여서, 가동 철편과 연동되는 기구에 의해서 접점을 개폐시키는 기능을 가진 장치의 총칭이다. 릴레이는 신호 처리용 기기로는 가장 많이 사용되고 있으며 종류 또한 다양하다.

그림 4-31 은 전형적인 릴레이의 기본 구조를 나타내며, 솔레노이드 코일, 복귀 스프링, 접점부로 구성되어 외부에 투명보호 케이스에 의해 보호된다. 접점부에는 고정 a 접점과 고정 b 접점이 있고, 이 사이를 가동접점 (c 접점이라고도 함) 이 움직여 회로를 변환시킨다.

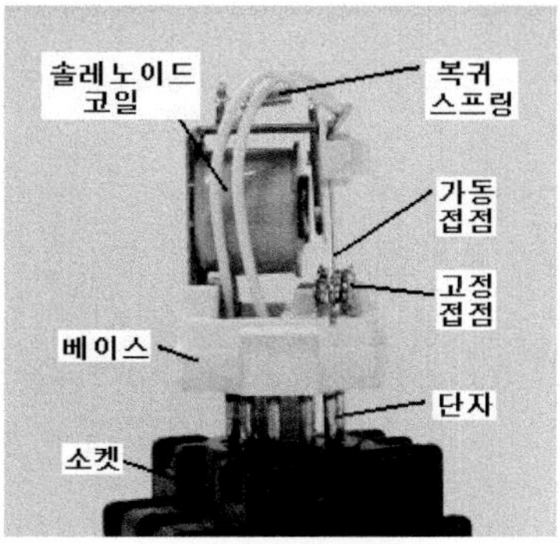

그림 4-31 릴레이 구조

그림 4-32는 릴레이의 동작 원리를 나타낸다. 그림 (a)와 같이, 초기상태에서는 가동접점이 고정 b접점에 연결되어 있다가, 코일에 전류를 인가하면 그림 (b)와 같이 철심이 전자석이 되어 가동 철편을 끌어당기게 된다. 따라서 가동 철편 선단부의 가동 접점이 이동하여 고정 a접점에 붙게 되고, 고정 b접점은 끊어지게 된다.

만약, 코일에 인가했던 전류를 차단하면 전자력이 소멸되어 가동 철편은 복귀 스프링에 의해서 원상태로 복귀되어 가동 b접점과 접촉한다. 즉 전자 릴레이는 코일에 인가되는 전류의 온·오프에 따라 가동 접점이 a접점 또는 b접점과 접촉하여 회로에서의 전기 신호를 연결시켜 주거나 차단시키는 역할을 한다.

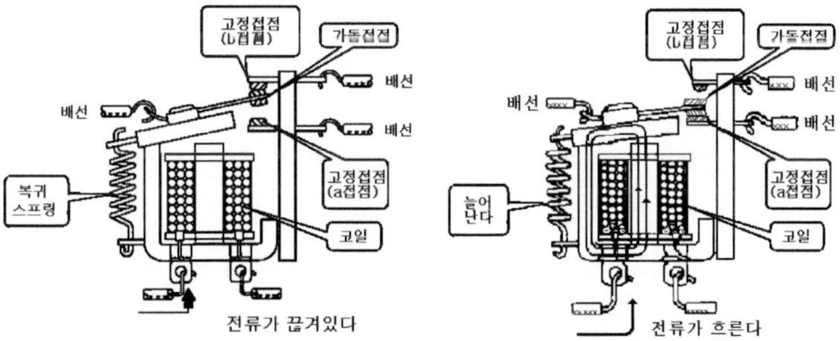

(a) 초기상태 (b) 동작 상태

그림 4-32 릴레이의 동작원리

그림 4-33은 릴레이의 기호를 나타내며, 릴레이 코일은 원으로 표시한다. CR은 Control Relay(제어 릴레이)의 약자이고, 접점은 두 개의 평행선 형태로 표시하며, CR1-1 또는 CR1-2는 코일 CR1에 의하여 동작하는 접점임을 의미한다.

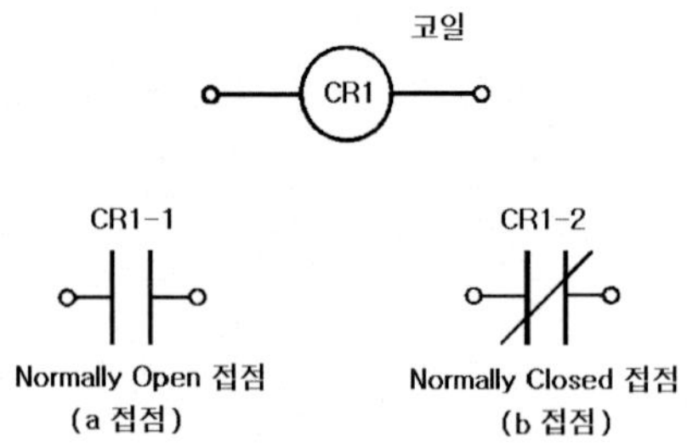

그림 4-33 제어 릴레이의 기호

NO (Normally Open) 접점은 코일에 전류가 흐르지 않을 때 개방되고, 전류가 흐를 때 닫힌다. 반대로 NC (Normally Closed) 접점은 코일에 전류가 흐를 때 개방되고, 전류가 흐르지 않을 때 닫힌다.

릴레이는 이와 같이 회로의 접속, 차단 등의 전기적인 신호를 전달하는 전달기능이 기본이며, 그 외에도 통신기기에서 가정용 전기기기에 이르기까지 폭넓게 이용되고 있다. 릴레이를 선정할 때는 기종의 특성을 살리고 충분한 성능을 얻기 위해서 다음의 항목을 충분히 검토하여야 한다.

1. 정격 전압 : 코일에 인가하는 조작 입력의 기준이 되는 전압으로서 AC 에는 110 V, 220 V 용이 있고, DC 에는 12, 24 V 가 있다.
2. 접 점 수 : 릴레이가 가지고 있는 접점의 수를 말하며, 4 a 접점형, 2 a 2 b 접점형 등으로 표시한다.
3. 접점 용량 : 접점의 성능을 나타내는 기준이 되는 값으로 접점전압과 접점전류의 조합으로 나타낸다. 1 A, 5 A, 10 A 등으로 나타낸다.
4. 동작 시간 : 릴레이의 응답성을 나타내는 기준 값으로 입력에 대한 출력의 지연 시간을 말한다. 10 ms, 15 ms 등으로 나타낸다.
5. 설치 방법 : 릴레이를 사용하기 위해 설치하는 방법은 그 릴레이의 접점단자 형식에 따라 결정되는데, 릴레이의 접점단자 형식에는 크게 프린트 기판 취부형, 플러그인형, 나사 취부형 등이 있다.

(2) 타이머

타이머는 입력신호가 주어지고 일정시간 경과 후에 내장된 접점을 온, 오프 시키는 타임 릴레이 (time relay) 이다. 타이머의 종류에는 표 4-3 과 같이 전자식, 모터식, 계수식, 공기식 타이머가 있다.

표 4-3 타이머의 종류와 특성

분류	전자식 타이머	모터식 타이머	계수식 타이머	공기식 타이머
조작전압	AC 110, 220V DC 12, 24, 48V 등	AC 110V 220V	AC 110V 220V	AC 110, 220V DC 12, 24, 48V 등
설정시간	0.05초 ~ 180초	1초 ~ 24시간	0.01초 ~ 999.9초	1초 ~ 180초
시한특성	온, 오프	온	온	온, 오프
설정시간 오차	±1% ~ 3%	±1% ~ 2%	±0.002%	±1% ~ 3%
수명	길다	보통	길다	짧다

표 4-4는 타이머의 그림과 특징을 비교 정리한 것이다. 표 4-4에서 전자식 타이머는 저항-콘덴서의 시정수 회로를 이용한 것으로써 릴레이 시퀀스 제어에서 가장 많이 사용되었던 타이머이다.

계수식 타이머는 디지털 타이머라고도 하며 디지털 IC회로에 의해 타이머가 만들어지며 대부분 카운터와 겸용으로 사용할 수 있다.

한편 공기식 타이머는 대시포트(dashpot)에 플런저가 연결된 구조의 릴레이이다. 이 대시포트는 공기 등과 같은 가스나 액체를 이용하여 에너지를 흡수함으로써 가동부가 재 기동하는데 시간 지연이 발생되는 장치이다.

표 4-4 타이머의 종류와 특징

종류	관련 사진	작동원리 및 특징
전자식 타이머		콘덴서와 저항의 결합으로 충방전 특성을 이용하여, 소정의 시간 지연을 취하고, 전자 릴레이의 접점을 개폐시킨다. ◦ 미소 시간 설정이 가능하다. ◦ 많은 회수의 동작이 가능하고 반 영구적이다. ◦ 무접점 출력방식이 가능하다.
모터식 타이머	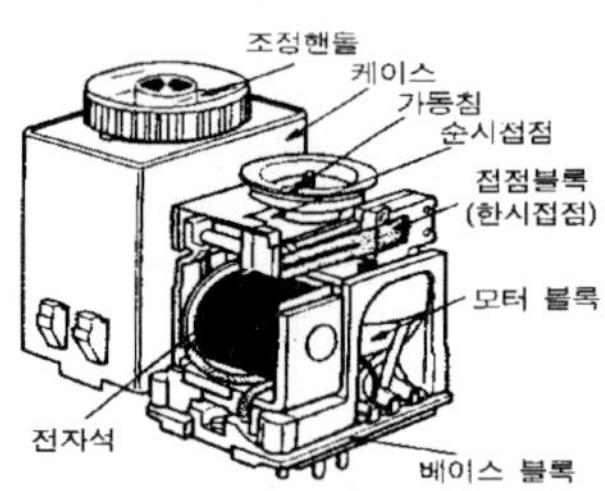	전기적인 입력 신호에 의해 전동기를 회전시키고, 그 기계적인 동작에 의해 소정의 시간이 경과한 후, 개폐시킨다. ◦ 짧은 시간부터 장시간에 이르기까지 가능하다. ◦ 온도 변화 및 전압 변동의 영향이 적다
계수식 타이머		입력 전원의 주파수를 디지털 반도체의 계수회로에 의해 계수하고, 외부 설정 값과 일치하면 출력을 내는 타이머이다. ◦ 0.01 초, 1 초, 10 초, 세팅 가능 ◦ 동작의 감시 가능,
공기식 타이머	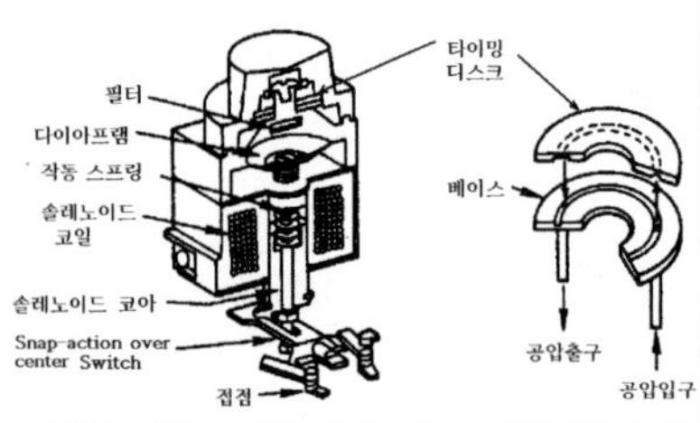	공압 등에 의한 제동을 이용하여 시간 지연을 취하고, 이것과 전자 코일을 결합시켜 접점을 개폐시킨다. ◦ 공기식에서는 조작 회로가 개방된 다음, 한시동작 방식이 가능하다. ◦ 동작 시간의 정밀도가 낮다.

타이머는 한시동작(온 딜레이)과 한시복귀(오프 딜레이) 타이머가 있고, 한시동작을 한시동작 – 순시복귀라 하며, 한시복귀를 순시동작 – 한시복귀라고도 한다. 타이머 코일의 기호는 그림 4-34 와 같이 나타내고, 타이머에는 'a 접점' 과 'b 접점' 이 있으며 그에 대한 동작 설명은 표 4-5 와 같다.

타이머 코일

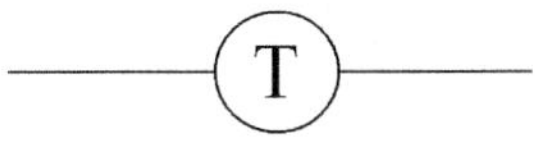

그림 4-34 타이머 코일의 기호

표 4-5 한시 및 순시동작 타이머 접점의 종류

동작	접점 종류	기호	동작 기능
한시동작 순시복귀 (ON delay timer)	a 접점	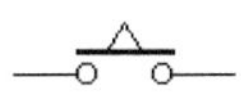	타이머 코일이 여자되면 정해진 시간만큼 늦게 접점이 붙고, 타이머 코일이 소자되면 즉시 떨어진다.
	b 접점		타이머 코일이 여자되면 정해진 시간만큼 늦게 접점이 떨어지고, 타이머 코일이 소자되면 즉시 붙는다.
순시동작 한시복귀 (OFF delay timcr)	a 접점	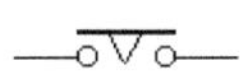	타이머 코일이 여자되면 즉시 접점이 붙고, 타이머 코일이 소자되더라도 정해진 시간만큼 늦게 접점이 떨어진다.
	b 접점	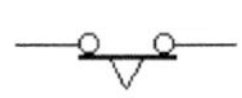	타이머 코일이 여자되면 즉시 접점이 떨이지고, 타이머 코일이 소자되더도 정해진 시간만큼 늦게 접점이 붙는다.

(3) 카운터

카운터는 입력신호의 여부에 따라 수를 계수하는 기기를 말하는 것으로서, 공작기계나 자동화기기 등에서 기계의 동작횟수 카운트와 생산수량 카운트의 목적으로 사용된다.

카운터는 구조에 따라, 기능에 따라, 계수 방식에 따라 여러 가지로 나눈다.

그림 4-35 전자식 카운터

구조에 따른 카운터

1) 전기 카운터

내장된 전자석의 흡입력에 의해 계수기를 구동하는 카운터로 리미트 스위치나 광전 스위치의 릴레이 접점에 의한 신호로 계수하는 방식이다. 사용이 간편하고 정전보상이 되고, 가격이 저렴하다. 그러나 수명이 짧고 무접점에 사용할 수 없다. 또한 고속 계수가 불가능하다.

2) 전자 카운터

마이크로 프로세서를 이용하기 때문에 접점의 개폐 신호 뿐만 아니라 펄스를 계수할 수 있다. 고속 동작이 가능하며 수명이 길다. 전기 카운터에 비하여 고가이며, 노이즈에 대한 영향을 받을 수 있다. 최근에 가장 많이 사용되고 있으며, 그림 4-35 는 전자식 카운터를 나타낸다.

3) 회전식 카운터

외부에서 물리적인 힘을 가하여 인위적으로 계수기를 구동하는 방법이다.

기능에 의한 분류

1) 토털(total) 카운터

계수치를 표시하는 카운터로서, 적산 카운터라고 부르기도 한다. 생산량 및 사용량 등의 적산 표시에 주로 사용된다.

2) 프리셋(preset) 카운터

계수치를 표시하는 것 외에도 미리 설정한 값까지 계수하였을 때, 제어 출력을 내보내는 카운터이다. PLC 에 사용되는 카운터는 대부분 프리셋 카운터이다.

3) 메저(measure) 카운터

계수치를 표시하는 것 외에도 1 개의 입력신호에 대하여 n 개의 숫자를 증 가시키고 싶은 경우, 혹은 n 개의 입력신호에 대하여 1 씩 숫자를 계수하고 싶은 경우에 사용되는 카운터이다.

계수 방식에 의한 분류

1) 가산식 카운터

0 부터 시작하여 입력 신호가 입력될 때마다 1 씩 증가하는 카운터이다.

2) 감산식 카운터

소정의 수치에서부터 시작하여 입력 신호가 입력될 때마다 1씩 감소하는 카운터이다.

3) 가감산식 카운터

가산과 감산을 1 대에 조합시킨 카운터로서, 0 에서 시작하는 형식과 소정의 수치에서 시작하는 형식이 있다.

그림 4-36 은 근접 스위치를 사용하여 카운트하는 것을 나타낸다. 카운터의 입력 신호선은 가능한 짧게 배선하여야 하며, 다른 동력선 등과 같은 배선을 사용하지 않도록 한다. 특히 입력 배선이 길어지는 경우는 차폐 (shield) 선을 사용한다.

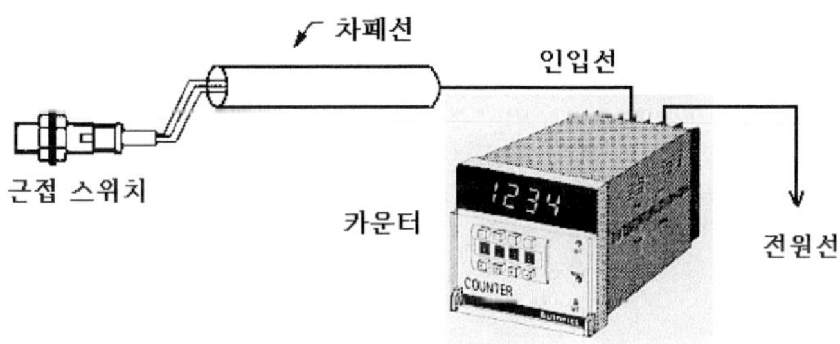

그림 4-36 근접 스위치와 카운터

4.6 구동용 기기

구동용 기기는 제어 대상을 조작하기 위하여 파워를 증폭시키거나 변화시키는 기능을 하는 제어기기를 말한다.

(1) 전자 접촉기 (Magnetic contactor : MC)

전자 접촉기는 전동기나 저항부하의 개폐에 널리 사용되고 있는 기기로서 주 접촉부, 보조 접촉부, 조작 전자석부로 구성되며 교류용과 직류용이 있다. 즉 전자 접촉기는 원리상으로 보면 플런저형 릴레이와 같으며, 큰 개폐전류와 고 개폐빈도, 긴 수명이 요구되기 때문에 전자석의 충돌시 충격 완화, 접점면에 아크 잔류방지 등을 고려한 릴레이의 일종이다.

전자 접촉기의 특성은 개폐 용량, 개폐 빈도, 수명 등으로 표시한다. 표시 기호는 그림 4-37 에 나타낸 바와 같이 일반 릴레이와 같고, 접점에는 주 회로접점과 보조접점이 있는데 양자를 구별하여 표시한다.

전자 접촉기는 전기신호를 접속·차단할 때는 단독으로 사용되기도 하나, 전동기 제어용으로 사용할 때는 열동형 계전기와 조합되어 전자 계폐기로서 사용된다.

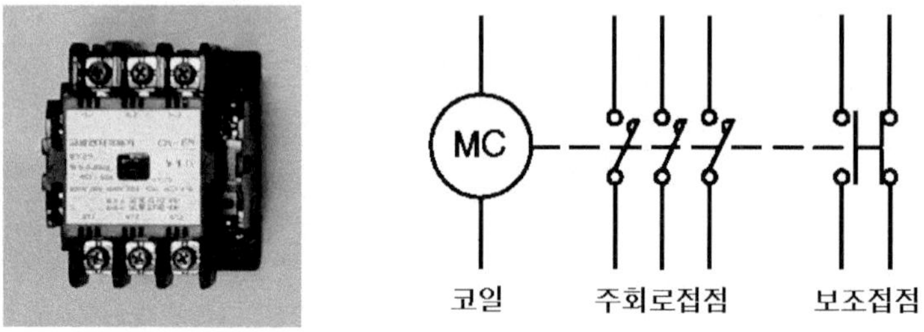

(a) 전자 접촉기의 외관 (b) 전자 접촉기의 표시기호

그림 4-37 전자 접촉기

(2) 전자 개폐기 (Magnetic switch : MS)

전자 개폐기는 전자 접촉기에 과전류 보호장치를 부착한 것이다. 주로 전동기를 기동 및 정지하기 위한 개폐기로 사용하면서, 이상 과전류를 차단하는 것을 목적으로 한다.

전자 계폐기는 제작 시점부터 하나의 몸통으로 조립되어 나온 것도 있으나, 그림 4-38 에 나타낸 바와 같이 전자 접촉기의 주회로 단자에 열동형 계전기를 직결하여 사용되기도 한다.

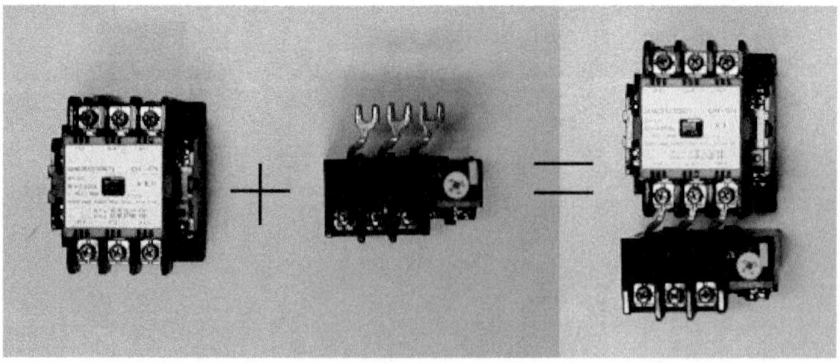

전자 접촉기 + 열동형 계전기 = 전자 계폐기

그림 4-38 전자 개폐기

여기서 열동형 계전기란 주로 전동기의 과부하로 인한 소손을 방지하는 것을 목적으로 하며, 써멀 릴레이(thermal relay)라고도 한다. 그림 4-39와 같은 열동형 계전기는 스트립 형의 히터와 바이메탈(bimetal)을 조합한 소자와 접점부로 구성되며, 히터에서 발생하는 열이 바이메탈에 가하여지고 그 열 팽창의 차이로 연동하여 접점이 개폐된다.

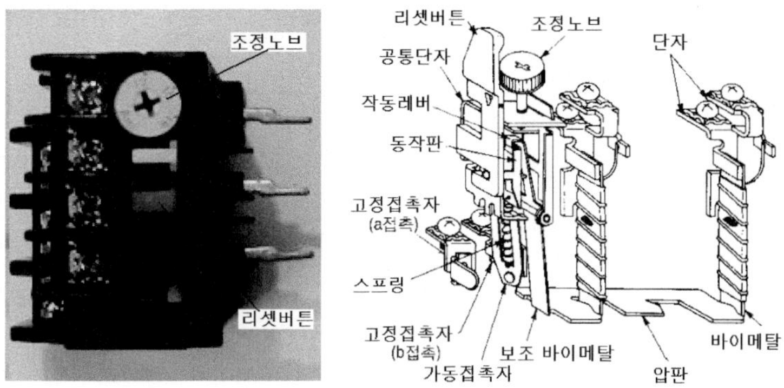

그림 4-39 열동형 계전기

(3) SSR(Solid State Relay)

최근, 각종 제어기기 장치의 반도체화가 진행되면서 그에 따른 구동용 기기 또한 무접점 릴레이가 많이 사용되고 있다. 그 이유는 무접점 릴레이가 소형이면서 큰 개폐용량을 가지고 있고, 취급이 용이하며, 입/출력이 완전히 분리되어 있어 안정된 동작이 이루어지기 때문이다.

SSR은 포토 커플러에 비해서 절연회로 제로 크로스 회로 등이 부가되어 있어 유접점 릴레이에 비해 안정된 동작이 이루어진다. 그림 4-40은 SSR을 나타낸다.

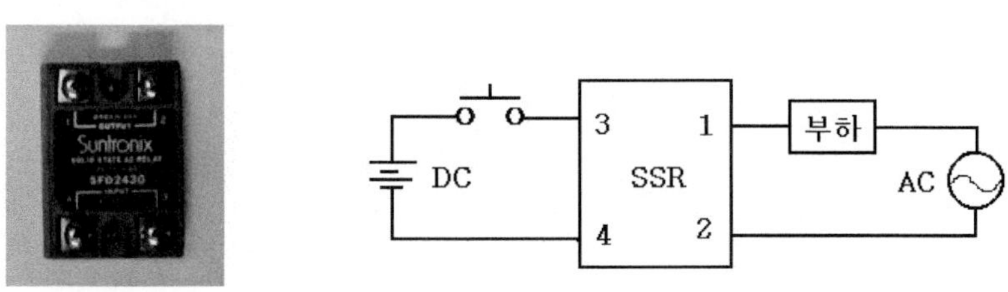

(a) SSR 외관　　　　(b) SSR 사용 회로

그림 4-40 SSR 외관 및 사용 회로

표 4-6은 SSR과 유접점 제어릴레이의 특징을 비교 정리한 것이다

표 4-6 SSR과 유접점 릴레이의 비교

항목	SSR	유접점 릴레이
동작전압범위	수V~수십V 가능	정격전압의 ±10%의 오차
노이즈의발생	거의 없다	온, 오프시 발생
접촉 신뢰성	접촉 불량 없음	접촉불량 발생가능
접점 극 수	1a 접점이 일반적	다극이 가능
아크의 발생	아크 발생 없음	부하에서 아크 발생
내진동	문제 없음	오동작 피할 수 없음
동작시 소음	동작 소음 없음	마그네트의 동작음 있음
부식성 가스	문제 없음	접촉불량이 원인이 됨

(4) 솔레노이드 밸브

솔레노이드 밸브(solenoid valve)란 방향 제어 밸브와 전자석(또는 솔레노이드)을 일체화시켜 전자석에 전류를 흘리거나, 또는 차단하는 동작에 의해 공기의 흐름을 변환시키는 밸브이다.

솔레노이드는 그림 4-41과 같이 코일을 원통형으로 감은 고정 철심과 자성체(금속)로 만든 가동 철심으로 구성되어 있다. 이 코일에 전류가 흐르면 자계를 발생하여 코일 권수에 따라 흡인력이 발생한다. 자계를 발생시키려 하는 힘을 기자력이라 하며, 이 기자력에 의해 생긴 흡인력이 가동 철심의 무게와 스프링 힘의 합보다 크면 가동 철심은 고정 철심에 흡착한다.

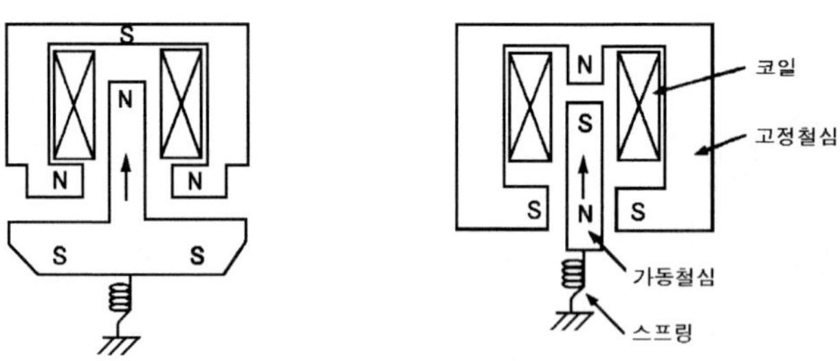

그림 4-41 솔레노이드의 구조

방향 제어 밸브는 유체의 흐름의 양을 변화시키려는 것이 아니라, 완전히 열리거나 닫히게 하는 온, 오프 장치이다. 방향제어 밸브의 일반적인 형태는 그림 4-42와 같이 스풀 밸브(spool valve)를 이용한다. 스풀은 유동을 제어하기 위하여 밸브 몸체 내에서 수평으로 움직인다.

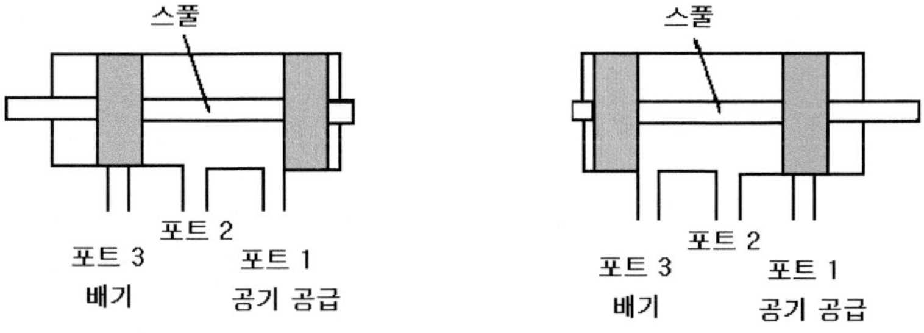

(a) 포트 1 열림, 포트 3 닫힘 (b) 포트 1 닫힘, 포트 3 열림

그림 4-42 스풀 밸브의 구조

그림 4-42(a)에서 공기 공급은 포트 1에 연결되어 있고, 포트 3는 닫혀있다. 따라서 포트 2에 연결되어진 장치에 공기는 공급될 것이다. 만약, 스풀이 그림(b)와 같이 왼쪽으로 이동되면, 공기 공급은 차단되고 포트 2는 포트 3와 연결된다. 포트 3는 대기로 배출되므로, 포트 2에 연결된 시스템의 공기압은 대기로 배출된다.

솔레노이드 밸브는 스풀 밸브와 솔레노이드를 조합한 것으로서, 그림 4-43은 3-포트 2-위치 솔레노이드 밸브 구조를 나타내며, (a)는 소자(no exciting)인 경우이고 (b)는 여자(excting)되었을 경우 밸브 구조를 나타낸다.

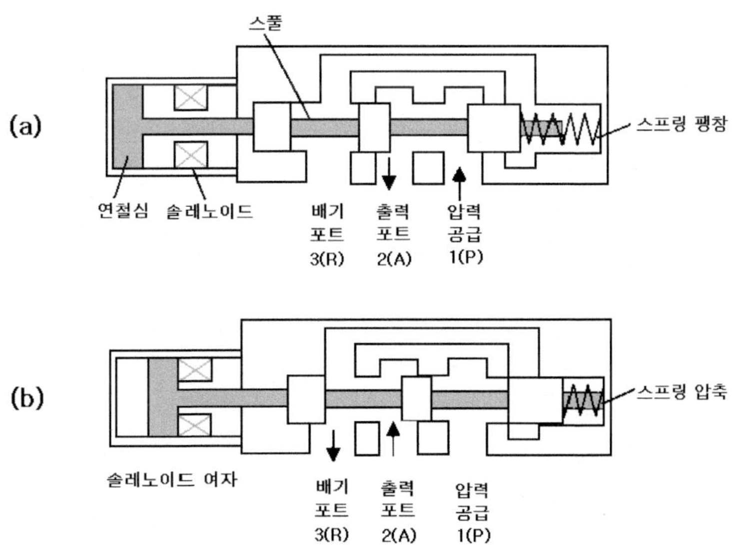

그림 4-43 3 port/2 position 솔레노이드 밸브 구조

그림 4-43 (a) 는 솔레노이드가 여자되지 않았을 경우이며, 그림 (b) 는 솔레노이드가 여자되었을 경우에 스풀이 작동한 것을 나타낸다. 그림 4-43 과 같은 솔레노이드 밸브의 기호는 그림 4-44 와 같이 표현한다.

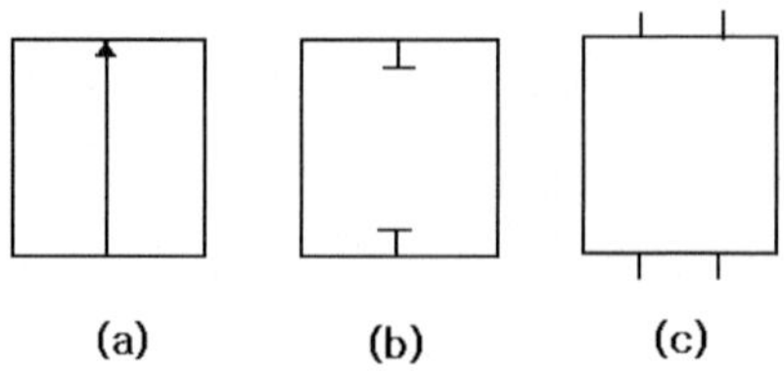

그림 4-44 제어 밸브의 기호

즉, 제어 밸브에 사용되는 기호는 스위치의 위치에 따라 사각형으로 구성된다. 그림 4-43 과 같은 밸브는 2 개의 위치를 갖는데, 하나는 솔레노이드가 여자 되지 않았을 때이고, 다른 하나의 위치는 솔레노이드가 여자 되었을 경우이다. 따라서 2-위치 밸브는 2 개의 사각형으로 이루어지고, 3-위치 밸브는 3 개의 사각형으로 이루어진다.

또한 그림 4-44 (a) 의 화살표는 유동 방향을 나타내고, 그림 (b) 의 T 모양은 유로가 닫혀있음을 나타낸다. 그림 (c) 는 4개의 밸브와 포트가 초기 상태로 연결됨을 나타낸다. 포트는 숫자에 의하여 표시되거나 기능에 따라 문자로 표현된다. 표 4-7 은 포트에 따른 기능을 표시한다.

표 4-7 포트의 기능

포트	기능	영문
포트 1 (또는 P)	유공압 공급 포트	pressure supply port (Inlet)
포트 3 (또는 T)	유압 회복 포트	hydraulic return port (Return)
포트 3, 5 (R 또는 S)	공기 배출 포트	pneumatic exhaust port (Exhaust)
포트 2, 5 (B 또는 A)	출구 포트	output port (Outlet)

그림 4-45 는 유공압 공급 포트 1(P) 에서 출구 포트 2(A) 로 연결되어있고, 유압 회복 포트 3(R) 은 닫혀있으므로 시퀀스 회로의 Normally open 상태(b접점)에 해당된다. 반면에 그림 4-46 은 Normally closed(b접점) 상태의 솔레노이드 밸브를 나타낸다.

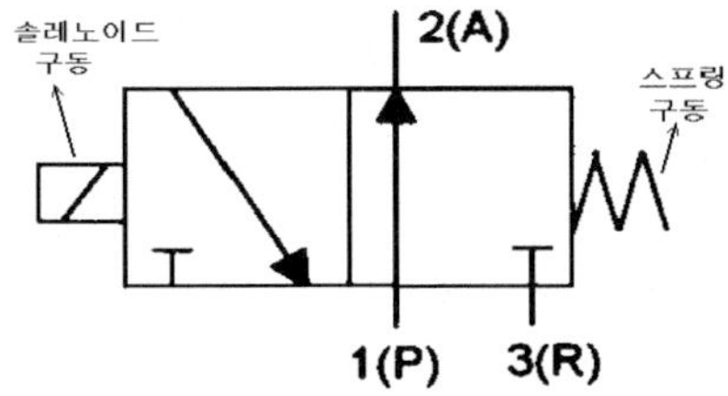

그림 4-45 2-위치 솔레노이드 밸브

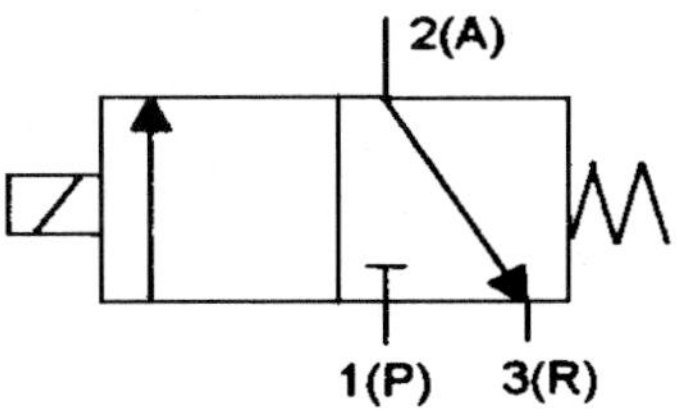

그림 4-46 NC 상태의 솔레노이드 밸브

그림 4-47 은 솔레노이드 공압 밸브의 외관을 나타낸다.

그림 4-47 솔레노이드 공압 밸브 외관

(5) 실린더

유공압 실린더는 현재 제조업체의 자동화 라인에서 사용 빈도가 높은 직선형 액추에이터이다. 실린더가 그 기능을 발휘하기 위해서는 방향제어 밸브가 조합되어야 한다.

단동 실린더 (single acting cylinder) 는 피스톤의 한 방향으로만 제어가 이루어져 움직이고, 스프링은 피스톤을 반대로 움직이는 데 사용한다.

그림 4-48 은 단동 실린더의 기호를 나타낸다. 그림 4-48 에서 솔레노이드에 전류가 흐르면 밸브의 위치가 변환되어 압력은 실린더를 따라 피스톤을 움직이는데 작용한다. 솔레노이드의 전류가 차단되면, 밸브는 초기 위치로 복귀되고 공기는 실린더로 방출된다. 그 결과 스프링은 실린더를 따라 피스톤을 되돌아오게 한다.

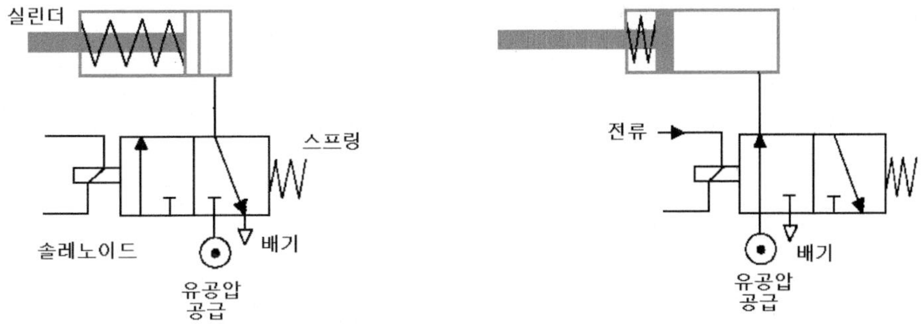

(a) 솔레노이드가 무여자일 경우　　(b) 솔레노이드가 여자되었을 경우

그림 4-48 단동 실린더 동작 원리

복동 실린더는 제어 압력이 피스톤 양쪽에 번갈아 공급된다. 피스톤을 한 방향으로 그 다음엔 다른 방향으로 이동한다. 그러므로 복동 실린더를 제어하기 위해서 한 쪽은 압력을 공급하고, 다른 쪽은 배기시켜야 하므로 4 포트 또는 5 포트 밸브로 구성되어야 한다. 만약 3 포트 밸브를 사용하여 제어하고자 할 경우는 밸브 2 개가 필요하게 된다.

그림 4-49 는 4 포트 2 위치 방향 제어 밸브를 이용한 복동 실린더를 나타내며, 그림 4-50 은 공압 실린더의 외관을 나타낸다.

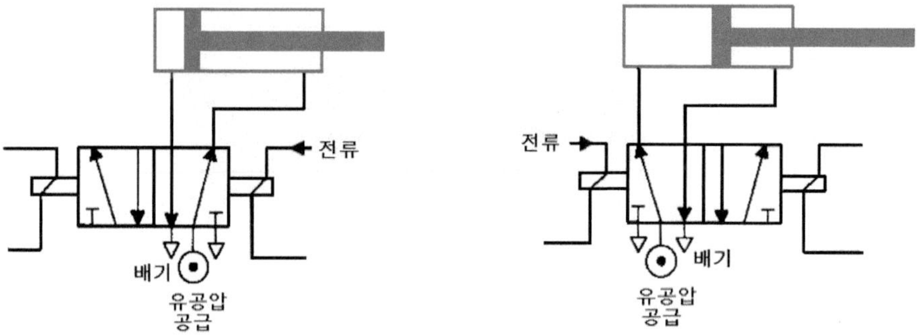

그림 4-49 복동 실린더 동작 원리

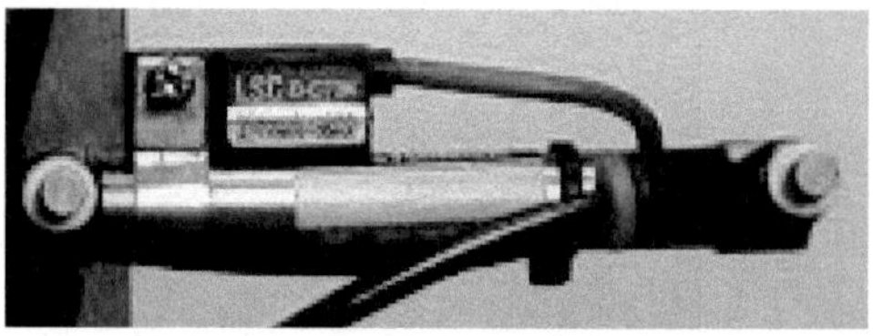

그림 4-50 공압 실린더의 외관

4.7 표시 및 경보기기

표시 및 경보용 기기는 기기의 동작상태나 시스템의 운전상황 등을 표시·경보하기 위하여 사용되는 기기로서 램프나 벨, 부저 등이 있다.

(1) 표시등(Pilot lamp)

전원 표시등, 자동운전 표시등, 수동운전 표시등, 비상정지 표시등 등의 목적으로 사용되는 표시등은 시각을 통해 인식할 수 있도록 상태를 표시해 주는데, 광원으로는 일반적으로 백열전구가 사용된다.

사용 전원 전압과 취부외경 등으로 규격을 나타내고 램프의 형상에는 원형과 사각형이 있으며, 색상은 청색, 적색, 황색, 녹색 등이 주로 사용된다. 그림 4-51은 각종 표시등의 외관을 나타내고 있다.

그림 4-51 각종 표시등

(2) 발광 다이오드(LED)

발광 다이오드(Light Emission Diode : LED)란 전류가 흐르면 광을 발생시키는 소자이며 정방향의 전류에 대해서만 작동한다. 발광 다이오드는 백열전구에 비해 저전압, 저전류로 발광하는데, 발광량은 적으나 응답이 빠르고 수명이 길다는 장점이 있다.

발광 다이오드는 크기가 소형인 제어장치나 기기에 조립되어 동작상태 등을 표시해 주는 기기로 많이 사용된다. 그림 4-52는 발광다이오드의 외관과 표시기호를 나타내고 있다.

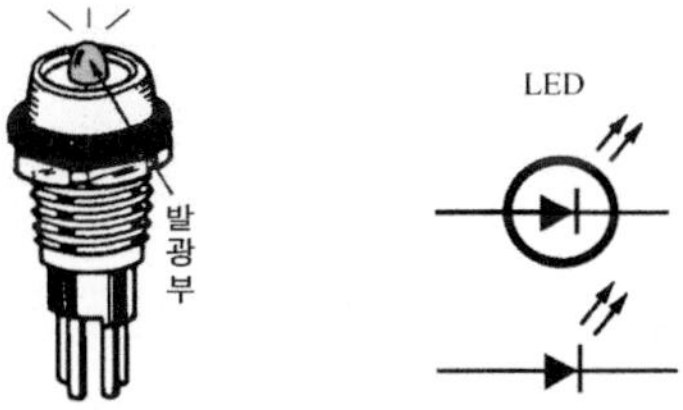

그림 4-52 발광 다이오드의 외관과 기호

(3) 벨과 부저

벨은 그림 4-53에 나타낸 바와 같이 전자석의 원리를 이용한 것으로 그림에서 스위치를 닫으면 전자석이 여자되고 스프링에 붙어 있는 철편을 흡인한다. 접점이 떨어지는 순간 전류가 끊겨 전자석이 소자되고 스프링에 의해 원상태로 복귀되고, 따라서 접점이 붙게 된다. 접점이 붙는 순간 다시 전자석이 여자되어 철편을 흡인한다. 즉 스위치를 누르고 있는 동안에 이와 같은 동작을 반복하여 벨을 울리는 것이다.

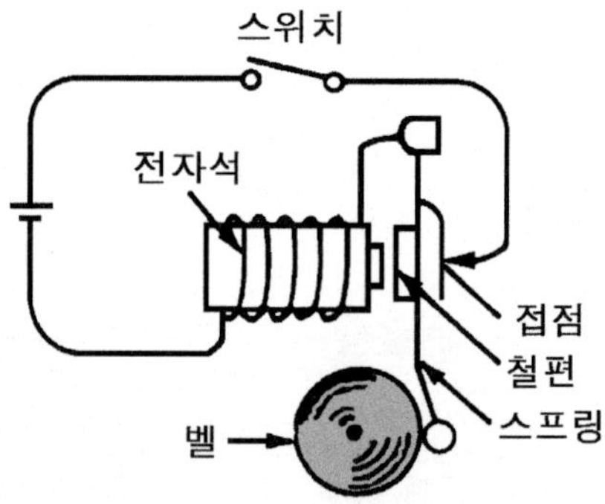

그림 4-53 벨의 원리

부저(buzzer)도 전자석의 원리를 이용한 것으로 발음체를 진동시키는 음향기구를 말한다.

4.8 전기기구

앞서 설명한 전자 제어기기나 구동용 기기가 아니면서도 시퀀스제어에 사용되는 전기기구가 있다. 전자 제어기기나 구동용 기기를 동작시키기 위해 전원을 공급해야 하는데 이때 사용하는 것이 배선용 차단기이다.

(1) 배선용 차단기(Molded case circuit breaker: MCCB)

MCCB는 No fuse breaker(NFB)라고도 하며, 구동용 기기나 제어기기 또는 회로에 전원을 공급하기 위한 차단기이다. 과부하 및 단락보호를 겸한 차단기로서, 그림 4-54와 같이 몰드 케이스(Moldcase) 내에 수용되어 있다. 배선용 차단기는 교류 600V 이하, 또는 직류 250V 이하의 저압 옥내전압의 보호에 사용되는 차단기를 말하며, 소형이며 조작이 안전하고 퓨즈를 끼우는 등의 수고가 없기 때문에 종래의 나이프 스위치와 퓨즈를 결합한 것에 대신하여 널리 사용되고 있다.

그림 4-54 배선용 차단기

배선용 차단기는 시퀀스회로에 자주 사용된다. 그림 4-55는 3상 유도전동기를 직입 기동하기 위한 시퀀스회로이다.

3상전원을 공급하기 위해 MCCB(배선용 차단기)가 사용되고, MC(전자접촉기)와 THR(열동형 과부하계전기)이 합하여져 MS(전자개폐기)로 사용된다. 또한 제어회로에 전원을 공급하기 위해 단상 MCCB가 사용된다.

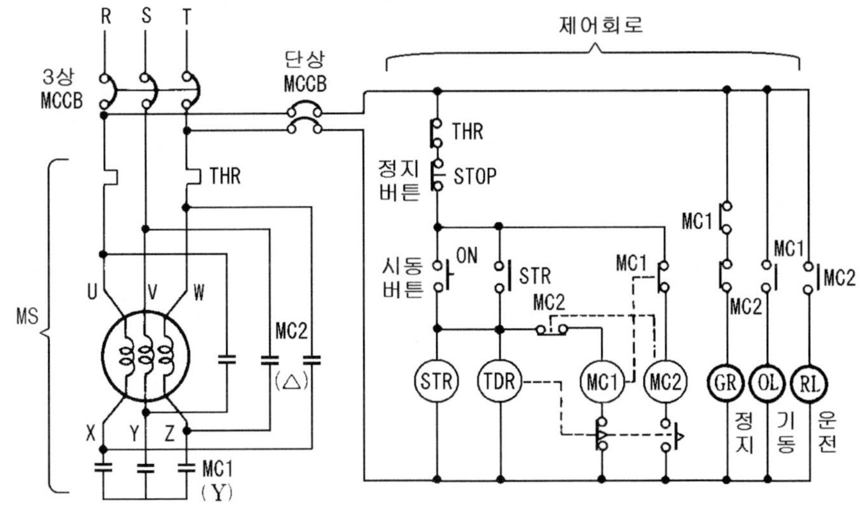

그림 4-55 3상 유도전동기 기동 시퀀스 회로도

(2) 누전 차단기(Earth leakage breaker: ELB)

누전 차단기(ELB)는 누전을 검출하여 차단하는 기능이 있는 것을 말하며, 누전 차단기능이 없는 것을 배선용 차단기(MCCB)라 한다. 그림 4-56의 누전 차단기는 배선용 차단기의 기능을 모두 가지면서 누설전류를 감지할 수 있는 기능이 추가된 것 외에는 동일하다고 할 수 있다. 동작 기능을 살펴보면 배선용 차단기와 누전 차단기는 단락이나 과부하시 차단되어 기기 및 전루를 보호하고 단락으로 인해 발생할 수 있는 화재를 예방하는데 도움을 준다. 뿐만 아니라, 누전 차단기는 영상변류기(ZCT)를 내포하고 있기 때문에 누전이 발생되었을 경우 그림 4-57과 같이 누전전류를 검출하고 회로를 차단하여 인체를 보호하는 기능을 갖는다.

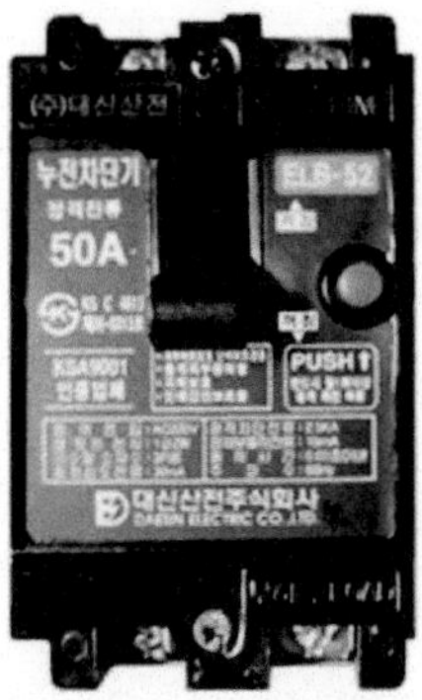

그림 4-56 단상 누전 차단기

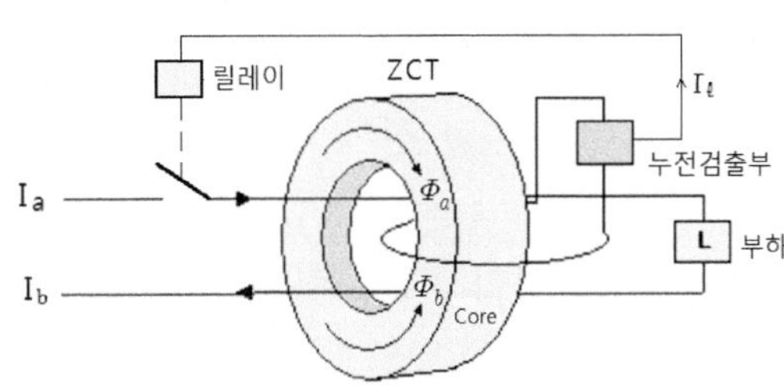

그림 4-57 영상변류기 동작 원리도

Q. 연습문제

01 시퀀스 제어를 구성하는 제어기기에 관하여 설명하라.

02 PLC 에 사용되는 조작용 스위치에 관하여 설명하라.

03 푸시 버튼스위치의 접점구성을 기술하라.

04 전형적인 리미트 스위치는 ?

(a) 두 조의 NC 접점을 갖는다.
(b) 한 조의 NO 접점 및 한 조의 NC 접점을 갖는다.
(c) 두 조의 NO 접점을 갖는다.
(d) 한 조의 NO 접점을 갖는다.

05 고주파 발진형과 정전 용량형 근접스위치의 차이점을 설명하라.

06 리드스위치란 ?

07 스트레인 게이지에 관하여 설명하라.

08 릴레이 선정 시의 검토사항에 관하여 설명하라.

09 한시동작 타이머의 접점에 관하여 설명하라.

10 근접스위치를 카운터에 연결할 때에 주의할 점을 설명하라.

11 전자 접촉기와 전자 개폐기의 차이점을 설명하라.

12 SSR과 유접점 제어릴레이에 관하여 설명하라.

13 솔레노이드 밸브의 동작원리에 관하여 설명하라.

14 공압 실린더의 종류를 열거하라.

15 다음 접점들은 어떤 형태의 타이머와 관련된 접점인지를 설명하라.

(a) (b) (c) (d)

A. 해답

04 (b)

제 5 장 릴레이 논리

5.1 서론

시퀀스 제어란 순서 제어를 말한다. 즉, 미리 정해진 순서에 따라서 또는 일정한 논리에 의해서 제어의 각 단계를 차례차례 이루어 나가는 제어를 말한다.

시퀀스 제어를 하기 위해서 시퀀스도(sequence diagram)를 작성하여야 하며, 접점의 기호를 포함한 릴레이 논리도를 사용한다. 이를 릴레이 래더 논리라고도 하며, PLC에 사용되는 래더 논리와 유사하다. 아무리 복잡한 시퀀스 회로라도 여러 가지 기본회로의 조합으로 이루어지므로, 동작원리에 대해서 자세히 알아둘 필요가 있다.

시퀀스 회로의 기본은 릴레이 동작이다. 그림 5-1은 릴레이와 함께 동작하는 a접점(normally open : NO)과 b접점(normally closed : NC)을 나타낸다.

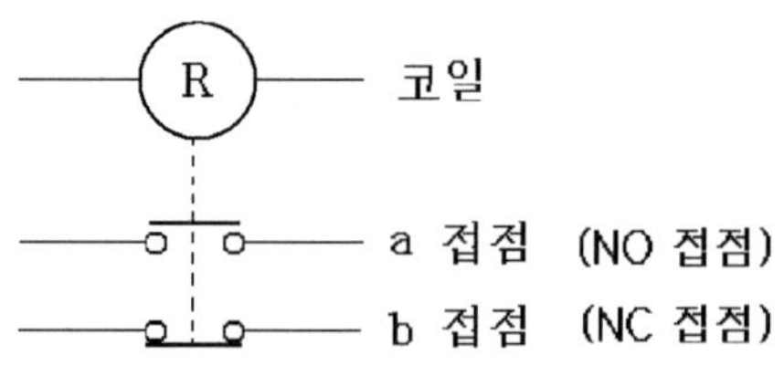

그림 5-1 릴레이 코일과 접점

릴레이는 코일에 인가되는 전류의 온, 오프에 따라 a접점 또는 b접점이 접촉하여 회로를 연결시키거나 차단시키는 역할을 한다. 그림 5-1에서, 코일이 여자될 경우,

a 접점은 온 (1) 되고 b 접점은 오프 (0) 된다. 반대로 코일이 소자될 경우 a 접점은 오프 (0) 되고 b 접점은 온 (1) 된다. 표 5-1은 시퀀스 회로에 자주 사용되는 접점의 기호이다.

표 5-1 시퀀스 회로에 사용되는 접점의 기호

명칭	도기호		적용 사항
	a 접점	b 접점	
일반 접점 또는 수동접점			나이프 스위치, 절환스위치와 같이 접점의 개폐가 수동에 의해서 이루어지는 것에 사용
수동조작 자동복귀 접점	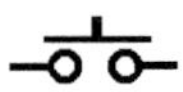		손을 떼면 복귀하는 접점으로 푸시 버튼 스위치, 조작스위치 등의 접점에 사용
열동 과전류 접점			과전류에 의해 바이메탈이 일정량 이상 완곡하여 이것에 연결한 연동 기구를 사이에 두고 동작하는 점점
기계적 접점			리미드 스위치처럼 접전의 개폐가 기계적인 원인에 의해서 이루어지는 것에 사용
릴레이 접점	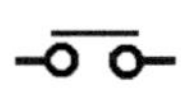	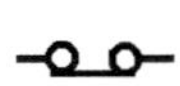	철심에 코일을 감은 전자석에 의해 접점의 개폐가 이루어질 때 사용
한시 동작 접점	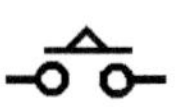		입력 신호를 받고 동작할 때, 소정시간 경과 후에 회로를 개폐하는 접점에 사용
한시 복귀 점점		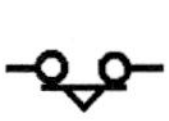	입력 신호를 받고 복귀할 때, 소정시간 경과 후에 회로를 개폐하는 접점에 사용

그 외에 시퀀스 제어의 입력장치로 자주 사용되는 기호는 표 5-2와 같다.

5-2 입력 장치 기호

입력 장치	(a) NO (b) NC	적용 사항
푸시 버튼 스위치	 (a) (b)	회로를 기동 및 정지하고자 할 경우에 사용하는 스위치
리미트 스위치	 (a) (b)	일정 거리를 초과할 경우 동작하는 스위치
온도 스위치	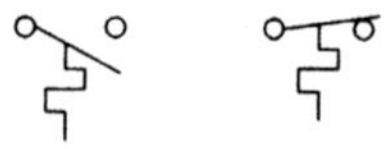 (a) (b)	일정 온도를 초과할 경우 동작하는 스위치
압력 스위치	 (a) (b)	일정 압력을 초과할 경우 동작하는 스위치
플로우트 스위치	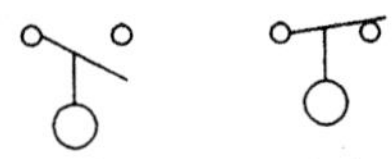 (a) (b)	일정 레벨을 초과할 경우 동작하는 스위치

5.2 릴레이 기본 회로

5.2.1 ON 회로

입력이 존재하면 출력이 온 되고, 입력이 오프 되면 출력도 오프 되는 회로로서, 릴레이의 a 접점을 이용하므로 a 접점 회로라고도 한다.

그림 5-2 (a) 는 릴레이 회로도이고, 그림 (b) 는 타임 차트이다. 회로도에서 푸시 버튼 스위치를 눌러 온 시키면, 릴레이 코일 R 에 전류가 흘러 코일이 여자되고, 그 결과 a 접점 R 이 닫히게 된다. 푸시 버튼 스위치에서 손을 떼면, 전류가 끊겨 릴레이 코일이 소자되고, a 접점 R 이 복귀되는 회로이다.

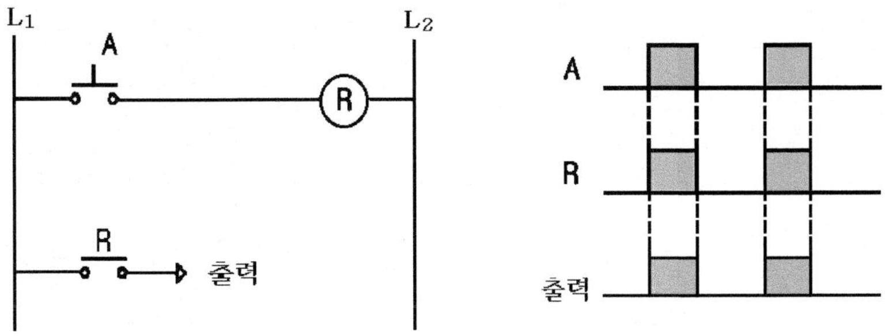

(a) 릴레이 회로 (b) 타임 차트

그림 5-2 온 회로(a 접점 회로)

5.2.2 OFF 회로

입력이 온 되면 출력이 오프 되고, 입력이 오프 되면 출력이 온 되는 회로로서 릴레이의 b 접점을 이용하므로 b 접점 회로라고도 한다.

그림 5-3(a)는 릴레이 회로도이고, 그림(b)는 타임 차트이다. 회로도에서 푸시 버튼 스위치를 누르지 않은 상태에서는 R 접점이 닫혀 있으므로 출력이 온 된다. 그러나 푸시 버튼 스위치를 온 시키면, 릴레이 코일 R이 여자되어 b 접점이 열리므로 출력이 오프 되는 회로이다.

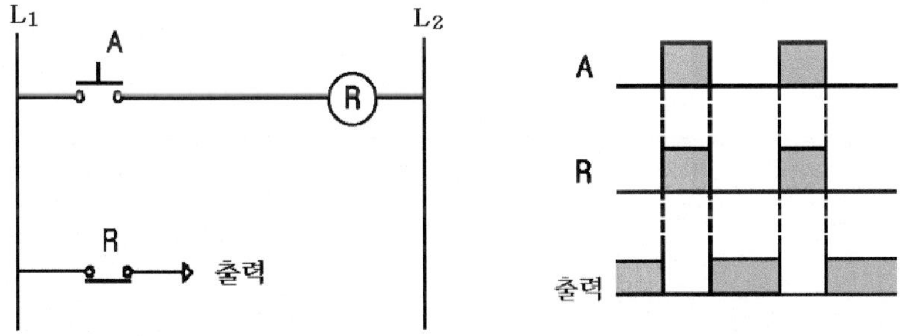

(a) 릴레이 회로 (b) 타임 차트

그림 5-3 오프 회로(b 접점 회로)

5.2.3 AND 회로

여러 개의 입력과 1개의 출력이 있을 경우, 모든 입력이 온 될 때만 출력이 나타나는 회로를 AND 회로라고 하며, 직렬 스위치 회로와 같다.

그림 5-4는 두 개의 입력 A와 B가 모두 온 일 때에 릴레이 코일 R이 여자되고, R 접점이 닫혀 램프 L이 점등되는 AND 회로이다.

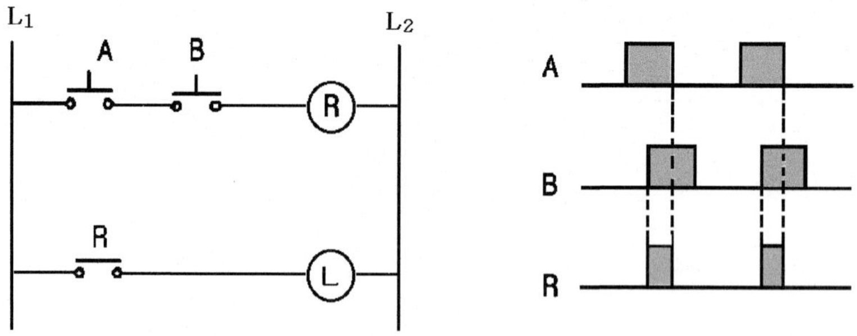

(a) 릴레이 회로　　　　(b) 타임 차트

그림 5-4 AND 회로(Ⅰ)

이와 같이, AND 회로는 1 대의 프레스에 여러 명의 작업자가 함께 작업할 때, 안전을 위해 각 작업자마다 프레스 기동용 푸시 버튼 스위치를 설치하여 모든 작업자가 스위치를 누를 때에만 동작되도록 하는 경우에 적용된다. 또한 푸시 버튼 스위치 대신에 리미트 스위치로 대치했을 경우, 기계의 각 부분이 소정의 위치까지 진행되지 않으면 다음 동작으로 진행하는 것을 금지하는데 사용하기도 한다.

그림 5-5 는 AND 회로의 다른 예로서, 이 회로는 각각의 입력에 릴레이를 할당하여 입력 A 와 B 가 모두 온 일 때, 접점 R1 과 R2 가 닫히게 되고, 램프 L 이 점등된다.

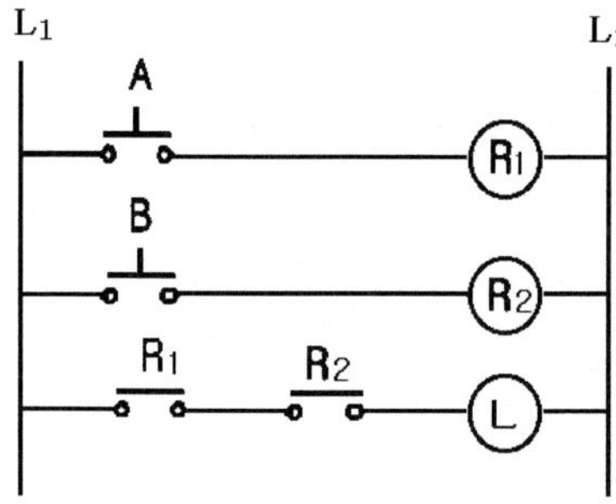

그림 5-5 AND 회로(Ⅱ)

5.2.4 OR 회로

OR 회로는 여러 개의 입력신호 중에서 하나 또는 그 이상의 신호가 온 되었을 때, 출력을 내는 회로로서 병렬 회로라고 한다.

그림 5-6 에서 푸시 버튼 스위치 A 가 눌려지거나, 아니면 B 가 눌려져도, 또는 A 와 B 가 동시에 눌려져도 릴레이 R 이 동작되어 램프 L 이 점등된다.

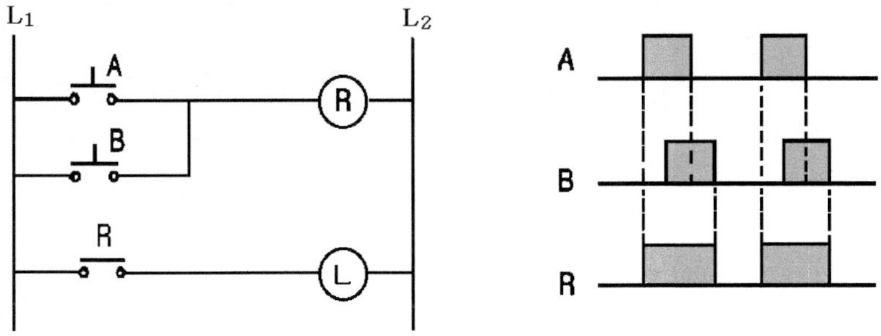

그림 5-6 OR 회로(I)

그림 5-7은 OR 회로의 다른 예로서, 이 회로는 각각의 입력에 릴레이를 할당하고 그 릴레이의 a 접점으로 병렬회로를 만들어 A나 B 어느 하나 또는 A, B가 모두 온일 때 R1과 R2 접점에 의해 램프 L을 점등시키는 회로이다.

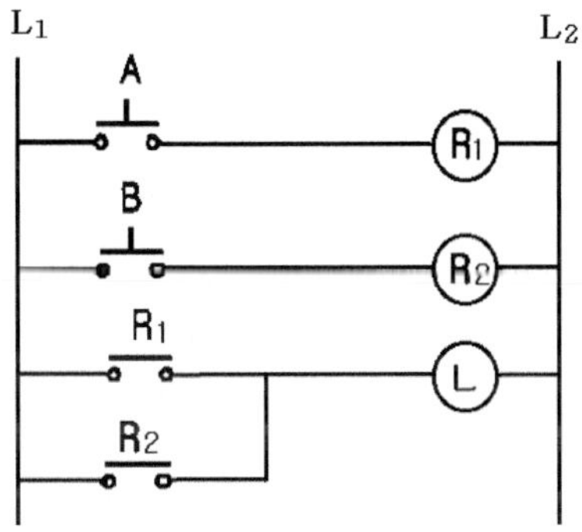

그림 5-7 OR 회로(II)

5.2.5 NOT 회로

NOT 회로는 출력이 입력과 반대가 되는 회로로서, 입력이 오프면 출력이 온이고, 입력이 온이면 출력이 오프되는 부정 회로이다.

그림 5-8은 릴레이의 b 접점을 이용한 NOT 회로로서, 푸시 버튼 스위치 A가 눌려 있지 않은 상태에서 램프가 점등되고, 푸시버튼 스위치 A가 눌려지면 R 접점이 열려 램프가 소등하는 NOT 회로이다.

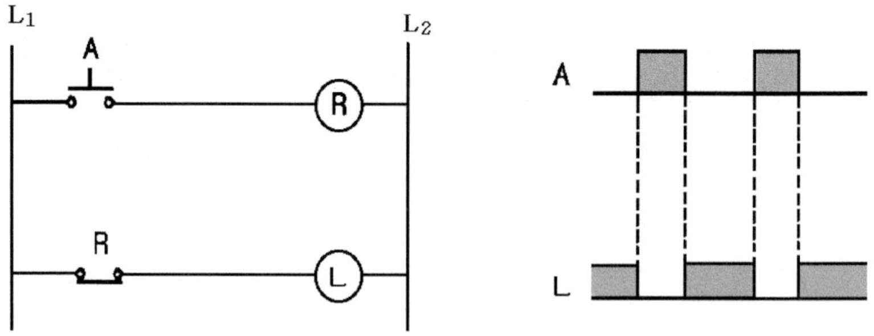

그림 5-8 NOT 회로

5.2.6 자기 유지 회로

자기 유지(hold-in) 회로는 릴레이 논리는 물론 PLC 래더 논리에 매우 많이 사용된다. 그림 5-9는 릴레이의 자기유지 회로이며, 자기 유지 접점 R1은 푸시버튼 스위치 A와 병렬로 접속한다.

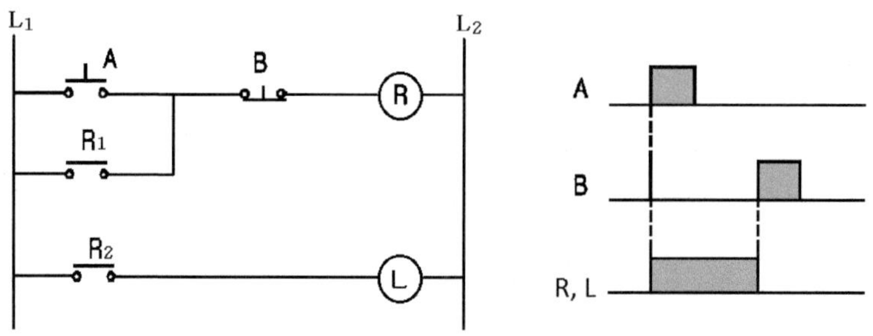

그림 5-9 자기 유지 회로

동작 원리는 푸시버튼 스위치 A를 누르면 릴레이가 동작되고, 접점 R1과 R2가 동시에 온 되면서 램프가 점등된다. 이때 푸시버튼 스위치 A에서 손을 떼도 전류는 R1 접점과 푸시버튼 스위치 B를 통해 코일에 계속 흐르므로 동작 유지가 가능하다. 즉 A가 복귀하여도 R1 접점에 의해 코일 R의 동작 회로가 유지된다. 자기 유지 해제는 푸시버튼 스위치 B를 누르면 R이 복귀되고, 접점 R1과 R2가 열려 회로는 초기상태로 되돌아간다.

5.2.7 인터록 회로

기기의 보호나 작업자의 안전을 위해 기기의 동작상태를 나타내는 접점을 사용하여 관련된 기기의 동작을 금지하는 회로를 인터록(interlock) 회로라 한다. 인터록은 릴레이의 b 접점을 상대측 회로에 직렬로 연결하여 어느 한 릴레이가 동작 중일 때에는 관련된 다른 릴레이는 동작할 수 없도록 규제한다.

그림 5-10 은 푸시버튼 스위치 A 가 온 되어 R1 릴레이가 동작하면, B 가 눌러져도 R2 릴레이는 동작할 수 없다. 왜냐하면 릴레이 R2 와 직렬로 b 접점 R1이 개방되기 때문이다. 한편, B 가 먼저 입력되어 R2 가 동작하여도 R1 릴레이는 역시 동작할 수 없다.

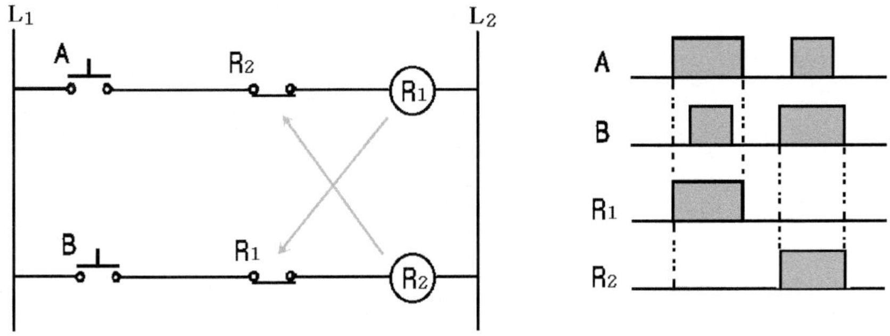

그림 5-10 인터록 회로

5.2.8 과부하 보호회로

릴레이 논리 회로에 사용되는 과부하 보호 장치는 히터-코일과 b 접점이 한조로 구성된다. 히터-코일은 전동기와 같은 부하 선로와 직렬로 연결되며, 이 선로를 통해 흐르는 전류를 감지한다. 전동기에 부하가 정격을 초과하면 전동기로 흐르는 전류는 히터-코일을 가열시키고, 그 결과 히터-코일이 개방되면서 동시에 b 접점도 개방된다.

과부하 코일의 b 접점은 보통 제어 회로의 기동용 푸시버튼 스위치와 직렬로 배치되어 있기 때문에, 전원 회로 및 제어 회로의 전원을 모두 차단시킬 수 있다. 다시 히터-코일이 냉각되면 NC 접점은 원래 상태로 복귀하고 전동기는 재시동 할 수 있다. 그림 5-11 은 과부하 코일 및 접점을 나타내고, 그림 5-12 는 전동기 코일 M 과 직렬로 연결된 과부하 보호 회로를 나타낸다.

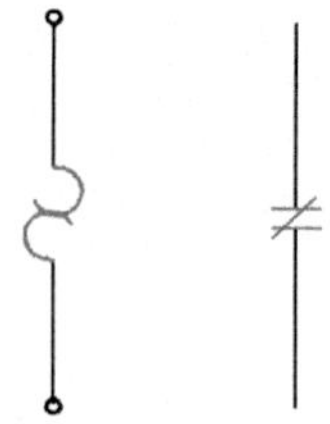

그림 5-11 과부하 히터 코일 및 NC 접점

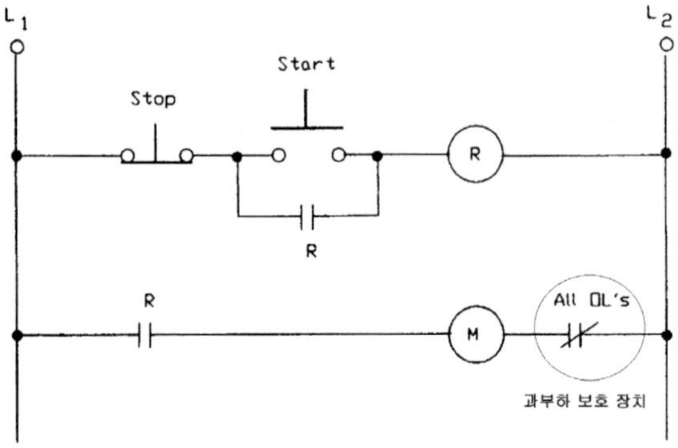

그림 5-12 과부하 코일이 삽입된 전동기 기동 회로

5.2.9 표시 회로

표시 회로에는 그 용도에 따라 동작 상태를 표시하는 회로와 고장 경보를 표시하는 회로가 있다. 동작 상태 표시회로에는 전원 투입 표시램프, 정지 표시램프, 운전 표시램프 등을 목적과 기능에 따라 설치하여 사용한다.

그림 5-13 회로에서 릴레이 R이 여자될 경우, 적색램프(RL)가 켜지고, R이 소자될 경우, 녹색램프(GL)가 켜진다. 고장 경보 회로는 고장이 발생하면 작업자나 운전자에게 경보하기 위하여 벨이나 부저가 사용되며, 동시에 고장 표시램프가 점멸하기도 한다.

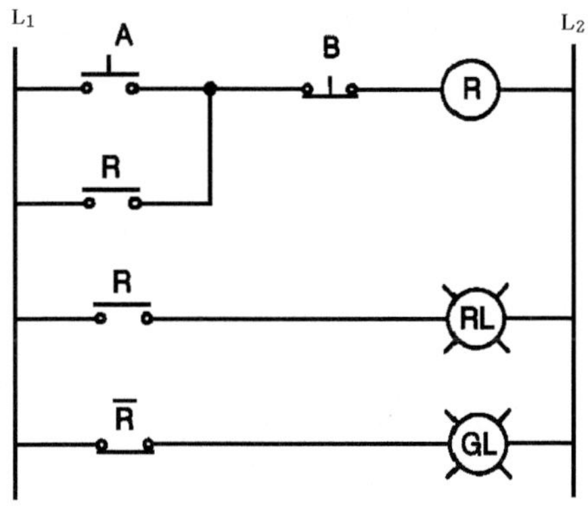

그림 5-13 표시등 회로

일반적으로 작은 고장일 때는 부저를 사용하나 큰 고장일 때에는 벨을 사용하여 경보를 울린다. 경보 회로에서 유의할 점은 고장이 계속 중일 때는 경보를 중지시키도록 한다. 왜냐하면 한 곳에서 고장이 계속 중일 때 다른 고장이 발생하면 벨이나 부저 음이 중복되어 상황 파악에 혼동을 가져올 수가 있기 때문이다. 그림 5-14는 고장 검출 회로의 일례를 나타낸다. 그림에서 고장검출 접점이 온 되면, 부저(BZ)가 울린다.

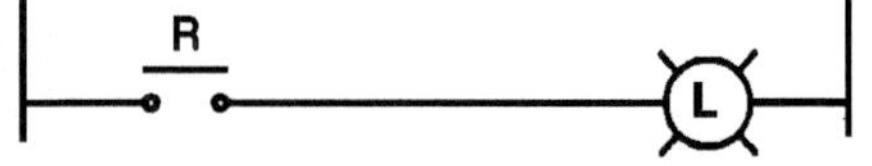

그림 5-14 고장 검출 회로

작업자가 푸시 버튼 스위치 A를 누르면, 릴레이 R이 여자되고, 접점 R로 회로가 이루어져서 고장 표시 램프 L이 점등된다.

5.3 시간 지연 릴레이

시간 지연 릴레이 (time delay relay : TDR) 는 작업이 개시되는 시간과 작업이 실제로 행해지는 시간 사이에 스위칭 동작을 지연시키는 장치이다. TDR 은 한시 동작 (on delay) 및 한시 복귀 (off delay) 타이머로 구분한다.

"온 시간 지연 (한시 동작 및 순시 복귀) 타이머"

- 코일이 여자되어 일정 시간이 지난 후 타이머의 접점 상태가 변경되는 경우로서 TDON (time delay ON)릴레이라 한다.

"오프 시간 지연 (순시 동작 및 한시 복귀) 타이머"

- 코일이 무여자로 되어 일정 시간이 지난 후 타이머의 접점이 개폐되는 경우로서 TDOFF (time delay OFF) 릴레이라 한다.

표 5-3 은 타이머 코일과 관련된 기호 및 타임 차트를 나타낸다. 앞 장에서 설명한 바와 같이 온 시간 지연 타이머 코일에도 'a 접점'과 'b 접점'이 있으며, 'a 접점'이 온일 때 'b 접점'은 오프이고, 'a 접점'이 오프일 때 'b 접점'은 온으로 작동한다.

마찬가지로 오프 시간 지연 타이머 코일에도 'a 접점'과 'b 접점'은 타임 챠트에서 보는 바와 같이 서로 반대로 작동하게 된다.

1) 온 시간 지연 (한시 동작) 회로

입력신호를 준 후에 곧바로 출력이 온 되지 않고 미리 설정한 시간만큼 출력이 늦게 온 되도록 설계한 회로를 온 시간 지연 회로라 한다.

그림 5-15는 온 시간 지연 작동 회로를 나타낸다. 푸시버튼 스위치 A 를 누르면 타이머 코일 T 가 작동하기 시작하고, 설정값 t 시간이 경과하면 타이머 접점 T1 이 닫혀 램프가 점등된다. 푸시버튼 스위치 B 를 누르면 타이머 코일이 복귀하고, 이에 따라 타이머의 접점도 열려 램프가 소등되는 회로이다.

표 5-3 타이머 코일과 관련된 접점기호 및 타임 차트

타이머 코일	접점 종류	기호 / 동작설명	타임 차트
분류		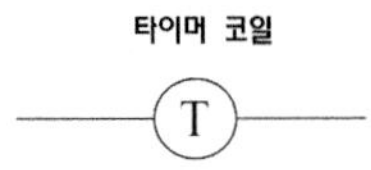	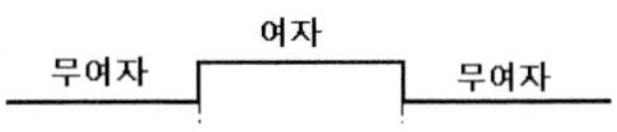
한시동작 순시복귀 (ON delay timer)	a 접점	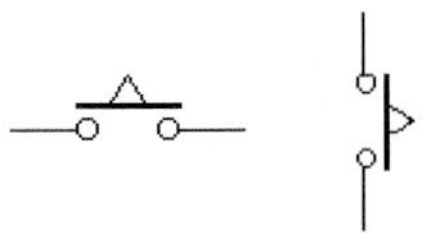 타이머 코일이 여자되면 정해진 시간만큼 늦게 접점이 붙고, 타이머 코일이 소자되면 즉시 떨어진다.	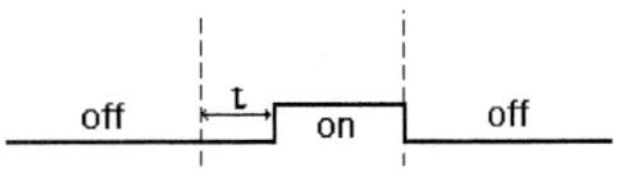
	b 접점	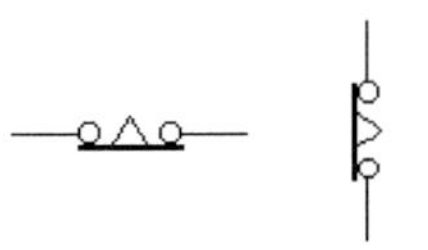 타이머 코일이 여자되면 정해진 시간만큼 늦게 접점이 떨어지고, 타이머 코일이 소자되면 즉시 붙는다.	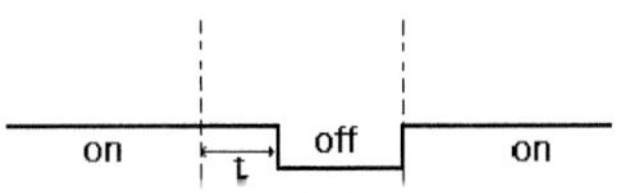
순시동작 한시복귀 (OFF delay timer)	a 접점	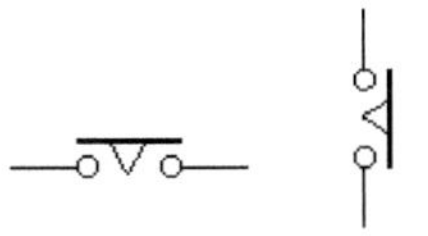 타이머 코일이 여자되면 즉시 접점이 붙고, 타이머 코일이 소자되더라도 정해진 시간만큼 늦게 접점이 떨어진다.	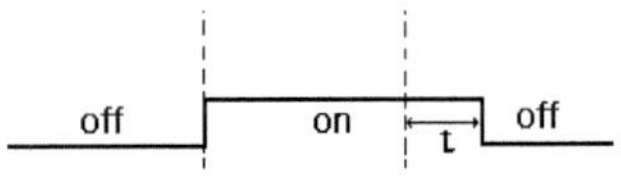
	b 접점	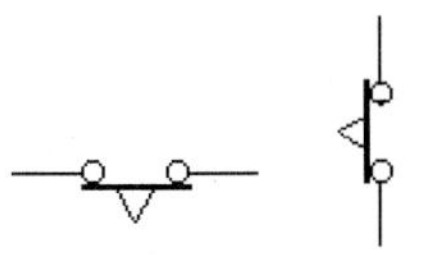 타이머 코일이 여자되면 즉시 접점이 떨어지고, 타이머 코일이 소자되더라도 정해진 시간만큼 늦게 접점이 붙는다.	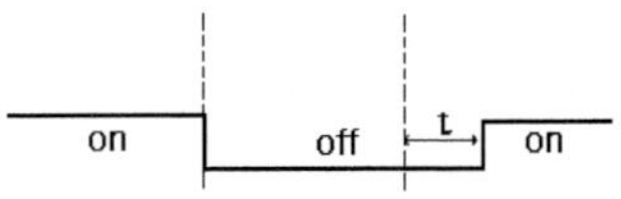

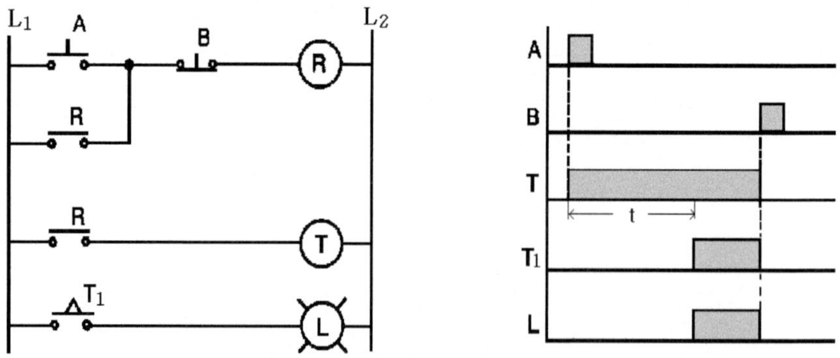

(a) 릴레이 회로 (a) 타임 차트

그림 5-15 온 시간 지연 회로

2) 오프 시간 지연 (한시 복귀) 회로

오프 시간 지연 회로는 복귀 신호가 주어지면 출력이 곧바로 복귀되지 않고, 설정된 시간이 지난 후에 복귀한다.

그림 5-16은 오프 시간 지연 회로의 일례로서, 푸시버튼 스위치 A를 누르면 램프가 점등되고, B를 누르면 곧바로 램프가 소등되지 않고 타이머 설정값 t시간 후에 소등하는 오프 지연 회로이다. 부하가 개방되는 회로로서, 오프 딜레이 타이머의 a 접점 대신에 온 딜레이 타이머의 b접점을 이용하여 회로를 구성할 수도 있다.

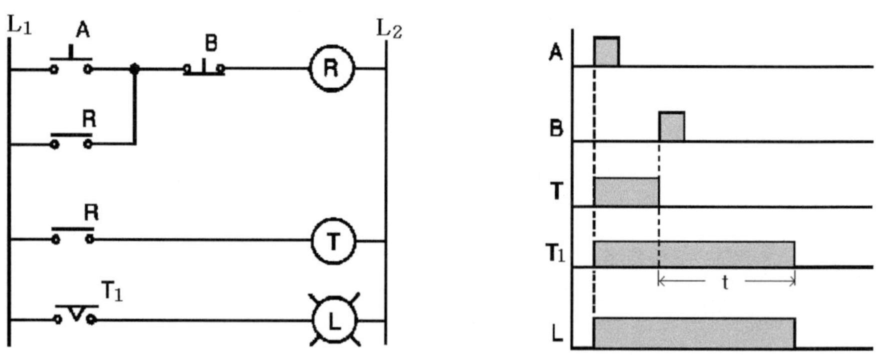

그림 5-16 오프 시간 지연 회로

5.4 릴레이 논리 선도

릴레이 논리 용어로 앞 절에서 다루었던 시퀀스 회로를 선도(line diagram)라 한다. 선도의 작성에는 다음과 같은 기본 규칙이 있다.

1. 선도에서 모든 장치를 연결하는 두 개의 수직선은 L1 및 L2로 표시한다. L1과 L2 간에는 제어 회로의 전압이 가해지는 것이다.
2. 출력 장치는 항상 L2측에 접속한다. 과부하 보호 장치가 포함되어 있는 경우에는 출력 장치와 L2 간에 배치한다.
3. 제어 장치는 항상 L1과 출력 장치 사이에 배치한다. 제어 장치 간에는 직렬 또는 병렬로 접속할 수 있다.
4. 선도의 가로줄(rung) 또는 라인은 번호를 표시한다.

그림 5-17은 전동기를 2개의 푸시버튼으로 기동 및 정지하는 시퀀스 회로를 릴레이 논리 선도의 규칙에 맞추어 작성한 것이다. 즉 시동 푸시버튼 A가 눌러지면 제어 코일 X_1이 여자되고, a 접점으로 작용하는 접점 X_{1-1}, X_{1-2}, X_{1-3}은 온 된다. X_{1-1}이 온 되면 푸시버튼 A가 오프 되더라도 코일 X_1은 계속 여자를 유지한다. X_{1-2}, X_{1-3}가 온 되면 적색등(Red lamp)이 켜지면서 전동기(Motor)가 기동된다. 기동 중에 정지 푸시버튼 B가 눌러지면 코일 X_1이 소자되면서 전동기가 정지하고, $\overline{X_{1-4}}$의 b 접점으로 녹색등(Green lamp)이 켜지게 된다. All OL's는 과부하 열동 계전기로서 전동기와 직렬로 연결된다.

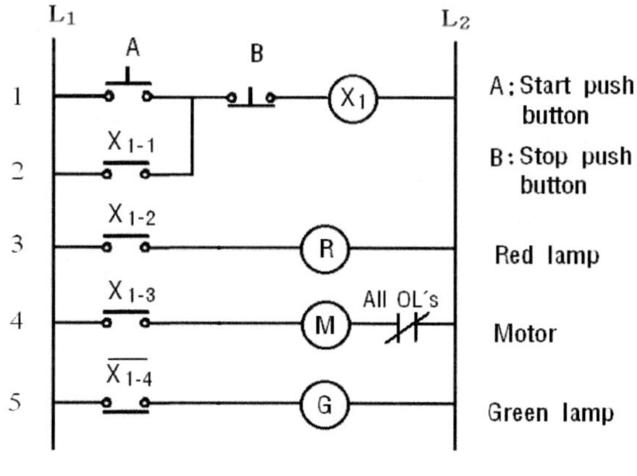

그림 5-17 전동기 기동 및 정지 회로

Q. 연습문제

01 릴레이란?

02 릴레이 논리에 사용되는 기본 형태의 접점 5가지를 설명하라.

03 푸시버튼 스위치의 접점 구성을 기술하라.

04 전형적인 리미트 스위치는

(a) 두 조의 NC 접점을 갖는다.
(b) 한 조의 NO 접점 및 한 조의 NC 접점을 갖는다.
(c) 두 조의 NO 접점을 갖는다.
(d) 한 조의 NO 접점을 갖는다.

05 릴레이 논리 회로에 사용되는 4 개의 표준 출력 장치를 설명하라.

06 자기 유지 회로의 응용 예를 설명하라.

07 시간 지연 릴레이란?

08 온 딜레이(한시동작) 타이머 및 오프 딜레이(한시복귀) 타이머와 관련된 접점의 종류를 설명하라.

09 타이머의 타임 챠트란?

10 선도의 4 가지 기본 법칙은?

A. 해답

04 (c)

제 6 장 시퀀스 기본 회로

6.1 서론

집합을 유집합과 무집합으로 나눌 수 있듯이, 논리 회로에도 릴레이 논리와 디지털 논리로 구분할 수 있다. 어느 쪽으로든지 회로 변경이 가능하지만 릴레이 논리 회로는 유접점을 사용함으로써, 동작 시간 및 복귀 시간이 늦고 장시간 사용하면 접점이나 코일 등이 마모되어 수명이 단축되는 등의 결점이 있다. 그러나 최근 다이오드, 트랜지스터 등을 포함한 디지털 IC 소자를 이용한 무접점 회로(디지털 논리 회로)가 각광을 받고 있다.

이 장에서는 시퀀스 제어에 자주 사용되는 회로를 선택하여 릴레이 논리와 디지털 논리 회로로 비교한다. 이러한 논리 회로는 곧바로 PLC의 래더 논리와도 유사하기 때문에 여러 가지 기본 회로를 알아두는 것이 중요하다.

6.2 자기 유지 회로

자기 유지 회로는 릴레이 자신의 접점에 의하여 동작 회로를 구성하고, 스스로 동작을 유지하는 회로를 말하며, 정지 신호를 주어야 복귀한다. 그림 6-1은 자기 유지 회로의 구성 원리로서 기동 입력으로 수동 동작 자동 복귀되는 푸시버튼 PB을 누르면 릴레이 코일 X가 여자되어 릴레이에 부착된 접점들이 동작하게 된다. 즉 푸시버튼 PB와 병렬로 연결된 릴레이 X 의 a 접점인 X_1이 동작하여 푸시버튼 PB 가 복구하여도 릴레이 X 가 계속 동작을 유지할 수 있도록 한다. 이와 같이 릴레이 X는 자신의 접점인 X_1 에 의해 동작을 유지하고 있기 때문에 자기 유지 회로라고 한다.

그림 6-1 에서 (a) 는 릴레이 시퀀스 회로, (b) 는 무접점 시퀀스 회로이다.

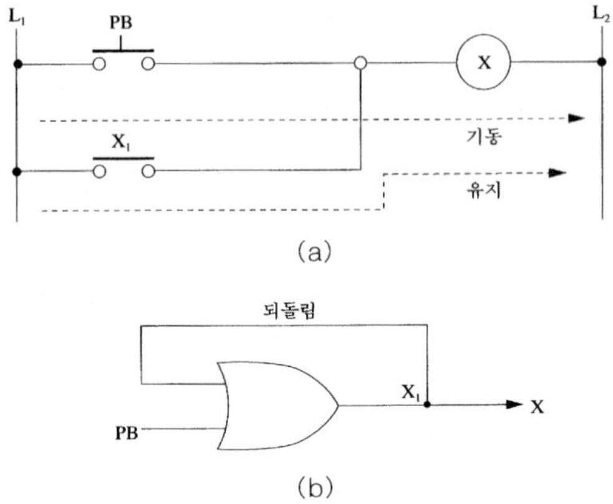

그림 6-1 자기 유지 회로 (a) 릴레이 시퀀스, (b) 무접점 시퀀스

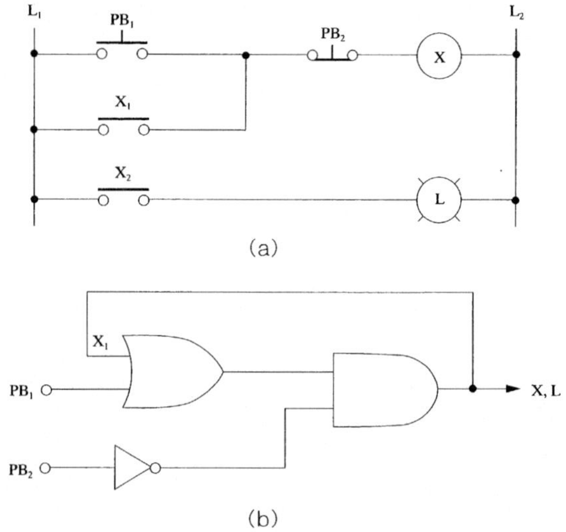

그림 6-2 정지 우선 회로 (a) 릴레이 시퀀스, (b) 무접점 시퀀스

6.2.1 정지 우선 유지 회로

그림 6-2는 일반적으로 사용되는 정지 우선 시퀀스 회로이다. 복구 입력으로 푸

시버튼 PB_2 를 b 접점으로 릴레이 코일에 직렬로 접속한 것이다.

이때의 릴레이 시퀀스 동작은 다음과 같다.

푸시버튼 PB_1 을 누르면

X 동작 : $L_1 \rightarrow PB_1 \uparrow (X_1$ 유지$) \rightarrow \overline{PB_2} \rightarrow (X) \uparrow \rightarrow L_2$

푸시버튼 PB_2 를 누르면

X 복구 : $L_1 \rightarrow X_1 \downarrow \rightarrow \overline{PB_2} \uparrow \rightarrow (X) \downarrow \rightarrow L_2$

논리식은 다음과 같다.

$$X = (PB_1 + X_1) \cdot \overline{PB_2}$$

여기서, 입력장치 또는 접점에 —(bar : 바) 가 붙은 것은 상시 닫힌접점 (NC) 을, bar 가 없는 것은 상시 열린접점 (NO)을 의미한다.

한편 화살표 ↑은 출력장치 혹은 보조코일이 여자되거나 붙는(접점이 닫히는) 상태로, ↓은 소자되거나 접점이 떨어지는(열리는) 상태로 사용된다.

6.2.2 기동 우선 유지 회로

그림 6-3 은 그림 6-2 와 같은 자기 유지 회로의 릴레이 및 무접점 시퀀스 회로를 나타낸다. 정지 우선 자기 유지 회로와의 차이는 복구 입력 PB_2 (NOT 회로)를 유지용 접점 X_1 에 직렬로 접속한 것이다. 이 회로의 동작은 정지 우선 회로와 같이 기동 푸시버튼 PB_1 을 누르면 코일 X 가 여자되면서 램프 L 이 점등되는 회로로서 정지에 비해 기동을 우선적으로 하는 회로이다. 이때의 릴레이 시퀀스 동작은 다음과 같다.

푸시버튼 PB_1 을 누르면

X 동작 : $L_1 \rightarrow PB_1 \uparrow ($ 또는 $X_1 \rightarrow \overline{PB_2}) \rightarrow (X) \uparrow \rightarrow L_2$

푸시버튼 PB2 를 누르면

X 복구 : $L_1 \rightarrow X_1 \downarrow \rightarrow \overline{PB_2} \uparrow \rightarrow (X) \downarrow \rightarrow L_2$

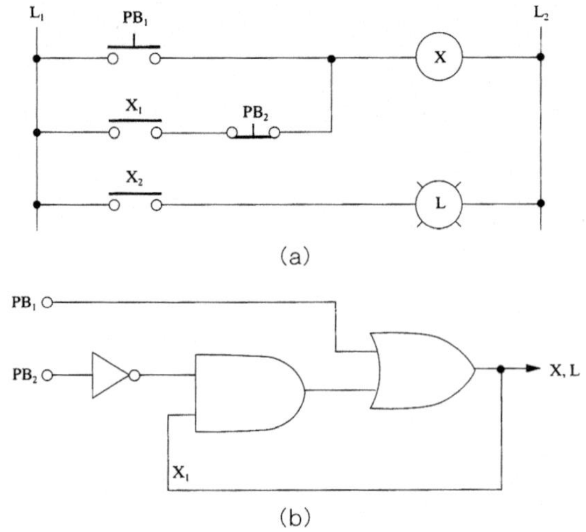

그림 6-3 기동 우선 회로 (a) 릴레이 시퀀스, (b) 무접점 시퀀스

논리식은 다음과 같다.

$$X = PB_1 + (X_1 \cdot \overline{PB_2})$$

6.3 금지 회로

그림 6-4와 같이 금지 입력이 있으면 출력이 나타나지 않는 회로를 금지 회로 (inhibit circuit) 라고 한다.

그림 6-4 (a) 의 회로에서 입력으로 스위치 A 를 닫으면, 입력 접점 A_1에 의해 릴레이 X 가 동작하고 접점 X_1 으로 출력 L 이 나타나게 된다.

X 여자 : $L_1 \rightarrow A_1 \uparrow \rightarrow \overline{B_1} \uparrow \rightarrow (X) \uparrow \rightarrow L_2$

L 점등 : $L_1 \rightarrow X_1 \uparrow \rightarrow (L) \uparrow \rightarrow L_2$

그러나 금지 입력으로 스위치 B 를 닫으면, 입력 접점 B_1 이 열려 입력 A를 주어도 X 는 동작할 수가 없어 출력도 나타나지 않는다.

X 소자 : $L_1 \rightarrow A_1 \uparrow \rightarrow \overline{B_1} \downarrow \rightarrow (X) \downarrow \rightarrow L_2$

L 소등 : $L_1 \rightarrow X1 \downarrow \rightarrow (L) \downarrow \rightarrow L_2$

또한 입력 스위치 A, B를 동시에 가하여도 릴레이 X는 동작할 수 없다. 즉, n 개의 입력 중에서 b 접점 출력을 가지는 접점을 금지 입력이라 한다. 그림 6-4 (b) 는 B 가 금지 입력일 때의 무접점 시퀀스이다.

만약, 입력 스위치 A, B, C, D 가 있는 경우, D 가 금지 입력이라 할 때 스위치 A, B, C 를 닫으면 릴레이 X 는 동작한다. (연습문제 6-2 참조)

$$X\ :\ L_1 \rightarrow A_1 \uparrow \rightarrow B_1 \uparrow \rightarrow C_1 \uparrow \rightarrow \overline{D_1} \uparrow \rightarrow (X_1) \uparrow \rightarrow L_2$$

그러나 금지 입력 스위치 D 를 닫으면 릴레이 X 는 동작하지 않는다.

논리식은 다음과 같다.

$$X = A \cdot B \cdot C \cdot \overline{D}$$

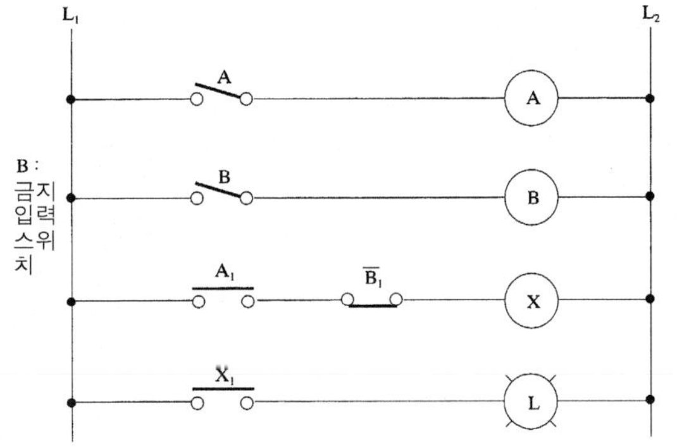

(a)

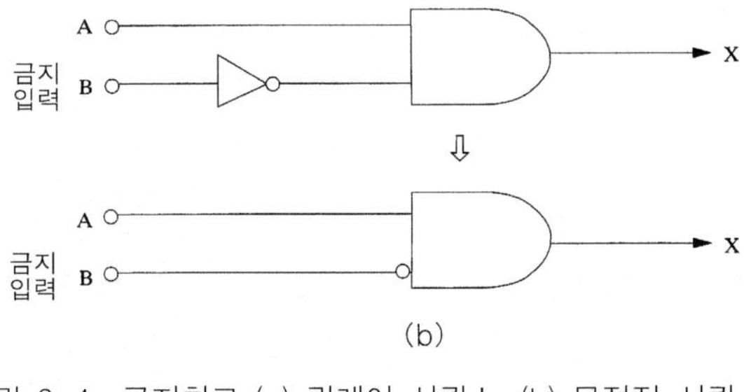

(b)

그림 6-4 금지회로 (a) 릴레이 시퀀스, (b) 무접점 시퀀스

❖ 6.4 인터록 회로

인터록 회로(interlock circuit)란 두 개의 입력 중에서 먼저 동작한 쪽이 우선이고, 다른 쪽의 동작을 금지하는 회로를 말한다. 인터록 회로는 기기의 보호나 조작자의 안전을 목적으로 기기의 동작 상태를 나타내는 접점, 혹은 회로를 사용하여 관련된 기기의 동작을 금지하는 상대 동작 금지 회로라고도 한다.

그림 6-5 에서, (a) 는 릴레이 시퀀스를 이용한 인터록 회로로 릴레이 X_1이 먼저 동작하면 릴레이 X_2가 동작할 수 없고, 또한 릴레이 X_2가 먼저 동작하면 릴레이 X_1이 동작할 수 없다. 즉, 입력으로 스위치 A를 동작시키면 릴레이 X_1이 동작하고, 이 릴레이의 b 접점 X_{1-1}이 열려 릴레이 X_2의 동작을 금지시킨다. 즉, b 접점으로 상대방 회로를 차단하는 것이다. 이때에는 입력으로 스위치 B를 닫아도 접점 X_{1-1}이 열려 있으므로 릴레이 X_2는 동작하지 못한다.

따라서 릴레이 X_1과 X_2가 동시에 동작하게 되는 일은 없다. 여기서, $\overline{X_{2-1,2,3,\ldots}}$는 코일 X_2가 여자될 때 동작하는 b 접점들이다. 반면에, 바(bar)가 없는 코일 접점 $X_{2-1,2,3,\ldots}$는 코일 X_2가 여자 될 때 a 접점으로 동작하는 접점들이다.

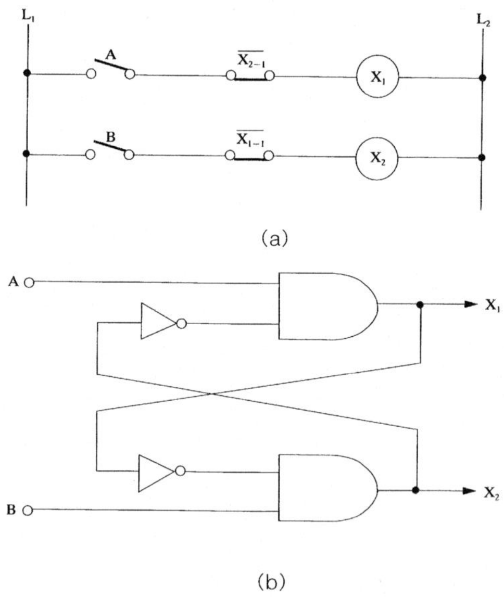

그림 6-5 인터록 기본 회로 (a) 릴레이 시퀀스, (b) 무접점 시퀀스

이때 그림 6-5 (a) 의 릴레이 시퀀스 동작은 다음과 같다.

스위치 A를 먼저 닫으면

X_1 동작 : $L_1 \rightarrow A\uparrow \rightarrow \overline{X_{2-1}} \rightarrow x_1\uparrow \rightarrow L_2$

로 동작하고, 이 때 스위치 B를 닫으면 릴레이 X2의 회로는

$L_1 \rightarrow B\uparrow \rightarrow \overline{X_{1-1}}\uparrow \rightarrow X_2\downarrow \rightarrow L_2$

로 동작하지 못한다. 반대로 스위치 B를 먼저 닫으면

X_2 동작 : $L_1 \rightarrow B\uparrow \rightarrow \overline{X_{1-1}} \rightarrow X_2\uparrow \rightarrow L_2$

로 동작하고, 이때 스위치 A를 닫으면 릴레이 X_1의 회로는

$L_1 \rightarrow A\uparrow \rightarrow \overline{X_{2-1}}\uparrow \rightarrow X_1\downarrow \rightarrow L_2$

로 동작하지 못한다. 논리식은 다음과 같다.

$X_1 = A\cdot\overline{X_{2-1}}$, $X_2 = B\cdot\overline{X_{1-1}}$

그림 6-5(b)는 인터록 회로를 구성한 무접점 시퀀스 회로이다.

그림 6-6(a) 회로는 현장에서 많이 사용하는 인터록 회로이다. 푸시버튼 PB_1을 동작하여 X_1이 여자되는 동안에는 푸시버튼 PB_2를 동작하여도 X_2는 여자되지 않는 인터록 회로이다.

X_1 동작 : $L1 \rightarrow PB_1\uparrow(X_{11}$ 유지$) \rightarrow \overline{X}1\uparrow \rightarrow L_2$

X_2 동작 : $L_2 \rightarrow PB_2\uparrow(X_{21}$ 유지$) \rightarrow \overline{X_{1-2}} \rightarrow X_2\uparrow \rightarrow L_2$

논리식은 다음과 같다.

$X_1 = PB_1 + X_{1-1}$, $X_2 = (PB_2 + X_{2-1})\cdot\overline{X_{1-2}}$

한편 그림 6-6(b) 회로는 릴레이 X_1, X_2의 접점이 상대방의 인터록 접점을 통하여 여자가 되는 것으로 인터록을 서로 가한 회로이다. 이 회로에서 다른 릴레이를 작동시키려면, 인터록을 해제하여 원래의 상태로 회로를 되돌린 다음에 재차 푸시버튼 스위치를 동작시켜야 한다. 그림 6-6(b)회로에서 PB_1을 작동하면 X_1이 여자되고 적색램프 RL이 점등된다. 이때 PB_2를 작동시켜도 녹색램프 GL은 점등되지 않는다. 그러나 PB_3를 작동시켜 적색램프 RL을 소등한 후, PB_2를 작동시키면 X_2가 여자되고 녹색램프 GL은 점등된다. 같은 방법으로 다시 적색램프 RL을 점등하기 위해서는 PB_4를 작동시켜 X_2를 소자시켜야 한다. 그림 6-6(c)는 타임차트를 나타낸다.

X_1 동작 : $L_1 \rightarrow PB_1\uparrow(X_{11}$ 유지$) \rightarrow \overline{X_{2-2}} \rightarrow X_1\uparrow \rightarrow L_2$

X_2 동작 : $L_1 \rightarrow PB_2\uparrow(X_{21}$ 유지$) \rightarrow \overline{X_{1-2}} \rightarrow X_2\uparrow \rightarrow L_2$

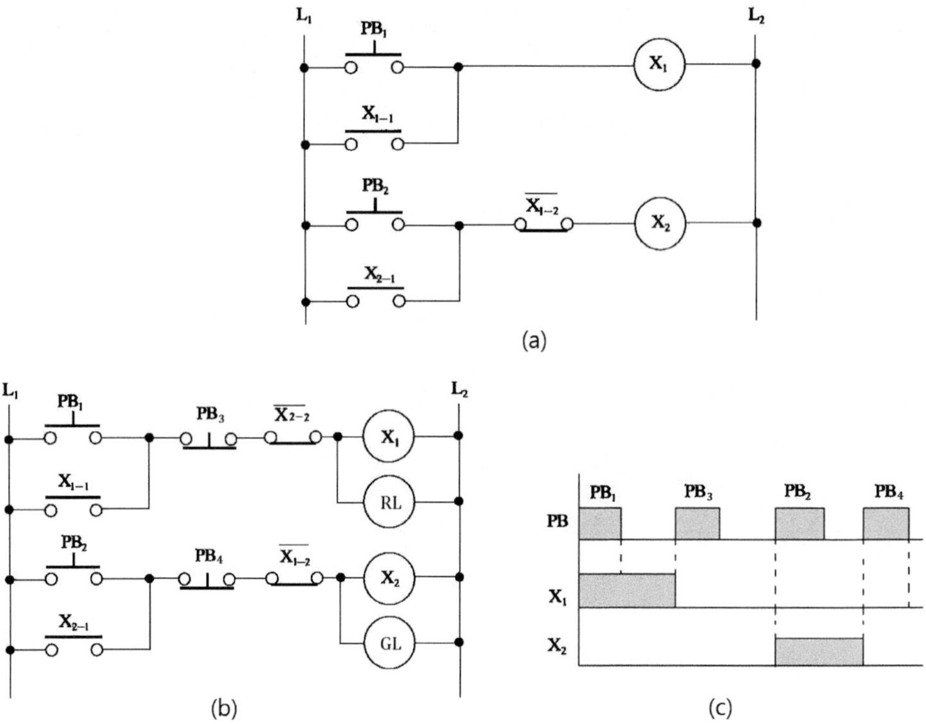

그림 6-6 인터록 회로

그림 6-6(b)의 논리식은 다음과 같다.

$$X_1 = (PB_1 + X_{1-1})\cdot\overline{PB_3}\cdot\overline{X_{2-2}}$$

$$X_2 = (PB_2 + X_{2-1})\cdot\overline{PB_4}\cdot\overline{X_{1-2}}$$

6.5 시간 지연 회로

입력 신호를 준 후에 설정된 시간만큼 늦게 출력이 변화하도록 설계된 회로를 지연 회로라 한다. 지연 회로에는 한시 동작 회로와 한시 복귀 회로가 있다.

6.5.1 한시동작 회로 (On delay timer)

한시동작 회로는 스위치를 누른 후 일정 시간이 경과한 후에 동작하는 회로이다. 그림 6-7과 같은 회로에서 푸시버튼 스위치 PB_1을 누르면 릴레이 X가 여자되어 자기 유지되는 동시에 타이머 코일 T에 전압이 가해진다. 그러나 한시동작(온 딜레이 타이머 동작)형 타이머이므로 순시에 접점이 동작하지 않아 램프는 아직 점등되지 않는다. 설정 시간 t_1시간 후에 접점이 동작하면 램프에 전압이 가해지게 된다. 즉, 한시동작 회로는 전원을 가한 후 설정 시간이 경과한 다음 동작하는 것으로 이때의 릴레이 시퀀스 동작은 다음과 같다.

푸시버튼 스위치 PB_1을 누르면 릴레이 X는 동작하여 접점 X_1으로 자기 유지되고 동시에 타이머 T가 여자된다.

X 동작 : $L_1 \rightarrow PB_1 \uparrow (X_1$ 유지$) \rightarrow \overline{PB_2} \rightarrow X \uparrow \rightarrow L_2$

T 여자 : $L_1 \rightarrow PB_1 \uparrow (X_1$ 유지$) \rightarrow T \uparrow \rightarrow L_2$

타이머 T의 설정 시간 t_1이 지나면, 접점 T_1이 온 되어 램프 L이 점등된다.

L 점등 : $L_1 \rightarrow T_1 \uparrow \rightarrow L \uparrow \rightarrow L_2$

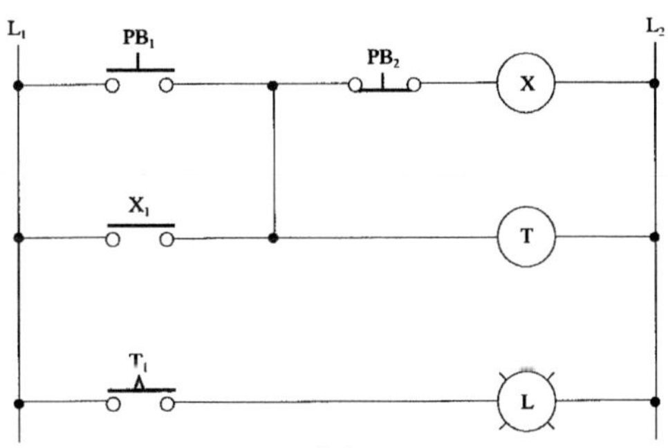

(a)

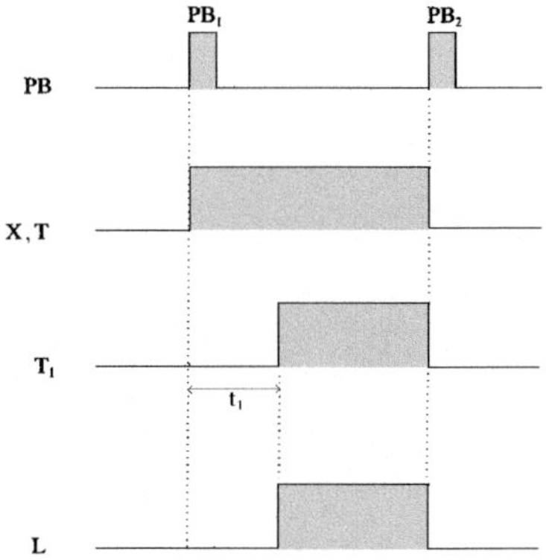

(b)

그림 6-7 한시동작 회로 (a) 릴레이 회로, (b) 타임 차트

논리식은 다음과 같다.

$$X = (PB_1+X_1)\cdot\overline{PB_2}\ ,\quad T = (PB_1+X_1),\quad L = T_1$$

그림 6-7(b)는 한시동작 회로의 타임 차트이다.

그림 6-8은 3개의 램프 L_1, L_2, L_3가 순차적으로 점등하는 회로의 예를 나타낸다. 각 램프가 일정 시간의 간격을 두고 점등되기 위해 온 딜레이 타이머를 사용한 회로이다. 먼저 푸시버튼 스위치 PB를 누르면 릴레이 X가 동작하여 접점 X_1으로 자기 유지되는 동시에 타이머 T_1이 여자된다.

X 동작, T_1 여자 : $L_1 \rightarrow PB\uparrow(X_1$ 유지$) \rightarrow X\uparrow,\ T_1\uparrow \rightarrow L_2$

타이머 T_1의 설정 시간 t_1후에 접점 T_{11}의 동작으로 램프 L_1이 점등되고, 동시에 타이머 T_2가 여자된다.

L_1 점등, T_2 여자 : $L_1 \rightarrow T_{11}\uparrow \rightarrow L_1\uparrow,\ T_2\uparrow \rightarrow L_2$

타이머 T_2의 설정 시간 t_2후에, T_{21}의 동작으로 램프 L_2가 점등되고, 동시에 타이머 T_3가 여자된다.

L_2 점등, T_3 여자 : $L_1 \rightarrow T_{11}\uparrow \rightarrow T_{21}\uparrow \rightarrow L_2\uparrow,\ T_3\uparrow \rightarrow L_2$

타이머 T_3의 설정 시간 t_3후에 램프 L_3가 점등된다.

L_3 점등 : $L_1 \rightarrow T_{11}\uparrow \rightarrow T_{21}\uparrow \rightarrow T_{31}\uparrow \rightarrow L_3\uparrow \rightarrow L_2$

그림 6-8(b)는 타임 차트이다. 이와 같이 한시동작 회로는 타이머를 이용하여 순차적으로 동작시켜 가는 경우에도 이용할 수가 있다. 참고로 한시동작 접점은 동작시에는 지연되지만, 복귀시에는 일반적인 순시 접점과 같이 복귀가 되는 점을 유의하기 바란다.

논리식은 다음과 같다.

$$X,\ T_1 = (PB + X_1)$$

$$L_1,\ T_2 = T_{1-1}$$

$$L_2,\ T_3 = T_{1-1}\cdot T_{2-1}$$

$$L_3 = T_{1-1}\cdot T_{2-1}\cdot T_{3-1}$$

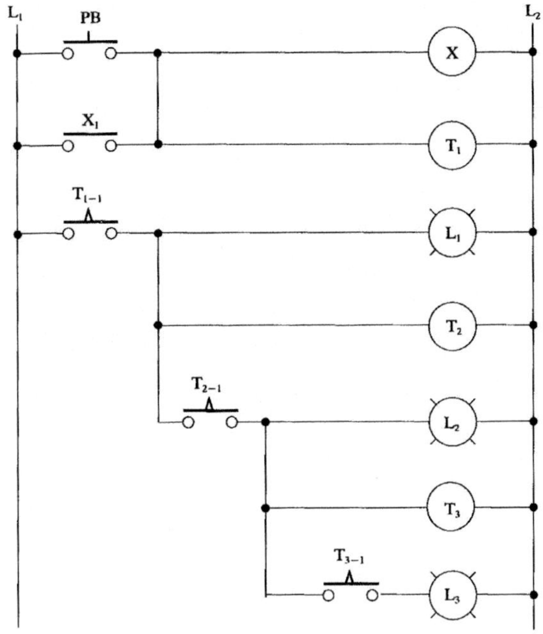

(a)

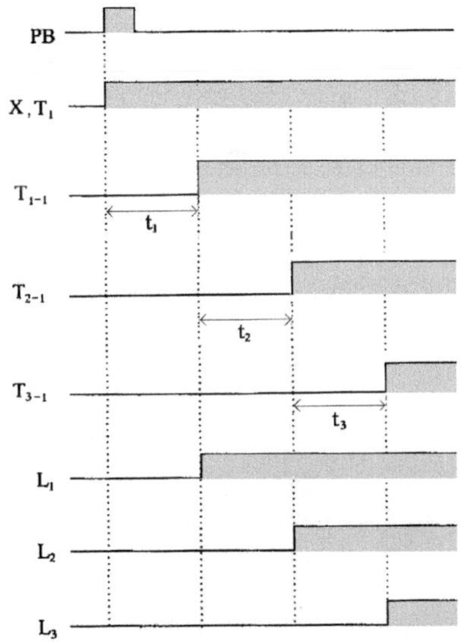

(b)

(a) 릴레이 회로, (b) 타임 차트

그림 6-8 램프가 순차적으로 점등하는 회로

6.5.2 일정 시간 동작 회로

일정 시간 동작 회로는 스위치를 온 조작하면 즉시 동작하고, 일정 시간이 경과하면 정지하는 회로이다. 그림 6-9에서 푸시버튼 스위치 PB를 누르면 릴레이 X가 여자되어 자기 유지되는 동시에 타이머와 램프에 전압이 가해진다.

X 동작 : $L_1 \rightarrow PB\uparrow(X_1$ 유지$) \rightarrow \overline{T_1} \rightarrow X\uparrow \rightarrow L_2$

T 여자, L 점등 : $L_1 \rightarrow PB\uparrow(X_1$ 유지$) \rightarrow T\uparrow,\ L\uparrow \rightarrow L_2$

그리고 설정 시간 t_1이 경과하면, 한시동작 타이머 코일 T의 b 접점인 T_1이 동작하여 릴레이 X와 램프 L을 복구시킨다.

X 복귀 : $L_1 \rightarrow X_1\uparrow \rightarrow \overline{T_1}\uparrow \rightarrow X\downarrow \rightarrow L_2$

T 복귀, L 소등 : $L_1 \rightarrow X_1\downarrow \rightarrow T\downarrow,\ L\downarrow \rightarrow L_2$

논리식은 다음과 같으며, 그림 6-9(b)는 타임 차트이다.

$X = (PB+X_1)\cdot\overline{T_1},\quad T,\ L = PB+X_1$

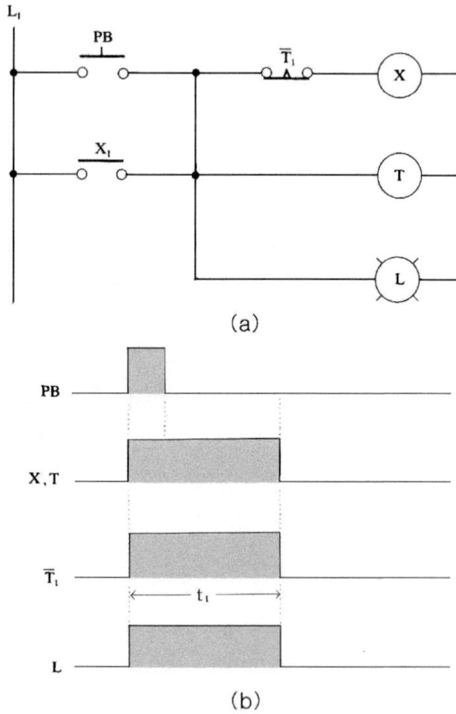

그림 6-9 일정 시간 동작 회로

6.5.3 온풍기 가동 회로

히터와 팬으로 구성된 온풍기에서는 히터를 사용한 후에 스위치를 오프하여도 어떤 일정 시간 동안 냉각을 위한 송풍팬을 동작시킬 필요가 있다.

그림 6-10 (a) 과 같이 스위치 S를 온(on) 측으로 하면 송풍기용 릴레이 X_1 은 여자되어 자기 유지되고, 동시에 히터용 릴레이 X_2가 동작된다.

X_1 동작 : $L_1 \rightarrow S_{ON}(X_{11}$ 유지$) \rightarrow \overline{T_1} \rightarrow X_1 \uparrow \rightarrow L_2$

X_2 동작 : $L_1 \rightarrow S_{ON} \uparrow \rightarrow X_2 \uparrow \rightarrow L_2$

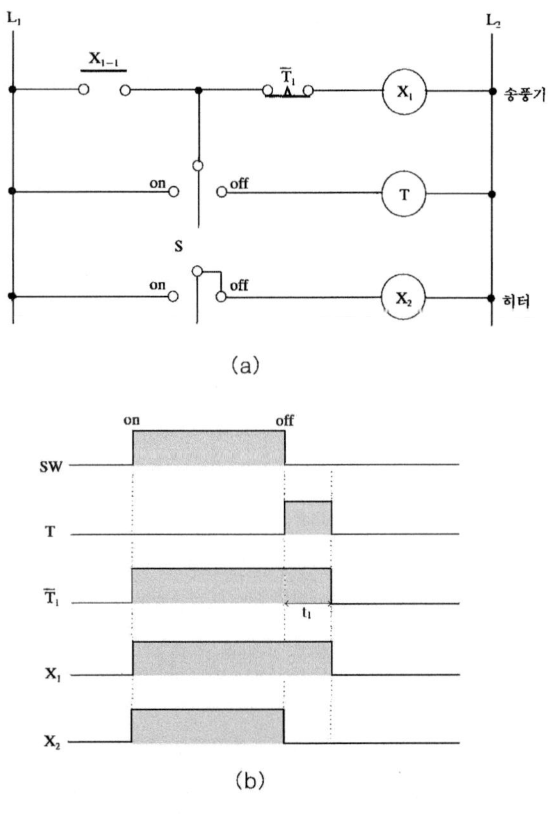

그림 6-10 온풍기 가동 회로

이 상태에서 스위치 S를 오프(off) 측으로 하면, 타이머 코일 T에 전압이 가해져서 설정 시간 t_1후에 타이머의 한시동작 b 접점이 개방되어 송풍기용 릴레이 X_1의 자기 유지를 해제한다.

X_1 복귀 : $L_1 \rightarrow X_{11} \rightarrow \overline{T_1} \uparrow \rightarrow X_1 \downarrow \rightarrow L_2$

T 복귀 : $L_1 \rightarrow X_{11} \downarrow \rightarrow T \downarrow \rightarrow L_2$

X_2 복귀 : $L_1 \rightarrow X_{11} \rightarrow S_{Off} \uparrow \rightarrow X_2 \downarrow \rightarrow L_2$

논리식은 다음과 같다.

$X_1 = (X_{1-1} + S_{on}) \cdot \overline{T_1}$

$T = X_{1-1} \cdot S_{off}$

$X_2 = S_{on}$

즉 스위치 S를 오프로 한 후 일정 시간만 동작한 뒤 원래의 상태로 복귀하는 회로이다.

6.6 신호 검출 회로

6.6.1 기동 신호 검출 회로

기동 신호검출 회로는 회로가 기동하는 일정 시간 동안의 기동 신호를 검출하는 회로로서 한시동작 b 접점을 사용한다. 그림 6-11 (a) 와 같은 릴레이 시퀀스 회로에서 시간 t_1시점에 입력 스위치 A를 닫으면, 릴레이 X_1와 타이머 코일 T_1가 여자되고 접점 X_2에 의해 부하 L이 점등된다.

T_1 여자 : $L_1 \rightarrow A \uparrow \rightarrow T_1 \uparrow (X_1 \uparrow) \rightarrow L_2$

X_2여자 : $L_1 \rightarrow X_1 \uparrow \rightarrow \overline{T_{1-1}} \downarrow \rightarrow X_2 \uparrow \rightarrow L_2$

L 점등 : $L_1 \rightarrow X_2 \uparrow \rightarrow L \uparrow \rightarrow L_2$

스위치 A를 열면 타이머 T_1 의 설정 시간 t_2 에서 한시동작 접점 $\overline{T_{1-1}}$ 이 열려서 릴레이 X_2와 부하 L 이 소등된다.

X 소자 : $L_1 \rightarrow X_1 \downarrow \rightarrow \overline{T_{1-1}} \uparrow \rightarrow X_2 \downarrow \rightarrow L_2$

L 소등 : $L_1 \rightarrow X_2 \downarrow \rightarrow L \downarrow \rightarrow L_2$

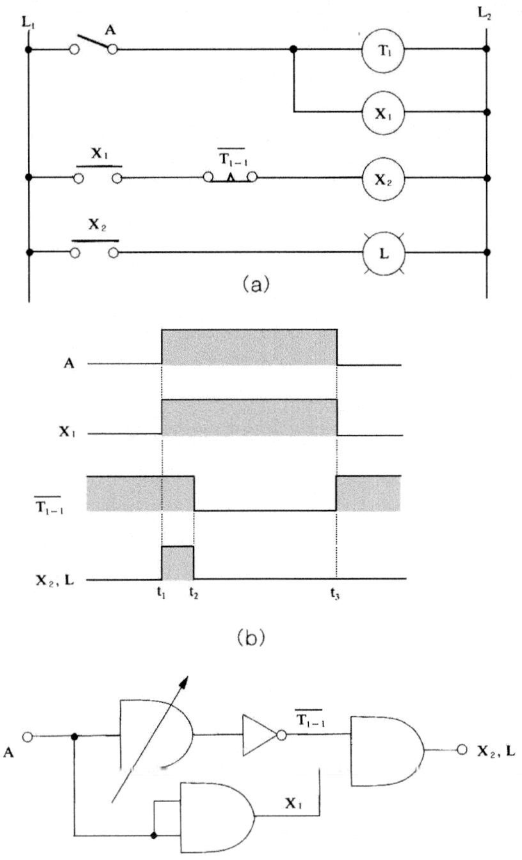

(a) 릴레이 시퀀스, (b) 타임 차트, (c) 무접점 시퀀스

그림 6-11 기동 신호 검출 회로

따라서 부하가 기동되었음을 램프의 신호로 감지할 수 있도록 하는 회로이다. 논리식은 다음과 같다.

$$T_1 = A$$

$$X_2 = X_1 \cdot \overline{T_{1-1}}$$

$$L = X_2$$

이때 검출 신호는 그림 6-11(b)의 타임 차트와 같이 $t_1 \sim t_2$ 동안만 나타난다. 그림 6-11(c)는 무접점 시퀀스이다.

6.6.2 정지 신호 검출 회로

정지 신호 검출 회로는 회로가 정지되고부터 일정 시간 동안만 신호를 검출하는 회로로서, 한시 복귀 a 접점을 사용한다. 그림 6-12 (a) 와 같은 릴레이 시퀀스 회로에서 시간 t_1에서 연동용 스위치 A를 동작시키면, A_1은 닫히고 A_2는 열린다. 동시에 타이머 코일 T가 동작하여 한시 복귀 a 접점 T_1이 닫힌다.

T 동작 : $L_1 \rightarrow A_1 \uparrow \rightarrow T \uparrow \rightarrow L_2$

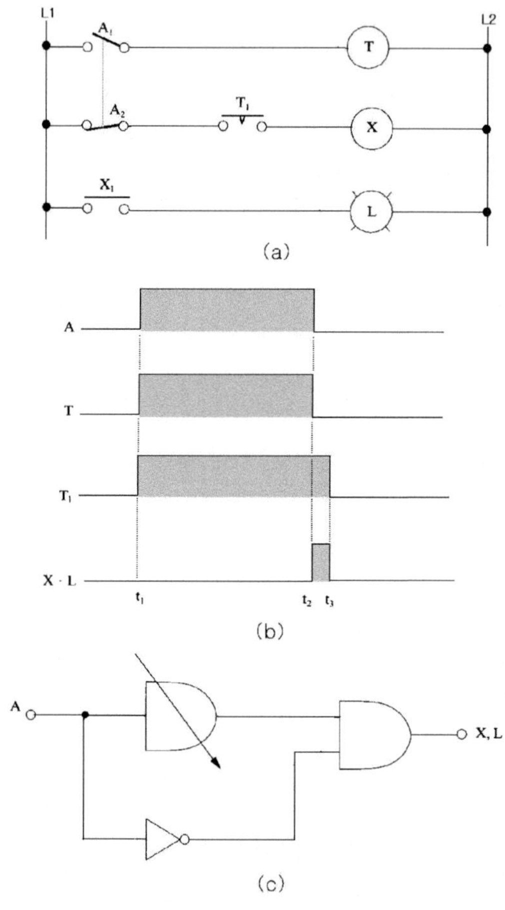

(a) 릴레이 시퀀스, (b) 타임 차트, (c) 무접점 시퀀스
그림 6-12 정지 신호 검출 회로

시간 t_2에서 스위치 A를 복구시키면, 접점 A2 가 닫혀 타이머 코일 T는 복귀한다.

X 동작 : $L_1 \rightarrow \overline{A_2} \downarrow \rightarrow T_1 \uparrow \rightarrow X \uparrow \rightarrow L_2$

L 점등 : $L_1 \rightarrow X_1\uparrow \rightarrow L\uparrow\rightarrow L_2$

논리식은 다음과 같다.

$$T = A_1,\quad X = \overline{A_2}\cdot T_1,\quad L = X_1$$

접점 T_1은 한시 복귀 a 접점이므로 설정 시간($t_1 \sim t_3$) 동안 즉, t_3시간이 될 때까지 닫혀 있어 릴레이 X와 부하 L이 동작된다.

타이머 코일 T의 설정 시간 t_3후에, 접점 T1은 복귀하고 릴레이 X도 복귀한다. 즉, 정지 검출 신호 X는 부하가 정지되었음을 램프 L의 신호로 감지할 수 있도록 하는 회로로서, 그림 6-12 (b)와 같이 $t_2 \sim t_3$ 동안만 동작함을 알 수 있다. 그림 6-12 (c)는 무접점 시퀀스이다.

6.7 표시등 회로

6.7.1 동작 상태 표시등 회로

그림 6-13은 동작 상태를 나타내는 표시등 회로로서, 녹색 램프 GL은 정지 표시 램프, 적색 램프 RL은 운전 표시 램프이다. 즉, 회로가 동작하고 있는 경우에는 램프 RL, 회로가 정지하고 있는 경우에는 램프 GL이 동작하도록 하여 회로의 동작 상태를 표시등만을 통하여서도 알 수 있도록 하는 것이다.

동작시는

X 동작 : $L_1 \rightarrow \overline{PB_2} \rightarrow PB_1\uparrow(X_1$ 유지$) \rightarrow X\uparrow\rightarrow L_2$

RL 점등 : $L_1 \rightarrow X_2\uparrow\rightarrow RL\uparrow\rightarrow L_2$

GL 소등 : $L_1 \rightarrow \overline{X_3}\uparrow\rightarrow GL\downarrow\rightarrow L_2$

정지시는

RL 소등 : $L_1 \rightarrow X_2\downarrow\rightarrow RL\downarrow \rightarrow L_2$

GL 점등 : $L_1 \rightarrow\overline{X_3}\downarrow\rightarrow GL\uparrow\rightarrow L_2$

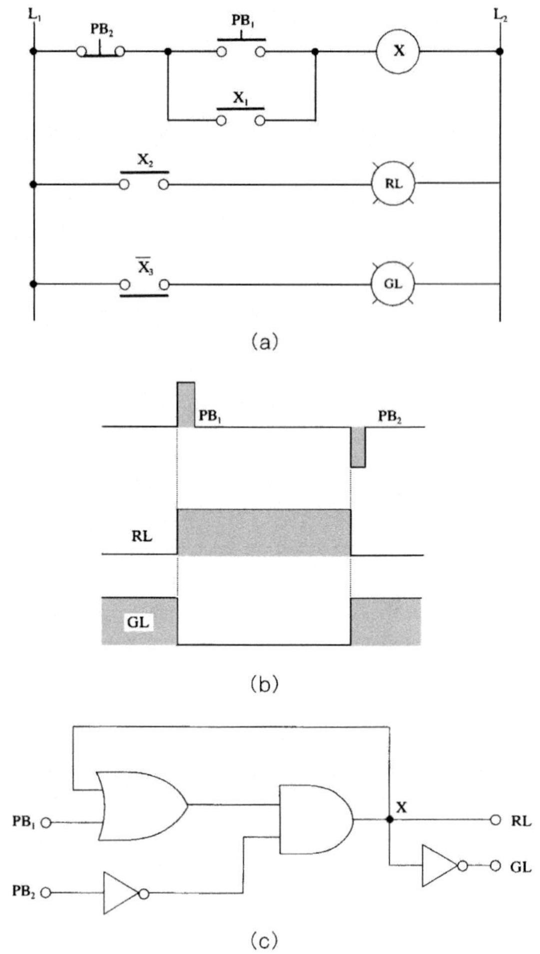

(a) 릴레이 회로, (b) 타임 차트, (c) 무접점 회로
그림 6-13 동작 상태 표시등 회로

논리식은 다음과 같다.

$$X = \overline{PB_2} \cdot (PB_1 + X_1)$$

$$RL = X_2$$

$$GL = \overline{X_3}$$

6.7.2 고장 상태 표시등 회로

그림 6-14 회로는 어떤 점에 고장이 발생하면, 다음과 같이 고장 검출 접점 F가

닫히고 동시에 경보 벨이 울려서 고장 상태를 알린다.

BZ 동작 : L_1 → F ↑ → $\overline{X_2}$ → BZ ↑ → L_2

감시자가 고장이 발생한 것을 알고 PB를 누르면, 릴레이 X가 동작하고 b접점 $\overline{X_2}$ 로 벨을 정지시킴과 동시에 X_3로 램프를 점등하여 고장 표시 램프를 점등시킨다.

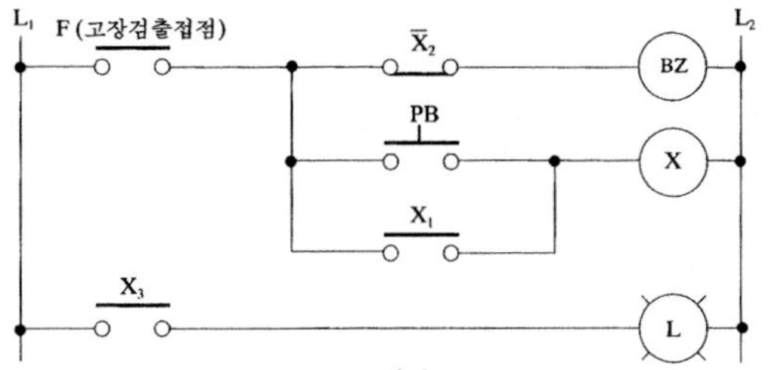

(a)

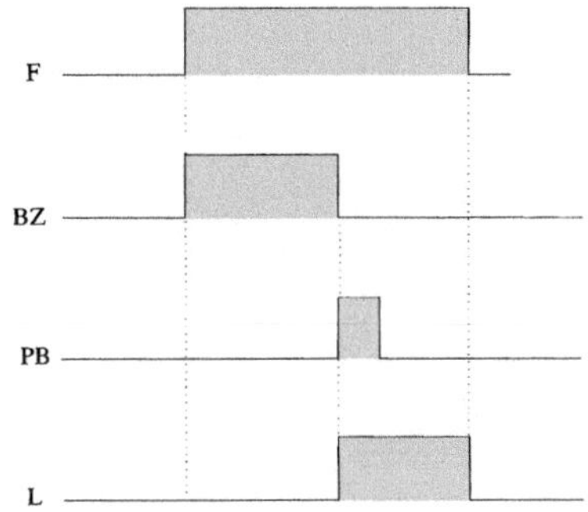

(b)

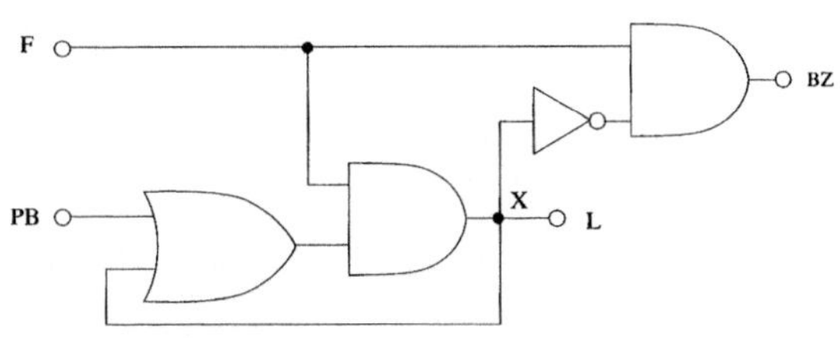

(c)

(a) 릴레이 회로, (b) 타임 차트, (c) 무접점 회로
그림 6-14 고장 상태 표시등 회로

X 동작 : L_1 → F ↑ → PB ↑ (X_1 유지) → X ↑ → L_2

BZ 복구 : L_1 → F ↓ → $\overline{X_2}$ ↑ → BZ ↓ → L_2

L 점등 : L_1 → X_3 ↑ → L ↑ → L_2

논리식은 다음과 같다.

$$X = F\cdot(PB+X_1)$$

$$BZ = F\cdot\overline{X_2}$$

$$L = X_3$$

6.8 플리커 회로

그림 6-15 (a) 회로는 고장 상태에서 단속적인 경보등(alarm lamp)이 발생하도록 하는 플리커(Flicker) 회로이다.

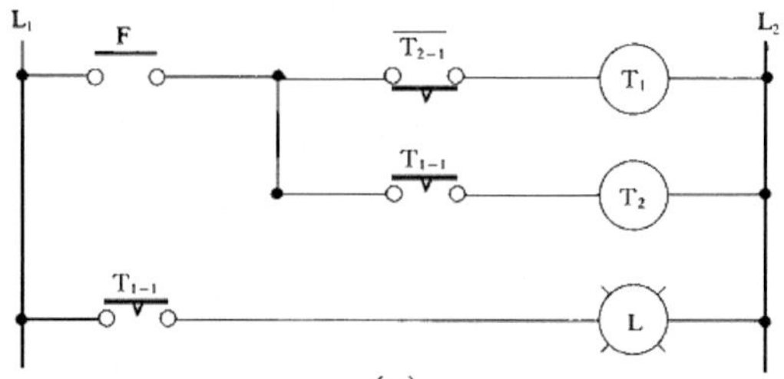

(a)

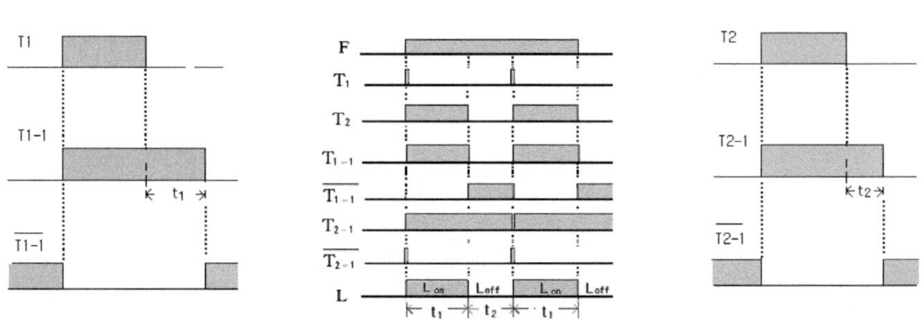

(b)

(a) 릴레이 회로, (b) 타임 차트
그림 6-15 한시복귀 타이머를 이용한 플리커 회로

고장검출 접점 F가 온이 되면 한시복귀 타이머(Off delay timer) 코일 T_1은 여자되고, 동시에 타이머 코일 T_1의 a 접점 T_{1-1}은 붙는다. 동시에 타이머 코일 T_2와 경보등 L도 여자된다.

T_1 여자 : $L_1 \rightarrow F \uparrow \rightarrow \overline{T_{2-1}} \uparrow \rightarrow (T_1) \uparrow \rightarrow L_2$

T_2 여자 : $L_2 \rightarrow F \uparrow \rightarrow T_{1-1} \uparrow \rightarrow (T_2) \uparrow \rightarrow L_2$

L 점등 : $L_1 \rightarrow T_{1-1} \uparrow \rightarrow L \uparrow \rightarrow L_2$

그러나 타이머 코일 T_2가 여자되는 순간에 b 접점 $\overline{T_{2-1}}$이 바로 떨어지면서 타이머 코일 T_1은 소자된다.

T_1 소자 : $L_1 \rightarrow L \uparrow \rightarrow \overline{T_{2-1}} \downarrow \rightarrow (T_1) \downarrow \rightarrow L_2$

타이머 코일 T_1이 소자되더라도 한시복귀 타이머 a 접점 T_{1-1}은 t_1초 후에 떨어지므로 경보등 L과 타이머 코일 T_2는 t_1초 동안 온이 되어있다 오프된다.

T_2 소자 : $L_1 \rightarrow F \uparrow \rightarrow T_{1-1} \downarrow$ (t_1초 후) $\rightarrow (T_2) \downarrow \rightarrow L_2$

L 소등 : $L_1 \rightarrow T_{1-1} \downarrow$ (t_1초 후) $\rightarrow L \downarrow \rightarrow L_2$

t_1초 후에 타이머 코일 T_2가 소자 되더라도 한시복귀 타이머 b 접점 $\overline{T_{2-1}}$은 즉시 붙지 않고 t_2초 후에 붙는다. $\overline{T_{2-1}}$이 붙으면 한시복귀 타이머 코일 T_1과 경보등 L이 여자된다.

T_1 여자 : $L_1 \rightarrow F \uparrow \rightarrow \overline{T_{2-1}} \uparrow$ (t_2초 후) $\rightarrow (T_1) \uparrow \rightarrow L_2$

6.9 우선 회로 응용

우선 회로란 동일한 조건에서 2개 이상의 푸시버튼 스위치를 동시에 눌렀을 때 출력이 우선하여 응답하는 회로를 의미한다. 이러한 우선 회로에는 여러 가지 응용회로가 있다.

6.9.1 선택 우선 회로

그림 6-16 회로는 기계 A, B가 푸시버튼 스위치 PB_1, PB_2로 운전하는 회로이다. 기계 B가 운전 중이라도 기계 A를 기동하면, 기계 B는 정지하게 되고, 푸시버튼 스위치 PB_2를 동작하여도 기계 B는 동작하지 않는다. 즉, 기계 A, B가 동시에 운전되는 일이 없이 항상 기계 A의 운전이 우선되는 기능을 갖는 회로이다.

이러한 조건을 만족시키기 위해서는 그림 6-16(b)와 같이 기계 A의 운전 중에 기계 B의 회로가 열리게 해두면 된다.

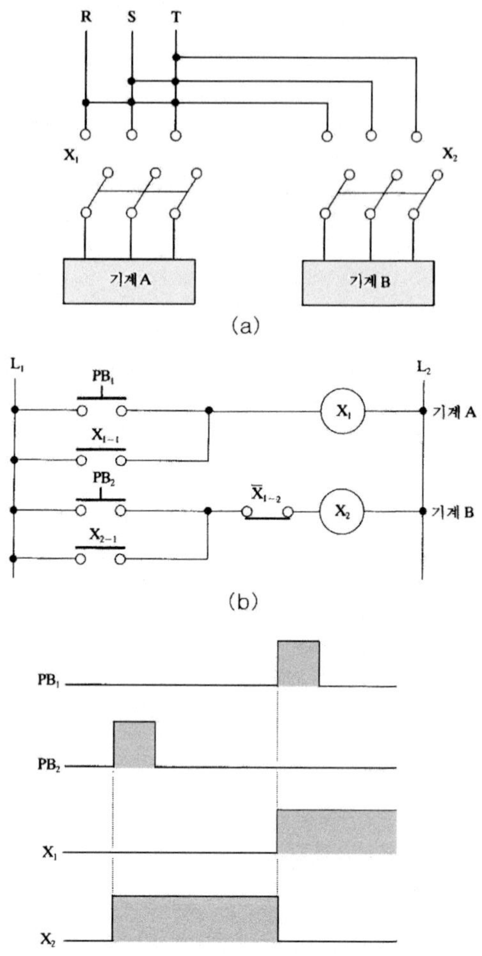

그림 6-16 선택 우선 회로

그림 6-16(b)에서, b 접점인 X_{1-2}를 릴레이 X_2에 직렬로 삽입하여 푸시버튼 스위치 PB_1을 동작시킬 때, X_1이 여자되는 동시에 이 릴레이의 b 접점이 열리게 되므로, 푸시버튼 스위치 PB_2를 동작시켜도 X_2는 여자 될 수가 없다.

또한 먼저 푸시버튼 스위치 PB_2를 조작하여 기계 B가 운전 중이라도 PB_1을 동작시키면 기계 B는 정지하게 된다. 이와 같이 선택 우선도가 높은 측의 회로를 동작시키면 다른 회로가 열려서 작동하지 못하는 회로를 인터록 회로라고도 한다.

6.9.2 리미트 스위치 우선 회로

그림 6-17 회로는 PB_1, PB_2에 의해 X_1, X_2를 여자하여 기계 A, B를 구동하는 회로이다. 검출용 리미트 스위치 LS는 작업 공정 중에 이상이 생겼을 때 검지하는 것이다. 이 회로는 공정에서 이상이 발생되면 리미트 스위치 LS가 동작하여 릴레이 R을 여자시키고, 이 릴레이의 b 접점으로 기계 A, B의 운전을 정지시키는데 이는 사고 방지를 위한 검출용 리미트 스위치의 동작을 우선으로 하는 우선 회로이다.

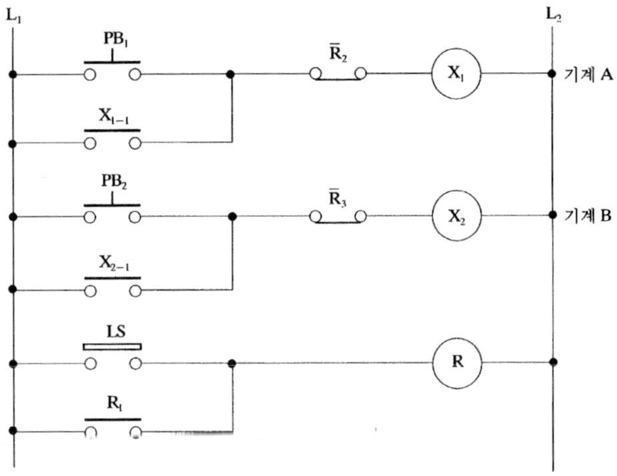

그림 6-17 리미트 스위치 우선 회로

6.9.3 직렬 우선 회로

직렬 우선 회로는 전원측에 가까운 릴레이의 우선순위가 가장 높고, 전원에서 멀리 떨어질수록 우선순위가 낮게 되는 회로로 순서 회로라고도 한다.

그림 6-18은 몇 대의 컨베이어를 연결하여 제품을 운반하고 있는 시스템을 나타낸다. 만약, 모든 컨베이어를 동시에 기동시키면 제품이 없는 상태에서도 회전하게 된다. 따라서 이때 직렬 우선 회로를 이용하여 먼저 A의 컨베이어를 기동시키고, 계속하여 B, C 순서로 기동시켜 준다.

그림 6-19 회로는 그림 6-18의 시퀀스 회로도이다. 처음에 푸시버튼 스위치 PB_1을 동작하면, 릴레이 X_1이 여자되어 자기 유지되고 컨베이어 A가 가동된다.

$$X_1 \text{ 동작} : L_1 \rightarrow \overline{PB_4} \rightarrow PB_1 \uparrow (X_{11} \text{ 유지}) \rightarrow X_1 \uparrow \rightarrow L_2$$

다음 푸시버튼 스위치 PB2를 동작하면 릴레이 X_2가 여자되어 자기 유지되면서 컨베이어 B가 가동된다. 그 다음 푸시버튼 스위치 PB3를 동작하면 릴레이 X_3가 여자되고 자기 유지되면서 컨베이터 C가 가동된다.

그러나 처음부터 푸시버튼 스위치 PB_2를 동작하면, 릴레이 X_1이 여자되지 않으므로 릴레이 X_2에는 전압이 가해지지 않아 여자되지 않는다.

같은 방법으로, 처음에 푸시버튼 스위치 PB_3를 동작하여도 릴레이 X_1과 X_2가 여자되지 않았으므로 릴레이 X_3는 여자되지 않는다.

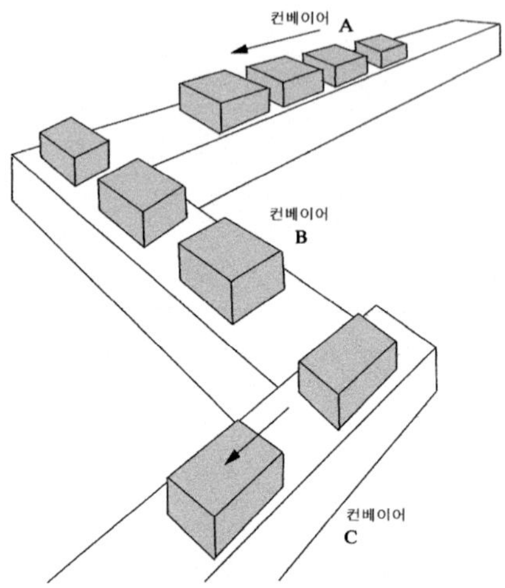

그림 6-18 컨베이어 시스템

즉, 직렬 우선 회로는 스위치를 $PB_1 \rightarrow PB_2 \rightarrow PB_3$의 순서로 동작을 하여야만 릴레이는 여자된다.

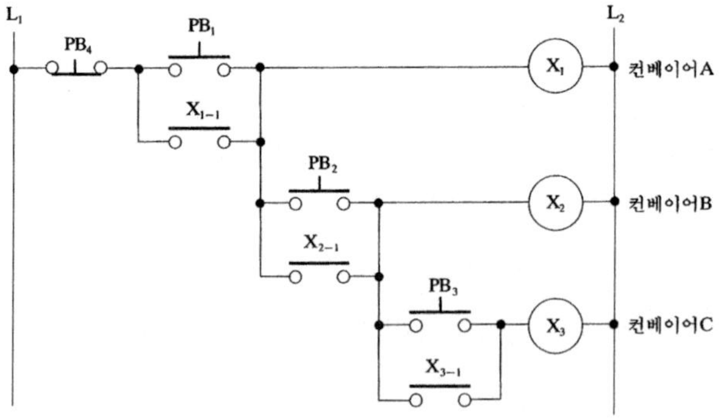

그림 6-19 컨베이어 직렬 우선 회로

X_2 동작 : $L_1 \rightarrow \overline{PB_4} \rightarrow X_{11}\uparrow \rightarrow PB_2\uparrow(X_{21}$ 유지$) \rightarrow X_2\uparrow \rightarrow L_2$

X_3 동작 : $L_1 \rightarrow \overline{PB_4} \rightarrow X_{11}\uparrow \rightarrow X_{21}\uparrow \rightarrow PB_3\uparrow(X_{31}$ 유지$) \rightarrow X_3\uparrow \rightarrow L_2$

논리식은 다음과 같다.

$$X_1 = \overline{PB_4}\cdot(PB_1 + X_{1-1})$$

$$X_2 = \overline{PB_4}\cdot X_{1-1}\cdot(PB_2 + X_{2-1})$$

$$X_3 = \overline{PB_4}\cdot X_{1-1}\cdot X_{2-1}\cdot(PB_3 + X_{3-1})$$

여기서, 컨베이어를 정지시키는 경우에는 PB_4를 누르면 A, B, C 의 컨베이어는 동시에 정지한다.

6.9.4 병렬 우선 회로

병렬 우선 회로는 상대방 회로에 인터록 접점을 삽입하여 먼저 입력을 준 회로가 우선적으로 작동하는 것이다.

그림 6-20 은 주차 빌딩의 차고 관리 시스템을 나타내며 광전 스위치 PHS 는 입고 시킬 사동차를 자동으로 감지하여 셔터를 개방하고, PB1 은 수동으로 조작한다. 리미트 스위치는 정확하게 입고가 완료된 후에 동작한다. PHS 또는 PB1 이 동작되면, 릴레이 X1 이 여자되어 셔터는 열리게 된다. 셔터는 릴레이 X1 과 직렬로 연결된 상한용 리미드 스위치 LS1 이 검시하여 동삭하면 정지한다. 다음 PB2 를 동작하면 릴레이 X2 가 여자되어 셔터는 닫히게 된다. 셔터는 릴레이 X2 와 직렬로 연결된 하한용 리미트 스위치 LS2 가 검지하여 동작하면 정지한다.

X_1 동작 : $L_1 \rightarrow \overline{PB_3} \rightarrow PB_1\uparrow((X_{11}$ 유지$)PHS) \rightarrow \overline{X_{2-2}} \rightarrow \overline{LS_1} \rightarrow X_1\uparrow \rightarrow L_2$

X_2 동작 : $L_1 \rightarrow \overline{PB_3} \rightarrow PB_2\uparrow(X_{21}$ 유지$) \rightarrow \overline{X_{1-2}} \rightarrow \overline{LS_2} \rightarrow X_2\uparrow \rightarrow L_2$

논리식은 다음과 같다.

$$X_1 = \overline{PB_3}\cdot(PB_1 + X_{1-1} + PHS)\cdot\overline{X_{2-2}}\cdot\overline{LS_1}$$

$$X_2 = \overline{PB_3}\cdot(PB_2 + X_{2-1})\cdot\overline{X_{1-2}}\cdot\overline{LS_2}$$

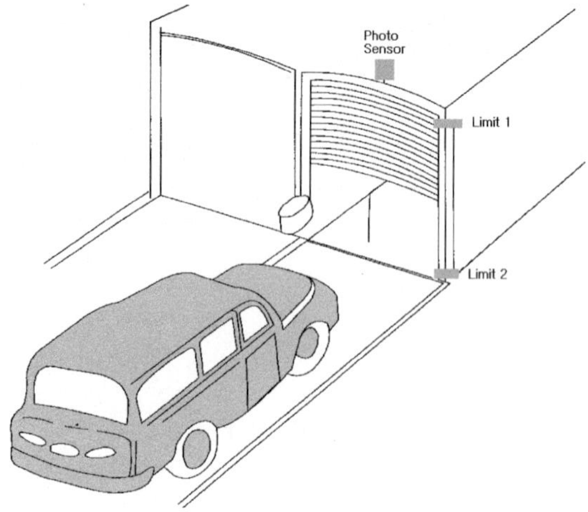

(a)

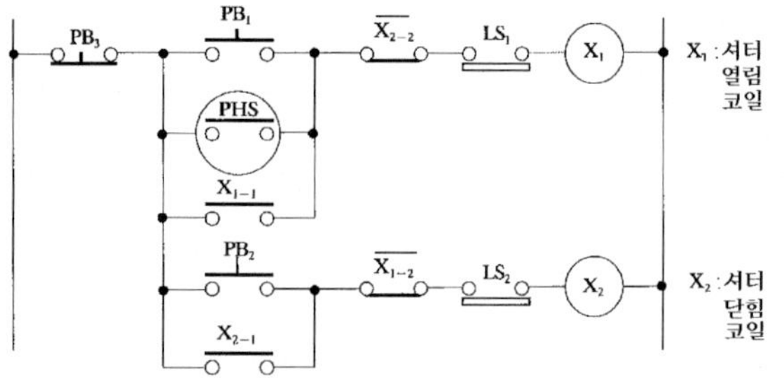

(b)

그림 6-20 차고 관리용 병렬 우선 회로

6.9.5 신입력 우선 회로

병렬 우선 회로는 상대방 회로에 인터록 접점을 삽입하여 먼저 입력을 준 회로가 우선적으로 작동하는 것인데 비해 그림 6-21은 나중에 입력을 준 회로가 우선이 되어 지금까지 동작한 회로가 정지하게 되는 것으로 신입력 우선 회로라 한다.

즉, 릴레이 X1이 이미 여자되어 있을 경우 푸시버튼 스위치 PB2를 동작하면, 릴레이 X2가 여자됨에 따라 b접점인 X22가 열리게 되어 릴레이 X1은 복귀하고, 그러면 릴레이 X1의 b접점인 X12가 닫히게 되고 릴레이 X2는 자기 유지가 된다.

X_1 동작 : $L_1 \rightarrow \overline{PB_3} \rightarrow PB_1 \uparrow (X_{11} \rightarrow \overline{X_{2-2}}$ 유지$) \rightarrow X_1 \uparrow \rightarrow L_2$

X_2 동작 : $L_1 \rightarrow \overline{PB_3} \rightarrow PB_2 \uparrow (X_{21} \rightarrow \overline{X_{1-2}}$ 유지$) \rightarrow X_2 \uparrow \rightarrow L_2$

논리식은 다음과 같다.

RL, $X_1 = (PB_1 + (X_{1-1} \cdot \overline{X_{2-2}})) \cdot \overline{PB_3}$

GL, $X_2 = (PB_2 + (X_{2-1} \cdot \overline{X_{1-2}})) \cdot \overline{PB_3}$

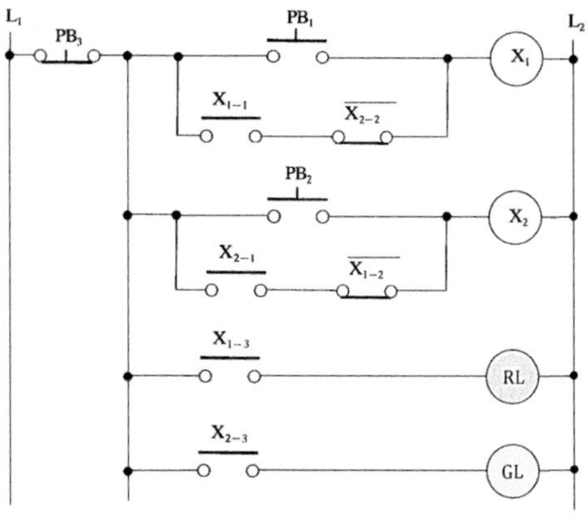

(a)

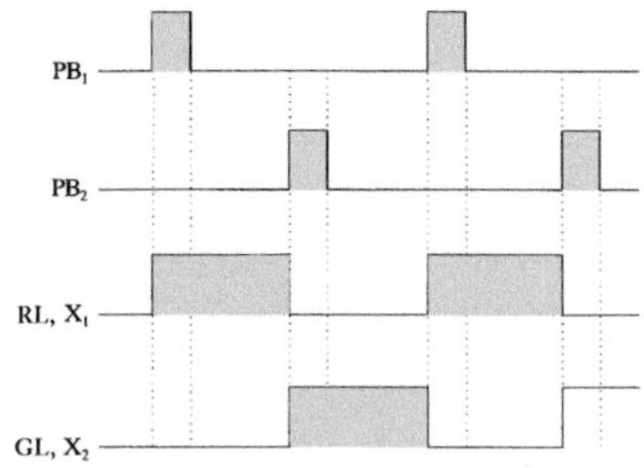

(b)

그림 6-21 신입력 신호 우선 회로

6.10 릴레이 논리에서 래더 논리 회로의 변환

시퀀스 회로는 일반적으로 제어반(control panel)에 유접점을 이용하는 릴레이-논리(Relay logic)로 이루어진 제어회로를 말한다. 그러나 반도체와 디지털 IC의 발달로 무접점으로 시퀀스 회로를 구성하는 디지털-논리(Digital logic) 가 사용되게 되었다.

최근 들어 마이크로 프로세서의 발달로 PLC가 등장하면서 릴레이-논리 회로에 사용되어 오던 코일이나 접점 등을 그래픽 기호로 표시하고, 사다리꼴 모양으로 프로그램을 표현하는 래더-논리(Ladder logic) 가 각광을 받게 되었다. 따라서 릴레이-로직은 시퀀스 제어회로에, 래더-로직은 PLC 제어회로에 사용된다고 할 수 있다.

표 6-1은 릴레이-로직에서 사용하는 코일, 접점 및 푸시버튼 스위치와 래더-로직에서 사용되는 코일, 접점 및 입력장치들의 기호를 나타낸다. 표 6-1에서 보는 바와 같이 래더-로직에 사용되는 기호가 릴레이-로직보다 간단하면서 디지털화 되어있어 사용하기에 편리하다.

표 6-1 릴레이-로직과 래더-로직 비교

접점	릴레이-로직	래더-로직
코일의 a 접점 b 접점	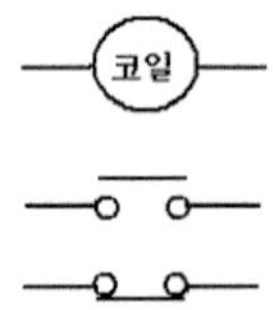	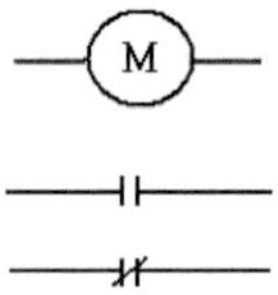
타이머의 a 접점 b 접점	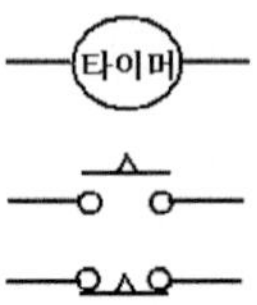	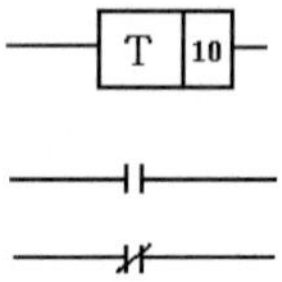
입력장치의 a 접점 b 접점	푸시버튼 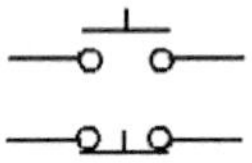	입력장치 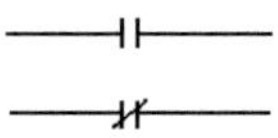

표 6-2 는 디지털-논리의 AND, OR, NOT 회로가 어떻게 릴레이-논리와 래더-논리 회로로 변환되는가를 보여준다.

표 6-2 Logic 등가회로

Logic / Gate	Digital logic	Relay logic	Ladder logic
AND	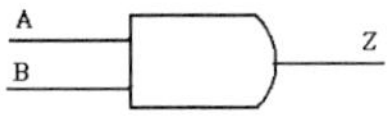	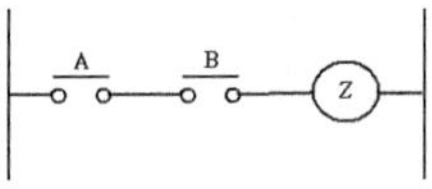	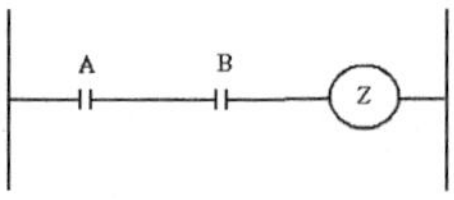
OR	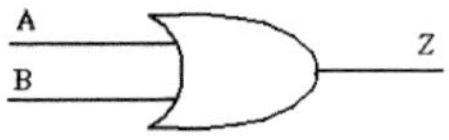	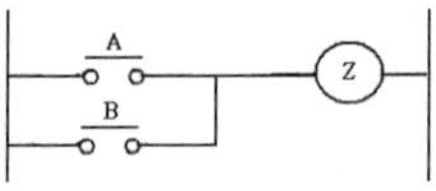	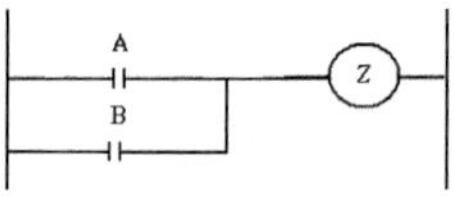
NOT	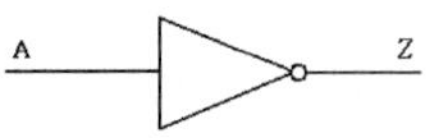	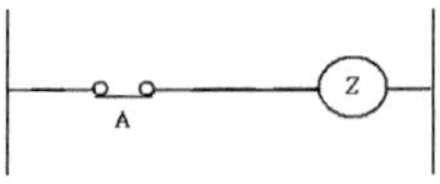	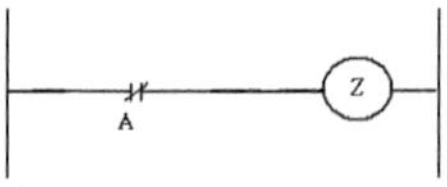

6.11 선도 작성

시퀀스 제어 용어로 그림 6-22 회로를 선도(line diagram)라 한다. 선도의 작성에는 다음과 같은 기본 규칙이 있다.

1. 선도에서 모든 장치를 연결하는 두 개의 수직선은 L1 및 L2로 표시한다. L1과 L2 간에는 제어 회로의 전압이 가해지는 것이다.
2. 출력 장치는 항상 L2에 접속된다. 과부하 보호 장치가 포함되어 있는 경우에는 출력 장치와 L2 간에 배치하고, 그 이외에는 출력 장치가 L2 앞에 놓이게 한다.
3. 제어 장치는 항상 L1과 출력 장치 사이에 배치한다. 제어 장치 간에는 직렬 또는 병렬로 접속할 수 있다.
4. 선도의 가로줄(rung) 또는 라인은 번호를 표시한다.

그림 6-22는 전동기의 회전 속도가 증가함에 따라 전기자에 흐르는 전류를 제한하기 위해 한시동작(시간 지연) 타이머를 사용한 전동기 제어 회로이다. 이 회로는 부족 전압으로 전동기를 기동하는 회로에도 사용된다.

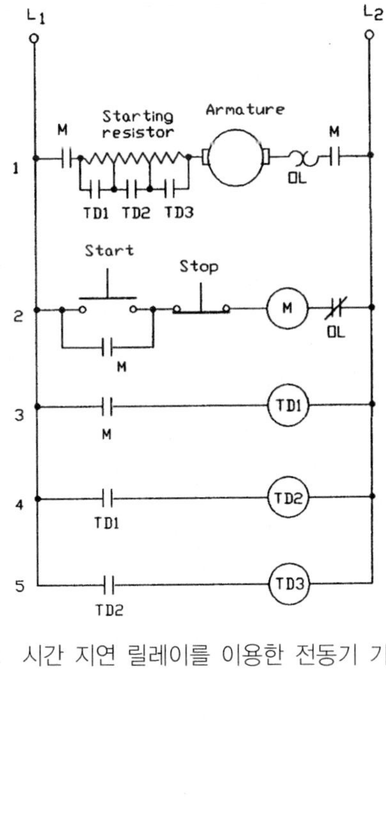

그림 6-22 시간 지연 릴레이를 이용한 전동기 기동 회로

그림 6-22 선도에서 전기자와 직렬로 접속된 저항값은 설정된 시간 동안 서서히 감소된다. 기동용 푸시버튼 스위치를 누르면 코일 M이 여자 된다. 동시에 코일 M과 결합된 4개의 접점 M들이 순간적으로 닫힌다.

즉, 전동기와 직렬로 접속된 양끝의 접점 M이 닫혀져 전동기는 전기자와 직렬로 접속된 최대 저항으로 가속되기 시작하고, 타이머 코일 TD1과 직렬로 접속된 접점 M 도 닫혀진다. 코일 TD1의 설정 시간이 지난 후에, 접점 TD1이 닫혀 기동 저항기의 일부가 단락되어 전기자 회로에서 제거된다. 타이머 코일 TD2도 설정 시간이 지난 후에 접점 TD2가 닫히게 되고, 이때 저항이 전기자 회로에서 제거된다. 타이머 코일 TD3가 여자되고 설정 시간이 지난 후에 접점도 닫힌다. 그러면 모든 저항이 전기자 회로에서 제거되어 전동기는 최대 속도로 회전하게 된다. 정지용 푸시버튼 스위치를 누르면 코일 M, TD1, TD2 및 TD3가 소자되고, 이에 따라 모든 접점들도 NO 상태로 복귀된다.

예제 6-1 플립플롭 문제

그림 6-23은 플립플롭(Flip-Flop)회로도를 나타낸다. 타임차트를 작성하고 무접점 회로로 변환하라. 그리고 출력코일 $R_1(PL)$, R_2, R_3에 대한 부울방정식을 작성하라.

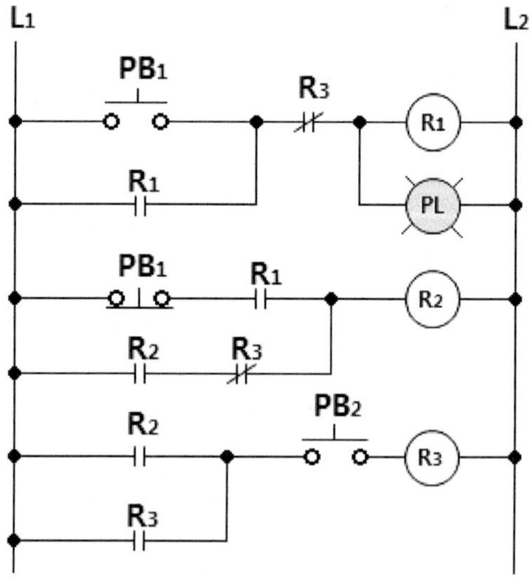

그림 6-23 플립플롭 회로

▸ **풀이**

그림 6-23은 처음 PB_1을 누르면 PL이 점등하고, PB_2를 누르면 PL이 소등하는 시퀀스 회로이다.

(1) 타임 차트

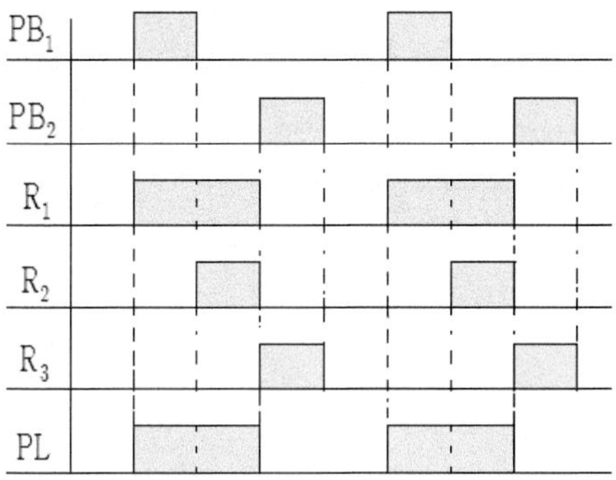

(2) 무접점 회로

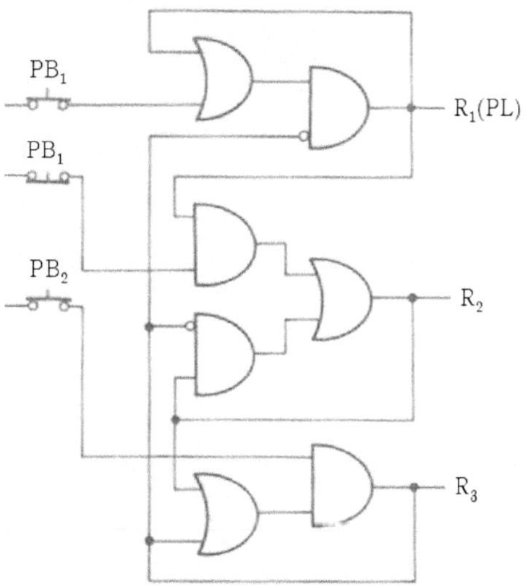

(3) 부울방정식

$$R_1 + PL = (PB_1 + R_1) \cdot \overline{R_3}$$

$$R_2 = \overline{PB_1} \cdot R_1 + R_2 \cdot \overline{R_3}$$

$$R_3 = (R_2 + R_3) \cdot PB_2$$

Q. 연습문제

01 시퀀스 회로에 사용되는 논리 회로를 열거하라.

02 다음 회로에서 D 가 금지 입력이라 할 경우 무접점 시퀀스 회로를 구성하라.

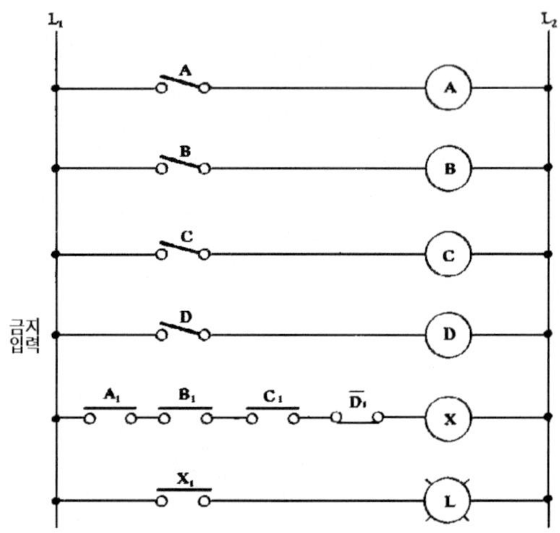

03 시퀀스 제어회로의 기본에 있어서 여러 가지 회로의 호칭이 있다. 입력 접점이 온 되면, 출력접점이 오프되고, 입력접점이 오프되면 출력접점이 온 되는 회로를 무슨 회로라 하는가?

04 다음 회로의 X, Y 에 대한 논리식을 나타내어라.

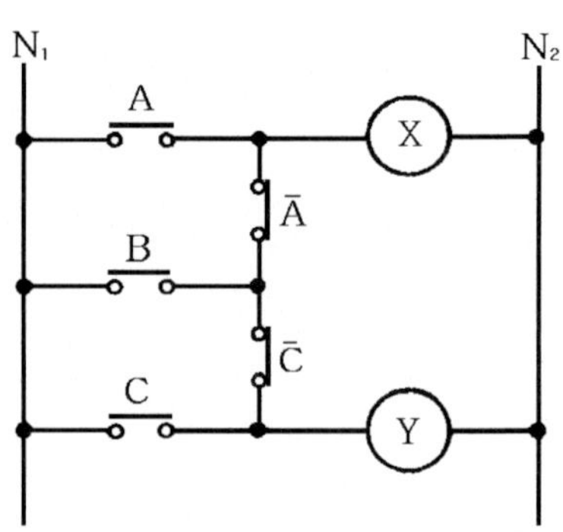

05 다음의 릴레이 시퀀스 회로도를 보고 물음에 답하여라.

(1) 논리식을 써라
(2) 무접점 시퀀스 회로도를 그려라
(3) 진리표를 완성하라.
(4) 타임 차트를 그려라.

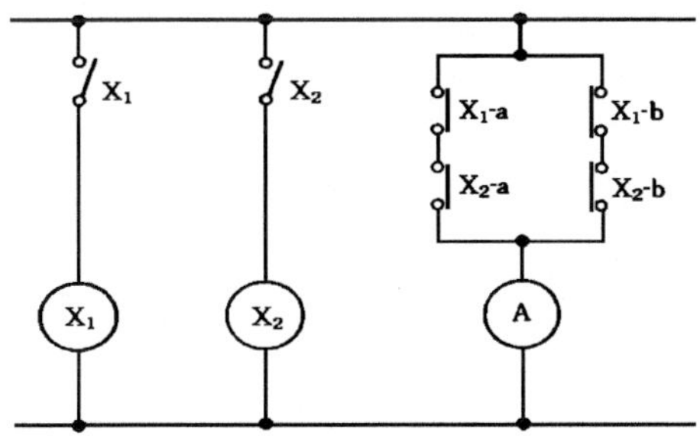

06 다음의 릴레이 시퀀스 회로도를 보고 물음에 답하여라.

(1) 논리식을 써라
(2) 무접점 시퀀스 회로도를 그려라
(3) 진리표를 완성하라.
(4) 타임 차트를 그려라.

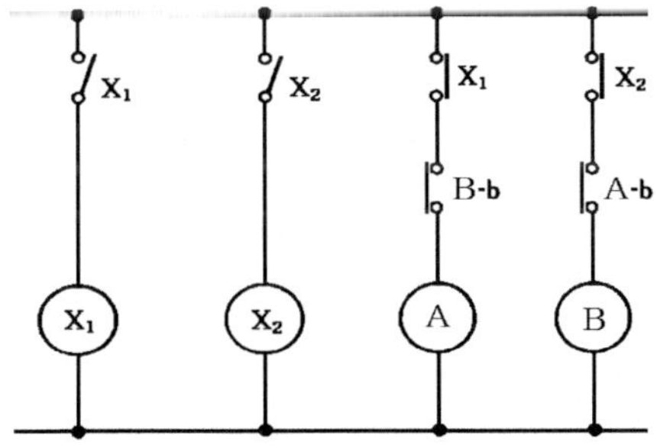

07 다음 그림은 상대쪽의 NOT 회로를 통하여 AND 입력에 접속된 무접점 인터록 회로로서 주로 전동기의 정역전 회로에 잘 이용된다. 논리식과 릴레이 시퀀스 회로를 그려라.

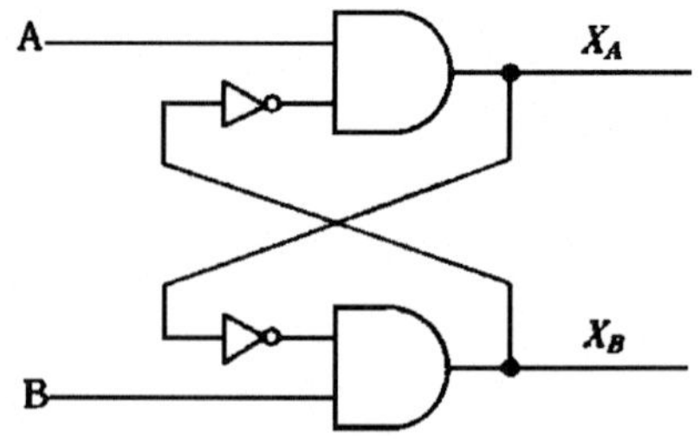

08 다음 무접점 시퀀스 회로를 릴레이 시퀀스 회로로 변환하여라.

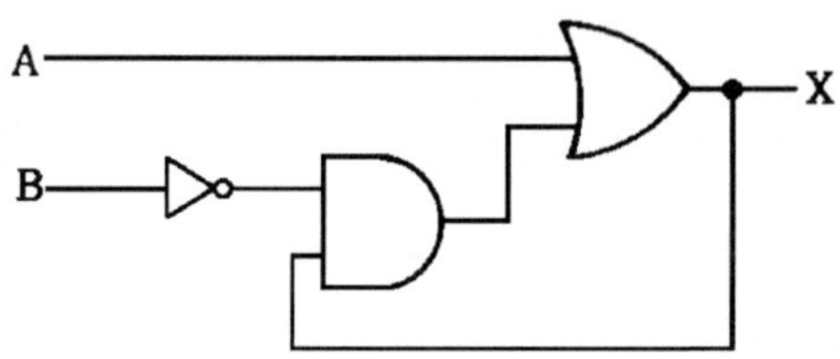

09 다음 릴레이 시퀀스 타이머 회로의 타임차트를 완성하여라?

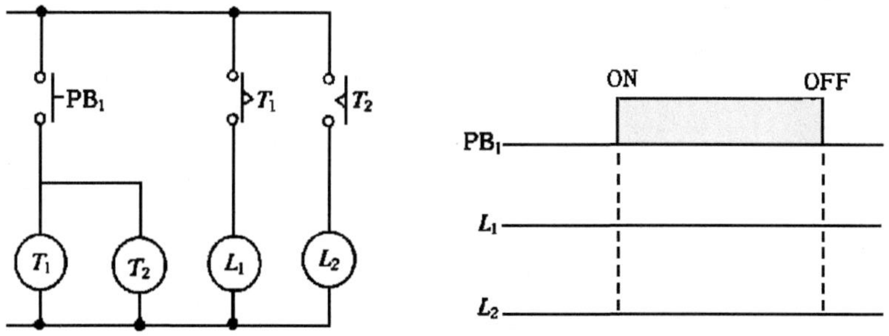

10 다음 그림의 회로를 병렬 우선 회로(PB_1을 온하였을 시 L_1 이 점등된 상태에서 L_2가 점등되지 않고, PB_2를 온하였을 시 L_2가 점등된 상태에서 L_1이 점등되지 않는 회로) 로 변경하여 그려라. (단, 릴레이 R_1, R_2 의 보조 b 접점 각 1 개씩을 추가 사용한다.)

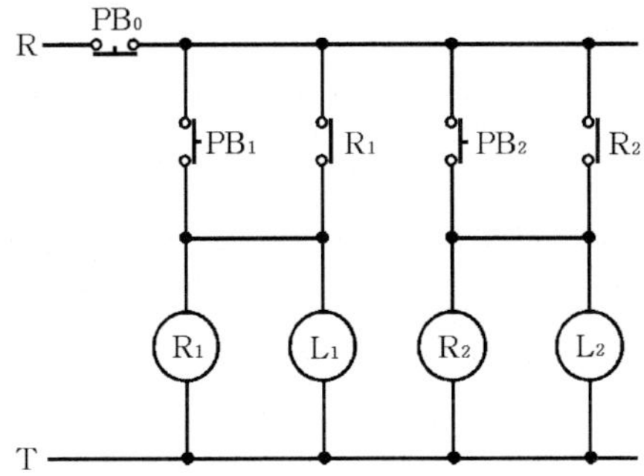

11 그림 6-23의 플립플롭 회로에서, 2개의 PB를 사용하여 2개의 램프(RL, GL)를 번갈아 가면서 점등 및 소등되는 시퀀스회로를 작성하라. 즉 처음 PB_1을 누르면 RL이 점등하고, PB_2를 누르면 RL은 소등하면서 GL은 점등된다.

A. 해답

03 NOT 회로

04 $X = (C \cdot \overline{C} + B) \cdot \overline{A} + A = \overline{A} \cdot B + A = A + B$

$Y = (A \cdot \overline{A} + B) \cdot \overline{C} + C = B \cdot \overline{C} + C = B + C$

05 (1) $A = X_1 \cdot X_2 + \overline{X_1} \cdot \overline{X_2}$

(2)

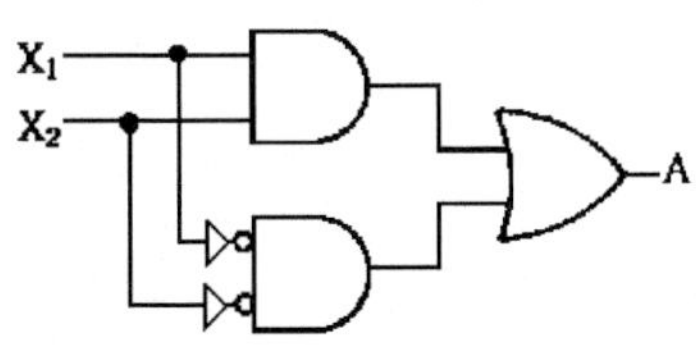

(3)

X_1	X_2	A
0	0	1
0	1	0
1	0	0
1	1	1

(4)

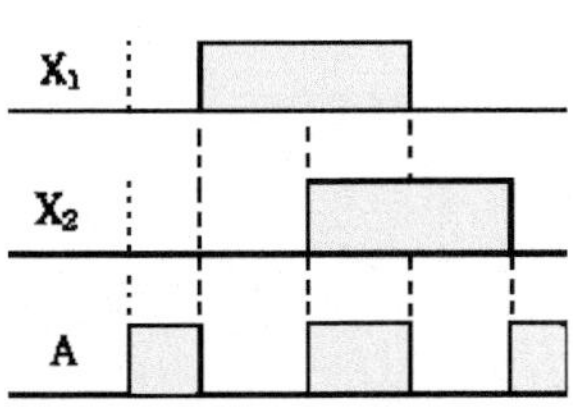

06 (1) $A = X_{1}.\overline{B-b}$, $B = X_{2}.\overline{A-b}$

(2)

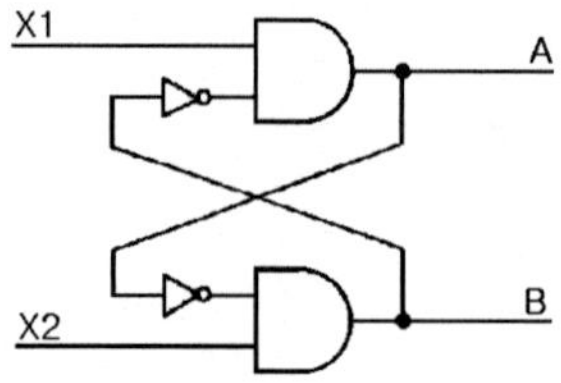

(3)

X1	X2	A	B
0	0	0	0
0	1	0	1
1	0	1	0
1	1	0	0

(4)

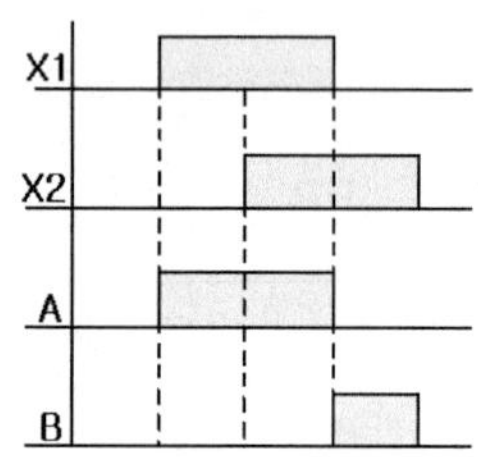

07 $X_{A} = A\cdot\overline{X_{B}}$, $X_{B} = B\cdot\overline{X_{A}}$

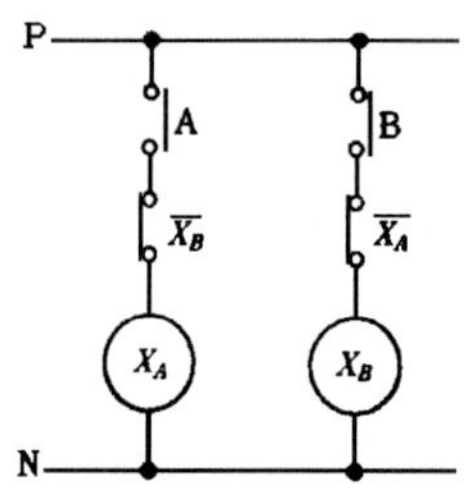

08 $X = A + \overline{B}\cdot X$

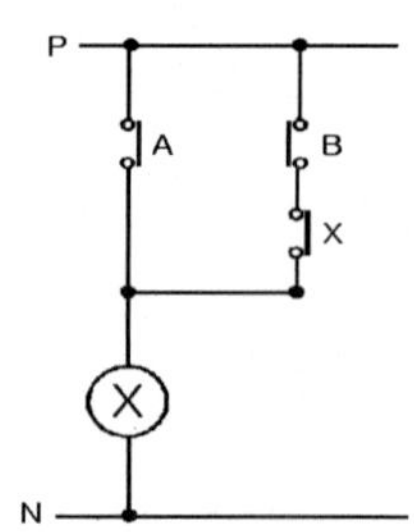

09

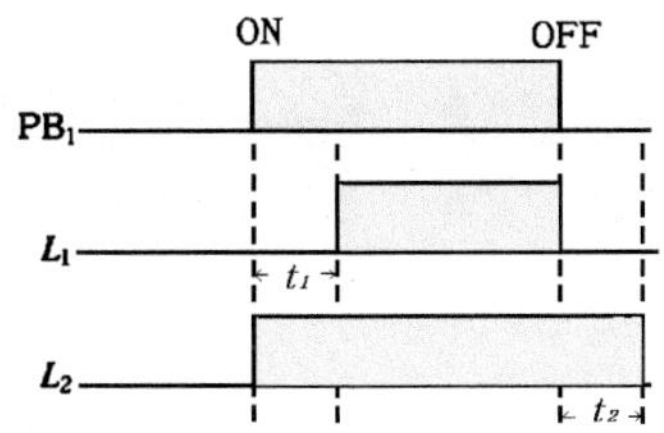
ON
OFF
PB1
L1
t1
L2
t2

10

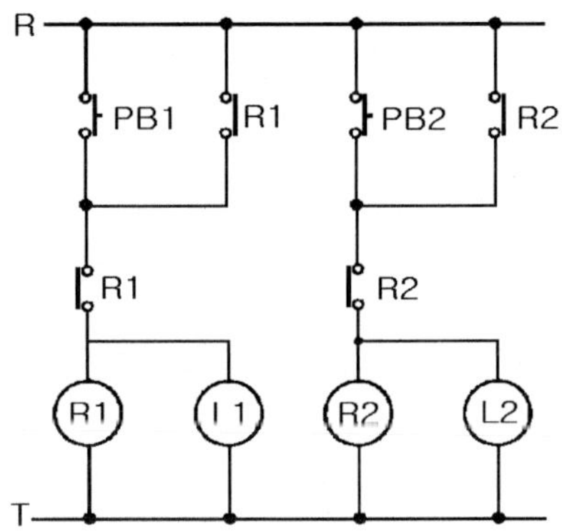
R
PB1
R1
PB2
R2
R1
R2
R1
L1
R2
L2
T

11

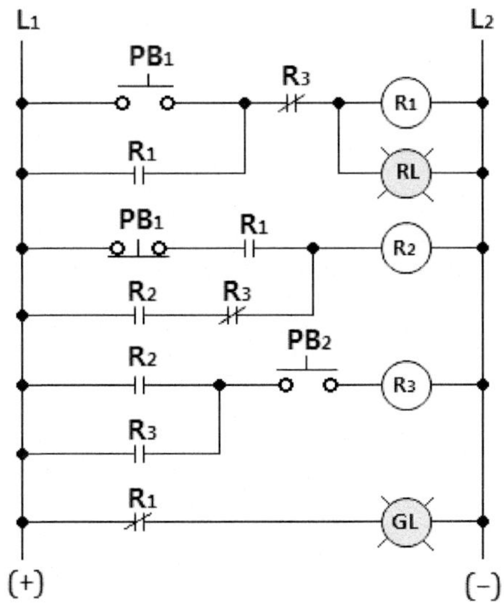
L1
L2
PB1
R3
R1
R1
RL
PB1
R1
R2
R2
R3
R2
PB2
R3
R3
R1
GL
(+)
(-)

제 7 장 래더 논리 회로

7.1 서론

컴퓨터를 원하는 목적에 맞도록 응용하기 위하여 C-언어, BASIC-언어와 같은 컴퓨터 언어를 습득하여 사용한다. 마찬가지로 사용자가 PLC와 통신을 하기 위해서는 PLC 프로그래밍 언어를 통하여야만 한다. 1993년에 유럽을 중심으로 PLC 프로그램 언어의 표준화 활동이 추진되어, 국제 표준의 IEC1131-3 규격이 제정되었다.

IEC1131-3는 다음과 같이 규정하고 있다.

> 프로그래밍 인터페이스를 표준화하여 산업제어를 바라보는 사람들간의 조화를 지향하며, 여기에 사용되는 5가지 프로그래밍 언어를 정의하고 있으며, 또한 각 프로그램이 사용하는 변수들을 정의하고 모듈화하여 재사용상의 향상, 에러의 감소, 효율의 극대화를 꾀하고 제어시스템이 어떻게 구성되어야 하는지를 제시하고 있다.

IEC1131-3의 5가지 표준 프로그래밍 언어는 표 7-1과 같이 그래픽 언어와 텍스트 언어로 나눌 수 있다. 표 7-1에서 SFC는 프로그램의 구성, 순서 등에 관한 표준을 규정하고 있으며, 나머지 4가지 언어는 프로그램 내의 로직의 표현에 관한 것을 규정하고 있다. 비고에서는 같은 로직으로 SFC 언어를 제외한 4가지 언어로 각기 달리 표현한 예를 나타낸다.

표 7-1 PLC 프로그래밍 언어의 종류

언어 Type	언어 종류	비고
Graphic Language (그래팩 언어)	Ladder Diagram (래더 선도 : LD)	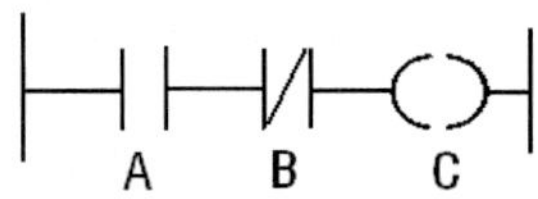
	Function Block Diagram (함수 블록 선도 : FBD)	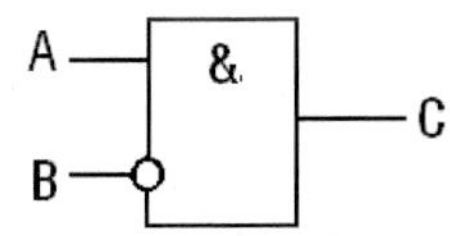
	Sequential Function Chart (순차 함수 챠트 : SFC)	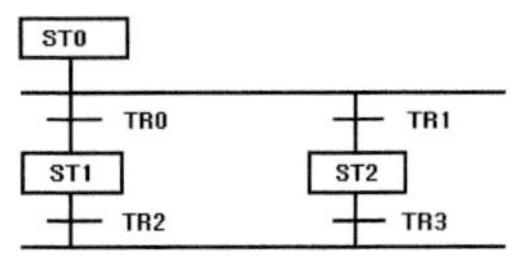
Text Language (텍스트 언어)	Instruction List (명령 리스트 : IL)	LD A ANDN B ST C
	Structured Text (구조체 텍스트 : ST)	C: A AND NOT B

이 장에서는 PLC 언어로 가장 많이 사용하고 있는 래더 선도에 관하여 설명한다.

7.2 래더 논리 선도의 개념

제어반에서 흔히 사용하는 코일이나 접점 등을 그래픽 기호로 표시하고 사다리꼴 모양으로 프로그램을 표현하는 방법을 래더 선도 (ladder diagram : LD)라 한다.

그림 7-1 은 푸시버튼 PB1 을 눌러서 램프 PL 을 점등하고 푸시버튼 PB2 를 눌러서 소멸하는 릴레이 논리 회로도이다. 컨트롤 릴레이 (control relay : CR) 에는 보조 a 접점 (1, 2 번 단자) 과 b 접점이 있다. 보조 접점들은 CR 이 동작함에 따라 연동하여 동작한다. 그림 7-1 에서 제어회로전원과 램프전원은 동일한 것을 사용하여도 무방하다.

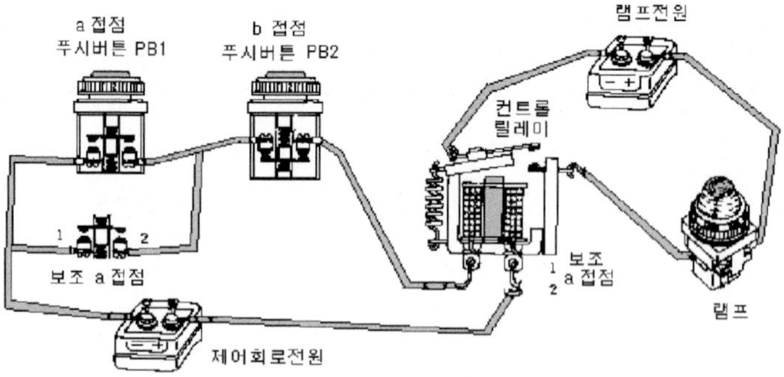

그림 7-1 릴레이 회로도

그림 7-1에 대한 릴레이 논리 회로도를 작성하면 그림 7-2와 같이 된다. 그림 7-2와 같은 릴레이 논리 회로도를 일반적으로 시퀀스 회로라 한다.

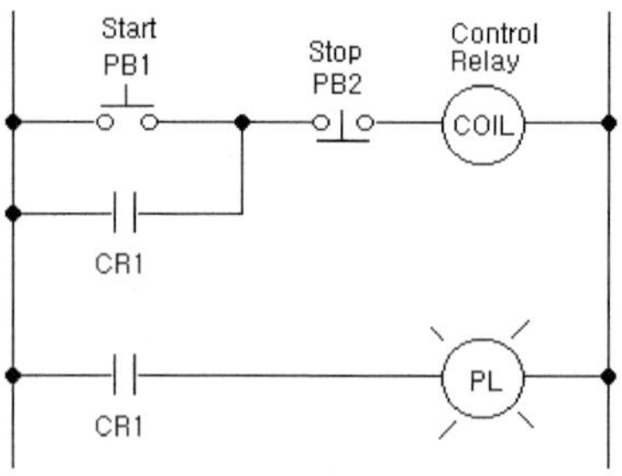

그림 7-2 릴레이 논리 회로도

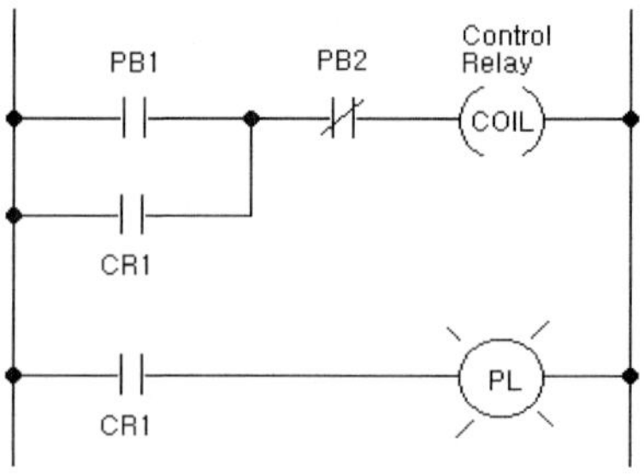

그림 7-3 래더 논리 선도

그림 7-2와 같은 릴레이 논리 선도를 래더 논리 선도(ladder logic diagram)로 변경하면 그림 7-3과 같이 나타낼 수 있다. 그림 7-2의 릴레이 논리 선도와 래더 논리 선도를 비교할 경우, 푸시버튼 스위치 PB1과 PB2가 접점으로 변경된 것을 알 수 있다. 이처럼 래더 논리 선도에서는 스위치와 같은 입출력을 접점(a 또는 b 접점)으로 표시한다. 이 절 이하에서는 래더 논리 회로 작성에 관하여 구체적으로 설명한다.

❖ 7.3 래더 논리 회로

래더 논리 회로는 모선(line)과 가로줄(rung)로 구성된 전기적인 회로이다. 래더 회로망에는 출력장치를 제어하는 많은 가로줄로 구성되어 있고, 이러한 출력은 입력이나 출력 조건의 조합에 따라 제어된다. 입력 조건들은 출력을 구동하는 데 필요한 논리를 얻기 위해 직렬, 병렬 또는 직-병렬로 연결된다. 릴레이 논리 선도와는 달리 래더 회로망에서는 물리적인 접속은 표시하지 않는다. 또한 래더 회로망은 PLC 내의 프로그램에 의하여 **가상적 배선**(softwired)으로 연결되고, 입력과 출력 장치들은 입출력 모듈 내에서 **실제 배선**(hardwired)으로 연결된다. 래더 논리는 릴레이 논리를 기초로 발전되었기 때문에 유사한 점이 많다. 이들의 주요 차이점으로 릴레이 논리에서는 실제 장치의 부호를 선도에 나타낼 수 있는 반면에, 래더 논리에서는 접점과 코일만을 입력과 출력 장치로 나타내는 것이다.

그림 7-4 (a) 회로는 Stop/Start 스위치와 컨트롤 릴레이 CR이 있는 릴레이 논리도이다.

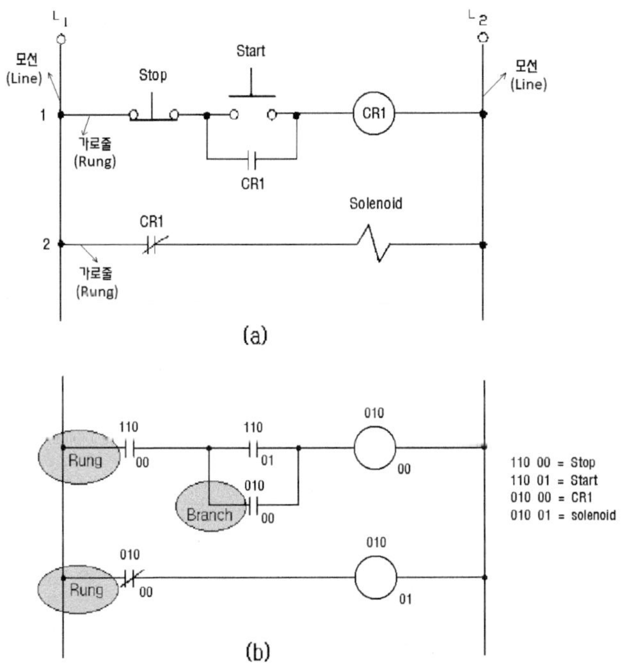

그림 7-4 (a) 릴레이 논리 회로도, (b) 래더 논리 회로도

이 회로에서 CR1이 오프되면 솔레노이드는 여자된다. 그림 7-4 (b)는 (a)의 릴레이 회로를 래더 논리로 작성한 회로이다. 이 회로에서 입력과 출력 장치들은 숫자로 표시하였다. 이 숫자를 어드레스(address) 혹은 주소 또는 번지라 하기도 하는데, 그림 7-4 (b)는 Allen-Bradley PLC의 어드레스이다.

래더 논리 회로도 작성시 고려할 기본 사항들은 다음과 같다.

1. 회로에서 저항 및 유도성 부하 등은 도면의 오른쪽에 그린다.
2. a 접점 및 b 접점과 같은 전기적인 접점은 도면의 왼쪽에 나타낸다.
3. 모선에서 수평으로 그은 선을 가로줄(rung : 렁)이라 하고, 다른 장치들과 병렬로 연결된 장치를 가지(branch)라 한다.
4. 전기적인 장치들은 평상상태(normal condition)로 표시한다. 즉, NC 접점(normal close : NC)은 상시 닫혀 있고, NO(normal open : NO) 접점은 상시 개방된 것으로 나타낸다.
5. 정지(stop) 기능을 수행하는 장치들은 직렬로, 기동(start) 기능을 수행하는 장치들은 병렬로 연결한다.

7.4 래더 논리 회로도의 작성

대부분의 경우에 래더 회로도를 작성할 때는 제어 발생 순서로 한다. 래더 논리 회로도 작성시 고려할 기본 사항들은 다음과 같다.

1. 제어되는 과정을 정의한다.
2. 동작 과정을 그리고, 시스템의 모든 성분들이 그림에 표시되었는지 확인한다.
3. 수행되는 동작 순서를 결정한다. 가능한 상세히 동작 단계별로 나열하고 문장으로 순서를 쓰거나 표 형태로 작성한다.
4. 동작 순서로부터 래더 논리 회로도를 작성한다.

예제 7-1

그림 7-5와 같이 컨베이어 벨트 위에 조립 제품이, 2개의 리미트 스위치 사이에서 이동하고 있다. 리미트 스위치 LS2가 동작하면 컨베이어는 정회전, 리미트 스위치 LS1이 동작하면 컨베이어는 역회전으로 방향을 바꾼다. 즉, Start 푸시버튼 스위치를 누르면 전동기는 정회전 방향으로, Stop 푸시버튼 스위치를 누르면 전동기는 정지한다. 동작 순서를 설명하고 래더 선도를 작성하라.

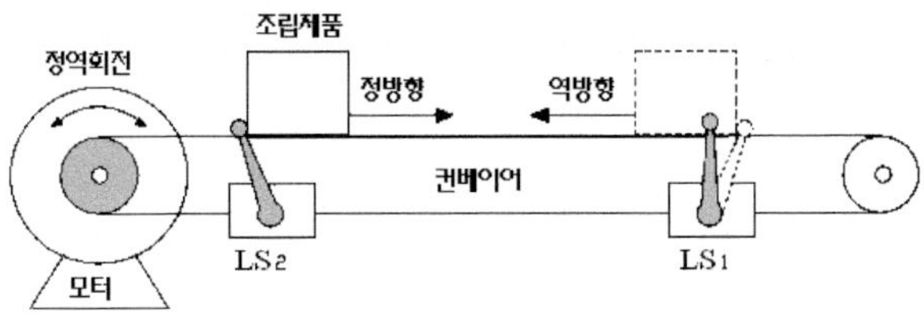

그림 7-5 예제 7-1 의 그림

▸ 풀이

그림 7-5 와 같은 컨베이어 벨트 정, 역제어 장치를 래더 논리 회로로 작성하면 그림 7-6 과 같다.

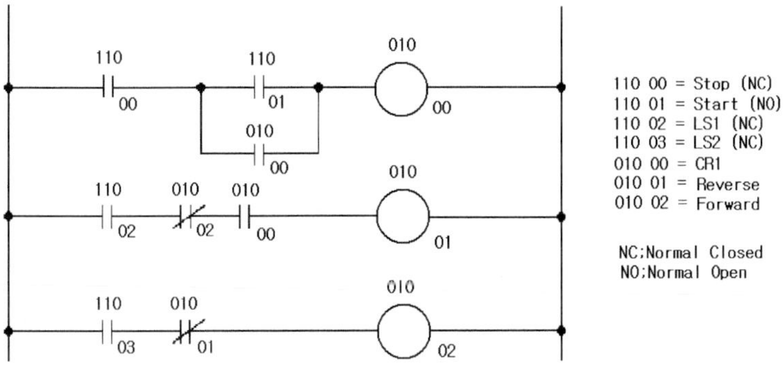

그림 7-6 예제 7-1 의 등가 래더 논리 회로도

그림 7-6 의 동작 순서는 다음과 같다.

1. Start 푸시버튼 스위치를 누르면 제어 릴레이 CR1 이 여자되고, 컨베이어는 정방향으로 이동한다.
2. 공정 중 제품이 리미트 스위치 LS1 에 접촉되면, 전동기는 반전되고 컨베이어는 역방향으로 움직인다.
3. 제품이 리미트 스위치 LS2 에 접촉되면, 전동기는 정방향으로 다시 이동한다.
4. 운전 방향에 관계 없이 Stop 푸시버튼 스위치는 전동기를 정지시킨다.

7.5 I/O 명령

그림 7-6의 Stop 푸시버튼 스위치와 리미트 스위치들은 실제로 상시 닫힌 위치로 배선이 되어 있더라도, 래더 선도에서는 상시 개방 NO 접점처럼 작성한다. 즉, 모든 경우에 상시 폐로 NC 입력장치는 NO로 가해지게 된다.

CPU가 읽거나 스캐닝할 때, I/O 랙에 실제 배선된 NC 장치를 검사하며 PLC가 프로그램 내의 접점 상태를 바꾸도록 지시한다. Allen-Bradley에서는 이 동작을 EXAMINE ON과 EXAMINE OFF라고 한다. 실제로 모든 PLC들은 입력장치가 닫힐 때 이 동작을 한다.

NO나 EXAMINE ON 명령은 기준 어드레스에서 ON 동작을 시험하도록 프로그램된 것이다. 프로그램을 실행하는 동안 프로세서는 ON 조건에 있는 명령의 기준 어드레스를 시험한다. 기준 어드레스 논리가 1(ON)이면 프로세서는 자동적으로 닫혀 NO 접점으로 전류가 흐르고, 기준 어드레스 논리가 0(OFF)이면 프로세서는 NO 접점 상태를 변화시키지 않는다.

그림 7-6에서 정회전 및 역회전 전동기용 전자 개폐기와 관련된 출력 접점은 릴레이 논리 형태로 그려도 같은 형태로 된다. 만일 출력 접점이 상시 폐로된 것이면 PLC에서는 NC 접점이 된다.

PLC에 입력되는 접점의 사용 방법은 다음과 같다.

모든 입력장치들은 상시(normally) 개방된 것으로 입력되고, 모든 출력장치들은 보이는 상태대로 입력된다.

아주 드물게는 입력이 상시 폐로로 가해지는 경우가 있으나, 대부분의 경우 모든 PLC에서는 개방된 접점으로 입력된다.

NC나 EXAMINE OFF의 명령은 기준 어드레스에서 동작을 시험하도록 프로그램된 것이다. 프로세서가 OFF 조건에서 기준 어드레스를 시험할 때, 만일 NC 접점이 논리 0(OFF)이면, 이 명령은 가로줄을 통해 계속해서 순서대로 논리를 실행한다. 만일 NC 접점 어드레스가 논리 1(ON) 상태라면, 이 명령은 NC 접점을 개방하여 가로줄로 흐르는 전원을 차단시킨다.

대부분의 래더 논리 회로에서 출력코일은 선로의 끝부분에 배치한다. 코일의 오른쪽에는 릴레이 논리의 경우와 마찬가지로 과부하(overload) 접점을 넣을 수 없다. 래더 논리 프로그램에서 과부하 접점이 필요하다면, 코일 이전에 넣어야 하며, 과부하 접점은 입력장치이기 때문에 NO 접점으로 하여야 한다.

예제 7-2

두 개의 Stop 푸시버튼 스위치와 두 개의 Start 푸시버튼 스위치로 한 개의 전동기를 제어하는 래더 논리 회로도를 작성하라. 회로도에 과부하 접점을 포함시키고, 다음과 같은 I/O 어드레스를 사용하라.

Stop1 = A, Stop2 = B, Start1 = C, Start2 = D, 과부하 = E, 전동기 = F

▸ 풀이

등가 래더 논리 회로도를 작성하면 그림 7-7 과 같다. Stop 푸시버튼 스위치는 NO 접점으로 연결하는 다른 접점과 직렬로 연결한다. 과부하는 NC 로 배선이 연결되기 때문에, 역시 NO 명령으로 입력된다. 두 개의 Start 푸시버튼 스위치는 전동기 F 의 유지 접점과 병렬로 연결되었다.

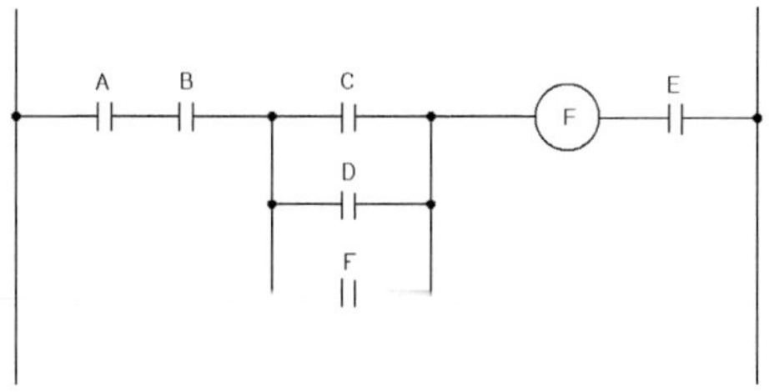

그림 7-7 예제 7-2 의 등가 래더 논리 회로도

대부분의 PLC 들은 래칭 릴레이 (latching relay) 인 출력을 갖는다. 래칭 릴레이는 출력측의 전원이 제거된 후에도 여자나 무여자 상태를 유지하는 출력 명령이다. 즉, 정상적인 출력 코일과는 달리, 정전된 후 PLC 에 전원이 가해진다 하더라도 래칭 코일은 전원이 제거되기 전 래칭된 상태로 되돌아간다.

래치 코일을 영구 기억 코일 (retentive coil) 이라고도 한다. 대부분의 PLC 에서 래치 코일은 가로줄의 상태가 변화될 때라도 그 자체의 래치 상태를 그대로 유지한다. 즉, 래치 코일을 가지고 있는 가로줄이 무여자되어도, 래치 코일은 전원이 가해져 있던 상태를 그대로 유지한다는 것이다. 비래치 코일 (unlatch coil) 은 래치 코일의 반대 개념이다. 비래치 코일 명령은 래치된 코일을 리셋팅하고자 할 경우 사용한다. 그림 7-8 은 래치와 비래치 출력 명령을 위한 래더 논리 부호를 나타낸 것이다.

(a) 래치 코일 (b) 비래치 코일

그림 7-8 래치/비래치 래더 논리 회로

래치 코일은 출력장치가 제어 과정의 어떤 단계 동안 적당한 상태를 항상 유지해야 하는 곳에 사용한다. 이러한 회로를 절대안전(fail-safe) 회로라 한다. 예를 들면, 환기팬과 같은 송풍 전동기는 래치 코일을 사용하여 제조 공정 시작 전에 항상 온 상태가 유지될 수 있도록 한다. 또한 절대안전 회로는 시스템의 오동작으로 사고가 발생하는 경우 출력을 정지시키는 데 사용하기도 한다.

그림 7-9 는 Allen-Bradley PLC 를 이용한 래치/비래치 명령을 응용한 회로이다.

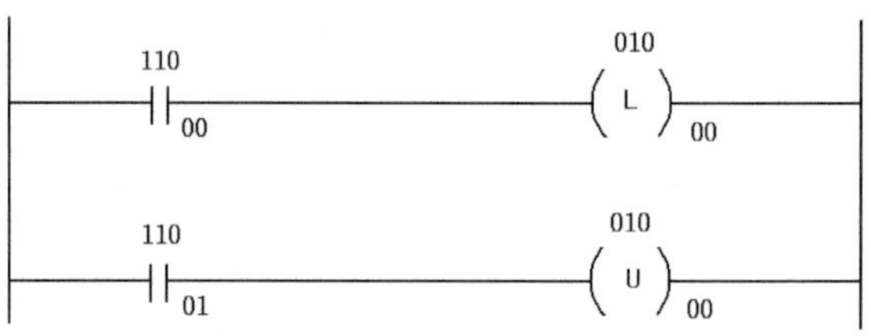

그림 7-9 래치/비래치 래더 논리 회로도

이 회로에서 접점 110 00 과 110 01 은 순간 접촉되는 푸시버튼 스위치이다. 회로에서 110 00 을 누르면 출력 010 00 은 여자되고, 입력이 NO 상태로 복귀된 후에도 여자 상태를 유지한다. 출력 010 00 은 푸시버튼 스위치 110 01 을 누르는 경우에만 복귀한다. 래치와 비래치 명령는 모두 동일한 주소를 사용함을 주의하여야 한다.

래치와 비래치 명령을 각각 셋(set)과 리셋(reset)이라 한다. 그림 7-9 의 래더 논리 회로는 디지털 회로에서의 플립플롭과 등가이다. 플립플롭은 주어진 시간에 한 가지 또는 두 가지의 안정 상태를 가질 수 있는 능동 소자를 가진 디지털 회로이다. 2 장에서 설명했듯이 플립플롭은 메모리 소자를 사용하며 각 플립플롭은 하나의 2 진 정보를 유지한다.

내부 출력 코일(internal output coil)은 래더 논리 프로그램에서 사용되는 코일로서 I/O 랙에는 접속할 수 없다. 이 출력 명령들은 소프트웨어 코일(software coil) 또는 가상 릴레이(dummy reley)라 한다. 내부 출력 코일의 장점은 프로그램에 많은 출력 명령을 필요로 하는 상황이 존재하지만 실제 장치와는 연결할 필요가 없다는 것이다.

그림 7-10(a)는 릴레이 논리 회로, 그림 7-10(b)는 등가 래더 논리 회로이다.

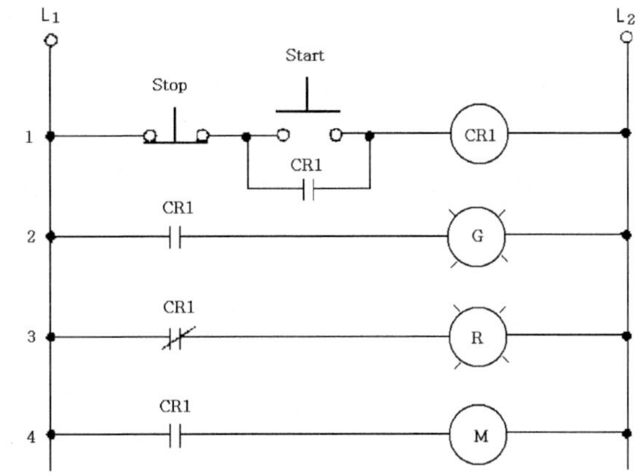

(a) 제어 릴레이를 사용한 릴레이 논리 회로

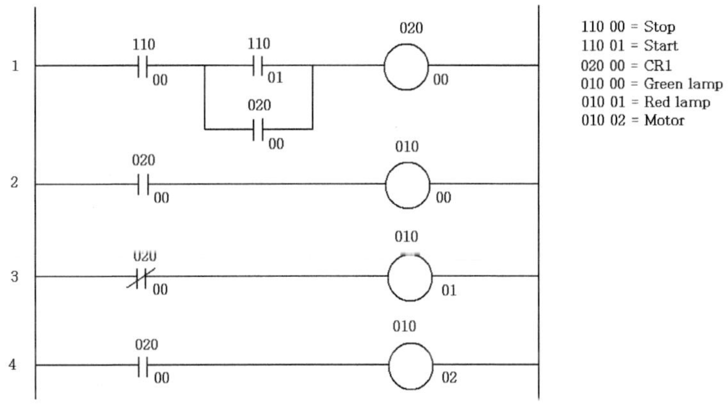

(b) 내부 출력이 있는 래더 논리 회로

그림 7-10 릴레이 및 래더 논리회로

이 회로에서, Stop/Start 푸시버튼 스위치는 컨트롤 릴레이 CR1을 제어한다. CR1이 여자되면, 녹색 표시등(G)은 ON, 적색 표시등(R)은 OFF로 바뀌고, 전동기(M)은 구동을 시작한다. 그림 7-10(a)에서 컨트롤 릴레이 CR1은 출력 장치이지만 표시등이나 전동기를 직접 동작시키는 것은 아니다. 그림 7-10(b)와 같이, Allen-Bradley I/O 어드레스를 사용하면, CR1은 출력 020 00으로 한다. 이는 020 00가 I/O 랙에 접속할 수 없는 어드레스이므로 내부 장치로 취급한다.

많은 PLC에서 사용하는 또 하나의 출력 명령은 무여자 코일(de-energize coil)이 있다. 이 코일은 I/O 랙에 접속된 내부 출력이나 출력장치 중 하나를 제어하는 프로그램이다. 그림 7-11은 무여자 코일의 기호이다. 이 회로에서 접점 A가 닫히면 출력 코일 B는 OFF로 변환되고, 역으로 입력 접점이 열리면 출력 코일은 ON이 된다. 접점은 이 코일 기능에 의해 제어된다. 따라서 출력이 무여자로 되면 NO는 개방되고 NC는 닫힌다.

그림 7-11 접점으로 제어되는 무여자 코일

예제 7-3

그림 7-12는 하나의 리미트 스위치로 두 개의 출력장치를 제어하는 방법이다. NC 접점을 사용하지 않은 래더 논리 회로로 다시 작성하라.

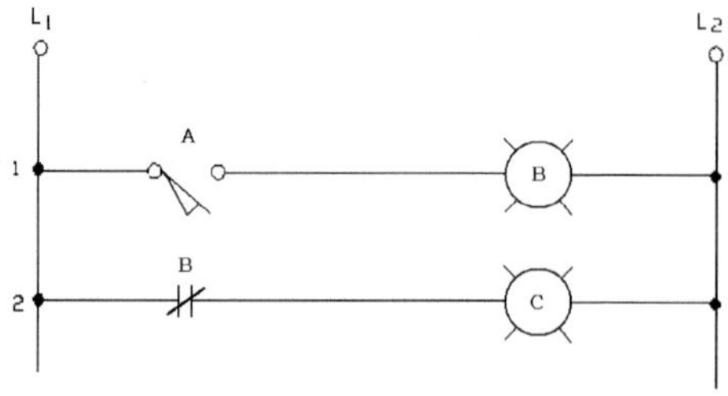

그림 7-12 예제 7-3의 회로

▸ 풀이

그림 7-12에서 리미트 스위치 A가 개방되면 출력 B는 OFF되고, C는 ON 된다. 그림 7-13은 그림 7-12와 같은 기능을 수행하는 등가 래더 논리 회로이다. 접점 A가 닫히면 출력 B는 ON, 무여자로 된 코일은 OFF가 된다.

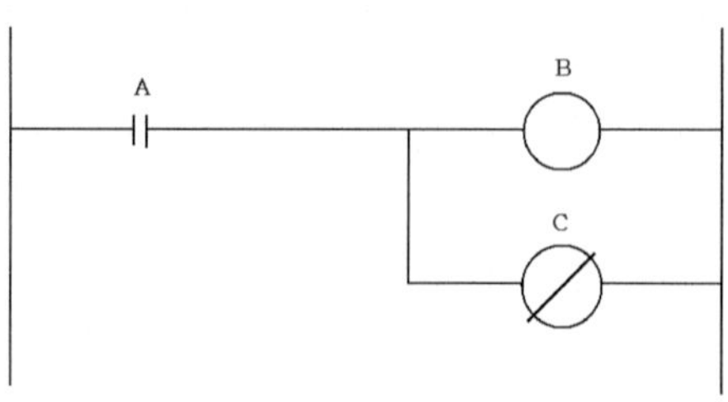

그림 7-13 예제 7-3의 등가 래더 선도

천이 접점(transitional contact)은 어떤 기준 트리거 신호가 ON→OFF 또는 OFF→ON으로 변화할 때 단발 펄스를 공급하는 접점으로서, 그림 7-14는 천이 접점에 대한 기호이다. 이러한 접점은 전압이 가해지는 신호 구간 동안 개방 또는 단락 상태로만 유지하는 정규 접점과는 다르다. 이 접점은 시퀀서와 산술 함수에서 사용한다.

(a) OFF→ON (b) ON→OFF

그림 7-14 천이 접점 래더 논리 기호

그림 7-14(a)는 OFF→ON 상태의 천이 접점에 대한 래더 논리 기호로서, 이 접점은 트리거 신호가 OFF에서 ON으로 진행될 때마다 정확히 단일 프로그램 스캔 동안 닫히게 된다.

그림 7-11(b)는 ON→OFF 상태의 천이 접점이다. 이 명령은 트리거 신호가 ON→OFF로 진행될 때마다 단발 펄스를 제공하는 프로그램이다. ON→OFF 천이 접점은 단일 프로그램 스캔 동안 단발 펄스를 제공하고 그후 개방된다.

7.6 제어기 스캔

래더 논리 프로그램을 읽기 위해 CPU에서 사용하는 방법을 스캔(scan)이라 한다. 스캔 방법에는 PLC 제조업체에 따라 두 가지 형태를 사용한다. 즉, 세로줄 방식(column method) 또는 가로줄(rung method) 방식으로 해독한다.

그림 7-15는 AEG Modicon에서 사용하는 열 방식의 스캔이다. 이 시스템에서 프로세서는 왼쪽 세로줄의 맨 위에서 아래로 접점을 읽고, 다음 두 번째 세로줄도 맨 위에서 아래로 읽는 기능을 수행하는 방법으로 오른쪽까지 읽는다. 첫 번째 네트워크(Network #1)의 전체 프로그램을 스캔하고 난 후, 프로세서는 사이클을 반복하며, 그 다음 네트워크(Network #2)로 넘어가는 연속 동작을 수행한다. 즉, 스캐닝은 CPU가 프로그램에서 입출력 장치의 상태를 어떻게 결정하느냐 하는 것이다.

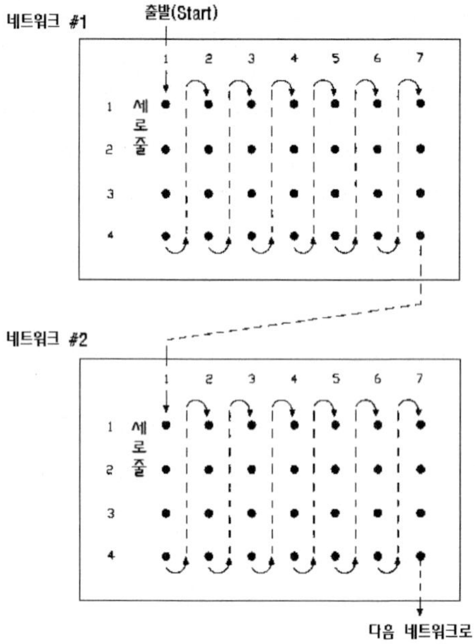

그림 7-15 세로줄 스캐닝 방법

그림 7-16은 Allen-Bradley에서 사용하는 가로줄 방식 스캔이다. 이 시스템에서 프로세서는 한 번에 하나의 가로줄을 왼쪽에서 오른쪽으로 스캔한 뒤, 다음 가로줄에서 반복하여 입출력 명령을 조사한다.

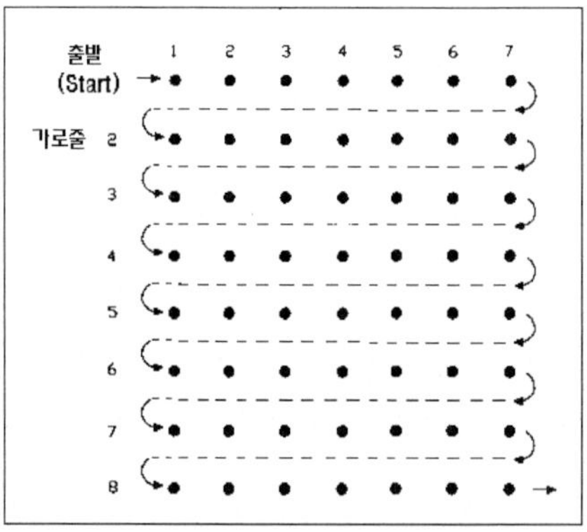

그림 7-16 가로줄 스캐닝 방식

래더 논리를 이용하여 회로를 프로그래밍할 때 PLC의 사용자는 프로그램이 어떠한 방식으로 스캔되는가를 알아야 한다. 래더 논리의 스캔은 실제로 프로그램을 읽는 것은 물론 메모리의 위치를 갱신하고, 프로그래밍 단말기와 같은 주변 장치와도 접속한다. 실제 PLC는 연결된 프로그래밍 단말기가 있는가의 여부에 관계 없이 프로그램을 스캔하게 된다.

PLC 에서 128 개의 입력과 출력을 스캔하는 데 걸리는 시간은 약 1 [ms] 이다. 2 장에서 설명한 바와 같이, 래더 논리 프로그램의 스캔 시간은 입력되는 명령 형태에 따라 달라질 수 있다. 예를 들면, 순차기 (sequencer) 나 산술함수 등에서는 명령 형태에 보다 많은 메모리가 필요하므로 이산 입력에 비해 처리 시간이 많이 걸린다.

7.7 프로그래밍 제한 사항

래더 논리 형태로 프로그램을 작성하는 경우에 몇 가지 제한 사항을 고려해야 한다. 예를 들어, 그림 7-17 과 같은 회로에서 전류가 모선 L1 에서 L2 까지 경로를 통해 흐르는 릴레이 논리 회로를 고려해 보자. 이 회로에서 장치들 간에 임의의 결합으로 폐로를 이루어도 동작상에 문제는 없다. 왜냐하면 두 점 사이에 전위차가 형성되어 있는 한 전류는 흐르기 때문이다.

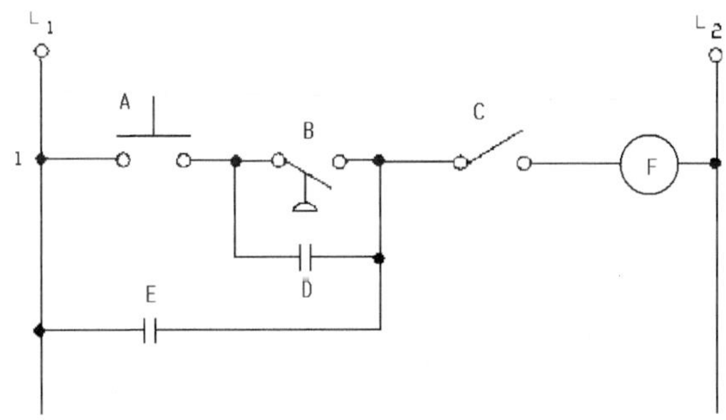

그림 7-17 역전류가 흐르는 릴레이 논리 회로

장치들 간에 임의의 결합으로 폐로를 이루어 출력 F 가 여자되는 경우는 다음과 같이 4 가지 형태이다.

{A, B, C}, {A, D, C}, {E, C}, {E, D, B, C}

만일 그림 7-18 과 같이 논리 회로를 래더 논리 형태로 다시 그리면 앞의 4 개의 결합 중 3 개만이 전압이 유기되어 출력이 발생된다. 점 E, D, B, C 가 붙으면 코일 F 는 ON 이 되지 않는다. 이유는 어느 PLC 이든 전류의 방향은 왼쪽에서 오른쪽만으로 흐르기 때문이다. 만일 접점 단락이 오른쪽에서 왼쪽 방향으로 흐르는 전원을 필요로 한다면, PLC 는 출력에 전원을 가하지 못하게 된다.

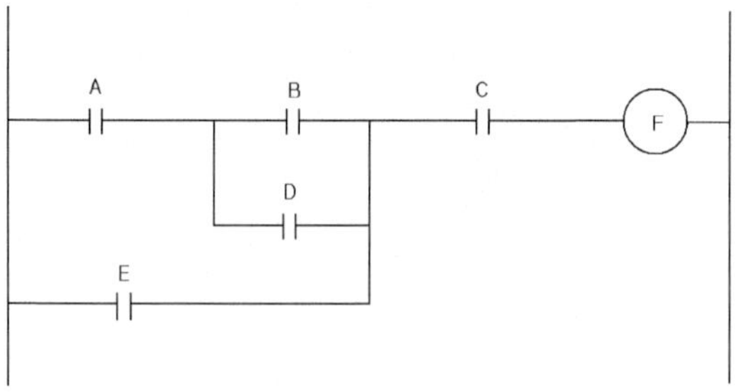

그림 7-18 잘못 구성한 래더 논리 회로

그림 7-17의 회로가 PLC에서 똑같은 기능이 되기 위해서는 그림 7-19와 같은 방식으로 작성하여야 한다.

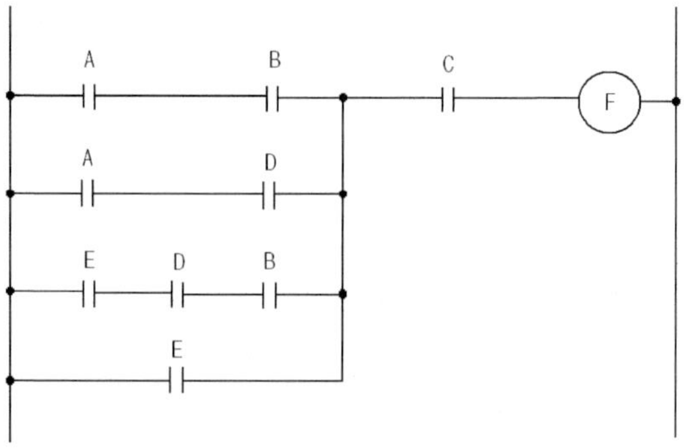

그림 7-19 옳게 구성된 래더 논리 회로

이 회로에서는 역방향 흐름 조건이 삭제된 것을 알 수 있다. PLC 제조업체에서는 이것을 구조적인 스캔 방향 제한이라 말하고, 다음과 같이 표현한다.

PLC는 왼쪽에서 오른쪽 방향으로만 스캔할 뿐, 오른쪽에서 왼쪽으로는 결코 스캔하지 않는다.

릴레이 논리 회로 설계도를 보면 수직 접점(vertical contact)을 볼 수 있는데, 이 접점은 주제어 릴레이 기능을 나타내기 위하여 자주 사용된다. 그러나 PLC에서는 수직 접점을 사용할 수가 없다. PLC 제조업체에서는 수직 접점을 사용한 프로그램 작업을 허용하지 않으므로, 수직 접점이 있는 릴레이 논리 프로그램의 경우에는 이를 수정해야 한다. 그림 7-20은 수직 접점이 있는 표준 릴레이 회로도이다.

그림 7-21은 그림 7-20의 회로를 PLC에서 실행할 수 있는 프로그램으로 수정한 회로이다. 이 래더 논리 프로그램에서는 수직 접속선이 더 없으면서 프로그램은 그림 7-20과 같은 방식으로 동작하도록 수정한 것이다.

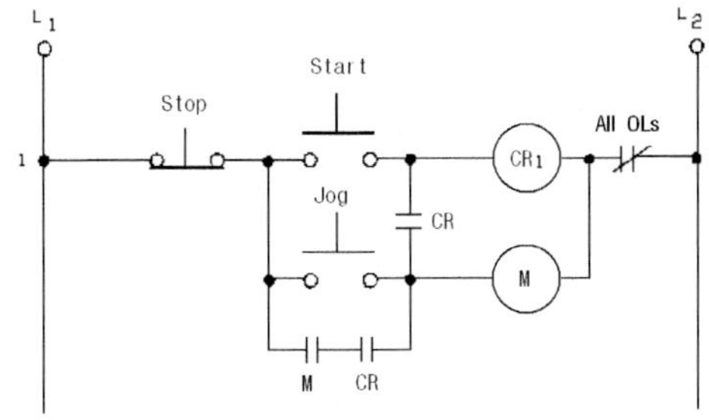

그림 7-20 수직 접점이 있는 릴레이 회로

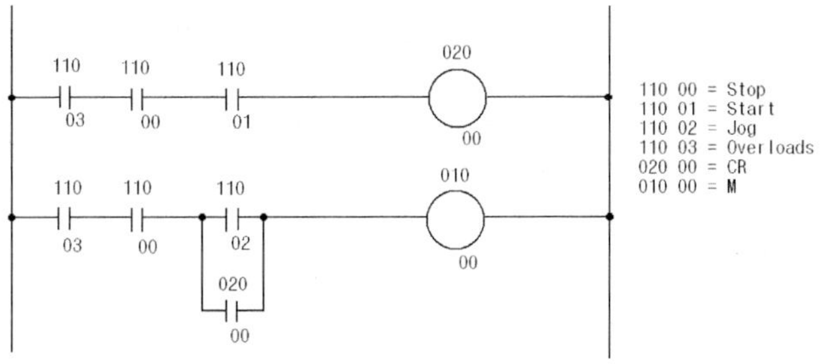

그림 7-21 그림 7-20 의 등가 래더 논리 회로

예제 7-4

다음 그림 7-22 의 회로를 수직 접점을 제거한 래더 논리 형태로 재작성하라.

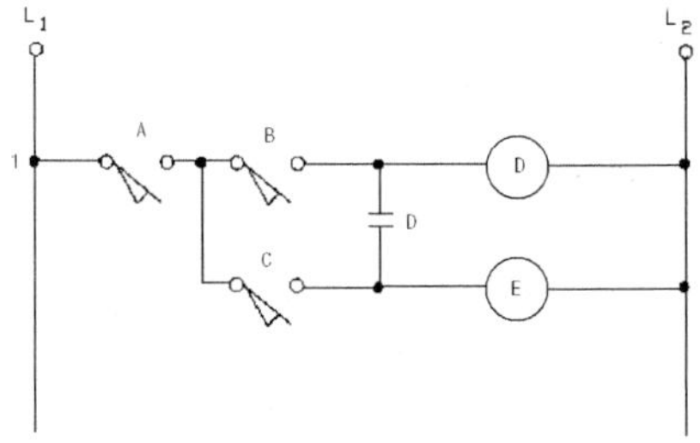

그림 7-22 예제 7-4 의 회로

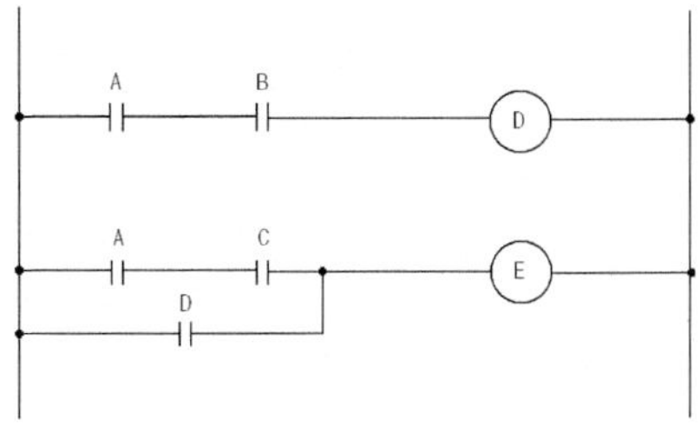

그림 7-23 예제 7-4 의 등가 래더 논리 회로

▸ 풀이

그림 7-22의 등가 회로를 그리기 위해서 먼저 회로에 대한 동작 상태를 판단한다. 예를 들면, 스위치 A와 B가 닫히면 출력 D, E는 모두 ON이 된다. 입력 A와 C가 닫히면 출력 E만 전압이 유기된다. 따라서 등가 래더 논리 회로는 그림 7-23과 같다.

PLC 중에서 네스팅(nesting)이라는 프로그래밍 제한을 갖는 경우가 있다. 네스팅이란 어떤 루프 내에 루프가 존재할 때, 래더 논리 조건으로 정의한다. 그림 7-24와 같은 릴레이 논리 회로는 Allen-Bradley PLC-2에서 가능하나 일반적인 PLC에서는 허용되지 않는다.

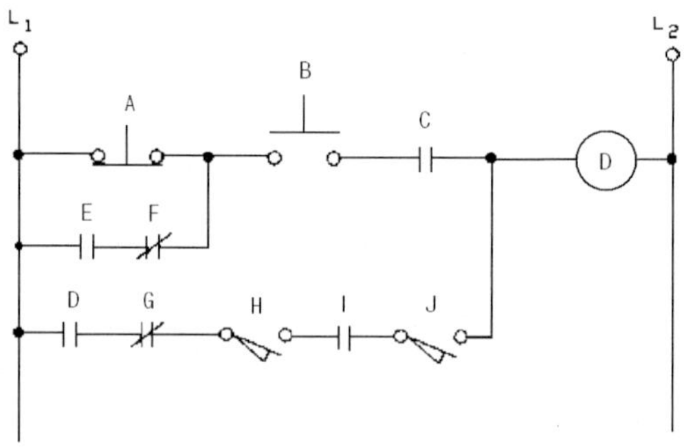

그림 7-24 네스트 접점이 있는 릴레이 회로

그림 7-25는 일반적인 PLC에 사용할 수 있도록 그림 7-24를 수정한 프로그램이다. 대개의 경우 네스팅을 제거하는 가장 간단한 방법은 접점을 2중으로 사용하는 것이다. 예를 들면, 그림 7-24의 스위치 A와 B간에는 접점 E와 F로 인한 네스팅 문제가 있다. 이는 그림 7-25와 같이 스위치 B와 접점 C를 이중으로 중복시켜 네스팅 문제를 해결한다.

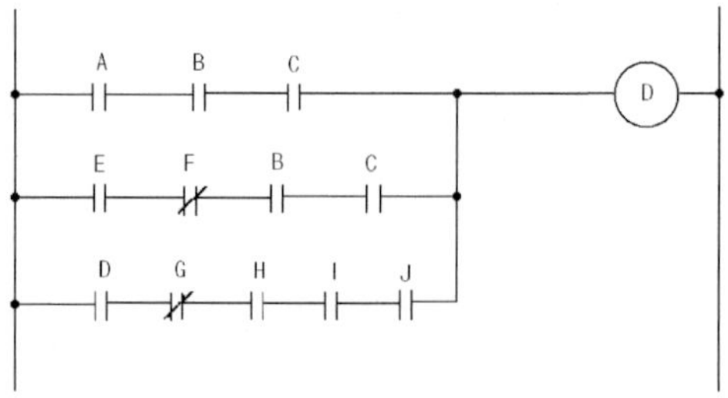

그림 7-25 그림 7-24의 등가 래더 논리 회로

예제 7-5

그림 7-26 의 네스트 프로그램을 PLC 시스템에서 동작할 수 있는 회로로 변환하라.

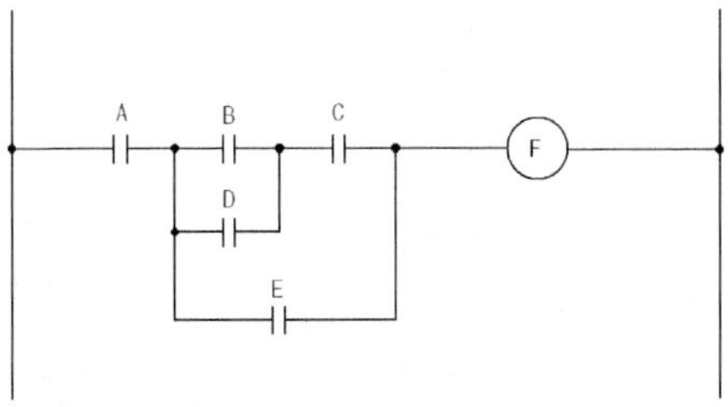

그림 7-26 예제 7-5 의 회로

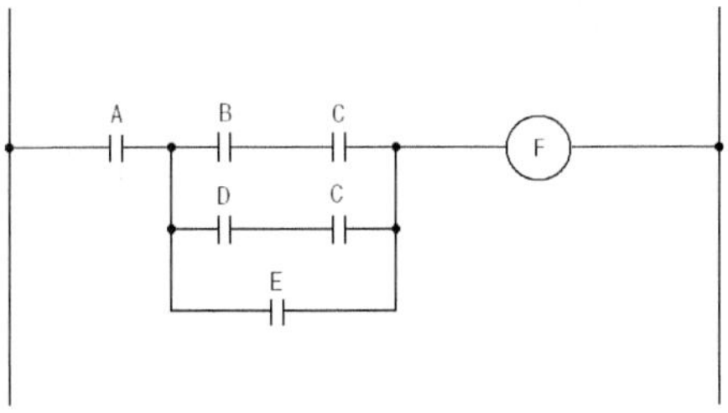

그림 7-27 예제 7-5 의 풀이

▸ 풀이

그림 7-26 에서는 접점 D 가 네스팅 프로그램이 된다. 이 회로는 그림 7-27 과 같이 접점 C 를 이중으로 하여 네스트를 제거한다.

모든 PLC 들이 한 번에 한 선로에 많은 접점이 사용되는 것을 제한하고 있다. 대표적으로 선로당 접점의 최대 수는 12~15 개이다. 프로그래밍 스크린 상에서 볼 수 있는 선로의 수는 약 7 개 가로줄로 제한한다. PLC 메모리에 기억할 수 있는 가로줄의 수는 일반적으로 PLC 의 실제 메모리에 의해서만 제한을 받는다.

7.8 안전 회로

PLC 는 일반적인 릴레이 논리 시스템에 비해서 우수한 성능을 가진 강력한 기기이다. 따라서 PLC 를 설치하거나 래더 논리 프로그램을 작성할 때 안전 사항도 고려하여야 한다. PLC 시스템의 안전성을 확보하기 위해서는 PLC에 접촉할지도 모를 사람에 대하여 갖게 되는 위험 요소를 명시할 필요가 있다.

PLC 제어 시스템으로부터 자료들의 전달, 생산 공정의 조정, PLC가 조절하는 툴의 변경과 조정, 환합된 자료의 제거, 기계 동작 동안의 기존 프로그램의 수정에 관계된 사람은 PLC 주위에서 일할 때 위험 상태에 대해 주의를 환기시킬 필요가 있다.

PLC는 기계이고, 유지를 어떻게 하든 간에 고장이 발생된다는 것을 기억해야 한다. 예를 들면, 실제로 모든 출력 모듈들은 모듈로부터의 전원 흐름을 제어하기 위해서 사이리스터(thyristor 또는 SCR)를 사용한다. SCR과 트라이악(triac)과 같은 사이리스터들은 지극히 신뢰할 수 있으나, 오랜 시간 또는 최고 온도에서 계속 사용한다면 고장이 발생할 수 있다. 반도체 소자가 파괴되면 단락이나 개방이 될 수 있다. 이러한 사고를 임의 고장(random failure)이라 하며, 반도체 외부에는 아무런 손상도 없이 내부적으로는 파괴된다. 다행히 이러한 사고가 자주 발생되는 것은 아니지만 PLC 내에서는 프로그램을 작성할 때 몇 가지 형태의 보호 회로를 고려해야 한다.

PLC 시스템에서 안전성 문제의 또 다른 이유는 전자기 또는 정전 간섭의 영향이다. 출력 시스템에 전원을 인가하지 않으면 2진수 0이 RAM 메모리의 어느 곳인가에 저장된다. RAM 메모리가 전자기나 정전 간섭의 영향 하에 있다면 이러한 2진수는 0이 1로, 1이 0으로 변할 수 있는데 이러한 변화는 출력을 온 또는 오프로 변환시킬 수 있다.

인터페이스 고장이나 전자기 또는 정전 간섭의 영향을 최소화하기 위해서는 적절한 필터 장치와 차폐 케이블을 설치해야 한다.

대부분의 PLC에는 고장 수리용 프로그램인 FORCE 명령이 있다. 그러나 잘못 사용하면 극히 위험한 명령이다. FORCE 키는 PLC에 접속된 Stop 푸시버튼 스위치를 무시하며 온으로 설정된 출력을 오프로 변환시킬 수 없게 한다. 예를 들면, 온 상태로 부과된 전동기의 경우에 전동기를 오프로 하기 위한 유일한 방법은 전동기에 인가된 전원을 수동으로 제거하는 것이다. 즉, 스위치를 단선시키거나 PLC 프로그래밍 단말기에서 전동기를 오프로 만드는 것이다.

차폐와 필터링 외에 장비 고장과 오동작의 위험을 최소화하기 위해 PLC 시스템에는 몇 가지 안전 기능이 있다. 이를 예방하기 위한 방법의 하나는 프로그램에 따르지 않고 실제 배선에 따른 MCR(master control relay)의 설치이다. 릴레이 논리 시스템에서 MCR은 전체 시스템이나 특정 가로줄에 대한 전원을 제어하는 데 자주 사용된다. 어떤 MCR은 긴급 비상 정지가 눌러지면 PLC와 무관하게 동작하고 PLC 출력 모듈이나 중단해야 할 관련 장비 중 하나의 전원을 제거할 수 있도록 제작되어 있다. 이 방법은 PLC가 고장일 경우에 PLC에 영향을 주지 않고 시스템을 정지시킬 수 있다. 일반적으로 실제 배선에 의한 MCR이 PLC를 제어하고 있다면, CPU는 연속 기능을 허용하는 I/O 시스템에 대해서만 전원을 차단시킨 것이다. 배선에 의한 MCR은 대부분의 PLC에서 이용하는 MCR 명령과는 혼동하지 말아야 한다.

그림 7-28은 PLC의 입력과 출력 모듈 양쪽을 제어하는 두 개의 배선 MCR의 설계도이다.

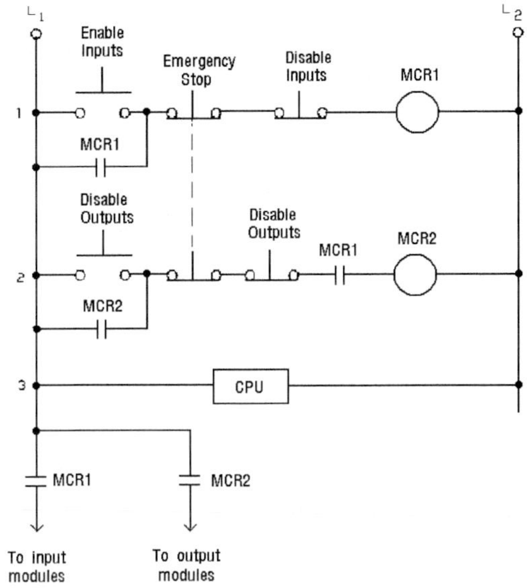

그림 7-28 배선 MCR을 사용한 안전 회로

시스템 구동을 하기 위해 입력 버튼과 출력 버튼을 누른다. 이때 비상 Stop 푸시 버튼 스위치를 누르면 입력과 출력 양쪽 모듈에 전원이 차단될 것이다. 입력 또는 출력 중 하나에 동작 불가 버튼을 누르면 각 모듈에서 전원이 제거된다. 두 개 MCR 연결은 동작 출력 버튼이 출력 모듈에 전원을 제공하기 전에 동작 입력 버튼이 눌러질 수 있도록 제작되어야 한다. 이러한 과정을 통해서 CPU는 전원을 계속 유지해야 한다.

PLC 사용시, 또 하나의 위험은 서로 연결된 출력의 사용에 있다. 이러한 출력의 형태는 어떤 시간에 출력이 실패했는가를 추적하는 데 이상적이다.

래치 코일은 실제 배선 출력을 사용할 때 대단히 위험하다. 만일 래치 출력이 기기의 상태를 변화시키는 입력과 기기 공정의 제어에 사용되면 래치 코일은 입력 조건에 관계 없이 인가된 전원을 계속 유지할 것이다. 이러한 이유로 모든 출력들은 영구 기억이 되지 않는 출력으로 프로그래밍 되어야 한다.

7.9 I/O 어드레싱

I/O 어드레스는 특정 입력과 출력 장치를 PLC 메모리 내에 어떻게 배치하는가를 결정하는 방법으로, I/O 랙에서 메모리 배치와 물리적인 배치 사이의 관계를 설정한다. 모든 코일과 접점들은 타이머, 카운터, 산술 기능 및 레지스터 등과 마찬가지로 어드레스를 갖고 있으며, 이 어드레스는 각 PLC 제조업체마다 지정 방법이 약간씩 다르다. 즉, 어떤 업체에서는 문자와 숫자가 결합된 어드레스를 사용하는 반면, 어떤 업체에서는 수치로만 어드레스를 지정한다.

Allen-Bradley PLC는 입력이나 출력 명령을 지정하는 데 5개의 숫자를 사용한다. 그림 7-29 (a)는 입력 어드레스, (b)는 출력 어드레스의 예이다.

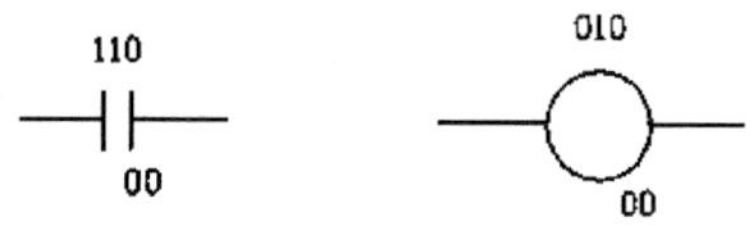

(a) 입력 어드레스 (b) 출력 어드레스

그림 7-29 Allen-Bradley I/O 어드레싱

첫 번째 숫자는 어드레스가 입력 또는 출력 기능을 구분한다. 즉, 첫 번째 숫자가 0이면 어드레스는 출력, 1이면 그 어드레스는 입력 명령이다. 두 번째 숫자는 I/O 랙의 수를 표시한다. PLC-2 시스템에서 두 번째 숫자는 1과 7사이로 사용되고 있는 시스템에 따라 구분된다. 예를 들면, Allen-Bradley PLC2-30은 7개 랙까지 접속할 수 있다. 세 번째 숫자는 I/O 랙의 모듈 위치를 표시한다. I/O 랙은 0에서 7까지로 8진수로 표시되는 8개 모듈을 유지할 수 있다.

네 번째와 다섯 번째 숫자는 모듈의 어드레스를 나타낸다. Allen-Bradley 모듈에서는 단일 모듈은 16개의 입력이나 출력을 가질 수 있으며, 8진수로 네 번째와 다섯 번째 숫자의 어드레스수는 다음과 같다. 즉, 00, 01, 02, 03, 04, 05, 06, 07, 10, 11, 12, 13, 14, 15, 16, 17 등이다.

Allen-Bradley에서 타이머와 카운터는 데이터표에 배치한 어드레스가 있다. 데이터표는 크기에 따라 변하기 때문에 타이머와 카운터의 어드레스 지정은 PLC의 메모리를 어떻게 구성하느냐에 따라 변한다. 타이머와 카운터 명령들은 3개의 숫자만 사용하는데, 첫 번째 숫자는 항상 0이고, 두 번째와 세 번째 숫자는 데이터표에 있는 타이머나 카운터의 메모리 배치에 따른 정보를 갖고 있다.

타이머와 카운터의 어드레스 지정은 I/O 시스템에서 마지막 랙 수치에 따라 바로 동작한다. 예를 들면, 두 개의 랙이 동작하고 있으면 카운터나 타이머의 두 번째 숫자는 3과 같이 가장 낮은 숫자로 지정된다. PLC 메모리의 크기는 이 두 번째 숫자가 얼마나 되느냐에 따라 결정된다. 즉, 두 개의 랙 시스템에서 타이머나 카운터의 두 번째 숫자는 3에서 7까지 변하면, 세 번째 숫자는 0에서 7까지 변한다.

대부분의 Allen-Bradley PLC 내부 코일은 I/O 랙에서 수용할 수 없는 배치로도 어드레스 지정을 할 수 있다. 즉, PLC가 두 개의 I/O 랙을 수용하면 내부 코일의 두 번째 숫자는 3에서 7까지의 수로 할 수 있다.

Allen-Bradley에서의 데이터 표에는 시스템에 대한 입력과 출력 영상표(image table)가 있다. 이 I/O 기준 어드레스는 영상표로부터 시작된다. 또한 PLC는 데이터 표에 제어 프로그램과 관련된 데이터도 저장한다. 예를 들면, 타이머와 카운터의 설정값과 어드레스가 이 영역에 저장된다.

그림 7-30은 Allen-Bradley PLC2-30의 데이터 표에 I/O 어드레스를 표시한 것이다.

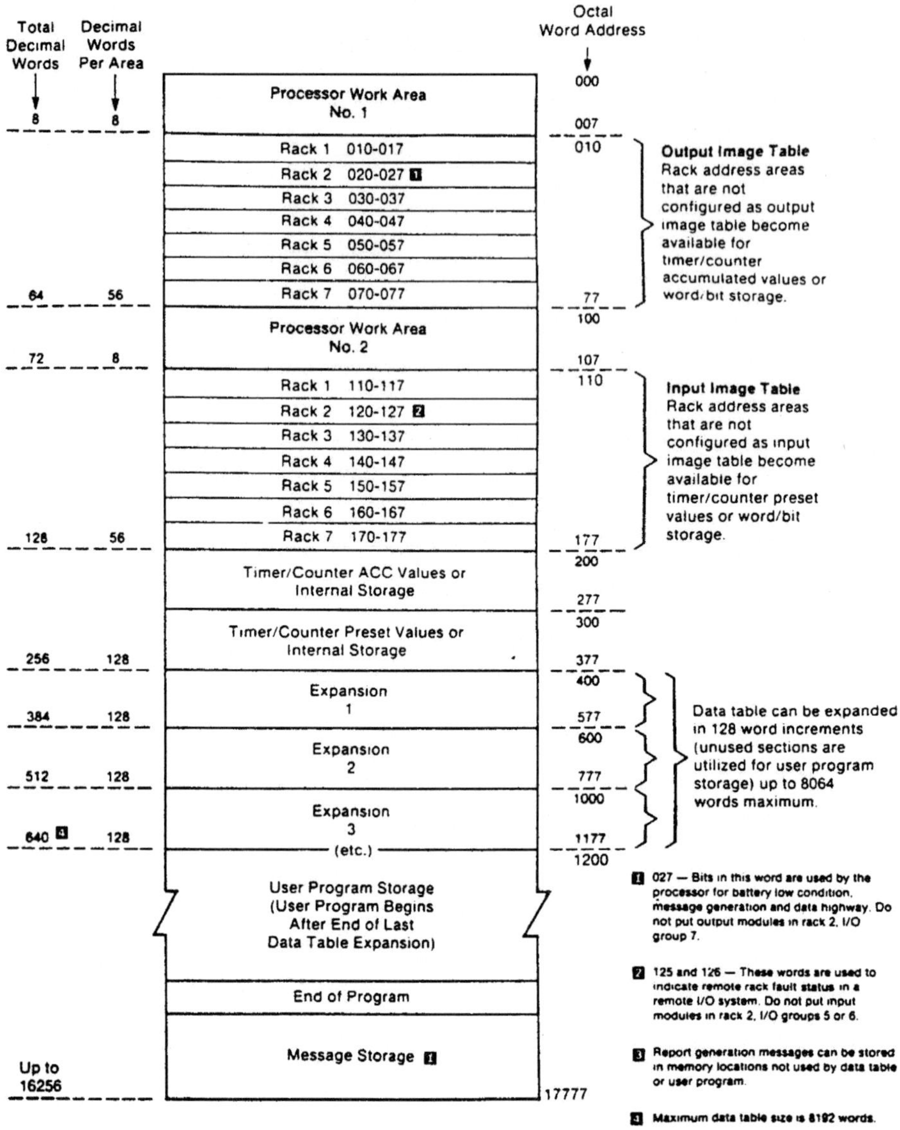

그림 7-30 Allen-Bradley PLC2-30 의 데이터

Q. 연습문제

01 래더 논리란?

02 래더 언어의 두 가지 타입은?

03 래더 논리 프로그램은 (　　) 에 의해 제어된다.

(a) 입력 명령　　(b) 출력 명령
(c) 입/출력 명령　　(d) 위의 전체 명령

04 Softwired 배선이란?

05 래더 논리와 릴레이 논리와의 차이는?

06 래더 논리 회로에서 어느레스란?

07 다른 장치와 병렬로 연결되는 장치를 (　　) 라 한다.

(a) 가로줄 (rungs)　　(b) 회로망 (networks)
(c) 코일 (coils)　　(d) 가지 (branches)

08 래더 논리 회로도에서 수평으로 그은 선은?

(a) 가로줄　　(b) 가지
(c) 입력　　(d) 출력

09 Examine ON 이란?

(a) 상시 닫힌 NC 명령　　(b) 상시 열린 NO 명령
(c) CPU 의 상태　　(d) 위의 전체

10 래더 논리 회로에서 가로줄의 끝에 설치하는 부품은?

(a) 코일　　(b) 접점
(c) 과부하 접점　　(d) 시험 OFF 명령

11 래칭 릴레이란 출력이

(a) 여자될 때 닫힌다.
(b) PLC에서는 프로그램을 할 수 없다.
(c) 복구 명령이라고도 한다.
(d) 전원이 제거된 후에도 여자 또는 무여자 상태를 유지한다.

12 비상 안전 회로란?

13 내부 출력이란

(a) I/O에서 사용할 수 있다.
(b) I/O에서는 사용할 수 없다.
(c) PLC 회로에서는 실용적이지 않다.
(d) 배선되는 코일이다.

14 내부 코일을 사용할 때 이점 두 가지는?

15 천이 접점이란?

16 제어용 스캔의 두 종류는?

17 보통 PLC에서 128개의 입력과 출력을 스캔하는 데 걸리는 시간은?

(a) 5 [ms]
(b) 3 [ms]
(c) 1 [ms]
(d) 2 [ms]

18 프로그램 시 공통으로 제한되는 조건 세 가지는?

19 네스팅이란?

(a) 왼쪽에서 오른쪽 방향으로 스캔하는 것.
(b) 위에서 아래 방향으로 스캔하는 것.
(c) 가로줄 접점의 수가 최대수를 초과하는 것.
(d) 가지 내에서 가지를 만드는 것.

20 임의 고장이란?

21 실제 배선 MCR (master control relay) 의 목적은?

22 Allen-Bradley I/O 어드레스에서 첫 번째 숫자는?

(a) 입력 또는 출력의 여부 (b) 랙 번호
(c) 모듈 번호 (d) 모듈에서 I/O 의 위치

23 테이터 테이블이란?

A. 해답

03 (c) **07** (d) **08** (a) **09** (b) **10** (a) **11** (d) **13** (b) **17** (c)
19 (d) **22** (a)

제 8 장 PLC 타이머

8.1 서론

릴레이 논리 회로에서 사용되는 전자식 타이머는 설정된 시간이 지난 후, 접점의 상태를 변환시키는 기능을 갖는 것이 일반적이다. 전자식 타이머는 RC 타이머라고도 하며 RC 타이머는 유접점과 함께 사용되기 때문에 유접점 타이머라 한다. 유접점 타이머는 전자 클럭 회로에 의하여 발생하는 펄스 수를 계산하도록 설계되어 있고, 회전 손잡이를 돌려서 시간을 설정할 수 있다.

PLC 시스템에는 이러한 하드웨어적 타이머 대신에 CPU 내의 타이머 기능을 이용하기 때문에, 타이머를 실질적으로 설치하지 않고 릴레이 논리 타이머와 같은 기능을 할 수 있도록 프로그램 명령어로 처리한다.

따라서 PLC 타이머는 강력한 소프트웨어 명령으로써, 프로그래머로 하여금 여러 과제에 알맞도록 PLC 프로그램을 수정할 수 있도록 한다. 타이머와 다음 장에서 설명할 카운터는 래더 다이어그램 명령어로서 릴레이 논리 장치에 필수적인 요소이다. Allen-Bradley 타이머는 종래의 릴레이 타이머 방식과 매우 유사하게 래더 논리 회로에서 사용되지만, Westinghouse, Texas Instruments 및 AEG Modicon 등은 블록(또는 box)과 같은 형태의 타이머 방식을 사용한다.

일반적으로 논리 래더 회로에서 타이머를 나타내기 위하여 인스트럭션(Instruction : 명령어) 형식과 블록(Block) 형식 2가지 방법을 사용한다.

(1) 명령어 형식

그림 8-1은 타이머를 프로그램하기 위한 명령어 형식을 나타낸다.

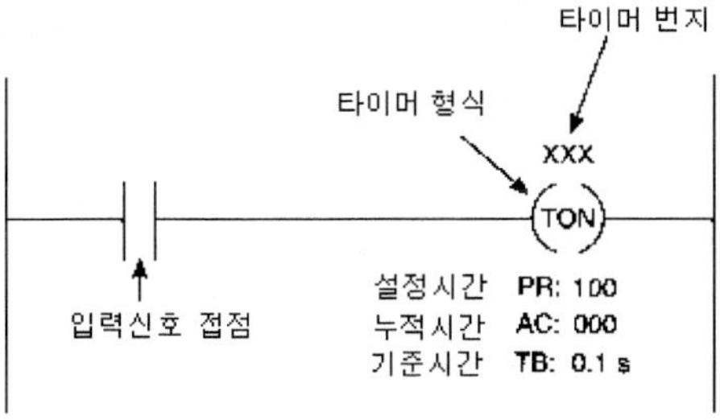

그림 8-1 타이머의 프로그램 명령어 형식

타이머 코일(TON) 상하에 설정 시간(time preset value : PR), 기준 시간(time base of timer : TB) 및 누적 시간(time accumulated value : AC)을 표시한다.

(2) 블록 형식

그림 8-2와 같이, 타이머에 필요한 사항들을 블록 내에 표시하는 방법이다. 즉, 설정 시간, 기준 시간 및 누적 시간 등을 그림 8-2에서 입력 신호 접점이 닫히면, 타이머는 동작하여 누적 시간을 체크하고 설정 시간에 도달하면 출력코일을 여자시킨다. 만약, 리셋 접점이 닫히면 타이머의 누적 시간은 다시 카운트된다. 타이머의 설정값 이상으로 시간 동작을 확대할 필요가 있는 경우에는 2개 이상의 타이머를 종속(cascading timer) 형태로 연결하여 사용할 수 있다.

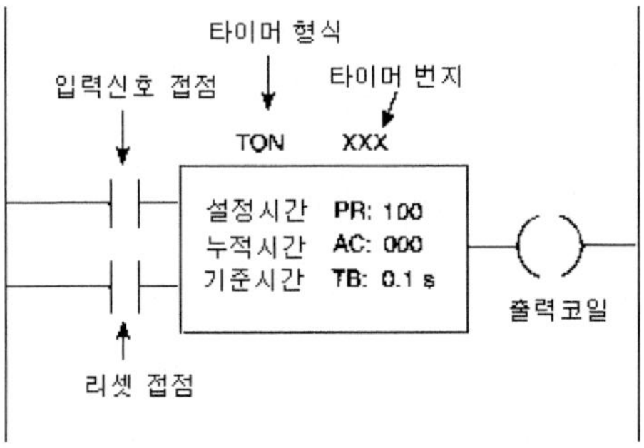

그림 8-2 블록 형식 타이머

8.2 PLC 타이머의 형식

대부분의 PLC 타이머의 단자판에는 설정 시간(preset time)과 누적 시간(accumulated time)의 2가지 값을 표시한다. 설정 시간은 시간 제어 회로에서 지속 시간을 나타내는 것이다. 예를 들어 10초의 시간 지연이 필요하면 타이머는 10초의 설정값을 가지게 된다. 누적 시간은 시간 제어 코일이 여자된 때로부터 경과된 시간을 나타낸다. 일단, 시간 가로줄은 연속성을 가지므로 타이머는 설정값과 누산값이 일치할 때까지 일정한 시간 간격으로 가산하거나 감산한다.

타이머가 경과할 때의 시간 간격은 감산(decrement), 분해능(resolution)으로 표시하고, 이 값은 일반적으로 1[ms], 0.01[s], 0.1[s] 또는 1[s]의 시간 간격을 가지며, Allen-Bradley와 Modicon 타이머에서는 최대 설정값이 999초로 되어 있다.

(1) 온 지연 여자 타이머 명령어

이 명령어는 릴레이 논리 회로에서 사용되는 TDON 또는 TDOFF 명령어와 같으며, 온 지연(on-delay : TON) 명령어라고도 한다. 타이머-코일이 여자된 후에 타이머와 결합된 접점이 닫히면 온 지연 여자 타이머(한시동작 a접점)라 한다. 타이머-코일이 일정 시간 동안 여자된 후에 타이머와 결합된 접점이 열리면 온 지연 무여자 타이머(한시동작 b접점)라 한다. 그림 8-3은 온 지연 여자 타이머 회로의 동작 상태를 나타낸 타임 차트이다.

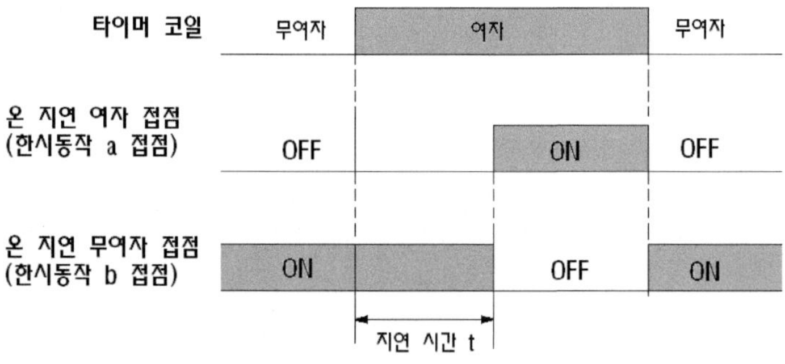

그림 8-3 온 지연 여자 타이머의 타임 차트

시간 지연은 타이머 내에 설정값으로 입력된다. 타이머의 제어 입력은 초기에 오프 상태이고, 입력 접점이 닫혔을 때 시간이 카운트하게 된다. 예를 들어 어느 회로에서 타이머의 설정값이 $t = 10$초이면 10초 경과 후에 온 지연 여자 타이머의 접점이 닫히고, 이들 접점에 연결된 출력장치에 전원이 공급된다. 타이머가 설정 시간에 도달했을 때, 온 지연 무여자 타이머는 접점이 열려서 타이머 접점을 통하여 연결된 부하에 전원 공급이 차단된다.

(2) 오프 지연 여자 타이머 명령어

그림 8-4는은 오프 지연 타이머의 타임 차트이다. 지연 시간을 $t=10$초로 설정하였을 때 타이머 코일의 입력 접점이 열리면 시간 지연이 시작된다. 10초가 지연된 후에 접점의 상태는 변환된다. 즉, 오프 지연 여자 접점(한시복귀 a 접점)은 닫힌 상태로 제어되는 장치에 전원이 공급되고, 오프 지연 무여자 접점(한시복귀 b 접점)은 열린 상태로 제어 중인 부하에 전원을 차단한다.

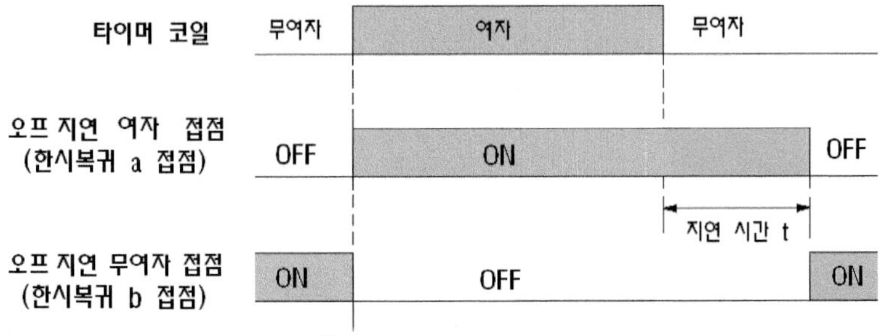

그림 8-4 오프 지연 여자 타이머의 타임 차트

온 지연과 오프 지연 타이머는 한 가지 이상의 제어 기능을 실행할 수 있다. 예를 들어 제어되는 지연 시간의 시작과 동시에 여자가 요구되는 장치에는 순시 접점이 필요하다. 이런 종류의 타이머는 시간 지연 동작은 물론 순시 동작을 동시에 수행할 수 있다. Allen-Bradley는 이들 접점을 "enabled and timed" 접점 명령으로 정하였다.

대부분의 PLC는 컨트롤러에 전원 공급이 중단되더라도 누산값(accumulated value)을 유지하는 기능을 가지고 있다. 이러한 타이머를 영구기억 온 지연 타이머(retentive ON-delay timer : RTO)라 한다. 영구기억 온 지연 타이머(RTO)와 시간 지연 온 타이머(TON)와의 주요 차이점은 가로줄이 무여자 되었을 때 RTO의 누산값이 0으로 리셋되지 않는다는 점이다. RTO를 복구시키는 방법은 리셋 RTR 명령을 사용하면 된다. RTR 명령으로 입력 접점이 닫히면 RTR 명령은 같은 기준 번지를 가진 영구기억 타이머 명령의 누산값을 리셋 시킨다.

8.2.1 Allen-Bradley 타이머

그림 8-5는 Allen-Bradley의 타이머 회로이다. 여기서 TON은 타이머가 한시 온 동작임을 의미한다. 타이머가 한시 오프이면 코일 내부에 TOF로 표시한다. 숫자 050은 CPU 메모리 내의 타이머 어드레스이다.

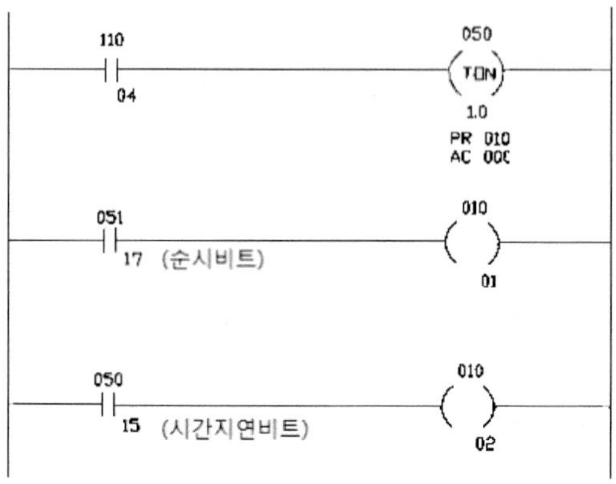

그림 8-5 Allen-Bradely 시간 지연 ON 회로

TON 문자 바로 아래의 숫자는 시간 기준으로 이 시간은 1.0, 0.1 또는 0.01의 단위로 10의 승수이다. 즉, 타이머는 1[s], 1/10[s] 또는 1[ms]씩 증가하여 설정 시간을 계산한다. 그러므로 그림 8-5에서 나타낸 숫자 1.0은 타이머가 1[s]씩 증가되어 시간을 누적시킨다.

PR은 설정값으로 회로에서는 숫자 10이 설정값으로 주어졌으므로 타이머는 10×1.0 또는 10[s] 후에 출력이 여자된다. AC는 누산값으로 접점 110 04가 닫혀 있는 이후로 경과된 시간을 나타낸다. PC=AC로 되면 시간 산정이 완료되어 타이머의 제어는 종료된다.

그림 8-5에서 타이머 접점이 있는 가로줄에 접점 050 17이 있다. 숫자 17은 순시 비트(instantaneous bit)로서, 이 접점은 접점 110 04가 닫힐 때 바로 여자된다. 그러므로 110 04가 닫힐 때 출력 010 01은 여자된다. 접점 050 15가 있는 가로줄은 타이머에 의해 동작된다. 숫자 15는 Allen-Bradley가 시간 지연 비트(time delay bit)로 정하였다. 그림 8-9에서는 접점 110 04가 닫힌 다음 10[s] 후에 접점 050 15가 여자되어 출력 010 02가 온된다. 시간 제어 기능 외에 접점 110 04는 열리면 리셋 역할을 한다. 접점 110 04가 시간 제어 주기 동안 어떤 시점에서 열리면, 타이머의 누산값은 0으로 리셋된다.

Allen-Bradley 시간 제어 회로는 "시간-기준(timed base)" 이라는 제어 비트를 가지고 있다. 이 접점은 주어진 시간 간격에 따라 온, 오프 된다. 즉, 타이머의 감소량이 1초라면 이 접점은 1초 간격으로 열리고 닫힌다. 시간 기준 제어 비트의 기준 어드레스는 16이다.

그림 8-6는 Allen-Bradley 시간 지연 오프 회로의 한 예이다. 이 회로에서 타이머 051은 20[s]로 설정되어 있고 1.0[s]마다 감소되고 있다. TOF 명령어에 대한 제어 입력은 110 05이다. 접점 110 05가 닫힐 때 비트 15와 17은 1로 세트되고, 출력 010 03과 010 04는 여자된다. 입력 110 05가 열릴 때 타이머는 시간의 누적이 시작된다. 비트 17은 열리고 010 03은 오프된다. 비트 15는 20[s]가 경과될 때까지 닫힌 상태로 유지되고, 그 다음 010 04는 오프 된다. TOF 명령어는 입력 110 05를 재투입함으로써 리셋 된다.

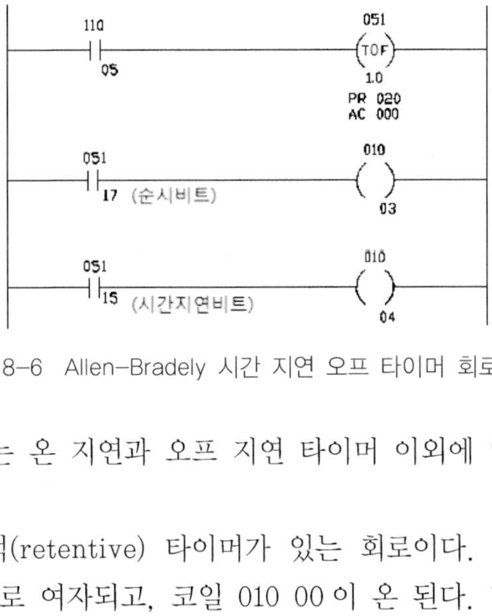

그림 8-6 Allen-Bradely 시간 지연 오프 타이머 회로

Allen-Bradley PLC는 온 지연과 오프 지연 타이머 이외에 영구기억 타이머 기능도 있다.

그림 8-7은 영구기억(retentive) 타이머가 있는 회로이다. 접점 110 00이 닫힐 때 접점 050 17은 곧바로 여자되고, 코일 010 00이 온 된다. 타이머가 설정값에 도달된 후에 시간 지연 비트 050 15는 여자되고, 코일 010 01은 온 된다. 만약 접점 110 00이 시간제어 주기 중이나 후의 어떤 시점에서 열리면 RTO는 여자된 상태에서 래치를 계속 유지한다. RTO의 누산값은 접점 110 01이 닫힘으로써 리셋될 수 있다. 타이머가 리셋되면 시간 지연 비트와 순시 비트는 다시 열리게 된다. 그림 8-8은 그림 8-7에 대한 타임 차트를 나타낸다.

그래프에서 그림자 부분은 여러 장치들의 동작 시간이다. 입력 스위치 110 00은 점 a~b와 점 c~f에서 온되어 있다. 인에이블 비트 050 17은 순시 비트이므로 입력 스위치가 동작하는 동안 점 a~b와 점 c~f에서 온 된다. 입력 스위치가 닫히면 타이머는 시간 누산을 개시한다. 5 [s] 후에 입력 스위치가 열리게 되면, 타이머의 누산값은 5 [s] 의 상태를 유지한다.

그 후 입력 스위치가 닫히고, 설정값과 누산값이 같을 때 시간 제어 비트 050 15는 여자되고 출력 코일 010 00은 온 된다. 점 e에서 입력 스위치가 다시 오프되면 인에이블 비트와 010 01은 오프 된다. 110 00이 열려도 영구기억 타이머 코일이나 시간 제어 비트 명령어에는 영향을 미치지 못한다. 리셋 스위치 110 01이 닫히면 타이머는 복구되고 시간 제어 비트도 오프 된다.

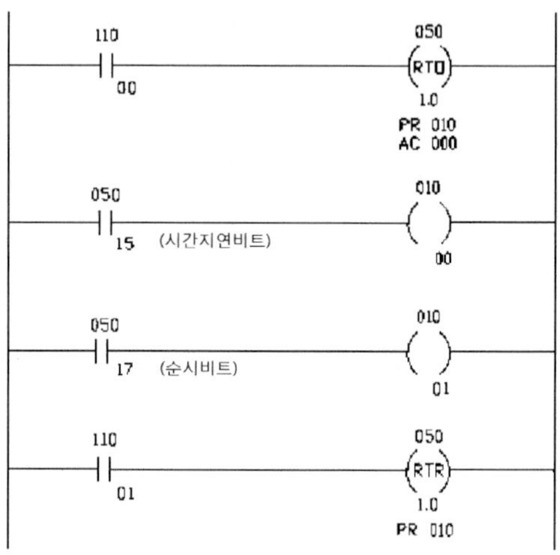

그림 8-7 Allen-Bradely 영구기억 타이머 사용 회로

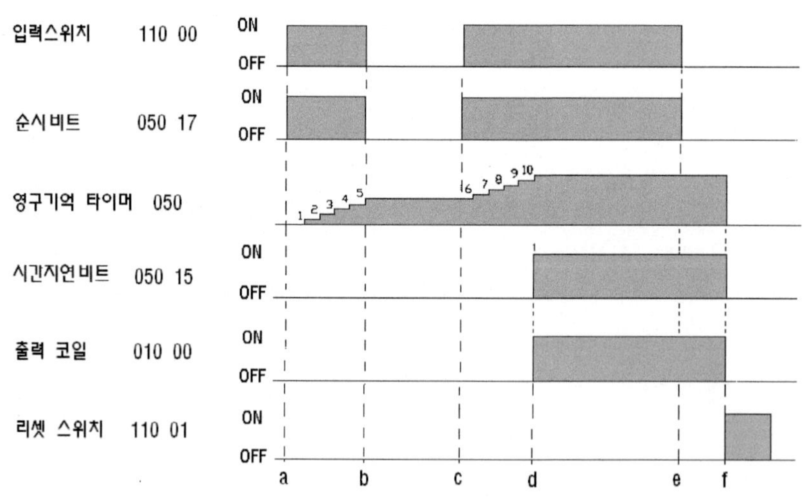

그림 8-8 Allen-Bradely 영구기억 타이머의 타임 차트

예제 8-1

그림 8-9 의 릴레이 논리 회로를 Allen-Bradley I/O 번지를 이용하여 래더 논리 회로로 바꾸어라. 여기서, Stop 푸시버튼 스위치는 110 00, Start 푸시버튼 스위치는 110 01, 타이머 TD1 은 050, 전동기 M 은 010 00 이다.

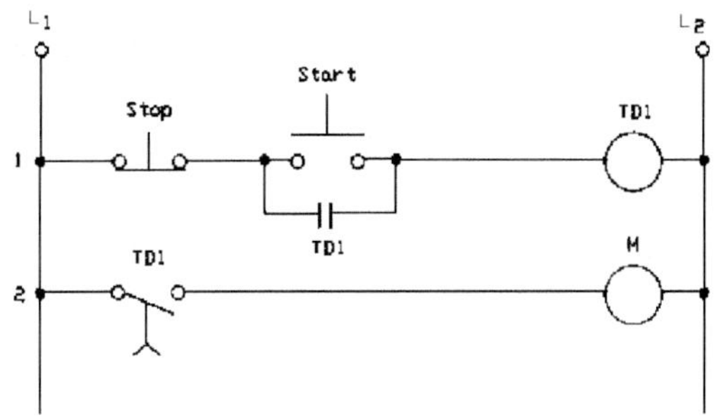

그림 8-9 예제 8-1 의 회로

▸ 풀이

래더 논리 회로는 그림 8-10와 같이 구성할 수 있다. 여기서 유지 접점은 050 17, 시간 지연 비트는 050 15 로 하였다.

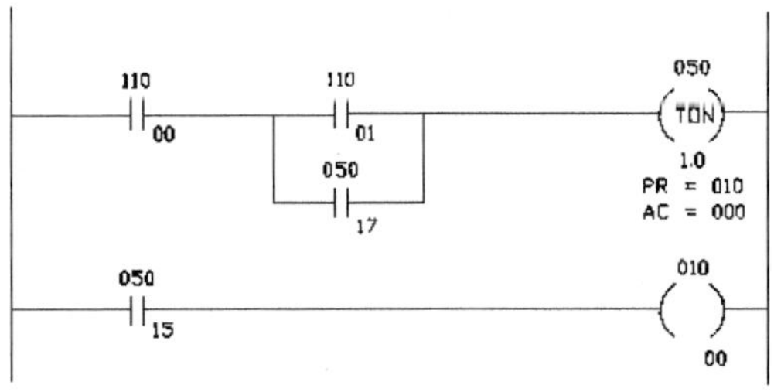

그림 8-10 예제 8-1 의 등가 래더 논리 회로

8.2.2 AEG Modicon 타이머

AEG Modicon PLC 에는 1.0, 0.1 또는 0.001 초씩 증가되는 타이머가 있다. 이런 종류의 타이머의 설정값은 0001~0999 사이에 설정할 수 있으므로, 타이머의 최대 설정값은 999 초이다. Modicon 타이머는 한시 온 동작과 한시 오프 동작을 가지고 있으므로 주어진 타이머에서 이들의 기능을 선택하여 사용할 수 있다. Modicon PLC 는 I/O 어드레스로 4 개 또는 5 개의 자리 숫자를 사용하는데, 첫 자리 숫자가 1 이면 입력장치, 0 이면 출력장치 그리고 4 이면 타이머가 저장되는 레지스터이다. 레지스터는 숫자 데이터를 저장하기 위해 할당된 CPU 내의 기억 어드레스이다.

그림 8-11 은 한시 온 코일인 출력 0060 과 한시 오프 코일인 출력 0061 인 Modicon 타이머이다. 타이머 명령어 T1.0 은 타이머의 선정을 1 초씩 증가하도록 한 것이다. 숫자 0010 은 설정값이고, 숫자 4001 은 타이머의 어드레스이다. 접점 1001 은 셋, 접점 1002 는 리셋이다. 1001 과 1002 가 닫히면 타이머는 시간 산정이 시작된다. 10 초 지연 후에 출력 0060 은 여자되고, 출력 0061 은 무여자 된다.

그러므로 출력 0060 은 NOTC (normally open time closing), 출력 0061 은 NCTO (normally closed time opening) 로 동작한다. 접점 1002 를 열면 타이머가 리셋된다. 또한 제어 입력 1001 은 래치 제어 (latch control) 로 작용을 하는데, 이는 1001 이 열렸을 경우에도 타이머의 현재값이 상실되지 않고 유지되기 때문이다. 그러므로 타이머는 1001 이 재투입될 때까지 시간 누적을 정지한다.

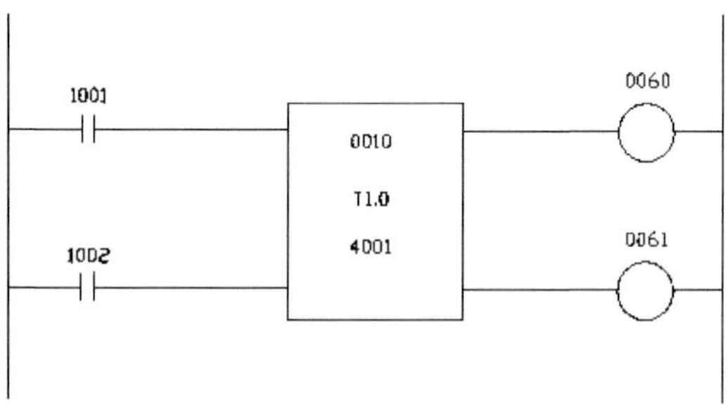

그림 8-11 Modicon 타이머

그림 8-12 는 그림 8-11 의 입/출력 장치에 대한 타임 차트이다. 1001 과 1002 가 닫혔을 때, 시간 누적이 시작되어 10 초 지연 후에 출력 0060 은 여자되고, 이 출력에 결합된 접점들도 상태가 전환된다.

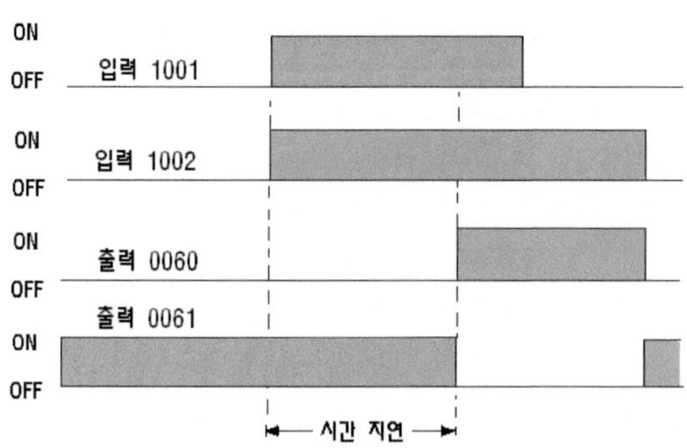

그림 8-12 Modicon 타이머의 타임 차트

셋 입력이 열려도 출력 0060은 온 상태로 유지되고 누적 시간도 저장된다. 누적 시간은 리셋 접점 1002가 열릴 때만 지워진다.

Modicon 래더 회로에서 영구기억 기능이 필요하지 않은 경우에는 단일 입력으로 타이머로 동작할 수 있다. 그림 8-13은 이러한 타이머의 사용을 나타내며, 접점 1001을 아래 입력쪽으로 분기시켰다.

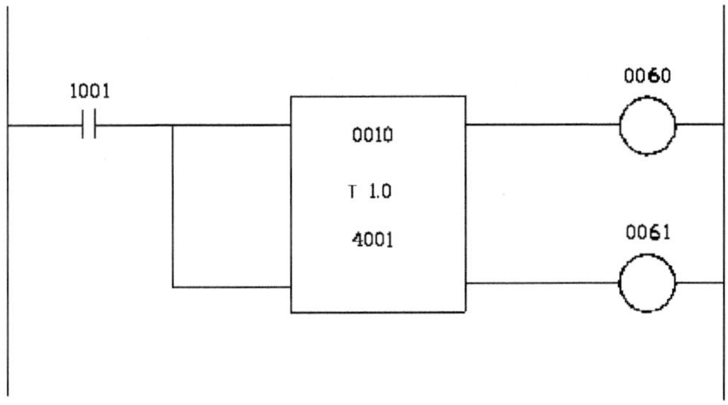

그림 8-13 Modicon 타이머의 래더 회로

Modicon 타이머와 Allen-Bradley 타이머와의 차이점은 Modicon 타이머가 지연 시간의 누산값을 직접 표시하지 않는 점이다. 타이머나 카운터에 누산값을 표시하기 위해서는 CRT에서 커서를 GET로 옮겨야 한다. P190 프로그래머의 경우에 GET 영역은 스크린의 아래 부분에 있다. 일단 커서(cursor)를 해당 위치에 놓고 타이머 번호를 입력하고 GET 키를 누르면 누산값이 출력된다.

8.2.3 Texas Instruments 타이머

그림 8-14는 Texas Instruments사 PLC 타이머의 래더 논리 회로이다. Texas Instruments는 입력장치와 출력장치에 X와 Y를 사용한다. 이 타이머는 시간 제어 기능을 초기화를 위해 2개의 접점 X1, X2가 사용된다. 그림 8-14에서 타이머의 설정값은 10초이고, C는 타이머의 누산값 또는 현재값을 나타낸다. 타이머는 C = P일 때 시간 제어를 시작한다. C = 0이면, 타이머에 관련되는 출력은 여자된다. 타이머가 프로그래밍 단말기의 메뉴로 선택되면, 조작자는 0.1초나 0.001초씩 감소하는 타이머를 선택한다. 최대 시간 제어는 0.1초씩 감소하는 경우에 설정값이 3,276.7초이고, 0.001초씩 감소하는 경우는 32.767초이다.

그림 8-14에서 접점 X1은 freeze/enable 접점을 나타낸다. 이 접점은 닫혀져 있

어야만 시간 제어의 초기화가 된다. 만약 X1 이 시간 제어 동안 열려 있다면 타이머의 현재값은 0 (frozen) 이다. 그러나 X1 이 다시 닫히는 경우, 시간 제어가 중단된 시점까지 계산된 값으로부터 시간을 측정한다. 즉, X1 은 영구기억 제어 입력으로 작용한다.

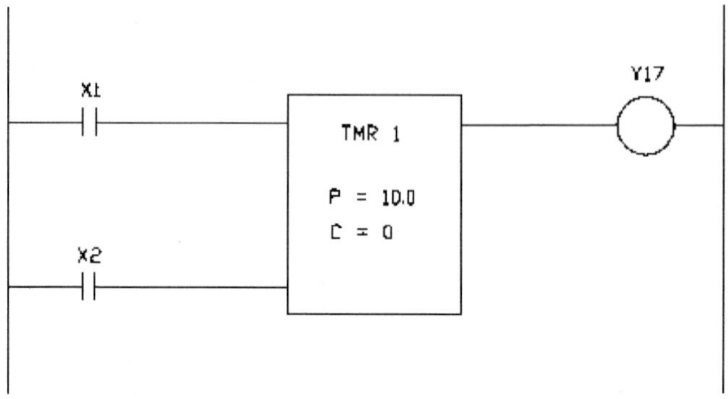

그림 8-14 Texas Instruments 타이머

예를 들어 타이머의 설정값이 10 초이고, X1 이 5 초 후에 열렸다면, 타이머는 X1 이 다시 닫힌 시점에서부터 시간 누적을 계속한다. 접점 X2 는 복구 기능을 가지고 있다. 만약 X2 가 시간 제어 기간 중의 임의의 시점에서 열렸다면 누산값은 설정값으로 복구된다. 즉, X2 가 열리면 현재값을 상실한다.

8.3 종속 타이머

(1) Modicon PLC 종속 타이머

그림 8-15 는 Modicon PLC 타이머를 2 개 사용하여 종속 타이머 회로를 나타낸다. 종속 회로의 첫 번째 타이머 출력으로 두 번째 타이머의 시간 작동을 초기화하는 것이다.

1 개의 타이머로 제어할 수 있는 시간보다 많은 30 분의 시간 제어가 필요한 경우를 생각해 보자. Modicon 타이머를 이용하면 최대의 누산값이 999 초이므로 1800 초의 시간 제어를 실행하기 위해서는 그림 8-15 와 같이 1 개의 타이머는 999 초로 셋하고, 다른 타이머에서 801 초를 셋하면 된다. 타이머 1 의 시간 누적이 완료된 다음, 두 번째 타이머가 여자되고, 타이머 2 의 시간 누적이 완료된 후 출력 0001 은 여자되어 동작된다.

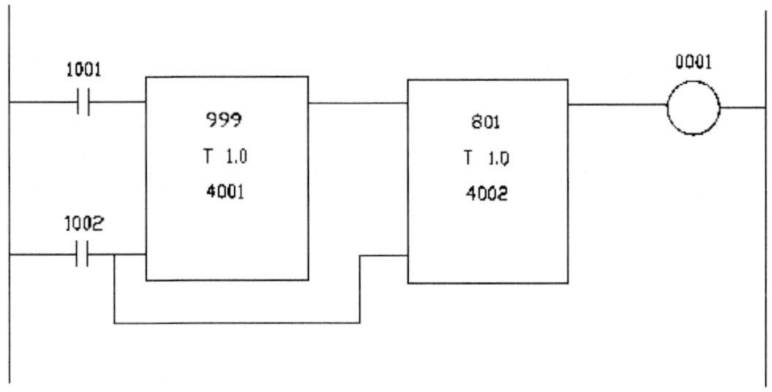

그림 8-15 Modicon 종속 타이머 회로

(2) Texas Instruments 종속 타이머

Texas Instruments 타이머의 종속 기능은 그림 8-16과 같다. 접점 X1과 X2가 닫히면 출력 Y17이 3600초(1시간) 후에 여자된다. 이는 1개의 타이머가 T1 시스템에 1라인에만 접속할 수 있기 때문에, 제어 릴레이 C1은 2번 타이머를 초기화하는데 사용된다. 접점 X2가 시간 제어 주기 동안에 임의의 시점에서 열렸다면 2개의 타이머는 모두 리셋된다. X2는 타이머 1을 직접 리셋시키지만 타이머 2는 타이머와 결합된 접점이 열리면 제어 릴레이가 무여자되어 리셋된다.

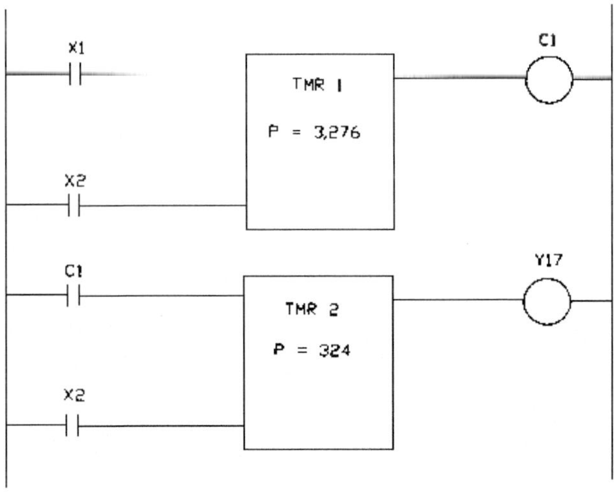

그림 8-16 Texas Instruments 사의 종속 타이머 회로

(3) Allen-Bradley PLC 종속 타이머

Allen-Bradley PLC를 사용한 종속 타이머의 예를 그림 8-17에 나타내었다.

PLC-2 시스템의 타이머 최대 설정값은 999초이므로, 이 값보다 더 큰 시간을 제어하기 위해서는 2개 이상의 타이머를 종속으로 접속해야 한다. 그림 8-17의 회로에서 출력 010 00은 접점 110 00이 닫힌고, 1800초 후에 여자된다. 접점 030 15와 031 15는 한시 접점으로, 이들 접점은 각각의 타이머가 그들의 시간 제어 주기가 완료되었을 때 닫힌다.

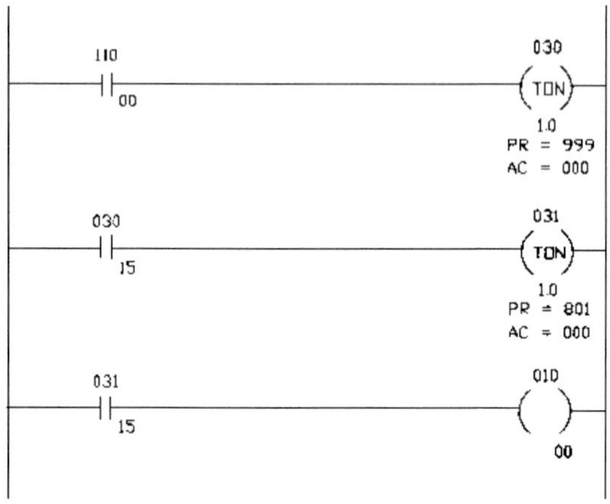

그림 8-17 Allen-Bradely 종속 타이머

그림 8-18은 3상 전동기가 저전압으로 기동되는 릴레이 논리 회로이다. 이 회로는 전동기의 속도를 점차적으로 증가시켜 정격 속도까지 동작하도록 하는 데 종속 타이머를 이용한 것이다. 각 타이머가 시간이 설정되어 여자되면 접점 1A, 2A, 3A, 4A 및 5A 등이 순차적으로 동작하고, 이 접점을 통해 저항이 기동 회로로부터 제거된다.

그림 8-18 회로의 동작에는 자동과 수동 2가지의 동작 모델이 있다. 수동 모델인 경우에는 코일 MCR과 CR1이 여자된다. 회로에서 MCR 접점들은 차폐되어 플로우트 스위치(FS1~FS6)와 격리되어 있다. CR1이 여자되면, 코일 M이 온되고, 전동기는 최대 저항인 상태로 기동되어 회전하기 시작된다. 코일 M이 타이머 코일 T1을 여자시키면, 시간 지연 후 한시 접점 T1이 붙어서 코일 CR2를 여자시킨다. CR2가 온되면 CR2가 붙어서 코일 1A가 여자된다. 그 결과 접점 1A가 붙어 회로 저항의 일부가 단락된다. 다음 코일 1A는 T1과 동일한 방법으로 두 번째 타이머 T2를 초기화시킨다. 이 동작은 모든 타이머가 여자되어 회로로부터 모든 저항이 단락되어 전동기가 최대 속도로 회전할 때까지 계속된다. 자동 모드는 플로우트 스위치 FS1이 붙을 때 코일 CR1을 여자시키고, 타이머 T1을 여자시킨다. 이후 한시 접점 T1은

출력 코일 CR2 를 동작시키나 코일 CR 2 는 플로트 스위치 FS2 가 붙을 때까지는 동작하지 못한다. FS2 가 여자될 때 CR2 가 여자되어 코일 1A 에 의하여 제어되는 저항은 회로에서 제거된다.

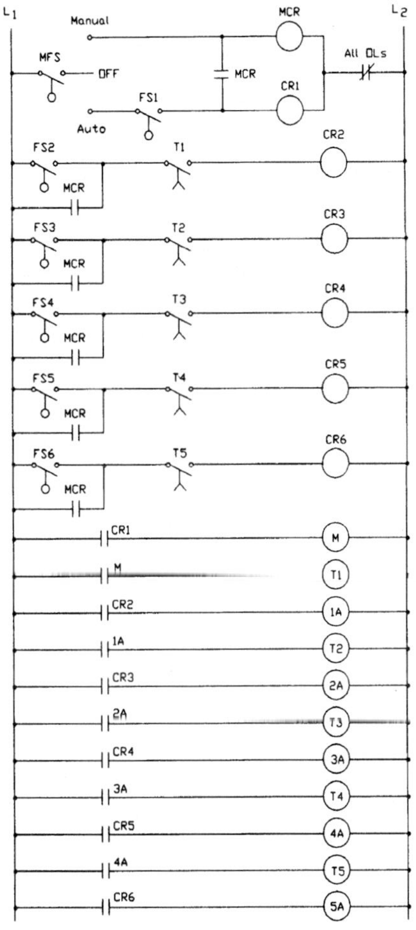

그림 8-18 3 상 전동기 기동 릴레이 논리 회로

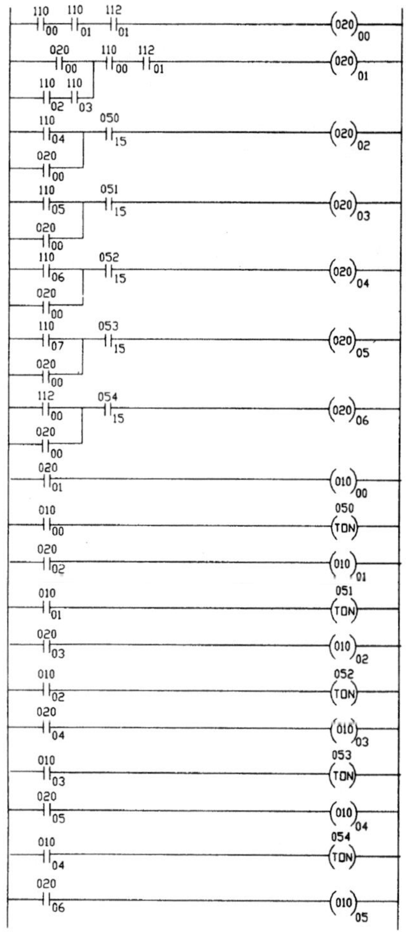

그림 8-19 3 상 전동기 기동 래더 논리 회로

예제 8-2

그림 8-18 의 릴레이 논리 회로를 다음과 같은 I/O 어드레스를 이용하여 등가 Allen-Bradley 래더 논리 회로로 바꾸어라.

MFS	= 110 00	MCR	= 020 00	M	= 010 00	T1	= 050
Manual/Off	= 110 01	CR1	= 020 01	1A	= 010 01	T2	= 051
Auto/Off	= 110 02	CR2	= 020 02	2A	= 010 02	T3	= 052
FS1	= 110 03	CR3	= 020 03	3A	= 010 03	T4	= 053
FS2	= 110 04	CR4	= 020 04	4A	= 010 04	T5	= 054
FS3	= 110 05	CR5	= 020 05	5A	= 010 05		
FS4	= 110 06	CR6	= 020 06				
FS5	= 110 07						
FS6	= 112 00	OLs	= 112 01				

▸ 풀이

Allen-Bradley PLC를 이용한 등가 래더 논리 회로는 그림 8-19와 같다. 그림 8-18에서 MCR 수직 접점은 PLC에서 처리할 수가 없어서 등가 수평 제어 회로로 대체시킨다.

예제 8-3

다음의 Modicon I/O 어드레스를 이용하여, 그림 8-20과 같은 릴레이 논리 회로를 래더 논리 회로로 바꾸어라.

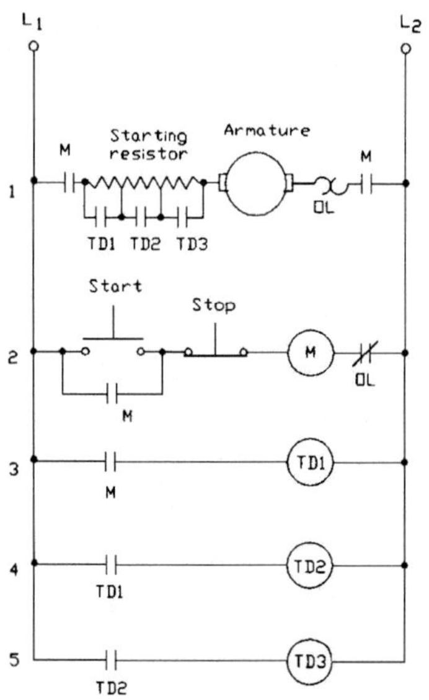

그림 8-20 예제 8-3의 논리 회로

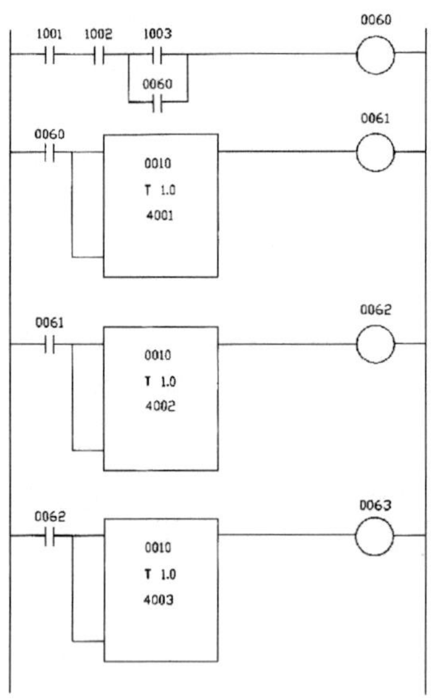

그림 8-21 Modicon 래더 논리 회로

1001 = OL	4001 = TD1	0060 = M
1002 = Stop	4002 = TD2	0061 = TD1 접점
1003 = Start	4003 = TD3	0062 = TD2 접점
		0063 = TD3 접점

▸ 풀이

그림 8-21과 같이 Modicon timer 3개를 사용하여 작성할 수 있다.

8.4 상호 교차 타이머

상호 교차 타이머(reciprocating timer)는 첫 번째 타이머의 출력이 두 번째 타이머의 입력을 리셋할 수 있는 시간 제어 기능을 갖는 타이머이다. 이 타이머는 온/오프 동작을 일정한 주기 동안 반복적으로 수행하고자 할 경우에 이용된다. 예를 들어 주기적으로 번쩍거리는 플래시등(flashing light)을 제어하고자 할 경우, 상호 교차 타이머의 프로그램으로 플래시 출력을 발생할 수 있다.

(1) Allen-Bradley PLC 상호 교차 타이머

그림 8-22는 Allen-Bradley PLC를 이용한 상호 교차 타이머의 예이다. 접점 110 00이 닫히면 타이머 050은 타이밍 동작이 시작된다. 3초 후에 비트 050 15가 여자되고 타이머 051과 코일 050이 여자된다. 050 00은 051의 순시 접점으로부터 활성화된다.

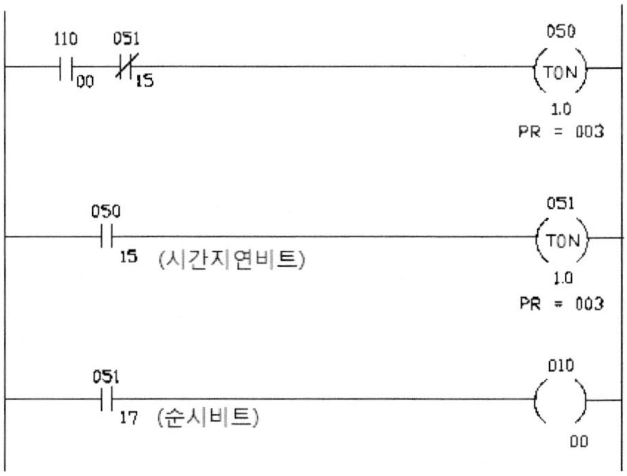

그림 8-22 Allen-Bradely 상호 교차 타이머

3초 후에 타이머 051은 시간 접점 051 15를 열고, 타이머 050이 리셋된다. 050이 오프되면 코일 010 00과 같이 타이머 051도 무여자된다. 051 15를 붙게 하고,

050 의 시간 제어 기능이 반복된다. 타이머 050 과 051 의 상호 교차 기능으로 인해 출력 010 00 은 3 초 간격으로 온/오프를 하는 플래시 상태로 된다.

(2) Texas Instruments PLC 상호 교차 타이머

그림 8-23 은 코일 Y17 에 대한 플래시 출력을 내는 Texas Instruments 프로그램이다. 접점 X1 이 닫히고 3 초가 경과하면 출력 Y17 이 여자된다. Y17 이 온되면 관련된 접점의 상태가 변환되고 타이머 2 의 시간 지연이 시작된다. 3 초 후에 코일 C1 이 여자되고 타이머 1 은 리셋된다. 타이머 1 이 리셋될 때 순시 접점 Y17 은 바로 열리고 타이머 2 가 리셋된다. 그러므로 코일 C1 은 약 1 스캔 동안만 온되므로 코일의 여자 상태를 확인하기에는 매우 짧은 시간이다. 즉, 출력 Y17 은 접점 X1 이 닫혀 있는 동안에, 3 초 간격으로 온/오프를 하는 플래시 상태로 된다.

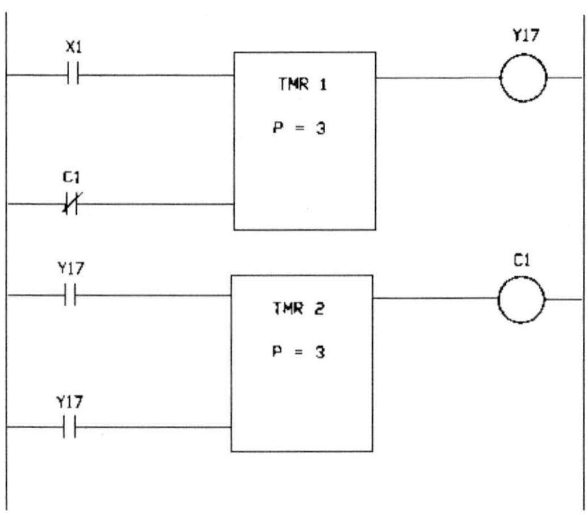

그림 8-23 Texas Instruments 사의 상호 교차 타이머 회로

종속과 상호 교차 기능을 모두 결합한 대표적인 PLC 회로로 교통 신호 제어 회로가 있다. 좌회전 신호등은 상호 교차 타이머를 이용하고, 녹색에서 황색 또는 적색으로의 변환은 종속 타이머 회로에 의하여 이루어진다.

예제 8-4

그림 8-24 와 같은 교통신호 제어기 2 세트 중 한 개는 북/남, 다른 하나는 동/서 방향의 교통량을 제어한다. 북쪽 신호등은 1 초 간격으로 10 초 동안 깜박거리는 좌회전으로, 그 후 20 초 동안 녹색, 5 초 동안 황색, 25 초 동안 적색 순으로 점등된

다. 남쪽 신호등에는 좌회전은 없고 35초 동안 적색이 점등된다. 동/서 신호등은 좌회전은 없고 20초 동안 녹색, 5초 동안 황색 그리고 35초 동안 적색 순으로 점등된다. I/O 어드레스가 다음과 같을 때, 래더 논리회로를 작성하라.

110 00 = Stop/Start 스위치 : 010 00 = 북측 녹색등
010 01 = 남측 녹색등 : 010 02 = 북/남측 황색등
010 03 = 북측 적색등 : 010 04 = 남측 적색등
010 05 = 동/서측 녹색등 : 010 06 = 동/서측 황색등
010 07 = 동/서측 적색등

▸ 풀이

그림 8-24는 교통 교차로를 나타낸다. 교차로에서 화살표 녹색은 북쪽에 있고, 그 신호에 대한 교통의 흐름은 점선 방향이 된다. 그림 8-25는 각 램프의 점등 시간이고, 그림 8-26은 래더 논리 회로이다.

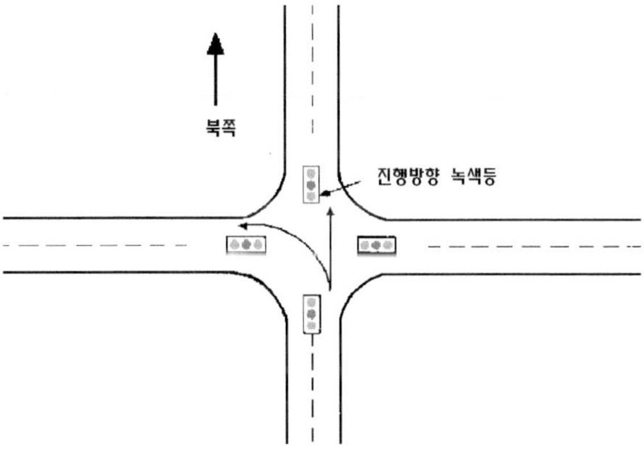

그림 8-24 교통 교차로

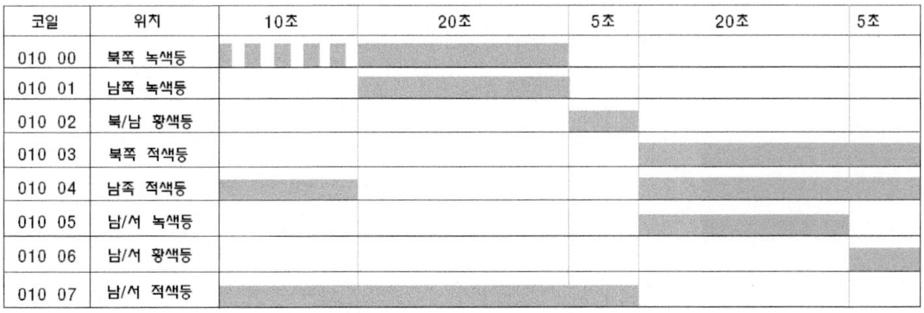

그림 8-25 교통신호등의 점등 시간

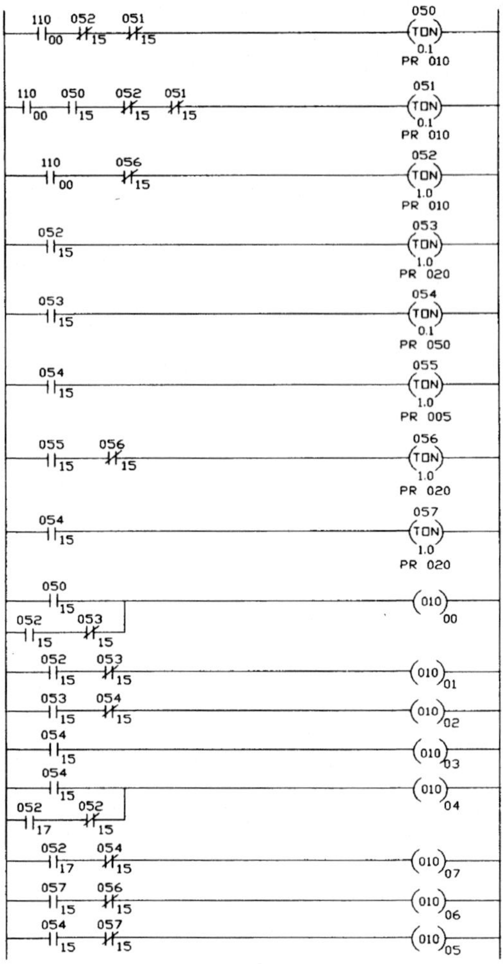

그림 8-26 예제 8-4 의 래더 논리 회로

예제 8-5

그림 8-27 과 같은 배합 시스템(mixing system)은 3 개의 프로세스, 즉 채우기, 휘젓기, 배수를 조절하는 공정 제어로 이루어진다. 기동 스위치를 누르면 솔레노이드 A 가 여자되어 액체가 배합 탱크로 들어간다. 플로우트 스위치 FS1 이 수위의 상한을 검출하고 FS2 는 하한을 검출한다. 탱크가 채워지기 시작하면 FS2 는 닫힌다. 탱크에 일정량이 채워지면 스위치 FS1 이 솔레노이드 A 를 닫고, 교반기가 액체를 배합하기 위해서 기동한다. 교반기는 30 초 동안 배합하고 정지한다. 교반기가 정지되면 액체를 배수하기 위한 솔레노이드 B 가 여자된다. 탱크 내의 액체가 모두 배수

되면 플로우트 스위치 FS2는 열리고 솔레노이드 B는 닫힌다.
Allen-Bradley I/O 어드레스를 이용하여 래더 논리 프로그램을 작성하라.

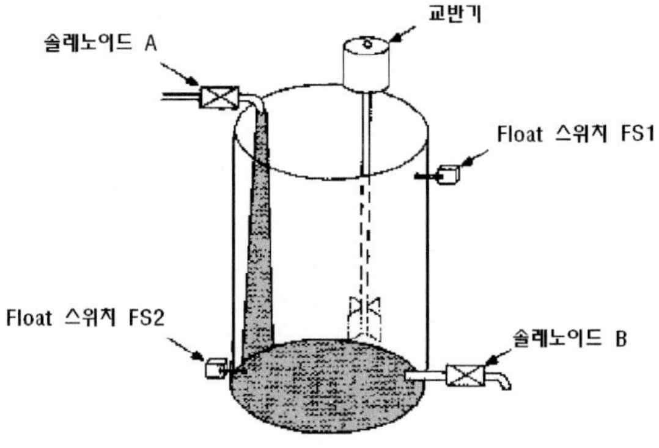

그림 8-27 예제 8-5의 그림

▸ 풀이

그림 8-28은 예제 8-5에 대한 래더 논리 회로이다. 이 회로에서 플로우트 스위치 FS1은 A 접점과 B 접점을 사용하였다. 기동 스위치를 누르면 제어 릴레이 020 00이 여자되어 솔레노이드 A가 동작된다.

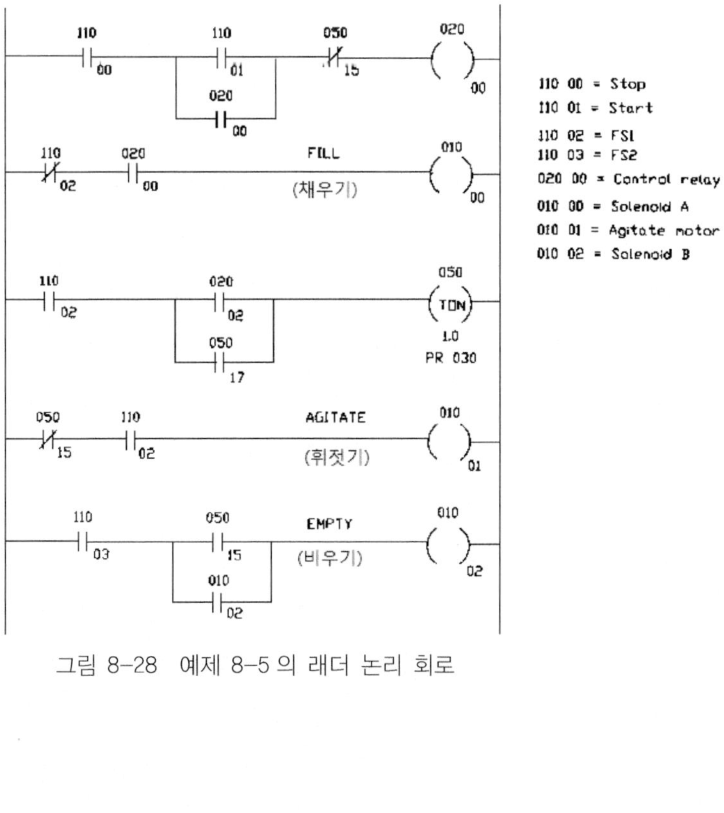

그림 8-28 예제 8-5의 래더 논리 회로

탱크가 채워지기 시작하면 FS2 (110 03) 는 닫힌다. 탱크가 가득 차면 FS1 (110 02) 이 상태를 바꾸어 솔레노이드 A 를 닫아 타이머 050 이 기동되고, 교반기용 전동기 (010 01) 가 여자된다. 동작한 후 30 초가 지나면 타이머 (050 15) 와 관련된 접점은 상태가 바뀌고, 교반기의 전동기가 멈추고 솔레노이드 B 가 여자된다. 액체가 배출되기 시작하면 FS1 은 정상적인 리셋 상태로 복귀한다. 탱크가 완전히 비게 되면 FS2 는 다시 열리고 배수 밸브 (010 02) 는 닫힌다.

Q. 연습문제

01 기본적인 릴레이 타이머 회로의 2 가지 형태는?

02 PLC 에서 타이머의 공통적인 기능은?

03 PLC 타이머의 기본형 4 가지는?

04 RTO (영구기억 온지연 타이머) 타이머의 용도는?

05 Modicon PLC 에서 데이터를 저장하는 곳은?

06 TON 타임 명령과 비슷한 것이 릴레이 논리 장치에서는 다음 중 어느 것인가?

(a) TDON 또는 TDOFF　　(b) RTO
(c) RTR　　(d) TDON 뿐

07 다음 그림에서 접점 1001 의 기능은?

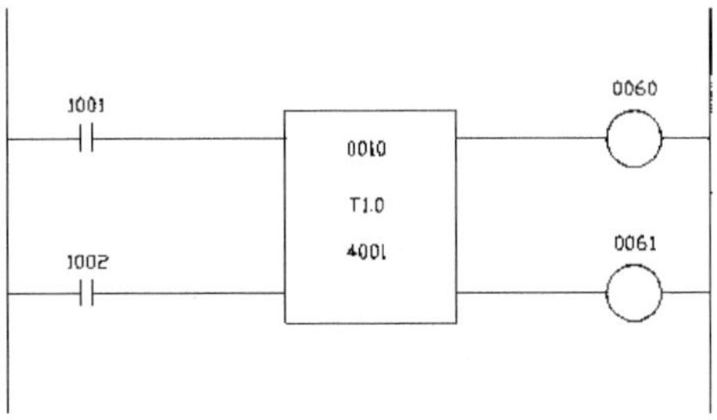

08 영구기억 타이머란?

(a) 가로줄이 무여자되었을 때 누산값이 0 으로 리셋되는 것이다.
(b) 가로줄이 무여자되었을 때 누산값이 리셋되지 않는 것이다.
(c) 가로줄이 여자되었을 때 누산값이 0 으로 리셋되는 것이다.
(d) 가로줄이 여자되었을 때 누산값이 0 으로 리셋되지 않는 것이다.

09 RTR (retentive timer reset) 명령어의 목적은?

10 "시간 기준 "(timed base) 제어 비트의 기능은?

11 다음 회로에 대하여 Modicon I/O addresses 를 사용한 래더 논리 회로로 변환하라.

1001 = Stop, 1002 = Start, 4001 = TD1, 0060 = M

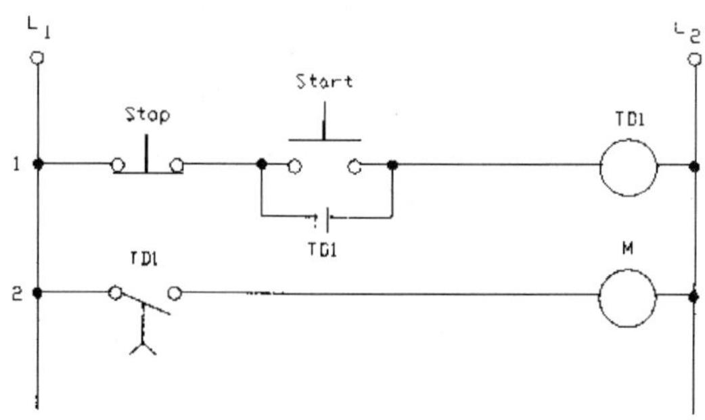

12 Modicon 타이머와 Allen-Bradley 타이머와의 차이는?

(a) 최대값의 설정이다.

(b) Allen-Bradley 는 직접 누산값을 표시하지 않는다.

(c) Modicon 은 직접 누산값을 표시하지 않는다.

(d) 하나는 리셋 명령이 필요하지 않다.

13 종속 타이머의 사용 목적은?

14 다음의 릴레이 논리 회로에 대하여 Allen-Bradley I/O addresses 를 사용한 래더 논리 회로로 변환하라. 여기서, 110 00 = OL, 110 01 = Stop, 110 02 = Start, 050 = TD1, 051 = TD2, 052 = TD3 이고, 타이머의 설정 시간은 10 초이다.

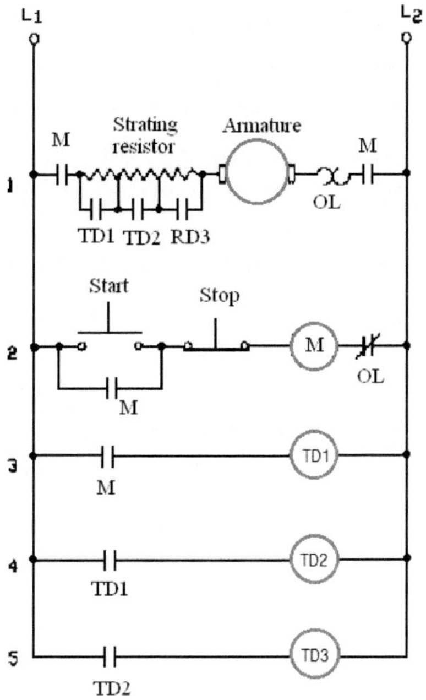

15 교차 작용 타이머의 용도는?

A. 해 답

06 (a) **08** (b) **12** (c)

제 9 장 PLC 카운터

❖ 9.1 서론

생산업체에서는 생산품의 수량을 파악해야 하는 상황이 발생한다. 카운터는 컨베이어를 통하여 전달되는 생산품의 수량을 파악하거나 또는 회전 기기의 회전수를 계산하는 데 이용한다. 릴레이 논리 카운터는 일반적으로 스트로크 형식이거나 기계적인 회전 운동을 이용한 장치로서, 카운터가 동작하기 위해서 그림 9-1과 같이 대상체와 물리적인 접촉이 필요하다.

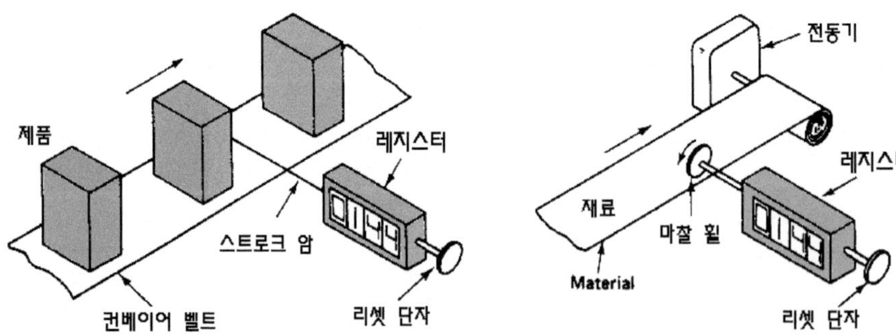

(a) 스토로크 레지스터 암 (b) 기계 회전식 카운터

그림 9-1 카운터 적용 시스템

그림 9-1(a)의 카운터는 스트로크 암(stroke arm)을 이용하며, 그림 9-1(b)는

특정 크기의 마찰 바퀴 (friction wheel) 를 이용한다.

반도체의 발달로 카운터는 전자식으로 바뀌었으며, 그림 9-2 는 근접 스위치를 사용하여 생산품을 계수하는 것을 나타낸다. 물리적인 접촉 없이도 계수가 가능하며, 카운터와 연계하여 유접점을 사용할 수도 있다.

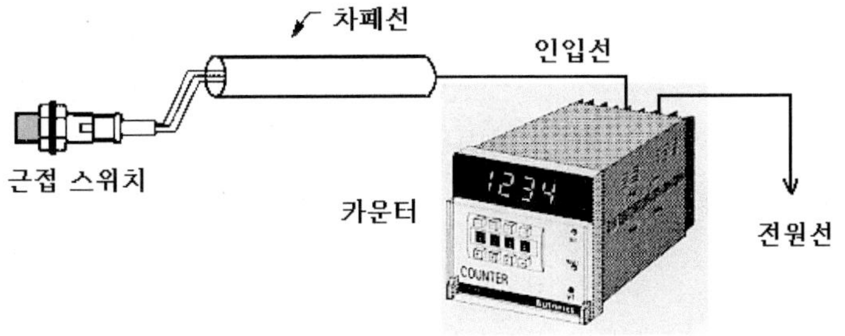

그림 9-2 근접 스위치를 사용한 전자식 카운터

반면에 PLC 의 카운터는 마이크로 프로세서의 기능을 이용하기 때문에 근접 스위치를 직접 PLC 입력 모듈에 접속하여 사용한다. PLC 카운터를 래더 선도에 나타내는 방법에는 타이머와 마찬가지로 2 가지 형식이 있다.

(1) 명령어 형식

그림 9-3 은 카운터를 명령어 형식으로 나타낸 것이다. 카운터 코일 (CTU) 상하에 설정 카운터 (counter preset value : PR)와 누석 카운터 (counter accumulated value : AC) 를 표시한다.

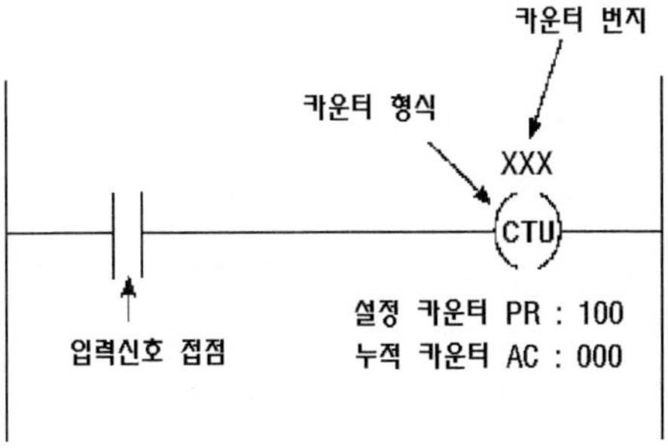

그림 9-3 카운터의 명령어 형식

(2) 블록 형식

그림 9-4 와 같이, 카운터에 필요한 설정값과 누적값 등을 블록 내에 표시하는 방

법이다. 변환기에서 발생한 펄스 전압에 의하여 입력 신호 접점이 닫히면, 카운터는 1씩 증가한다. 누적 카운터를 체크하고, 설정 카운터에 도달하면 출력 코일을 여자시킨다.

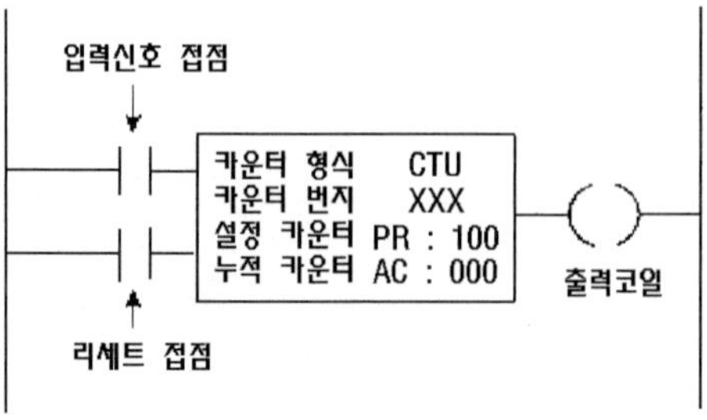

그림 9-4 블록 형식의 카운터

9.2 PLC 카운터의 형태

PLC 카운터에는 가산 카운터(up-counter)와 감산 카운터(down-counter)가 있다. 가산 카운터는 설정값에 도달했을 때, 출력장치가 여자되어 접점의 상태가 변환되는 것이다. 감산 카운터는 0까지 세고 출력이 여자된다. 사용된 입력 장치에 따라, PLC 카운터는 그림 9-1과 같이 간단한 계수 명령을 수행하기도 한다. 그러나 PLC 카운터는 물리적인 조작을 하지 않고도 간단히 입력 장치를 바꿈으로써 쉽게 이용할 수 있다. 예를 들어 입력 모듈과 연결된 변환기에 빛이나 물리적인 접근이 이루어지면 전압 형태의 카운터 펄스가 발생한다. 변환기로부터 발생된 전압 펄스 신호가 PLC 카운터에 입력될 때마다 현재값이 증가되거나 감소된다.

PLC 카운터는 현재까지 누적된 값을 삭제시키기 위하여 리셋 명령이 필요하며, Allen-Bradley 기종은 별개의 카운터 코일(CTR)을 사용하고, Modicon 기종은 입력 접점을 사용한다. 일반적으로 PLC 카운터의 최대 설정값은 999이지만 Texas Instruments 및 몇몇 기종에서는 최대 32,767까지 설정하고 있다. 설정값을 초과하게 되면 컨트롤러는 오버플로우(overflow) 명령을 낸다. 오버플로우는 가산 카운터의 누산값이 최대 설정값을 초과했을 때 접점의 상태를 변환시키며, 반면 감산 카운터는 누산값이 0 이하로 될 때 언더플로우(underflow) 비트가 여자된다.

대부분 카운터는 입상 천이(positive-edge transition) 형태인 전진형-에지 트리거(leading-edge trigger)에 의하여 카운터 된다. 전진형-에지 입력은 입력 접점이 열린 상태에서 닫힌 상태로 변환될 때 카운터가 증가 또는 감소된다. 즉, 입력 접점이 닫힐 때마다 카운터의 누산값이 바뀐다. 그림 9-5는 6개의 전진형-에지 입력 펄스가 카운터에 들어왔을 경우와 그것에 대한 누산값의 결과이다. 이때 오프 상태에서는 모듈의 입력 전압이 0 [V], 온 상태에서는 5 [V]이며 누산값은 1씩 증가된다.

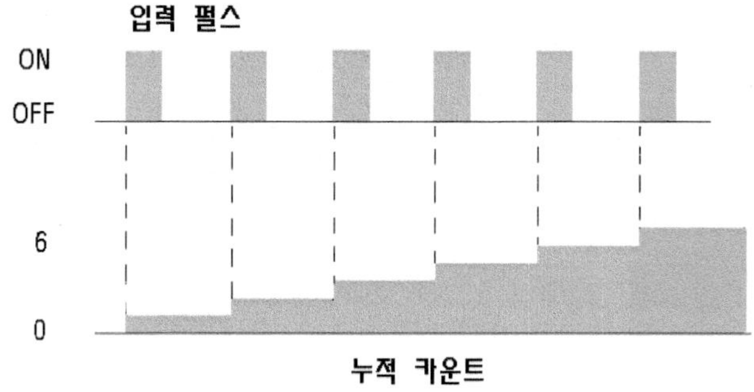

그림 9-5 입상 천이 트리거 카운터 입력

카운터에 공급되는 입력 펄스를 이벤트(event)라 하는데, 이는 프로세스의 상태가 변환하거나 기기의 동작이 변환될 때 이벤트가 발생하였다고 한다. 결론적으로 카운터 회로는 "이벤트-구동(event-driven)" 명령으로 분류되는데, 이는 시퀀서에서 다룰 어떤 시간 간격 후 초기화되거나 완료되있을 때의 " 시간-구동(time driven) " 명령과 같다.

(I) Allen-Bradley 카운터

그림 9-6은 Allen-bradley 카운터와 그 접점이다. 래더 다이어그램의 첫번째 줄 코일에 문자 "CTU"는 가산 카운터로 카운터가 설정값으로 계산될 때 카운터 기능을 수행한다. 문자 "PR"과 "AC"는 각각 설정값과 누산값이다. 그림 9-6에서 카운터는 CPU 메모리상에 070번지에 할당되어 있고, 설정값이 999이다. 카운터의 누산값은 200이고, 접점 110 00이 열리고 닫힐 때마다 누산값은 1씩 증가된다.

설정값과 누산값이 같을 때 비트 15로 지정된 접점은 여자된다. 그림 9-6의 회로에서 이 접점은 070 15로 주어져 있다. 그러므로 AC = PR일 때 출력 010 02가 ON 된다. Allen-Bradley 타이머의 경우와 같이 비트 17은 순시 동작 비트이다. 이 어드레스와 관계된 접점은 카운터가 여자됨과 동시에 동작한다. 그림 9-6에 나타낸 회로에서 110 00이 열리고 닫힐 때마다 070 17도 열리고 닫힌다. 접점 070 14는 오버플로우 비트를 나타낸다. 이 접점은 누산값이 설정값을 초과할 때 여자된다.

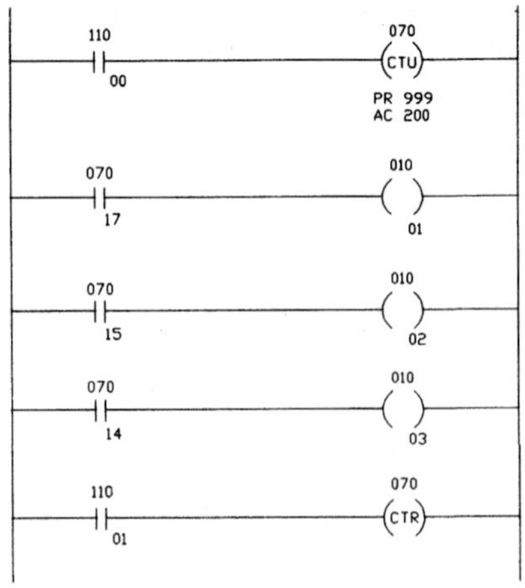

그림 9-6 Allen-Bradley 가산 카운터

Allen-Bradley PLC는 카운터를 리셋하기 위해 별개의 코일을 요구한다. 이 리셋 코일을 CTR이라 한다. 그림 9-6에서 접점 11001이 닫힐 때 070번지에서 가산 카운터는 누산값을 없앤다. Allen-Bradley PLC의 감산 카운터는 CTD 코일을 이용하여 프로그램한다. CTU와 CTD의 주요 차이로 CTD는 바로 앞에 있는 접점이 열리고 닫힐 때마다 누산값이 1씩 감소되는 것이다. 누산값이 0이 되면 비트 15가 여자된다. CTD 명령은 순시 비트로서 비트 16을 사용하고, 비트 14는 언더플로우 비트라 한다.

그림 9-7은 Allen-Bradley의 감산 카운터 회로이다.

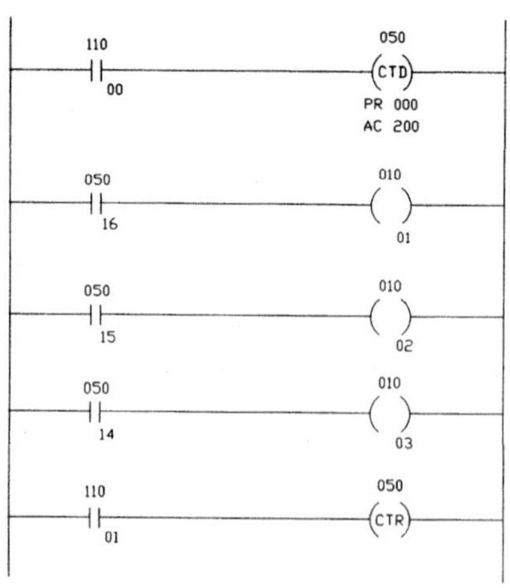

그림 9-7 Allen-Bradley 감산 카운터

이 회로에서 접점 110 00이 닫히고 다시 열릴 때마다 카운터의 누산값이 1씩 감소한다. 접점 050 16는 감산 카운터가 활성화(enable)될 때마다 닫힌다. 접점 050 14는 카운터가 000 이하로 감소될 때 동작한다. 설정값과 누산값이 같을 때 혹은 누산값이 설정값보다 클 때 접점 050 15는 닫히고, 출력 010 02는 여자된다. 접점 110 01이 닫히면 누산값은 000으로 리셋되고, 다음 입력 펄스가 가해지면 999로, 두 번째의 펄스에서는 998로 감소된다.

다른 PLC와 달리 Allen-Bradley 컨트롤러는 가산과 감산 카운터 명령이 없는 대신 누산값을 증가시키고 감소시킬 수 있는 회로를 위해 가산 카운터와 감산 카운터를 결합시키고 있다.

그림 9-8은 Allen-Bradley의 가/감산 카운터 회로로, 이 회로에서는 CTU와 CTD 명령 모두가 동일한 어드레스를 가지고 있다. 따라서, 입력 110 00이 닫힐 때는 누산값이 1씩 증가하고, 입력 110 01이 닫히면 누산값이 1씩 감소한다.

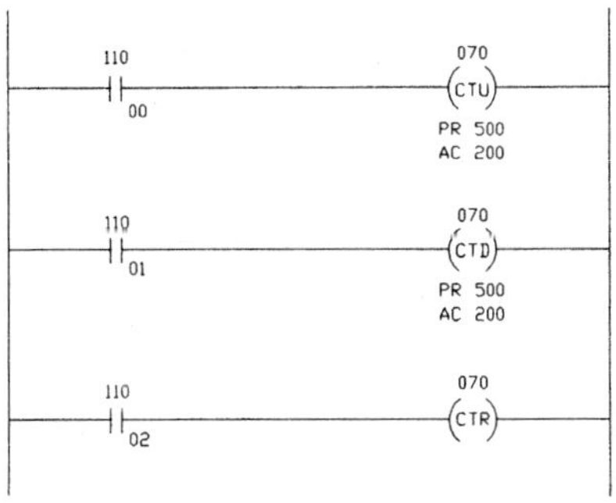

그림 9-8 Allen-Bradley 가/감산 카운터

예제 9-1

그림 9-9와 같이 500대의 차량을 수용할 수 있는 주차장에서, 들어오고 나가는 차량의 수를 계산하는 회로가 있다. 접점 110 00은 들어오는 차량, 접점 110 01은 나가는 차량을 계산한다. 주차장에 500대의 차량이 주차되면 출력 010 00은 "만차(FULL)"라는 신호를 나타내고, 500대 이하이면 출력 010 01은 "비었음(VACANCY)"이라는 신호를 나타낸다. 입력 110 02는 주차장 관리자에 의해서 주차장 폐쇄 상태를 유지하는 중요한 스위치이다. 이러한 기능을 갖는 래더 논리 프로그램을 작성하라.

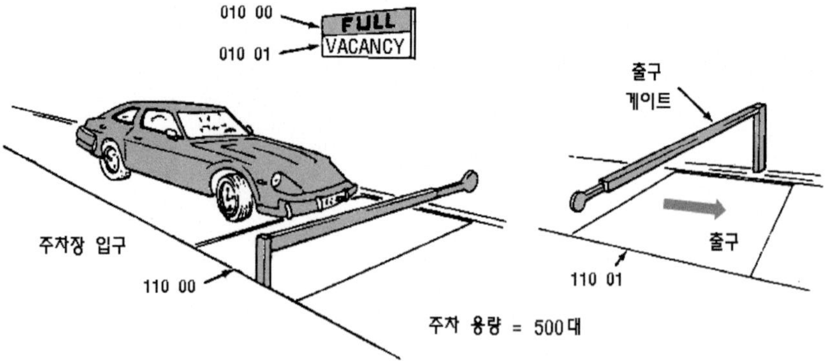

그림 9-9 예제 9-1 의 주차장

▸ 풀이

그림 9-10 은 문제의 주차장 래더 논리 회로이다. 주차장이 500 대의 차량을 수용할 수 있도록 설계되었다면 가산 및 감산 카운터의 설정값은 500 이 된다. 접점 110 00 은 주차장으로 들어오는 차량, 접점 110 01 은 나가는 차량을 계수하는 리미트 스위치이다. 출력 010 00 은 만차 (FULL), 출력 010 01 은 주차 가능 (VACANCY) 신호를 표시한다. 주차장에 차량이 0 에서 499 대이면, 카운터 050 은 활성화되지 않으므로 접점 050 15 는 무여자 상태로 있다. 누산값이 500 이 되면 접점 050 15 의 상태가 변환되어 접점 010 00 이 여자되고, 010 01 은 무여자된다. 입력 110 02 는 가산/감산 카운터를 리셋시킬 때 사용한다.

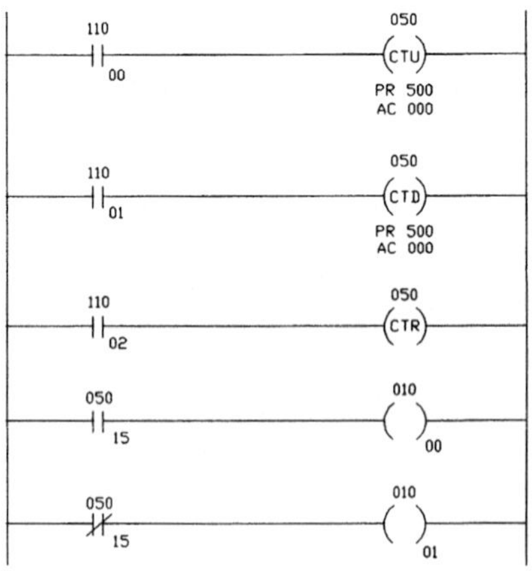

그림 9-10 예제 9-1 의 래더 논리 회로

(2) Modicon 카운터

그림 9-11은 Modicon 카운터의 예이다. 카운터 심벌의 윗부분 0010은 카운터의 설정값이다. 입력 1001은 가산 카운터의 입력이고, 입력 1002는 리셋 입력으로 상시 폐로(NC) 접점이며 이 접점이 열리면 카운터의 누산값이 리셋된다. 카운터의 누산값과 설정값이 같으면 출력 0005는 여자, 0006은 무여자가 된다. 어드레스 4001은 PLC의 데이터표에서 카운터의 메모리 위치이다.

Modicon 카운터에서 최대 설정값은 999나 9999이다. Modicon 타이머의 경우와 같이 누산값은 블록(사각형) 영역 내에 표시되지 않는다.

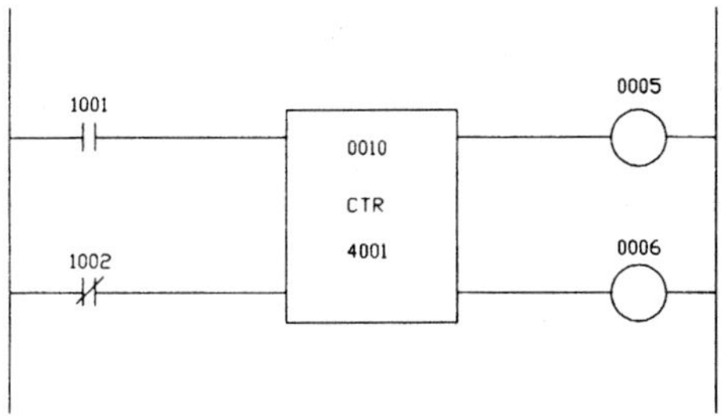

그림 9-11 Modicon 가산/감산 카운터

따라서, 카운터의 수를 입력하고 누산값을 표시하기 위해서는 GET 키를 사용해야 한다.

그림 9-12는 Modicon 감산 카운터의 예이다. 이 회로에서는 입력 10020이 닫히고 다시 열릴 때마다 현재의 카운터값이 감소된다. 접점 10020이 10번 열리고 닫히면, 출력 00060은 여자되고 00061은 무여자된다. 입력 10021은 리셋 명령이다.

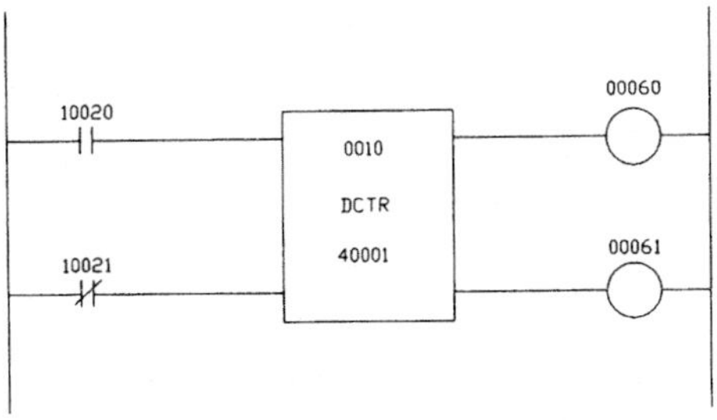

그림 9-12 Modicon 감산 카운터

(3) Texas Instruments 카운터

그림 9-13은 Texas Instruments 카운터이다. 이 카운터의 최대 설정값은 32,767

이며 P는 카운터 설정값을, C는 카운터의 누산값 또는 현재값이 된다. 접점 X1 은 가산 기능을, X2 는 리셋/인에이블(reset/enable) 기능을 하며, 누산값과 설정값이 같을 때 출력 Y17 이 여자된다.

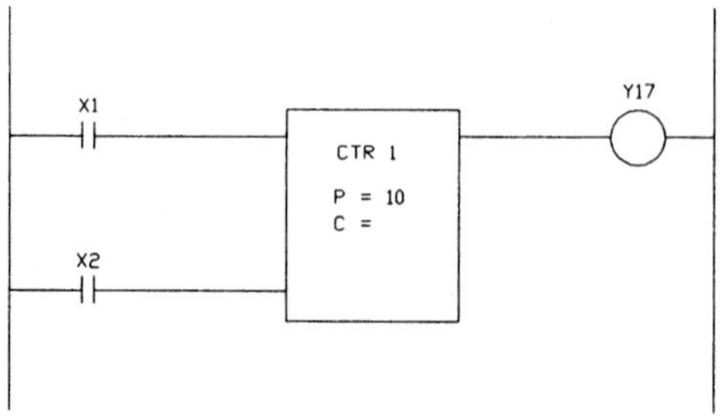

그림 9-13 Texas Instruments 카운터

그림 9-14 는 Texas Instruments 의 가/감산 카운터이다. 이 카운터에는 3개의 입력 접점이 있으며 2 개의 출력을 직접 제어할 수 있다. 이 회로에서 접점 X1 은 가산 카운터 입력, X2 는 감산 카운터 입력, X3 은 리셋/인에이블 입력이다. UDC 는 내부 코일 C1 이나 출력 코일 Y 를 제어하는데 "Z flag" 라는 명령어를 사용한다. 현재값이 0 이 되면 Z flag 코일은 여자된다.

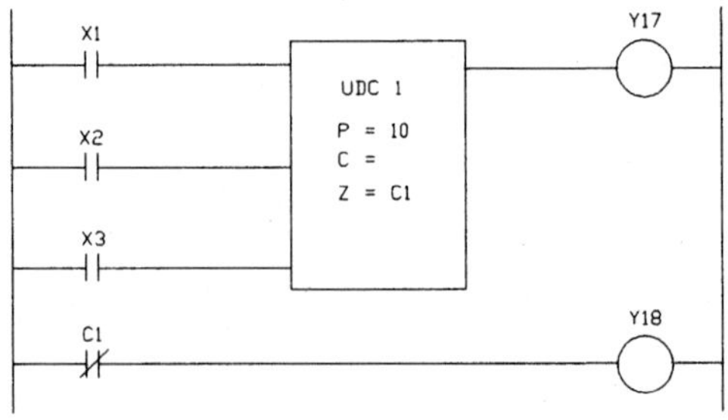

그림 9-14 Texas Instruments 가/감산 카운터

그림 9-14 에서 C = 0 일 때 코일 C1 은 여자되고 출력 Y18 은 오프된다. 출력 Y17 은 카운터의 누산값이 0 으로 될 때와 설정값으로 될 때의 두 조건에서 여자된다. 그림 9-14 의 회로에서 C = 0 일 때 Y17 은 온, C1 이 온이면 Y18 은 오프이다. C 가 1 에서 12 까지의 값을 가지면 Y17 은 오프, C1 은 오프, Y18 은 온이 되고, C = 10 이면 Y17 은 온, C1 은 오프, Y18 은 온이 된다.

예제 9-2

예제 9-1의 주차장 컨트롤러를 Texas Instruments 가/감산 카운터를 이용하여 래더 논리 회로로 작성하라.

▸ 풀이

그림 9-15는 Texas Instruments 사의 가/감산 카운터를 이용한 주차장 컨트롤러의 래더 논리 회로를 나타낸다. 접점 X1은 들어오는 차량, X2는 나가는 차량을 계산하고, X3는 리셋 명령이다. 출력 Y17은 만차(FULL) 신호, 출력 Y18은 주차 가능(VACANCY) 신호이다. Y18은 상시 여자되는 코일이나 Y17이 온되면 Y18은 오프 및 그 반대로도 성립하는 코일이다. 출력 Y17은 P = C 또는 C = 0 일 때 여자된다. Y17과 직렬 연결되어 있는 접점 C1을 상시 폐로(NC) 접점으로 바꾸면 출력 Y17은 누산값과 설정값이 같을 때만 여자되는데, 이는 코일 C1이 현재의 카운트가 0일 때 여자되는 "Z flag "이기 때문이다. 따라서, 주차장이 완전히 비어 있으면 접점 C1은 Y17이 오프, Y18이 여자되어 열리게 된다.

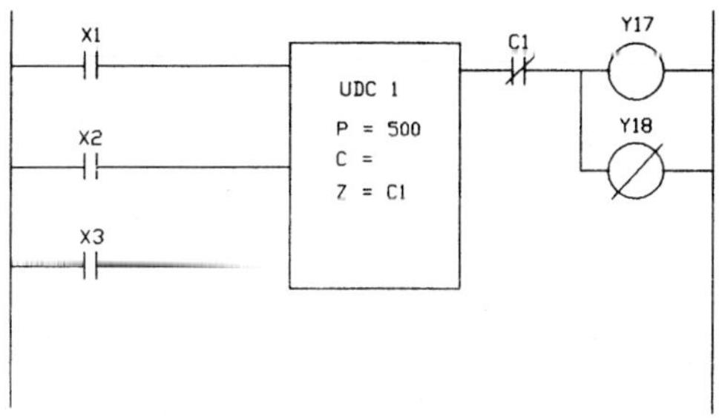

그림 9-15 예제 9-2의 Texas Instruments 회로

9.3 종속 카운터

카운터 동작이 설정값을 초과하는 범위까지 확장할 필요가 있는 경우에는 2 개 이상의 카운터를 종속으로 구성한다. 종속은 1개의 카운터 출력을 다음 카운터의 카운트 기능을 초기화하는 데 이용하는 것이다.

그림 9-16은 종속 카운터를 이용하여 Allen-Bradley 프로그램한 것이다. 이 회로에서 출력 010 00은 접점 110 00이 999번씩 열리고 닫힌 999×2 = 1998번 후에

여자된다. 접점 050 14는 카운터 050에 대한 오버플로우 비트이다. 이 접점은 카운터 050의 누산값이 999이 될 때 여자된다. 접점 050 15는 14와 같은 방법으로 동일한 동작을 수행한다. 접점 050 14를 닫으면 두 번째 카운터가 활성화되어 110 00의 모든 상태 변환이 카운터 051의 누산값을 갱신한다. 누산값이 051의 설정값과 같으면 출력 010 00은 여자된다.

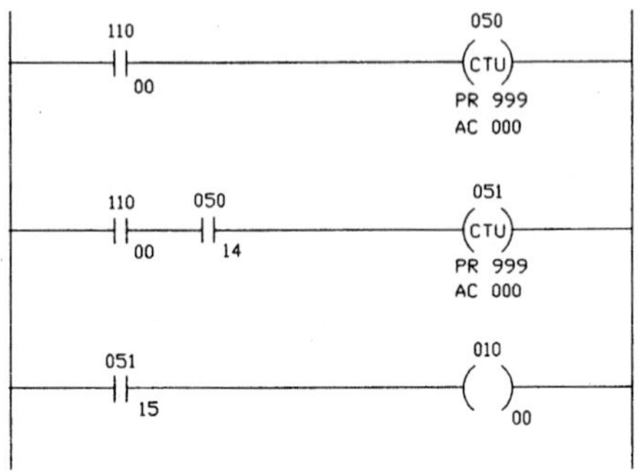

그림 9-16 Allen-Bradley 종속 카운터 회로

그림 9-17은 최대 65,534까지 카운트할 수 있는 Texas Instruments 프로그램이다.

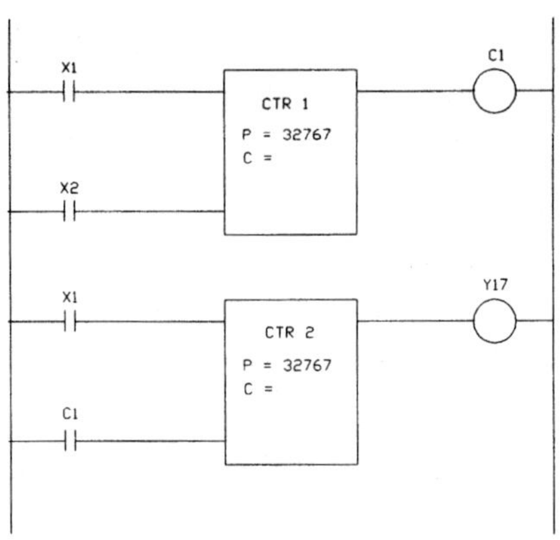

그림 9-17 Texas Instruments 종속 카운터 회로

접점 X2는 리셋 접점이고, X1은 입력 카운터이다. 이 회로는 카운터 #1의 누적값이 32,767이 되면, 출력 C1이 여자됨과 동시에 카운터 #2의 카운팅이 시작되도록 설정되어 있다. X1을 65,767회 온/오프 반복하면 출력 Y17은 여자된다.

또한 종속 카운터는 설정값이 극히 큰 경우에도 사용된다. 예를 들어서 250,000 이상의 계수가 필요한 경우 2개의 카운터로 설계한다. 그림 9-18은 이러한 목적으로

Modicon 카운터를 사용하는 방법을 나타낸다. 카운터 #1과 카운터 #2의 설정값을 500으로 한다. 접점 1002는 카운터 입력, 1003은 리셋 입력이다. 카운터 #1이 500이 되면 출력 0001이 여자되며, 카운터 #1은 리셋된다. 0001이 여자되면 카운터 #2에 펄스가 발생하여 누산값이 1씩 증가된다. 0001이 500번 온과 오프를 반복할 때마다 출력 0002는 한 번씩 여자된다. 그러므로 1002는 500 × 500 = 250,000번의 상태가 바뀔 경우에 온 된다.

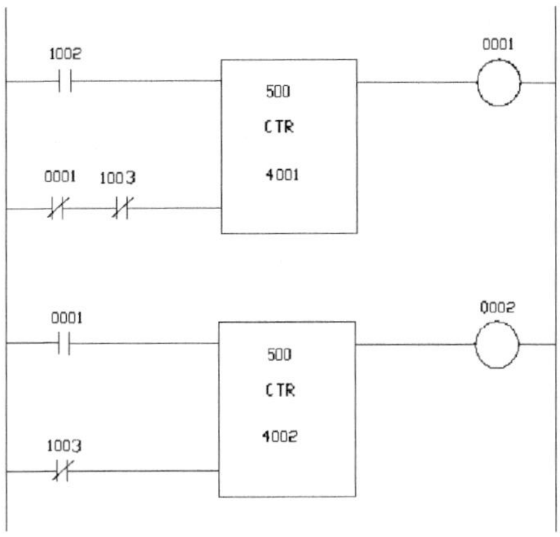

그림 9-18 Modicon 종속 카운터 회로

9.4 카운터와 타이머의 결합 회로

작업 내용에 따라서는 타이머와 카운터를 결합한 PLC 프로그램이 이용되는 경우도 있다. 예를 들어 24시간의 주기가 경과한 후에 출력을 여자시키려는 경우에 가장 효과적인 방법이 타이머와 카운터를 결합하여 사용하는 것이다. 이런 문제는 종속 타이머를 이용해서 해결할 수 있지만, 카운터와 타이머를 결합한 경우에 비해서는 프로그램이 길고 복잡하다.

그림 9-19는 Modicon PLC로 프로그램을 작성하는 방법이다. 이 회로에서 입력 1002는 리셋/인에이블 스위치로 이 접점이 닫힐 때 타이머의 계수가 시작된다. 매 600초, 즉 10분마다 타이머는 자체적으로 리셋되고, 카운터에 입력 펄스를 가한다. 즉, 카운터가 매 10분마다 1씩 증가하여 144회의 펄스를 발생하면 출력 0002가 여자된다.

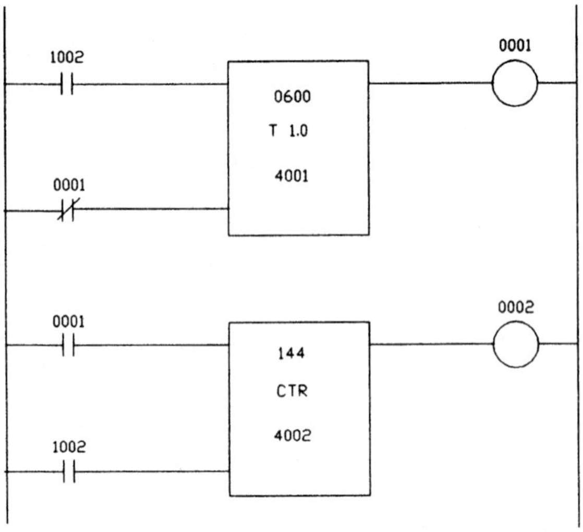

그림 9-19 Modicon 24 시간 클럭 회로

예제 9-3

그림 9-20 은 타이머와 카운터를 이용한 상품 처리 과정 시스템을 나타낸다. 이 회로에서 컨베이어 #1 은 컨베이어 #2 로 상품을 이동시킨다. 광원과 감지기의 펄스 전압으로 PLC 카운터에 입력 펄스를 발생한다. 광원은 상품이 컨베이어 #1 을 통과할 때마다 차단되어 카운트되고, 일정 수의 상품이 쌓이면 컨베이어 #2 는 타이머에 의하여 정해진 시간 동안 동작하게 된다. Modicon I/O 어드레스와 Stop/Start 스위치를 이용하여 상품 처리 장치의 래더 논리 회로를 작성하라.

여기서, 카운터는 10, 타이머는 5 초로 설정하였다.

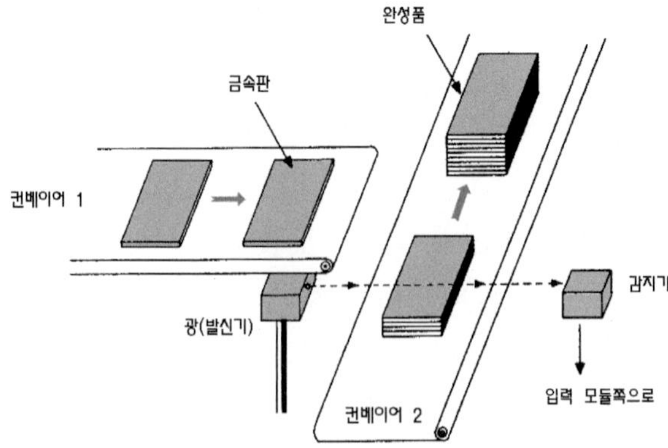

그림 9-20 카운터와 타이머를 이용한 상품 처리 과정

▸ 풀이

그림 9-21 은 그림 9-20 의 래더 논리 회로이다. 이 회로에서 Start 푸시버튼 스위치를 누르면 컨베이어 #1 이 동작한다. 10 장의 상품이 쌓이면 컨베이어 #1 은 정지하고, 컨베이어 #2 는 기동한다. 컨베이어 #2 는 5 초 동안 동작한 후, 정지한다. 동시에 타이머의 출력 코일은 타이머와 카운터를 리셋시키고, 곧 펄스가 발생하여 컨베이어 #1 은 자동적으로 재기동한다.

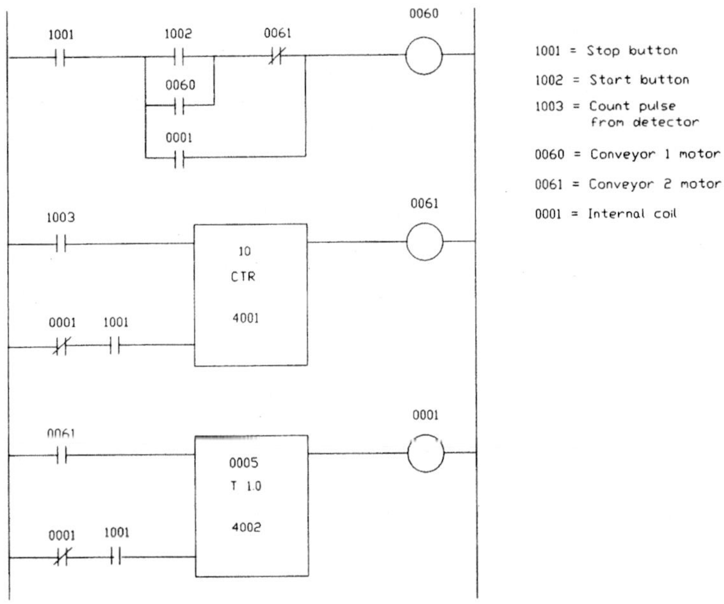

그림 9-21 예제 9-3 의 래더 논리 회로

Q. 연습문제

01 릴레이 논리 카운터의 2가지 형은?

02 제조업체에서 카운터를 응용하는 작업의 종류 3가지는?

03 대부분의 PLC에서 카운터의 기본형은?

04 오버플로우(overflow)와 언더플로우(underflow)란?

05 입상 천이(positive-edge transition) 장치가 펄스를 발생하는 경우는?

(a) 카운터가 리셋되었을 때
(b) 신호가 high에서 low로 바뀔 때
(c) 신호가 low에서 high로 바뀔 때
(d) 신호가 high에서 low로 또는 low에서 high로 바뀌는 어느 경우

06 입력 펄스가 카운터로 공급되는 것은?

(a) a positive edge (b) an event
(c) a negative edge (d) a transition

07 다음의 회로에서 접점 110 02의 역할은?

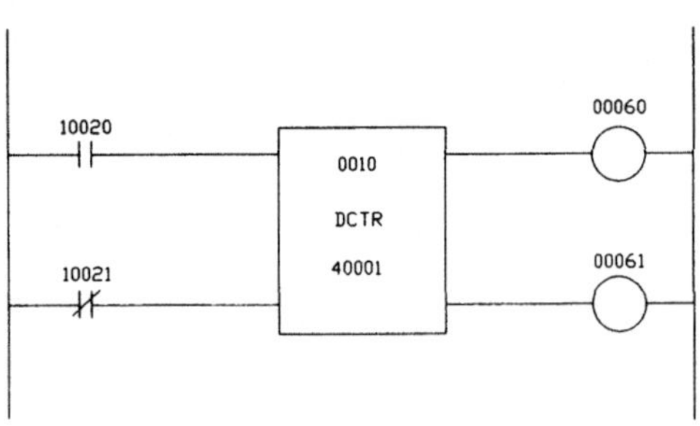

08 CDT 명령어의 기능은?

09 가산 카운터에서 설정값과 누산값이 같을 때 발생되는 현상은?

10 다음의 회로에서 접점 10020 의 역할은?

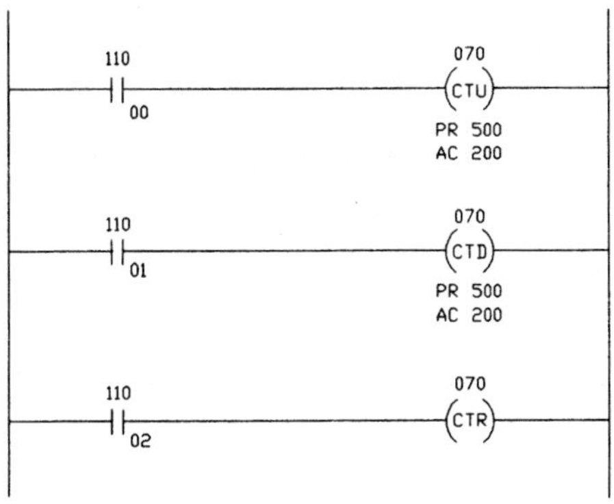

11 가/감산 카운터에서 "Z flag" 의 역할은?

12 종속 카운터(cascading counter)의 기능은?

13 Allen-Bradley I/O 어드레스를 사용하여 입력이 가해진 후 24 시간 동안 여자되는 회로를 한 개의 타이머와 한 개의 카운터만을 사용하여 작성하라.

A. 해답

05 (c) **06** (b)

제 10 장 시퀀서

10.1 서론

시퀀서(Sequencer)란 하나의 동작이 끝났다는 신호와 더불어 다음 동작을 시작하게 만드는 장치로 기계의 작동순서를 제어하는 기구이다. 즉 시퀀서는 시퀀스제어의 일부라 할 수 있으며, 공압실린더식, 유압밸브식, 전기모터식 등을 사용하여 왔다.

그러나 최근에 PLC가 이를 대체하게 되었으며, 복잡한 생산 제어장치, 대량 생산, 인쇄기계 및 식품기계 등 다양한 분야에 널리 활용되고 있다. PLC 시스템에서 시퀀서는 종래에 릴레이 논리 시스템에서 사용되던 기계식 드럼 제어기와 같다. 이러한 이유로 Texas Instruments 와 같은 몇몇 제조업체들은 시퀀서를 드럼 제어기와 같은 의미로 사용하기도 한다.

그림 10-1 과 같은 기계식 드럼 제어기는 현재까지도 산업 현장에서 널리 사용되고 있는 제어기이다. 제어기 내부에는 회전하는 캠 (cam) 과 마이크로 스위치가 한 쌍으로 구성되어 있다. 전동기의 회전 방향에 따라 캠이 회전하면서 마이크로 스위치의 가동 접점을 밀쳐서 온이 되게 한다.

그림 10-2 (a) 는 전형적인 기계식 드럼 제어기의 한 형태를 나타낸다. 마이크로 스위치의 접점들은 회전하는 드럼의 표면에 매우 가깝게 부착되어 있으며, 드럼의 검은 부분은 작은 돌출부로서 동기전동기와 함께 회전할 수 있도록 되어 있다. 이것과 쌍을 이루는 마이크로 스위치는 각각 제어하고자 하는 회로에 연결되며, 드럼이 회전함에 따라 검은 돌출부와 마주치면서 마이크로 스위치는 온이 되고, 그렇지 않으면 오프가 되어 전원이 차단된다. 그림 (b) 는 그림 (a) 에 대한 타임 차트를 나타낸다.

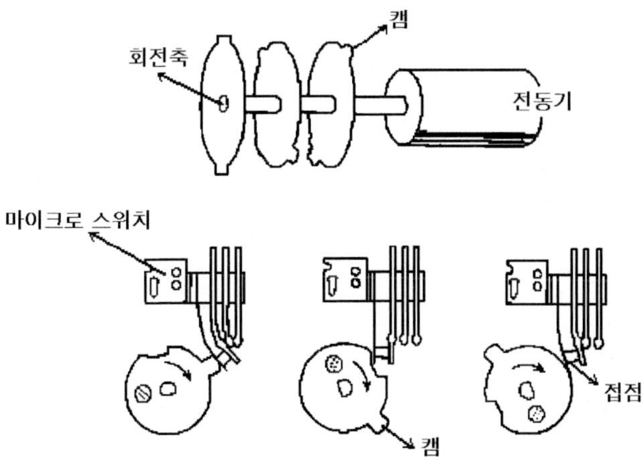

그림 10-1 기계식 드럼 시퀀서

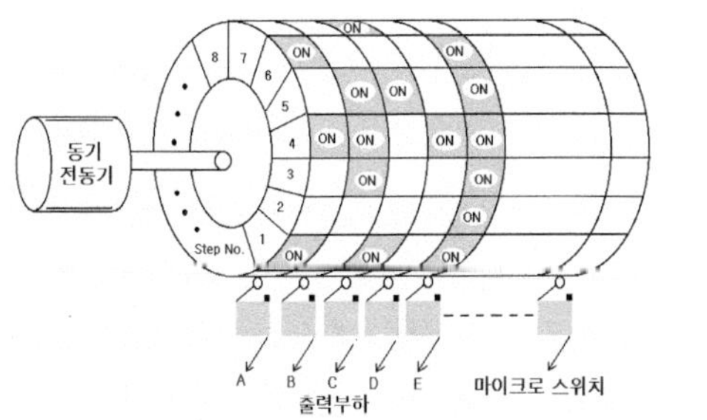

(a) 드럼 시퀀서

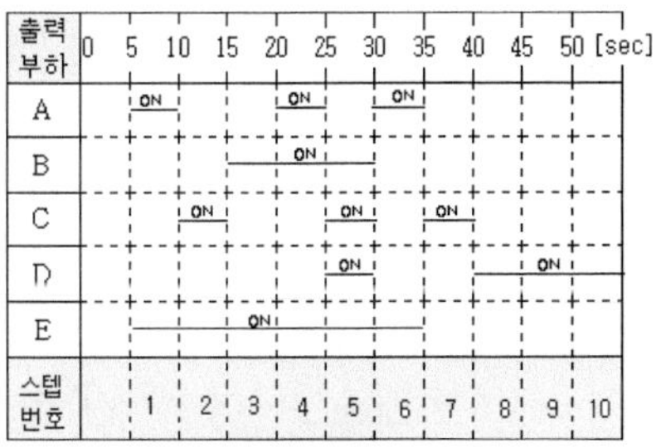

(b) 타임 차트

그림 10-2 전형적인 기계식 드럼 제어기

시퀀서에서 기본 동작은 PLC 대부분의 기종이 유사하나 실제로 각 시퀀서의 외관과 프로그래밍은 아주 다른 경우도 있다. 어떤 시퀀서는 한 위치에서 다음 위치로 프로그램을 자동으로 옮겨가는 반면에, 어떤 시퀀서는 이벤트가 발생해야만 다음의 위치로 이동한다.

이와 같이 미리 설정된 시간에 따라 자동적으로 진행하는 시퀀서를 시간 – 구동 시퀀서 (time-driven sequencer) 라 하고, 스위치가 닫히는 것과 같이 이벤트가 발생해야만 진행하는 시퀀서를 이벤트 – 구동 시퀀서 (event-driven sequencer) 라 한다.

예를 들면, 교통 신호 제어기는 일정시간 간격으로 적색등, 황색등, 녹색등이 온 되었다가, 오프되어야 하므로 시간 – 구동 시퀀서에 해당한다. 반면에 자동세차기와 같이, 예비세차를 거쳐 거품내기, 물 세척 및 드라이 순으로 한 스텝이 끝이 나야 다음 스텝으로 진행하며 작동하는 것을 이벤트 – 구동 시퀀서라 한다.

❖ 10.2 시퀀서 차트

시퀀서 차트는 어떤 회로에서 어떻게 출력이 순차적으로 동작되는가를 나타내는 표이다. 만약 시퀀서가 이벤트－구동이면 차트는 동작에 필요한 입력장치를 보여준다.

PLC 시퀀서 차트의 형식은 일반적으로 그림 10-2(b)와 같이, 2차원의 직사각형 배열인 행렬 형태의 차트이다. 시간－구동 시퀀서 차트는 일반적으로 수평축에 출력, 수직축에 시간을 나타낸다. 반면에, 이벤트 구동 시퀀서는 수평축에 출력, 수직축에 입력이나 이벤트를 나타낸다. PLC 차트에서는 출력이 발생되면 1, 출력이 발생되지 않으면 0으로 나타낸다.

그림 10-3은 시간－구동 시퀀서 회로로 3상 전동기의 전압 기동 회로이다. 기동용 푸시 버튼 스위치를 누르면 접점 M이 닫혀 전동기는 최대 저항이 가해진 상태에서 기동한다. 이때 전동기에는 큰 저항 때문에 작은 전류가 흐른다. 지정된 시간이 지난 후 접점 1A가 닫히면, 전체의 저항값은 4/5로 줄고, 그만큼 전류값은 증가하고, 다시 일정시간 후 접점 2A, 3A, .. 순으로 닫히면 저항은 줄어들면서 전동기의 속도는 증가하여 최대 속도가 되고, 모든 저항은 회로에서 제거된다. 이러한 방법은 기동전류가 매우 큰 전동기에 사용한다.

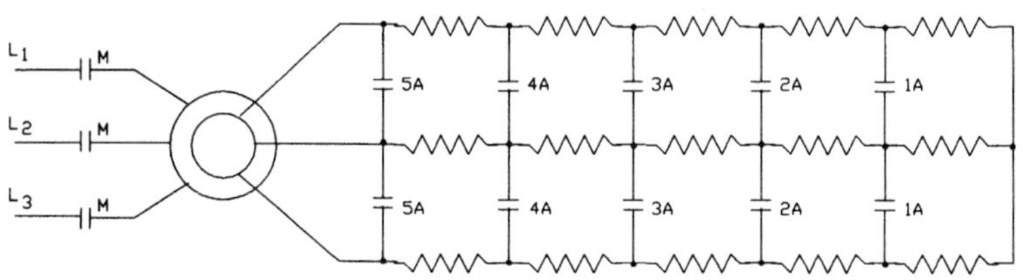

그림 10-3 시간－구동 시퀀서 회로

그림 10-4는 그림 10-3의 회로에 대한 시퀀서 차트이다. 1의 위치에서는 모든 출력이 OFF되고 접속된 접점들은 개방된다. 어떤 일정 시간 후, 시퀀서는 2의 위치로 이동하여 출력 1A가 여자되며, 그 다음 시퀀서는 자동적으로 3의 위치로 이동하고 출력 1A와 2A가 여자된다. 6의 위치에 이를 때까지 이동이 계속 진행되면 5개의 릴레이 코일 모두가 여자된다. 릴레이 코일이 모두 여자되면 전동기는 전속력으로 운전될 것이다.

Step	Outputs				
	1A	2A	3A	4A	5A
1	0	0	0	0	0
2	1	0	0	0	0
3	1	1	1	0	0
4	1	1	1	0	0
5	1	1	1	1	0
6	1	1	1	1	1

그림 10-4 3상 전동기의 시간-구동 시퀀서 차트

그림 10-5는 자동 세차를 하기 위한 순차 제어기의 차트이다. 자동차가 세차 구역을 통과하면서 컨베이어 체인에 의해 많은 리미트 스위치가 동작하기 때문에 이벤트 구동 시퀀서 회로이다.

Event 이벤트	Wter input 물방출	Soap release 비누방출	Hot wax 왁스방출	Air blower 에어방출
LS1	1	0	0	0
LS2	1	1	0	0
LS3	1	0	0	0
LS4	0	0	1	0
LS5	0	0	0	1
LS6	0	0	0	0

그림 10-5 자동 세차기 이벤트-구동 시퀀서 차트

자동 세차기는 다음과 같은 방법으로 동작한다.

1. 차가 세차기로 올려지면 컨베이어 체인이 연결된다.
2. 차가 세차 구역 안으로 들어오면, 리미터 스위치 LS1이 급수 입력 밸브를 동작시킨다.
3. 적절한 거리로 차가 이동되어 오면, 리미트 스위치 LS2가 비누를 공급하는 밸브를 열어 급수 입력 밸브와 함께 비누와 물을 섞어 거품 분사기에 공급된다.
4. 리미트 스위치 LS3는 비누를 공급하는1300 밸브를 닫고, 급수 입력 밸브는 계속 동작한다.
5. 리미트 스위치 LS4는 급수 밸브를 닫고, 뜨거운 왁스 밸브를 작동시킨다.

6. 리미트 스위치 LS5 는 뜨거운 왁스의 공급을 멈추게 하고, 송풍용 전동기를 기동시킨다.
7. 리미트 스위치 LS6 는 송풍용 전동기를 정지시킨다. 그리고 차량은 세차기를 빠져나온다.

그림 10-6 은 Allen-Bradley 시퀀서 차트의 예이다. 이 차트는 시퀀서에서 동작되는 비트 형태, 어드레스, 스텝 수, 입/출력 장소 등을 나타낸 것이다. 이 차트에서는 64 개의 입/출력을 시퀀서에서 이용할 수 있다. 이 64 개의 자리는 4 개의 워드로 나누어져 있고, 각각에는 16 비트를 사용하고 있다. 차트에서 장치 아래 그리드 (grid)는 시퀀서의 비트 형태를 나타낸 것이다. 이 차트에서 그리드 내의 사각형에 음영이 있으면 시퀀서가 특정한 스텝에서 동작한다는 것을 의미한다. 장치가 온이 되는 것은 10.3 절에서 언급되겠지만 마스크에 의해 결정된다.

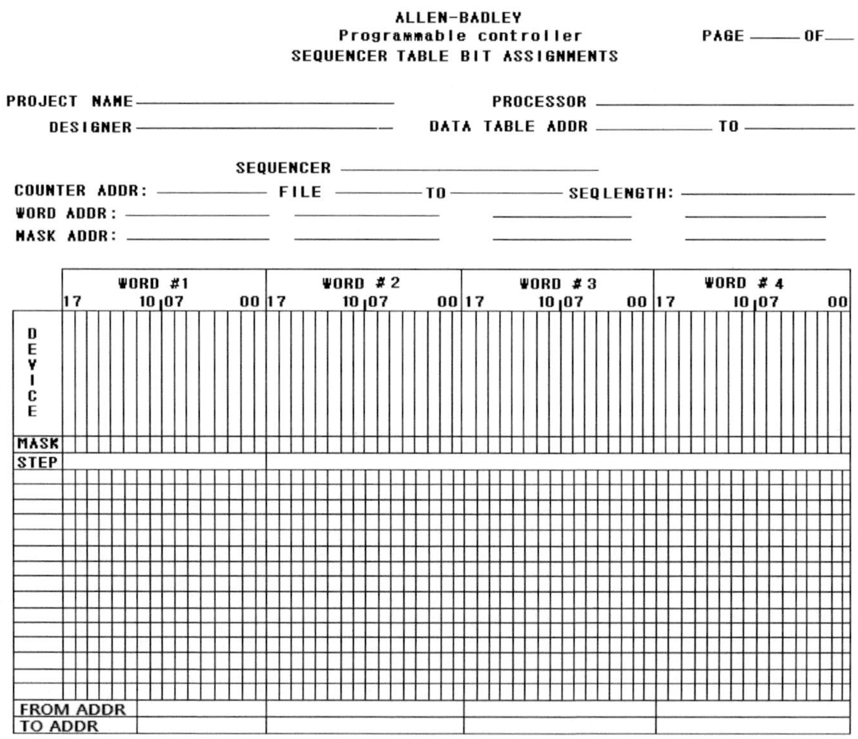
ALLEN-BADLEY
Programmable controller
SEQUENCER TABLE BIT ASSIGNMENTS
PAGE ___ OF ___
PROJECT NAME ___ PROCESSOR ___
DESIGNER ___ DATA TABLE ADDR ___ TO ___
SEQUENCER ___
COUNTER ADDR: ___ FILE ___ TO ___ SEQLENGTH: ___
WORD ADDR: ___
MASK ADDR: ___
WORD #1 17 10 07 00
WORD #2 17 10 07 00
WORD #3 17 10 07 00
WORD #4 17 10 07 00
DEVICE
MASK
STEP
FROM ADDR
TO ADDR

그림 10-6 Allen-Bradley 시퀀서 차트

10.3 마스킹

PLC의 시퀀서는 마스크(mask)를 사용하여 주어진 시퀀스 스텝에서 출력들이 활성화 되도록 제어한다. 전형적인 PLC의 시퀀서는 그림 10-7과 같이 하나의 워드(word)에 8 또는 16개의 출력을 사용한다. 시퀀서의 데이터는 데이터 테이블(data table)이라는 하나의 파일(file)에 저장되는데, 이 파일은 다수의 데이터 워드로 구성된다. 여기서 1은 출력을 온으로, 0은 출력을 오프하는 것을 나타낸다. 파일들은 중복되지 않도록 설계되어야 하고, 파일 주소들도 다른 파일이나 카운터, 타이머 등과 중복되지 않도록 한다.

	15	14	13	12	11	10	09	08	07	06	05	04	03	02	01	00	
Word	1	0	0	1	1	0	0	0	0	1	1	0	0	1	0	1	Output

그림 10-7 워드와 출력

10.3.1 회전하는 전등 시퀀서

시퀀서 명령은 일반적으로 일정하고 반복적인 동작으로 제어하고자 하는 데 유용하게 사용될 수 있다. 예를 들면, 16개의 전등을 일정한 시간 간격으로 온, 오프를 반복적으로 작동시키는 시스템을 제어한다고 하자. 지금까지 배운 출력 코일과 접점을 이용하여 작동시키기 위해서는 16개의 가로줄이 필요하다. 그러나 시퀀서 명령을 사용하면 하나의 가로줄로 16개의 전등을 제어할 수가 있다.

이제 간단히 시퀀서 출력 동작이 어떻게 작동되는지를 알아보자. 그림 10-8은 16개의 전등 중에서 바깥쪽에 있는 전등이 4그룹으로 나누어 점등되는 것을 나타낸다. 즉, 바깥쪽 12개의 전등이 4개가 하나의 그룹이 되어 4 스텝으로 (a), (b), (c), (d) 순으로 온, 오프를 하면 시각적으로 전등은 오른쪽으로 회전하는 것처럼 보인다.

그림 10-9는 그림 10-8의 출력 동작을 데이터 워드 파일에 입력한 것을 나타낸다. 원하는 신호제어를 2진수 정보로 데이터 파일의 각 워드에 입력한다. 여기서 워드 26, 27, 28, 29는 워드 파일로 사용된다.

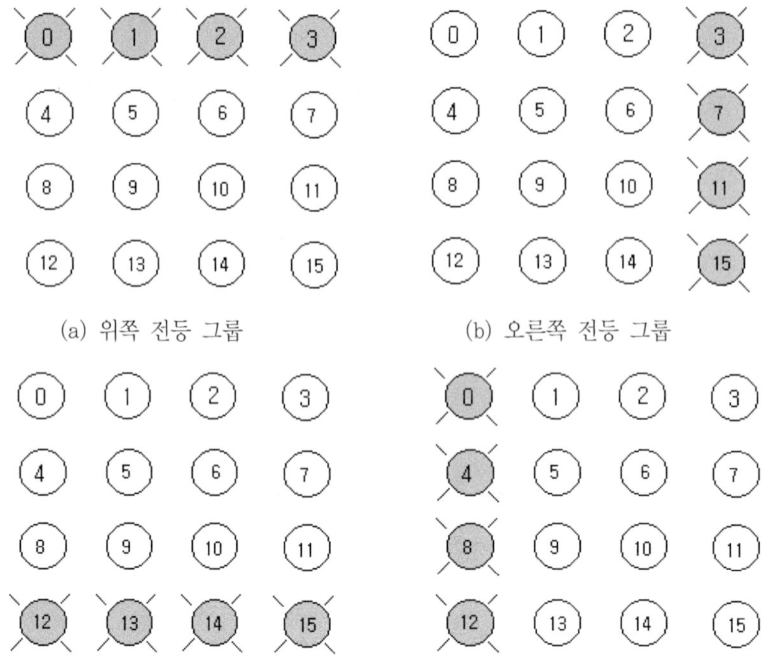

(a) 위쪽 전등 그룹 (b) 오른쪽 전등 그룹

(c) 아래쪽 전등 그룹 (d) 왼쪽 전등 그룹

그림 10-8 회전하는 전등의 시퀀서 출력 동작

		15	14	13	12	11	10	09	08	07	06	05	04	03	02	01	00	
시퀀서 출력 워드	word 20	0	0	0	0	0	0	0	0	0	0	0	0	0	0	0	0	output
시퀀서 워드 파일	word 26	0	0	0	0	0	0	0	0	0	0	0	0	1	1	1	1	step 1
	word 27	1	0	0	0	1	0	0	0	1	0	0	0	1	0	0	0	step 2
	word 28	1	1	1	1	0	0	0	0	0	0	0	0	0	0	0	0	step 3
	word 29	0	0	0	1	0	0	0	1	0	0	0	1	0	0	0	1	step 4

그림 10-9 시퀀서 스텝의 2진수 입력 정보

데이터가 시퀀서의 워드 파일에 입력되었을 경우, PLC는 전등을 제어할 수 있다. 시퀀서가 동작하여 스텝 1로 진행하였을 때, 파일의 워드 26에 있는 2진수 정보는 출력의 워드 20으로 이동된다. 이때 전등 그룹 #1의 4개 전등 0, 1, 2, 3은 온 되고, 나머지는 오프될 것이다. 시퀀서는 연속하여 스텝 2로 진행하고, 워드 27에서 다시 워드 20으로 데이터를 이동한다. 이렇게 하여 그룹 #2의 3, 7, 11, 15 전등이 온 되고, 나머지는 오프된다. 같은 방법으로, 스텝 3과 스텝 4가 진행되면, 시퀀서는 자동으로 스텝 1로 되돌아간다.

10.3.2 마스킹하는 방법

회전하는 전등의 시퀀서에서 보는 바와 같이, 하나의 워드에 있는 16 개의 출력 비트들은 시스템 제어에서 모두 필요한 것이 아니다. 필요하지 않은 출력들은 마스킹(masking) 하는 것이 가능하고, 이들 출력은 다른 응용에 사용할 수 있다. 마스킹하는 방법은 워드 내의 비트를 0 으로 놓아 제거하는 것이다. 마스크란 디지털 필터의 한 형태로 생각할 수 있으며, 마스크에 1 이 포함되면 데이터는 통과하고, 0 이 포함되면 데이터는 차단된다. 마스크에서 차단되면 그의 대응하는 출력은 다른 곳에 사용할 수 있다.

그림 10-10 은 마스크 워드(mask word)의 사용 방법을 나타낸다. 출력 워드의 비트를 시퀀서로부터 보호하기 위하여 마스크 워드 25 가 사용된다.

		15	14	13	12	11	10	09	08	07	06	05	04	03	02	01	00	
출력 워드	word 20	1	0	0	1	1	0	0	0	0	1	1	0	0	1	0	1	output
마스크 워드	word 25	1	1	1	1	1	0	0	0	0	1	1	0	1	1	0	1	Mask
워드 파일	word 26	1	0	0	1	1	1	0	0	0	1	1	0	0	1	0	1	step 1
	word 27	1	1	0	1	1	0	0	1	1	1	0	0	1	0	1	1	step 2
	word 28	0	1	1	0	0	1	1	1	0	0	0	1	1	0	0	1	step 3
	word 29	0	1	1	1	1	0	0	1	1	1	0	0	1	0	0	1	step 4

그림 10-10 마스크의 동작

그림 10-10 에서, 마스크 워드 25에 1 이 포함되면 출력은 활성화되어 데이터가 마스크를 통하여 출력 파일로 전송되지만 마스크에 0 이 포함되면 데이터 전송을 차단한다.

결론적으로 마스크는 시퀀서 워드 파일과 출력 워드 사이에 교량 역할을 한다고 할 수 있다. 출력 워드의 각 비트는 시퀀서에 의해 제어되는데 출력 워드의 각 비트에 대응하는 마스크 워드는 1로 설정되어야 한다.

그림 10-10에서 만일 워드 26이 파일로부터 마스크 워드를 경우하여 출력 워드로 전송되었다고 하자. 그러면 비트 00에서 출력 워드는 1이 되고, 비트 01에서는 마스크가 0으로 설정되었으므로 0이 된다. PLC 종류에 따라서 시퀀서의 명령은 조금씩 다르지만, 개념적으로는 거의 동일하다. 대개 프로그램할 수 있는 용량은 100 워드 이내이며, 메모리에 저장할 수 있도록 되어 있다.

10.4 시퀀서 명령

각 PLC 제조업체들은 비교적 회사 고유의 독특한 형태로 시퀀서를 제작하지만 이들 기기들 사이에는 유사성이 있다. 대부분의 PLC 시퀀서는 999 스텝 길이를 가지며 64 개의 출력까지 동작시킬 수 있고, 시퀀서 데이터를 파일에 저장하는 방법도 유사하다. 즉 시퀀서의 데이터는 파일 내에 비트 형식으로 저장된다.

시퀀서의 데이터는 프로그래밍 터미널(programming terminal)이나 시퀀서 로드 명령(sequencer load instruction; SQL)에 의해 입력된다. 시퀀서 로드 명령을 사용함으로써 시퀀서 파일을 비트 형식으로 설정할 수 있다. 이 때 입력 랙에 연결된 썸휠 스위치 등의 입력스위치들과 연결된다. 일반적으로 시퀀서 로드 명령은 마스킹을 허용하지 않는다.

시퀀서 입력 명령(sequencer input instruction; SQI)은 PLC에서 공통으로 사용하며, 입력 데이터를 시퀀서 파일에 저장된 데이터와 비교하도록 한다.

또한 모든 PLC는 가상적인 시퀀서 출력 명령(sequencer output instruction; SQO)을 제공한다. 즉 특정적으로 시간(time duration)과 조합된 출력들이 활성화 되도록 설계 된다. 시퀀서 출력 명령은 기계적인 드럼식 시퀀서와 매우 유사하다.

(1) Allen-Bradley 시퀀서

Allen-Bradley 시퀀서는 함수 블록(function block)과 데이터 테이블(data table)로서 구성되어 있다.

그림 10-11 은 Allen-Bradley 데이터 테이블의 한 예이다. 데이터 테이블에 있는 각 스텝은 데이터를 어떻게 구성하느냐에 따라 1 개 워드에서 4 개 워드로 정할 수 있다.

STEP	WORD 1		WORD 2	
001	00000000	00010010	00000000	01101010
002	10010101	10110101	01101010	10110100
003	11001011	01101101	10000000	00101100
004	01101110	11010010	10101010	10011111
005	10101010	11100010	00100100	10011111
006	11110000	11110010	10101010	01010111
007	10110111	01010101	11110110	10000011
008	10110110	10101010	01001001	1111100

그림 10-11 Allen-Bradley 시퀀서 데이터 테이블

각 워드는 16 비트이고 또한 각 비트는 출력을 나타내므로 스텝당 64 개의 출력을 조절할 수 있다. 그림 10-11 의 시퀀서 테이블는 2 워드와 8 스텝으로 동작하는 것이다. 이것이 시퀀서 출력에 관한 데이터 테이블라면 1 이 워드 열의 어디에 있든 출력은 1 로 되는 비트와 결합한다. 0 이 워드 열에 나타나면 출력은 오프된다.

그림 10-12 는 시퀀서 출력 명령 함수(SQO) 의 블록을 나타낸다. 이 블록에는 시퀀서 출력 함수에 따라 변하는 다음과 같은 6 가지 값들이 있다.

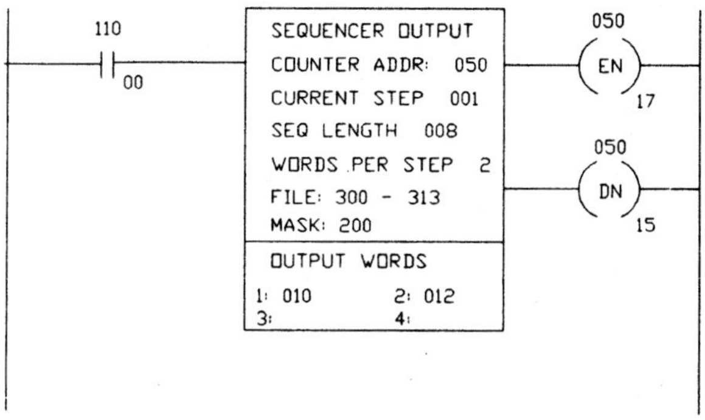

그림 10-12 시퀀서 출력명령 함수 블록

COUNTER ADDR : (카운터 어드레스)	데이터 테이블 내에 저장된 카운터 정보의 위치
CURRENT STEP : (현재 스텝)	현재 실행되고 있는 스텝 수로서, 누적된 카운터 값을 확인한다.
SEQ LENGTH : (시퀀스 프로그램 길이)	시퀀서에 프로그램된 스텝의 수로, 시퀀서 길이는 1 과 999 사이에 어떤 값도 가질 수 있다.
WORDS PER STEP : (스텝당 워드)	시퀀서 데이터 차트에서 사용되는 워드의 수로, 이 값은 출력이 몇 개 활성화하느냐에 따라 1과 4 사이의 값이 된다.
FILE : (파일)	시퀀서 데이터 테이블에서 시작과 끝의 어드레스
MASK : (마스크)	마스크 파일의 시작 어드레스, 주어진 시간에 활성화해야 할 출력의 수를 제어하기 위하여 사용된다.

OUTPUT WORDS : (출력 워드)	시퀀서 데이터 파일의 최종 지점으로 스텝당 몇 개의 워드가 선택되느냐에 따라 1과 4사이의 값이 된다.

그림 10-12에서 시퀀서 길이는 8스텝, 스텝당 2워드를 갖는다. 즉, 16개의 출력을 갖는다. 매번 입력 110 00이 토글(toggle) 되면, 시퀀서는 한 스텝씩 진행하고, 데이터 테이블 내에 1을 갖는 모든 출력들은 마스크 비트가 설정된 것으로 간주하고 활성화된다. 이 시퀀서가 그림 10-11과 같은 데이터 테이블의 상태라면 첫 번째 스텝의 출력은 그림 10-13과 같다.

Word 1	Word 2
0 0 0 0 0 0 0 0 0 0 0 1 0 0 1 0	0 0 0 0 0 0 0 0 0 1 1 0 1 0 1 0

그림 10-13 그림 10-11의 데이터 테이블 출력

그림 10-12의 함수 블록에 의하면 워드 1은 010 어드레스부터 시작하고, 워드 2는 012 어드레스에서부터 시작한다. 이것은 워드 1의 최하위 비트가 출력 010 00이고, 왼쪽으로 다음의 비트는 010 01이고, 그 다음은 010 02라는 의미이다. 워드 2도 마찬가지로 같은 방법으로 하면 된다. 즉, 최하위 비트는 012 00이고, 왼쪽으로 다음의 비트는 012 01이다. 앞의 보기와 같이 각 열에서 2진수 1을 가지므로 010 01, 010 04, 012 01, 012 03, 012 05와 012 06의 비트들은 1로 설정된다. 그러므로 출력들은 140 00이 토글될 때 여자되고, 카운터에 누적된 값은 스텝 01에 있을 때의 값을 갖는다. 만약 입력이 다시 토글되면, 워드 1과 2를 위하여 스텝 02에 셋되어 있는 출력 비트는 여자될 것이다.

Allen-Bradley 시퀀서에서 자동으로 매 스텝의 값을 증가하려면 래더 논리 프로그램에 타이머를 첨부하여야 한다.

그림 10-14는 그림 10-12의 시퀀서 출력에 타이머를 부착한 시간-구동 시퀀서를 나타낸다. 그림 10-14에서 타이머 050은 3초로 설정 되었으며 시퀀서 입력의 펄스를 발생시키는 데 이용한다. 시퀀서의 순시 비트 070 17은 매 증분이 발생한 후 타이머를 복귀시키는 데 이용한다. 이 회로는 3초 동안에 시퀀서의 9스텝까지 자동적으로 진행한다.

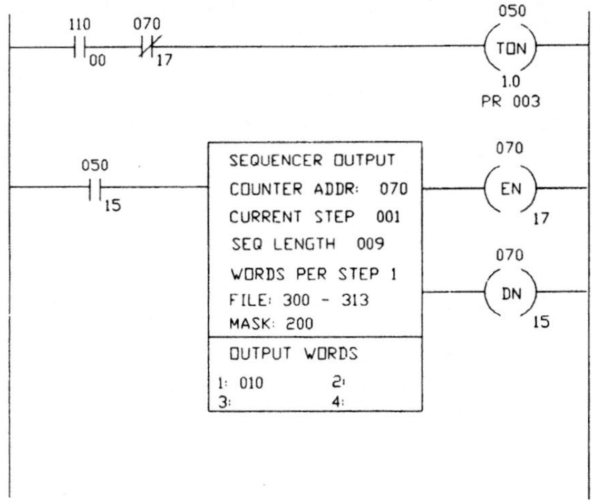

그림 10-14 시간-구동(타이머 부착) 시퀀서 함수 블록

SEQUENCER OUTPUT
STEP 001

FILE 300 - 310

OUTPUT ADDR. 010

DATA 00000000 00000001

MASK ADDR. 200

DATA 00000000 11111111

STEP	WORD 1
001	00000000 00000001
002	00000000 00000010
003	00000000 00000100
004	00000000 00001000
005	00000000 00010000
006	00000000 00100000
007	00000000 01000000
008	00000000 1000000
009	00000000 11111111

그림 10-15 시퀀서 데이터 테이블

그림 10-15 의 데이터 테이블은 그림 10-14 의 시퀀서의 동작 내용에 대한 설명이다. 이 회로의 목적은 3 초 간격으로 8 개의 출력이 여자되도록 하는 것이다. 시퀀서가 9 번째 스텝에 도달했을 때 8 개의 출력 모두는 3 초 동안 여자된다. 시퀀서는 접점 110 00 가 개방될 때까지 이 9 스텝을 계속해서 주기적으로 반복한다.

Allen-bradley 시퀀서 입력 명령(SQI)은 시퀀서의 16비트 입력 데이터를 시퀀서 파일(data table)에 저장된 데이터와 비교하여 같도록 만드는 명령이다. 예를 들면, 입력 상태와 목표값을 비교하여 동일하면 명령은 동작하게 된다.

입력 데이터는 입력 스위치의 조합과 같이 입력장치의 상태를 지시할 수 있다. 예를 들어, 8개의 입력 스위치를 감시하고자 할 경우, 스위치가 닫힐 때는 데이터 테이블 내에 1로서 나타나고, 스위치가 열릴 때는 데이터 테이블 내에 0으로서 나타난다. 8개의 온, 오프된 스위치의 조합이 시퀀서 테이블 내에서 1과 0수의 조합과 같을 때, 시퀀서의 출력이 활성화되어 가로줄(rung)이 동작된다. SQI는 스텝 카운터(step counter)를 내장하여, 현재의 입력 장치들과 비교하면서 시퀀서 파일내의 스텝을 가리킨다.

그림 10-16은 시퀀서의 입력 함수 블록이다. 블록안 대부분의 명령어들은 약간의 차이가 있기는 하나 시퀀서 출력 함수 블록과 비슷하다.

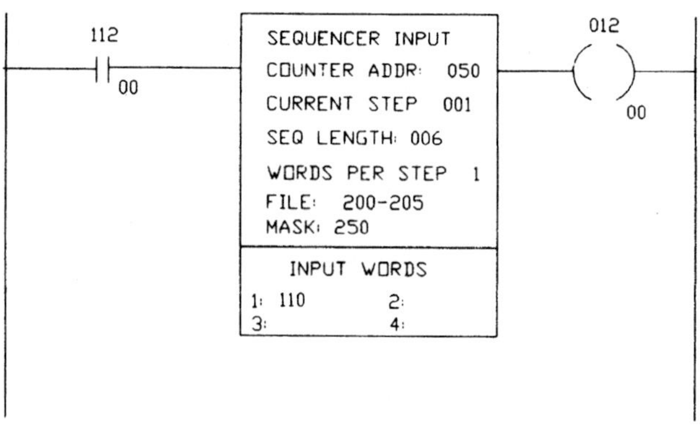

그림 10-16 시퀀서 입력 함수 블록

COUNTER ADDR(카운터 어드레스)는 데이터 테이블 내의 명령어 어드레스이다. CURRENT STEP(현재 스텝)은 입력 데이터와 즉시 비교되는 스텝의 수이고, SEQ LENGTH(시퀀서 길이)는 시퀀서에서 사용하고 있는 스텝의 수, FILE(파일 어드레스)은 시퀀서 데이터 테이블의 시작 어드레스이다. 또한 MASK(마스크 어드레스)는 마스크 파일의 시작 어드레스이다. 입력 워드들(input words)은 시퀀서 내에서 각 스텝에 프로그램된 것과 비교되는 입력 비트들이다. 입력 어드레스에 조합된 어드레스들이 스텝에 축적된 2진수 워드와 같을 때, 시퀀서는 입력 112 00에 펄스가 들어오면 한 스텝씩 증가한다.

그림 10-17은 SQO와 SQI가 같은 가로줄로 프로그램된 것을 나타낸다. 시퀀서

입력의 스텝 카운터는 두 카운터가 동일한 어드레스 050 을 가지므로 SQO 에 의해 바로 표시된다. 특수한 입력 시퀀스가 발생하면, 특정한 출력 시퀀스가 발생하므로 프로그래밍 기법의 형태는 입력과 출력 시퀀서를 동시에 함수로 작성할 수 있다.

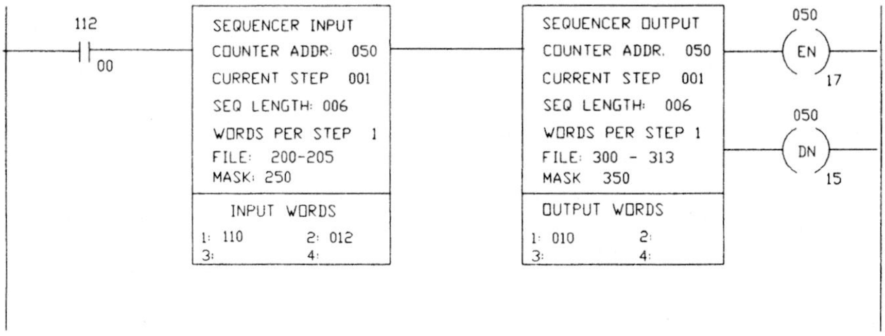

그림 10-17 시퀀서 입력과 시퀀서 출력 함수 블럭

Allen-Bradley PLC 기종에서는 또한 시퀀서 로드 명령(SQL)이 있다. SQL 을 사용하면 섬휠 스위치가 입력-랙에 접속되는 것과 같이 입력장치를 통하여 시퀀서 파일에 비트 형태로 설정할 수 있다. 이 명령은 입력과 출력 및 메모리의 레지스터에 저장된 워드 정보를 4 워드 혹은 64 비트로 시퀀서 파일에 전송한다. SQL 명령은 시퀀서 파일에 데이터를 로드(load)하기 위하여 주로 사용한다. 즉, 파일을 불러들일 때 사용한다. SQL 을 사용하면 한 번에 한 스텝씩 시퀀서에 데이터를 이동시킬 수 있다. 스텝 카운터가 증가함에 따라 데이터는 시퀀서 테이블에서 현재의 카운트 값과 동일하게 되는 최종 스텝이 로딩될 때까지 시퀀서 데이터를 이동한다.

그림 10-18 은 시퀀서 로드 함수 블록의 한 예를 나타내며, 마스킹을 사용할 수 없다. 만약 워드를 마스킹할 필요가 있으면 SQI 또는 SQO 와 함께 실행해야 한다.

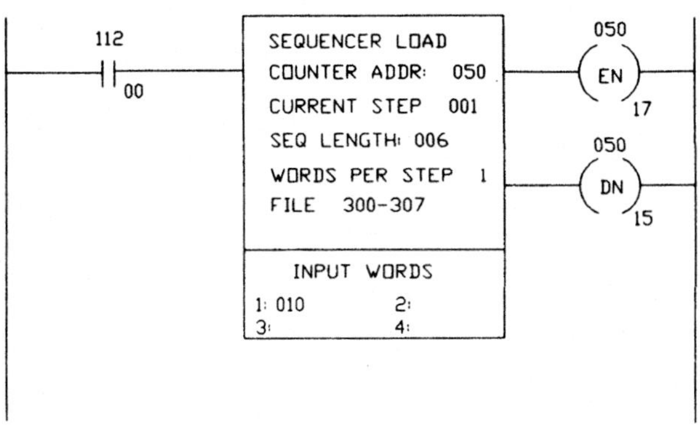

그림 10-18 시퀀서 로드(load) 함수 블록

시퀀서 로드 함수 블록에 있는 명령어들은 아래와 같다.

COUNTER ADDR	: 테이터 테이블의 명령어드레스로서 누적된 값을 나타낸다.
CURRENT STEP	: 시퀀서 테이블의 위치
SEQ LENGTH	: 시퀀서 동작에 사용되고 있는 스텝 수
WORDS PER STEP	: 시퀀서에서 사용되는 2 진 워드의 수
FILE	: 시퀀서 데이터 테이블의 시작 어드레스
INPUT WORDS	: 시퀀서에 의해 검색되는 데이터의 위치

(2) AEG Modicon Sequencer

Modicon 시퀀서의 함수 블록은 그림 10-19 에 나타낸 바와 같이 Modicon 카운터의 외형과 비슷하다. 이러한 형태의 시퀀서는 32 스텝까지 프로그램할 수 있다. 그림 10-19 에서 함수 블록 윗줄에서 스텝의 값은 8 로 선정하였다. 이 Modicon PLC 는 8 개의 시퀀서까지 동작이 가능하고 그 어드레스는 다음과 같다.

4051 시퀀서는 접점 2101-2132 을 사용
4052 시퀀서는 접점 2201-2232 을 사용
4053 시퀀서는 접점 2301-2332 을 사용
4054 시퀀서는 접점 2401-2432 을 사용
4055 시퀀서는 접점 2501-2532 을 사용
4056 시퀀서는 접점 2601-2632 을 사용
4057 시퀀서는 접점 2701-2732 을 사용
4058 시퀀서는 접점 2801-2832 을 사용

그림 10-19 의 회로에서 접점 1001 은 스텝핑 접점이다. 1001 이 매 온/오프 될 때마다 시퀀서는 1 스텝씩 진행한다. 레지스터가 4051 로 선정되었기 때문에 1001 에 펄스를 발생시킴에 따라 2101 에서 2108 까지 8 개의 접점들이 순차적으로 여자된다. 출력 0009 는 시퀀서가 마지막 스텝이 될 때까지 여자된다. 상시 폐로 접점인 0009 는 카운터의 복귀용으로 사용되므로, 시퀀서는 카운터가 마지막 스텝에 도달하면 자동적으로 복귀한다.

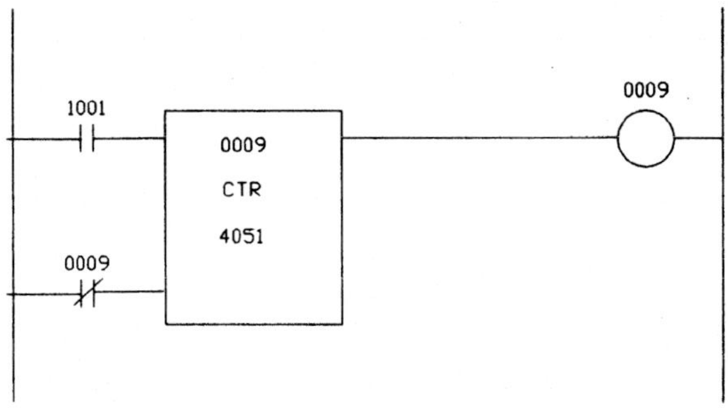

그림 10-19 Modicon 시퀀서 함수 블록

그림 10-20 은 Modicon PLC 에서 사용하는 시퀀서 회로의 예이다. 8 개의 출력이 순차적으로 동작하는 회로로 9 번째 스텝에서 모든 출력들이 온 된다.

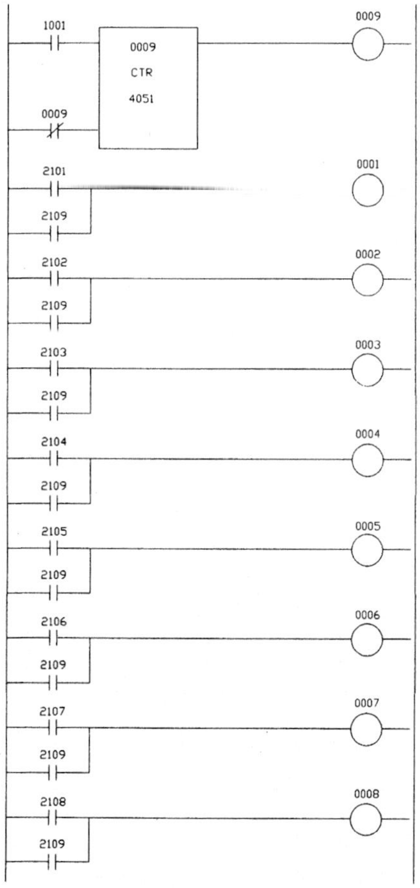

그림 10-20 Modicon 시퀀서 회로

9 번째 스텝 후에는 회로는 재설정되어 다시 스텝 1 을 계속한다. 시퀀서에 의해 여자되는 출력들은 0001 에서 0008 까지 각각 번호가 붙여져 있다.

그림 10-21 은 Modicon 시간-구동 시퀀서의 한 예이다. 이 회로에서 접점 1001 이 닫히면, 타이머는 매 5 초마다 자동적으로 재설정되도록 시퀀서 함수 블록에 입력 펄스를 제공한다.

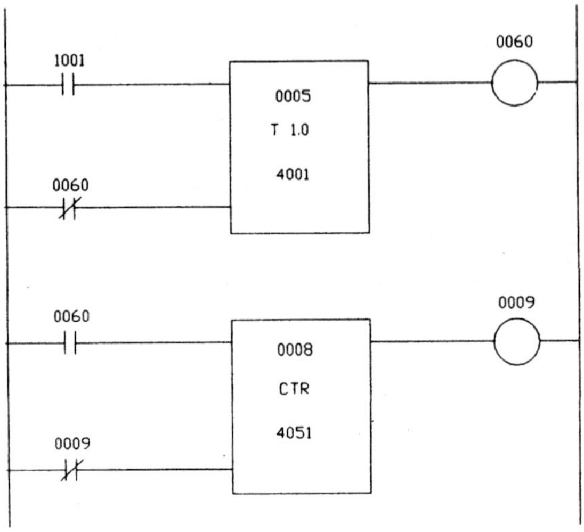

그림 10-21 Modicon 시간-구동 시퀀서

(3) Texas Instruments 시퀀서

그림 10-22 는 시퀀스의 각 스텝이 시간에 따라 동작하는 Texas Instruments 의 시간-구동 시퀀서이다. 시퀀서 테이블 자체가 매트릭스 형태로 구성된다. 시퀀서에 의해 동작되는 출력은 시퀀서 테이블의 맨 윗줄에 표시한다. 출력 아래의 열이 1 이면 출력은 온, 0 이면 출력은 오프가 된다. 그림 10-22 에서 스텝 1 은 출력 C1 아래에 1 이 된다. 그래서 시퀀서가 시간이 지나도 출력 C1 만이 온한다. 스텝 2 에서 시작할 때는 출력 C2 만 온한다. 시퀀서가 스텝 16 이 되면 각 15 개의 출력 모두에 1 이 존재하기 때문에 모든 출력들은 온된다.

그림 10-22 에서 온으로 된 출력들이 여자 상태로 남아 있게 되는 시간은 SET/CNT 에 CNT/STP 을 곱한 값에 의해 결정된다. 이 회로에서 SET/CNT 는 5,000 초로 설정되어 있다. 첫 번째 스텝당 카운터는 1 이다. 이는 출력 코일 C1 이 5×1 인 5 초 동안 온 된다는 것을 의미한다. 따라서, 시퀀서가 스텝 2 에서는 15 초 동안 온 된다. 이는 시퀀서가 스텝 3 으로 이동하기 전에 출력 코일 C2 가 15 초 동안 온한다는 것이다. 시퀀서가 스텝 5 에 도달했을 때는 모두 출력들은 50 초 동안 온하

게 된다. 시퀀서가 모든 스텝을 통과하면 시퀀서 코일의 오른쪽 편에 있는 출력 코일이 온된다. 이 경우에 Y26 은 시퀀서의 리셋/인에이블상에 있는 상시 폐로 Y26 접점을 동작한다. 이것은 시퀀서가 자동적으로 리셋되고 어떠한 명령도 없이 사이클을 반복하는 것을 의미한다. SET/CNT 값 위에 있는 설정값은 시퀀서가 시작하는 스텝 번호이다. 예를 들어, 설정값이 3 이면 인에이블 접점 X1 이 오프할 때 시퀀서는 스텝 3 으로부터 카운팅을 시작한다는 것이다.

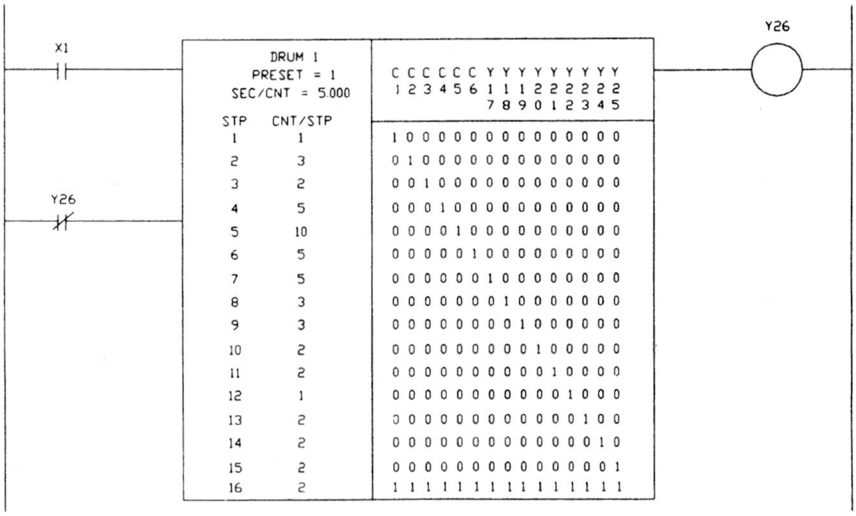

그림 10-22 Texas Instruments 의 시간-구동 시퀀서

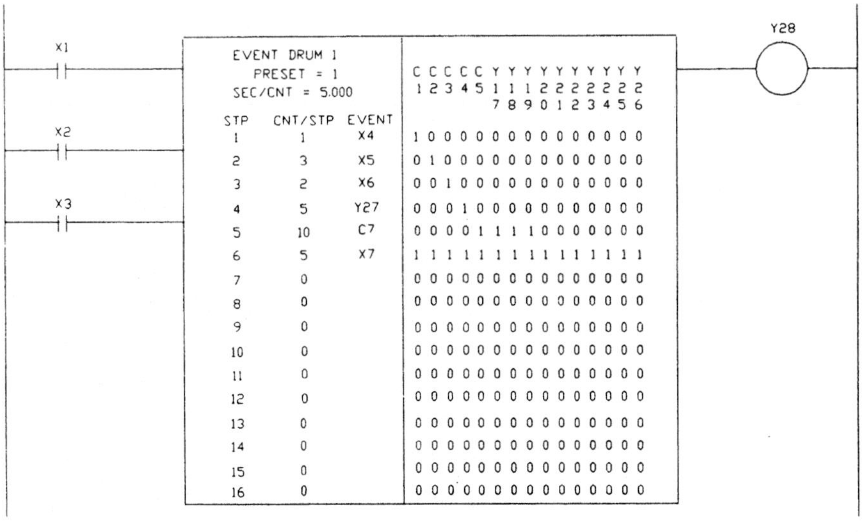

그림 10-23 Texas Instruments 의 이벤트-구동 시퀀서

그림 10-23은 Texas Instruments의 이벤트-구동 시퀀서를 나타낸다. 이러한 시퀀서는 스텝에서 스텝으로 이동하는 데 자동적으로 이동할 수 없으며, 이벤트가 발생해야만 이동한다. 접점 X1은 프리즈/인에이블(freeze/enable) 접점, X3는 리셋/인에이블(reset/enable) 접점 그리고 X2는 마스터 이벤트(master event) 접점이다. 이 X2 접점이 개폐될 때마다 시퀀서는 1 스텝씩 진행한다. X1이 닫히면 스텝 1이 온되나, 스텝 1에 이벤트가 발생할 때까지 시퀀서는 스텝 2로 갈 수가 없다. 그림 10-23에서 스텝 1에서의 이벤트는 접점 X4이다.

이것은 X4가 닫히거나 마스터 이벤트 접점 X2가 닫히지 않으면 그 상태를 유지한다. X2 또는 X4 접점 중 어느 것이라도 닫히면 시퀀서는 스텝 2로 이동하여 10초 동안 머무른다. 각 스텝에서 타이밍 사이클은 이벤트 열에 있는 입력 또는 출력이 온될 때까지 시작하지 않는다.

그림 10-23에서 스텝 6은 시퀀서로 프로그램된 최종 스텝이다. 시퀀서가 자신의 주기가 끝나면 리셋 접점 X3가 열릴 때까지 출력 Y28을 포함한 모든 출력들은 온 상태로 스텝 6에 머무른다.

Q. 연습문제

01 기계식 드럼 제어기란?

02 기계식 드럼 제어기의 2가지 응용 예는?

03 시간-구동 시퀀서의 동작 함수는?

04 시간-구동 시퀀서와 이벤트-구동 시퀀서의 차이점은?

05 시퀀서 차트란?

06 마스크는 (　　　) 이다.

(a) 자동적으로 시퀀서를 진행시키는 데 사용한다.
(b) 출력이 여자되는 것을 막기 위한 방법이다.
(c) 어떤 출력 동작에 대하여 시퀀스를 작성한 테이블이다.
(d) 2차원의 직사각형으로 배열된 양이다.

07 시퀀서 부하 명령(SQL)의 목적은?

08 시퀀서 입력 명령(SQI)의 전형적인 응용의 예로는?

09 시퀀서 출력 명령(SQO)의 동작 함수는?

10 전형적인 Allen-Bradlley 시퀀서에 동작할 수 있는 출력의 수는?

11 스텝당 워드(words per step)란?

12 마스크 명령(mask instruction)을 시퀀서 입력(sequencer input)과 함께 사용할 수 있는가?

13 전형적인 Modicon PLC 에서 사용할 수 있는 시퀀서의 수는?

A. 해 답

06 (b)

제 11 장 MASTER-K 프로그램 작성법

11.1 서론

PLC를 프로그램하는 방법에는 현장에서 간단히 조작할 수 있는 핸디 로더(Handy Loader) 방식과 PC를 이용한 소프트웨어 방식이 있다. 이 장에서는 LS산전 Master-K 시리즈의 핸디 로더 작성법과 KGL 프로그램 작성법을 설명한다.

11.1.1 Master-K 시리즈

그림 11-1은 Master-K 시리즈 PLC에 연결된 핸디 로더를 나타내며, 창(window)과 명령키들로 구성된다.

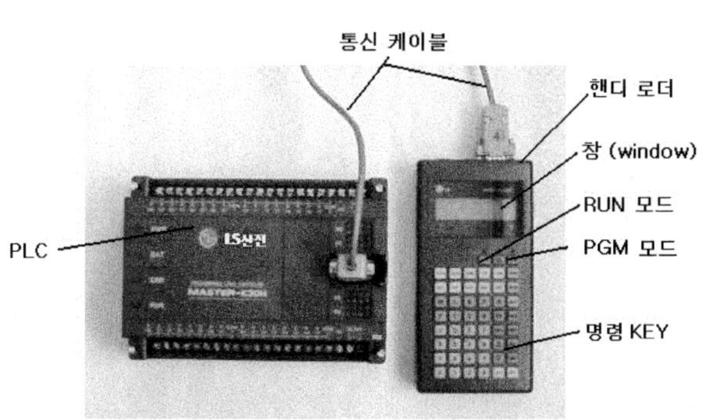

그림 11-1 PLC에 연결된 핸디 로더

PLC에 프로그램을 입력시키는 방법은 래더선도로 프로그램된 순서에 따라 핸디 로더의 키를 입력시킨다. 프로그램 입력은 PGM (PROGRAM) 모드에서 수행된다.

먼저 전원을 ON 시키고, 1번을 선택하여 프로그램 편집 상태가 되면, 다음과 같이 해당 PLC의 시리즈 번호 K xxx를 표시한다.

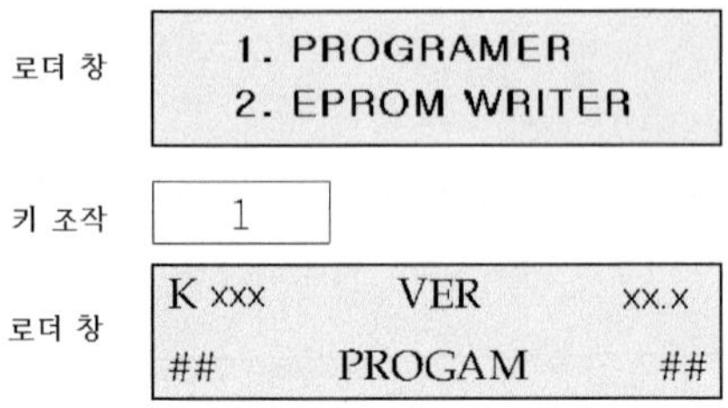

PGM 모드에서 "CLR" 키를 입력시키면, 메모리가 클리어 되며 " 0000 " 스텝 번호를 나타낸다.

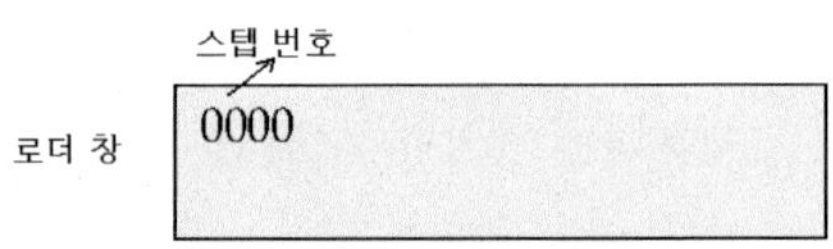

그림 11-2와 같은 래더선도의 프로그램을 입력시키고자 할 경우, 하나의 가로줄 (rung)에는 2 스텝의 조작이 필요하다.

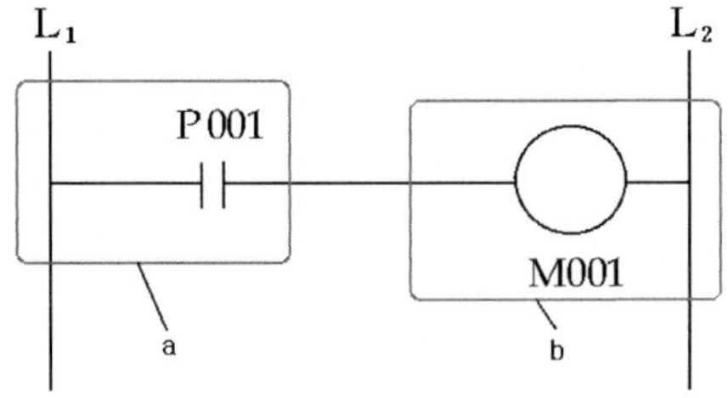

그림 11-2 Master-K 시리즈를 위한 래더선도

먼저, 그림 11-2에서 블록 a를 입력하기 위해서 핸디 로더를 이용하여 "LOAD", "p", "0", "0", "1" 을 누르면, 다음과 같이 로더 창에 표시된다. 여기서 "LOAD"를 명령어 (instruction)라 하고, "P001" 을 비트 번호 (bit number)라 한다. 한편, 비트 번호의 알파벳 "P"는 입출력장치임을 나타낸다.

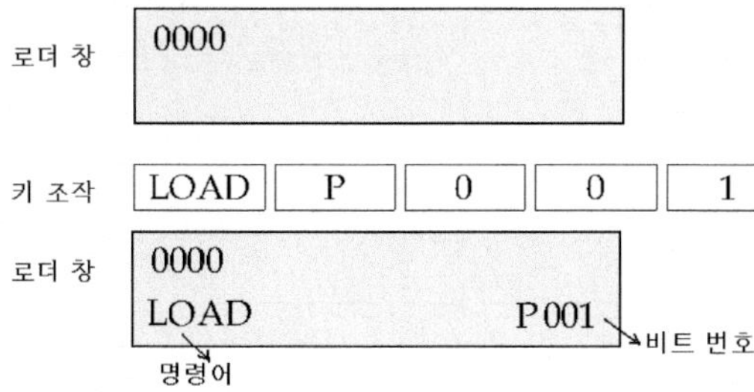

"ENT" (Enter) 키를 치면 PLC 메모리의 "0000" 스텝 번호에 블록 a 에 해당되는 프로그램 입력이 완료되며, 스텝 번호는 다음과 같이 "0001" 로 넘어가서 다음의 명령을 입력시킬 준비를 완료한다.

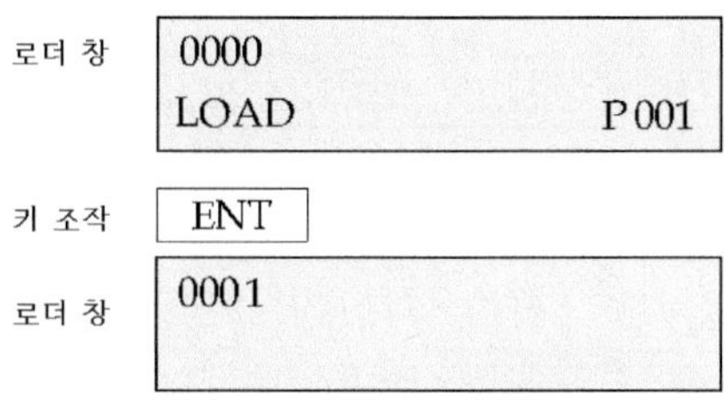

그림 11-2 의 블록 b 를 입력시키는 경우에도 같은 방법으로 "OUT", "M", "0", "0", "1" 을 누르면 다음과 같이 로더 창에 표시된다.

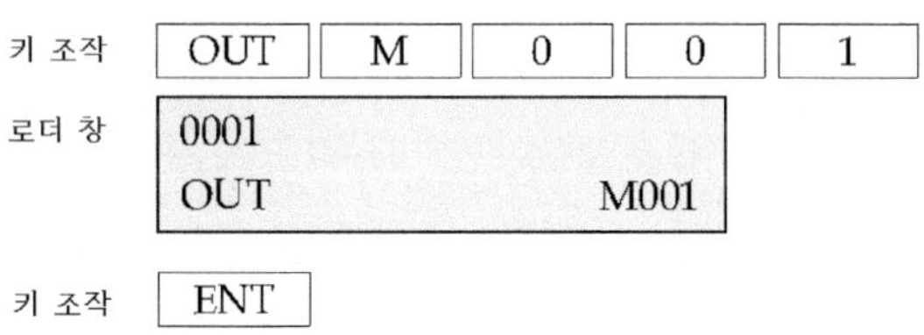

"ENT" (Enter) 키를 치면 하나의 가로줄에 대한 프로그램 입력이 완료되며, 스텝 번호는 " 0002 " 로 넘어가서 다음의 명령을 입력시킬 준비를 한다. 블록 b 의 출력 코일 " M001" 에서 "M" 은 내부 컨트롤 릴레이를 나타낸다.

11.1.2 SPC 시리즈

그림 11-2 의 래더선도를 삼성 SPC 시리즈의 핸디 로더로 입력하고자 할 경우, 그림 11-3 과 같다. 즉, 입력장치 "P001" 은 "R001" 으로, 명령키 "LOAD" 는

"STR" 로 바꾸어 입력한다.

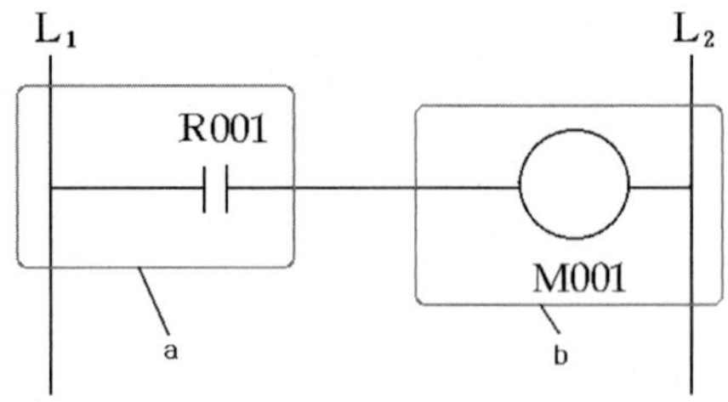

그림 11-3　SPC 시리즈를 위한 래더선도

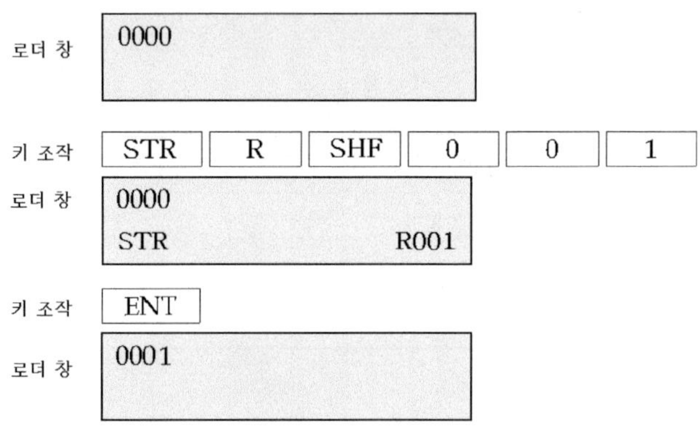

SPC 시리즈의 핸디 로더를 입력하고자 할 경우, 숫자 앞에는 반드시 "SHF"를 입력시킨 후 숫자를 입력한다.

이상으로, Mster-K 시리즈와 SPC 시리즈의 기본 명령어 차이점을 정리하면 표 11-1 과 같다. 이절 이하에서는 Mster-K 시리즈에 관하여 설명하지만, 표 11-1 을 참조하면 SPC 시리즈 PLC 에도 적용할 수 있다.

11.2　기본 명령어

PLC 프로그램을 작성하기 위해서는 기본적으로 각 회사마다 제공하고 있는 명령어를 익혀둘 필요가 있다. PLC 종류에 따라서 명령어는 조금씩 다르지만 기본형식은 비슷하므로 한 가지만 완전히 습득하면 다른 기종을 익히는 데에도 별로 어려움이 없다.

그림 11-4 는 Master-K 시리즈 핸디 로더상에서 조작할 수 있는 명령키들을 나타

낸다. 핸디 로더는 명령키와 숫자키 및 다음과 같은 세 가지의 PLC 모드로

표 11-1 Mster-K 시리즈와 SPC 시리즈의 기본 명령어

기능	Master-K 시리즈		SPC 시리즈	
	래더선도	명령어	래더선도	명령어
1. Normally Open 접점에 의한 논리회로의 시작	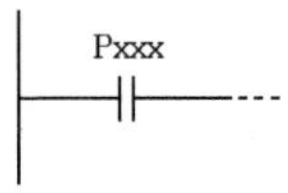	LOAD	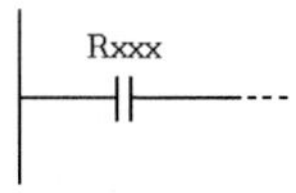	STR
2. Normally Closed 접점에 의한 논리회로의 시작	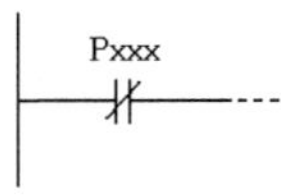	LOAD NOT	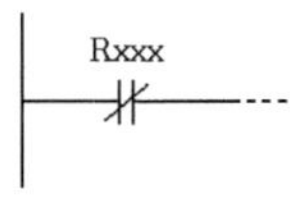	STN
3. Normally Open 접점에 의한 직렬회로의 접속	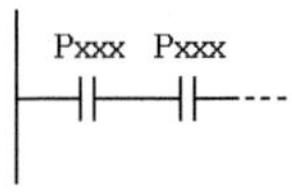	AND	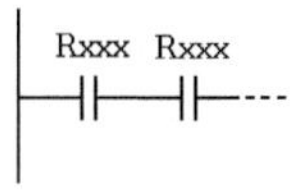	AND
4. Normally Closed 접점에 의한 직렬회로의 접속	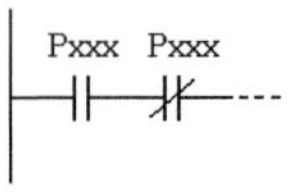	AND NOT	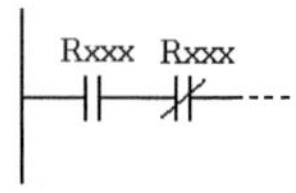	ADN
5. Normally Open 접점의 병렬접속	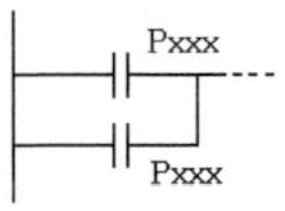	OR	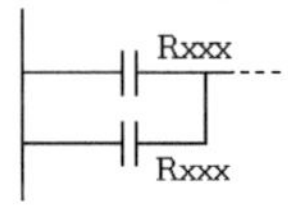	OR
6.Normally Closed 접점의 병렬접속	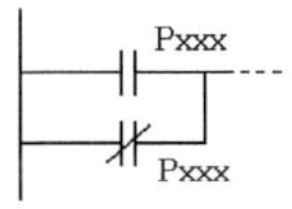	OR NOT	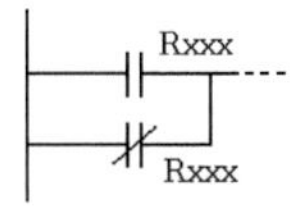	ORN
7. 논리회로 결과에 의한 코일의 여자	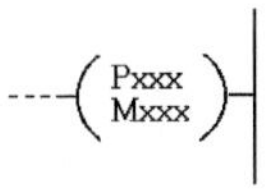	OUT	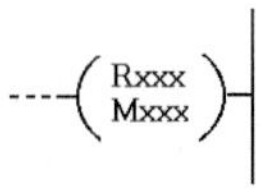	OUT
8. 논리에 의한 ON -Delay 타이머의 지정	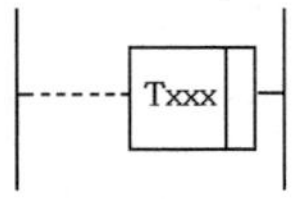	TMR	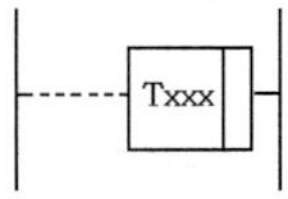	TIM
9. 논리에 의한 카운터의 지정	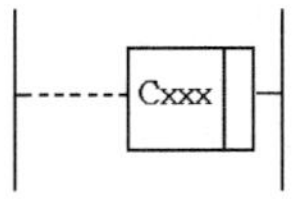	CNT	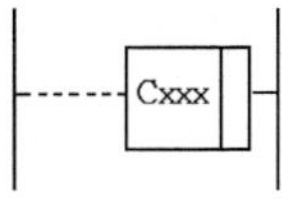	CNT
10. 프로그램의 종료	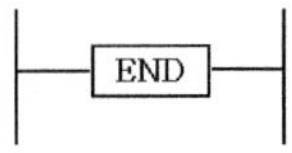	END	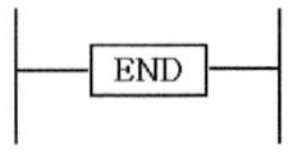	END

구성된다.

RUN 모드 : PLC의 모드를 Run 모드로 바꿀 때 사용한다.
DEB/PAU 모드 : Run 모드에서 Pause 모드로 바꾸거나, Program 모드에서 Debug 모드로 바꿀 때에 사용한다.
PGM 모드 : PLC의 모드를 Program 모드로 바꿀 때에 사용한다.

따라서, PLC 프로그램을 작성하고자 할 경우에는 반드시 "PGM 모드" 에서 실행하여야 한다. (이때 PGM 모드의 LED가 켜진다.)

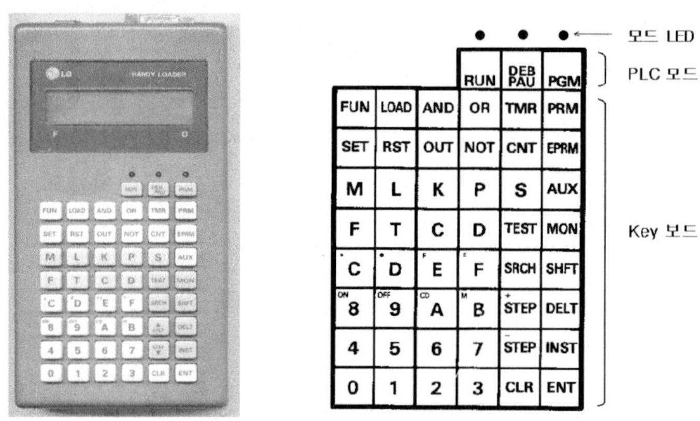

(a) 핸디 로더 외관 (b) 키보드 구성

그림 11-4 Mastert-K 시리즈 핸디 로더 구성

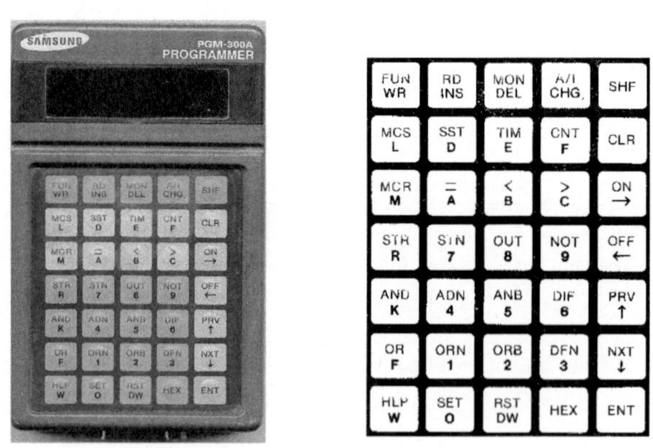

(a) 핸디 로더 외관 (b) 키보드 구성

그림 11-5 SPC 시리즈 핸디 로더 구성

한편, 그림 11-5는 SPC 시리즈 핸디 로더의 구성을 나타낸다. 그림 11-4와 비교

하여 볼 때, 동일한 명령어도 있지만 그렇지 않은 명령어도 있으므로 주의하여 입력하여야 한다.

11.2.1 LOAD 및 LOAD NOT

그림 11-6 (a) 와 같이, 버스 L_1 에서 출발하는 가로줄의 첫 번째 a 접점(Normally Open) 은 "LOAD" 명령어로 시작한다. 한편, 11-6 (b) 와 같이 첫 번째 가로줄의 b 접점 (Normally Closed) 은 "LOAD NOT" 명령어로 시작한다.

즉, "LOAD" 및 " LOAD NOT" 명령어는 가로줄의 논리회로 시작을 의미한다.

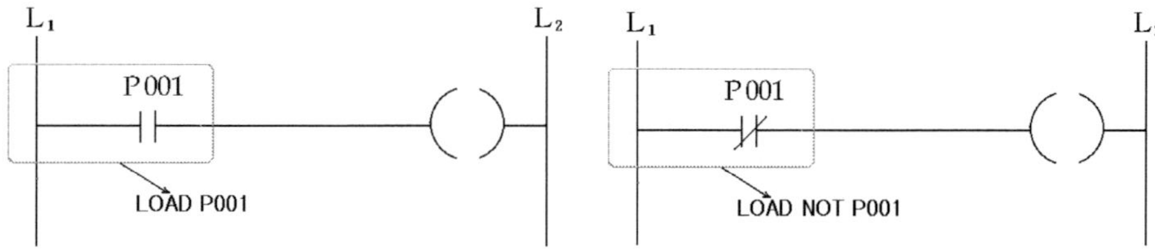

(a) LOAD 명령어　　　(b) LOAD NOT 명령어

그림 11-6 "LOAD" 및 "LOAD NOT" 명령어 래더선도

11.2.2 AND 및 AND NOT

그림 11-7 과 같이 가로줄의 첫 번째 접점과 직렬로 연결되는 접점이 있을 경우에 사용한다. 가로줄의 첫 번째 접점과 연결되는 접점이 a 접점일 경우는 "AND" 명령어를, b 접점과 연결될 경우는 "AND NOT" 명령어를 사용한다.

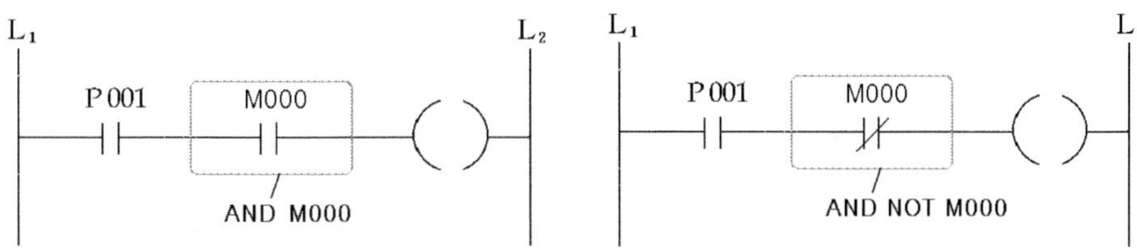

(a) AND 명령어　　　(b) AND NOT 명령어

그림 11-7 AND 및 AND NOT 래더선도

즉, "AND" 및 "AND NOT" 명령어는 가로줄의 첫 번째 접점과 직렬로 연결되는 접점에 사용하며, 계속하여 접점이 직렬로 이어질 경우에도 유효하다.

11.2.3 OR 및 OR NOT

그림 11-8과 같이 가로줄의 접점과 병렬로 연결되는 접점이 있을 경우 사용하는 명령어이다. 병렬로 연결되는 접점이 a 접점이면 "OR" 명령어를, b 접점이 병렬로 연결되면 " OR NOT" 명령어를 사용한다.

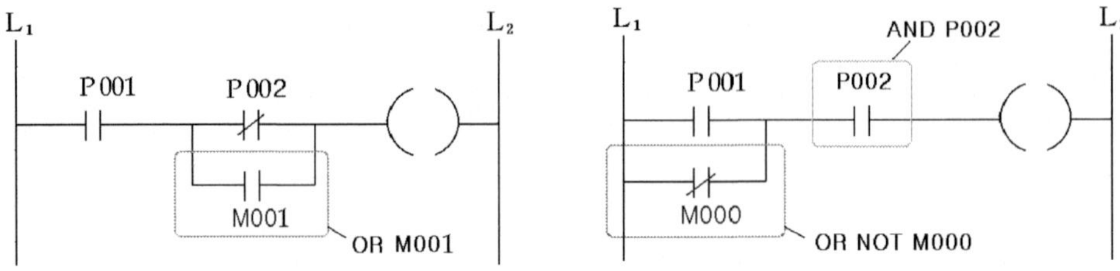

(a) OR 명령어　　(b) OR NOT 명령어

그림 11-8 OR 및 OR NOT 래더선도

11.2.4 OUT

"OUT" 명령까지의 연산 결과를 지정한 접점에 출력한다. 그림 11-9와 같은 래더선도에서 입력 접점 M000가 ON 되면, 지정 출력 코일 P000와 P001이 ON 됨과 동시에 P002의 출력 코일은 OFF 된다. 또한 "OUT" 명령은 병렬 사용이 가능하다. 이 경우의 프로그램 입력은 표 11-2와 같이 행한다.

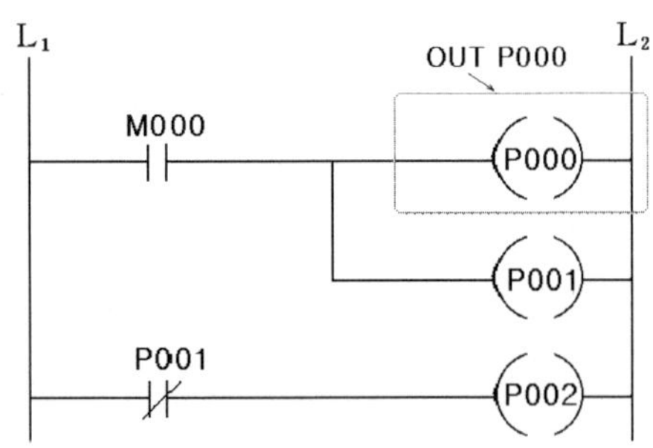

그림 11-9 OUT 명령어를 위한 래더선도

표 11-2 그림 11-9 래더선도 키 입력

스텝 번호	키 조작
0000	LOAD M 0 0 0 ENT
0001	OUT P 0 0 0 ENT
0002	OUT P 0 0 1 ENT
0003	LOAD NOT P 0 0 1 ENT
0004	OUT P 0 0 2 ENT

그림 11-9 에서 첫 번째 가로줄에 이중으로 연결되어있는 출력 P001 은 OR 명령으로 접속하지 않고, 표 11-2 와 같이 연속하여 OUT 명령을 사용함에 유의한다. 출력은 2 개 이상이 연결될 수 있다.

11.2.5 AND LOAD 및 OR LOAD

그림 11-10 과 같이 블록과 블록이 직렬로 연결된 경우에는 “AND LOAD"를, 블록과 블록이 병렬로 연결된 경우에는 ” OR LOAD"를 사용한다. 그림 11-10 (a) 래더선도에 대하여 키 입력은 표 11-3 과 같다.

그림 11-10 에서 유의할 점은 "AND LOAD" 또는 “OR LOAD"는 블록과 블록 사이에 삽입하는 것이 아니라, 표 11-3 과 같이 연결하여야 할 블록을 입력한 후에 삽입한다.

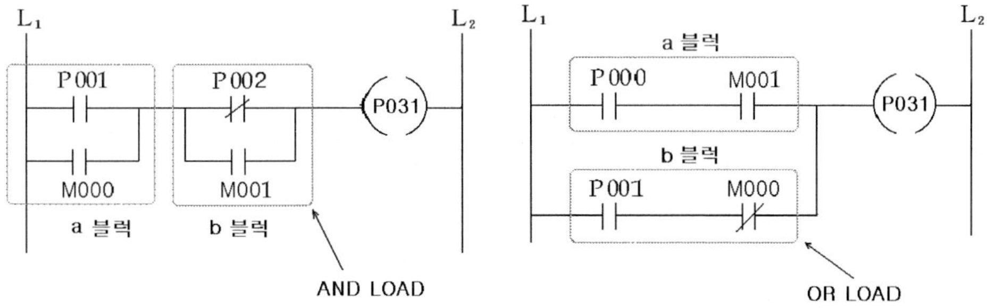

(a) AND LOAD 명령어 (b) OR LOAD 명령어

그림 11-10 AND LOAD 및 OR LOAD 래더선도

표 11-3 AND LOAD 명령어 키 입력

스텝 번호	키 조작
0000	LOAD P 0 0 1 ENT
0001	OR M 0 0 0 ENT
0002	LOAD NOT P 0 0 2 ENT
0003	OR M 0 0 1 ENT
0004	AND LOAD ENT
0005	OUT P 0 3 1 ENT

11.2.6 SET 및 RST

SET (셋) 명령은 입력조건이 ON 되면 지정 출력접점을 ON 상태로 자기유지시켜 입력이 OFF 되더라도 출력을 ON 상태로 유지한다.

RST (리셋) 명령은 입력조건이 ON 되면 지정 출력접점을 OFF 상태로 자기유지시켜 입력이 OFF 되더라도 출력을 OFF 상태로 유지한다.

예를 들면, 그림 11-11 과 같은 래더선도에서 M000 접점이 ON 되면, 출력 P030 은 ON 상태를 유지하며, M000 접점이 OFF 되더라도 출력은 ON 상태를 계속 유지한다. 한편, M001 접점이 ON 되면 출력 P030 은 OFF 를 유지한다.

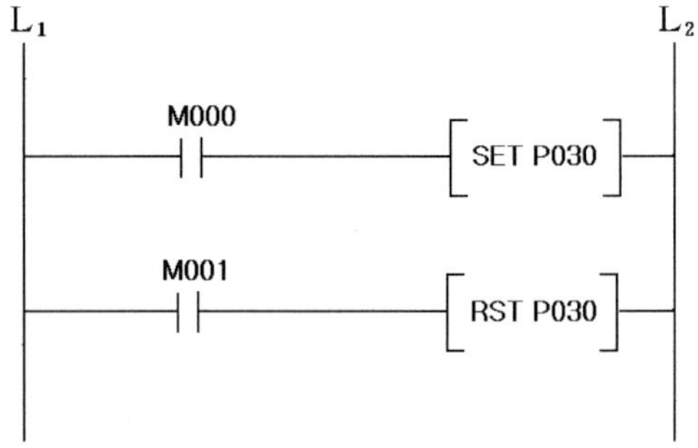

그림 11-11 SET 와 RST 의 래더선도

즉, SET 명령으로 ON 된 출력은 RST 명령에 의해서 OFF 된다. 그림 11-11에 대한 타임차트는 그림 11-12 와 같다.

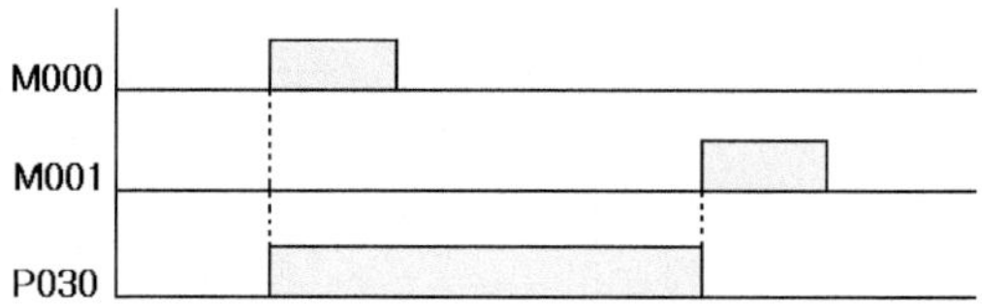

그림 11-12 SET 와 RST의 타임차트

11.2.7 ON 딜레이 타이머 : TON

TON 타이머는 입력조건이 ON 되어 있는 동안 현재값을 증가하여 타이머의 설정값에 도달하면 타이머 접점이 ON 된다. 한편, 입력조건이 OFF 되거나 RST 명령을 만나면 타이머 출력이 OFF 되고 현재치는 0 이 된다.

그림 11-13 은 TON 타이머를 사용한 래더선도를 나타낸다. 첫 번째 가로줄에서 M000 접점이 ON 되고, 20 초 후 타이머의 현재값과 설정값이 동일할 때 타이머 출력 T021 은 ON 된다. 두 번째 가로줄의 타이머 접점 T021 이 ON 되면 출력 P030 은 ON 된다. 한편, 세 번째 가로줄과 같이 입력접점 M000 가 OFF 되거나 RST 명령을 만나면 타이머 출력이 OFF 되고 현재값은 0 이 된다.

여기서, 타이머 설정값은 PLC의 종류에 따라 사용 범위가 다르므로 주의할 필요가 있다. 예를 들어, LG 산전의 Master-K Series 인 경우 표 11-4 와 같이 100 ms 또는 10 ms 단위로 사용할 수 있는 타이머 코일을 나타내므로, T021 대신에 T097 타이머 코일을 사용하는 경우에 설정값은 2000 이 된다.

이때의 키 조작은 표 11-5 와 같으며, TMR을 동작시켜 ON 딜레이 타이머를 설정한다.

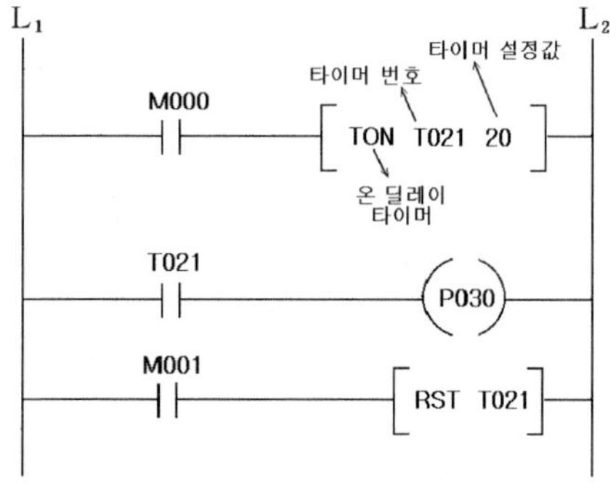

그림 11-13 TON 타이머를 사용한 래더선도

표 11-4 Master-K 시리즈 타이머 설정값 비교

구분	100 ms 범위	10 ms 범위
K10	T000~T191	T192~T255
K30H, K50H	T000~T095	T096~T127
K60H, K200H	T000~T191	T192~T255
K500H, K1000H	파라미터 가변	

표 11-5 ON 딜레이 타이머 키 입력

스텝 번호	키 조작
0000	LOAD M 0 0 0 ENT
0001	TMR T 0 2 1 ENT
0002 〈DATA〉	0 0 2 0 ENT
0004	LOAD T 0 2 1 ENT
0005	OUT P 0 3 0 ENT
0006	LOAD M 0 0 1 ENT
0007	RST T 0 2 1 ENT

11.2.8 OFF 딜레이 타이머 : TOFF

TOFF 타이머는 입력조건이 ON 되면 타이머 접점이 동시에 ON 하고, 출력은 ON 된다. 만약 입력조건이 OFF 될 경우, 타이머의 현재값은 설정값으로부터 감산되어 현재값이 "0" 이 되는 순간 출력이 OFF 된다. RST 명령을 만나면 타이머 출력은 OFF되고 현재값은 "0" 이 된다.

예를 들면, 그림 11-14 와 같은 래더선도에서 TOFF 가 어떻게 동작하는지를 알아보자.

그림 11-14 에서, 입력 P001 이 ON 되면 타이머 T000 접점이 동시에 ON 하고 출력 P030 도 ON 한다. 그 후, 입력 P001이 OFF 되면, 타이머는 50 초에서부터 100 msec 씩 감산을 시작하고, 0 초가 됨과 동시에 접점은 OFF 된다.

TOFF 명령키의 입력 방법은 표 11-6 과 같고, 그림 11-15 는 타임 차트를 나타낸다.

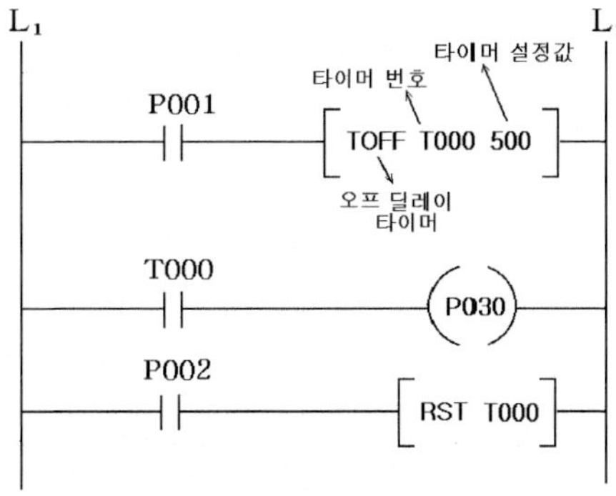

그림 11-14 TOFF 타이머를 사용한 래더선도

표 11-6 OFF 딜레이 타이머의 키 입력

스텝 번호	키 조작
0000	LOAD P 0 0 1 ENT
0001	TMR TMR T 0 0 0 ENT
0002 〈DATA〉	0 5 0 0 ENT
0004	LOAD T 0 0 0 ENT
0005	OUT P 0 3 0 ENT
0006	LOAD P 0 0 2 ENT
0007	RST T 0 0 0 ENT

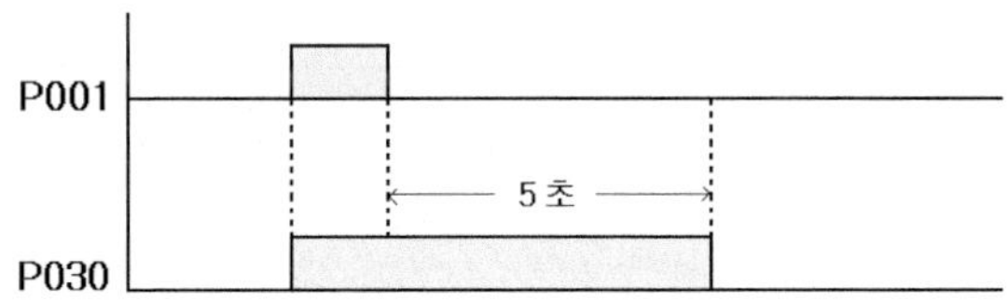

그림 11-15 TOFF 의 타임 차트

11.2.9 업 카운터 : CTU

CTU 카운터는 카운터 펄스 접점과 리셋 접점을 가지며, 펄스가 입력될 때마다 현재값을 +1 하고, 현재값이 설정값이상이면 출력을 ON 하며, 카운터의 최대치 65535 까지 카운트한다. 한편, 그림 11-16 과 같이 Reset 신호가 ON 하면 출력을 OFF 시키고 현재값은 "0" 이 된다.

그림 11-16 에서 카운터 설정값이 10 인 경우, 카운터 펄스 10 개가 입력되면 카운

터 접점 C010 은 ON 되며 출력 P030 도 ON 된다. 카운터 접점 C010 은 리셋 신호 P002 가 ON 될 때 OFF 된다.

Up 카운터에 대한 타임 차트는 그림 11-17 과 같고, 카운터 명령의 입력 방법을 표 11-5 에 나타낸다.

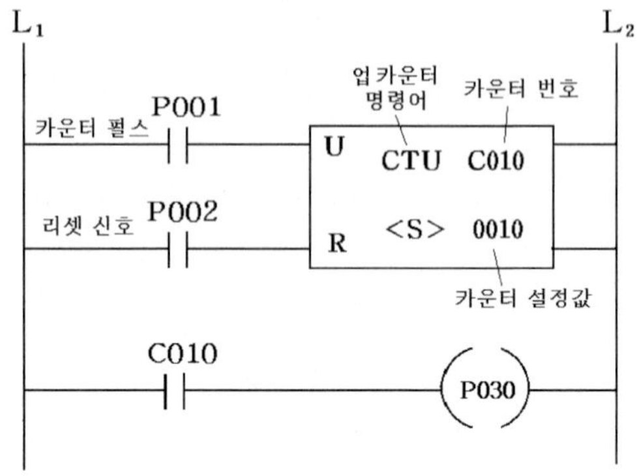

그림 11-16 업 카운터의 래더선도

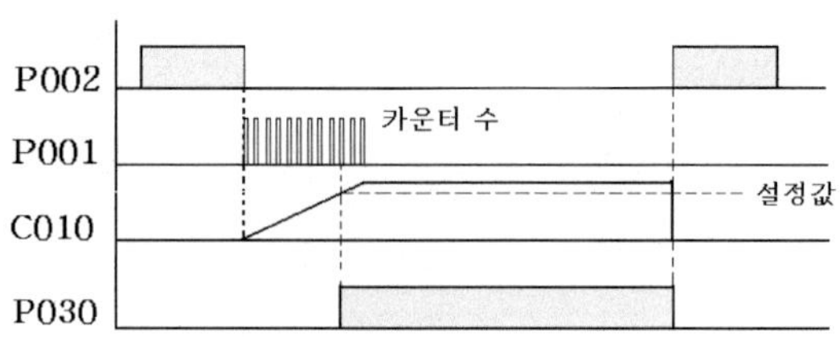

그림 11-17 Up 카운터의 타임 차트

표 11-7 Up 카운터의 키 입력

스텝 번호	키 조작
0000	LOAD P 0 0 1 ENT
0001	LOAD P 0 0 2 ENT
0002	CNT C 0 1 0 ENT
0003 〈DATA〉	0 0 1 0 ENT
0005	LOAD C 0 1 0 ENT
0006	OUT P 0 3 0 ENT

11.2.10 다운 카운터 : CTD

CTD 카운터는 펄스가 입력될 때마다 현재값을 −1 씩 감산을 하여 “0” 가 되면 출력을 ON 한다. 한편, Reset 신호가 ON 하면 출력을 OFF 시키고 현재값은 설정값이 된다.

그림 11-18 에서 카운터 설정값이 5 인 경우, 카운터 펄스 5 개가 입력되면 카운트 다운하여 현재값이 "0000" 이 될 때 출력 P030 은 ON 된다. 리셋 신호 P002 가 ON 될 때 현재값은 "0005" 가 되면서, 출력 P030 은 OFF 된다.

Down 카운터에 대한 타임 차트는 그림 11-19 와 같고, 카운터 명령의 입력 방법을 표 11-8 에 나타낸다. 표 11-8 에서 Down 카운터의 명령은 "CNT" 를 두 번 조작하여 입력한다.

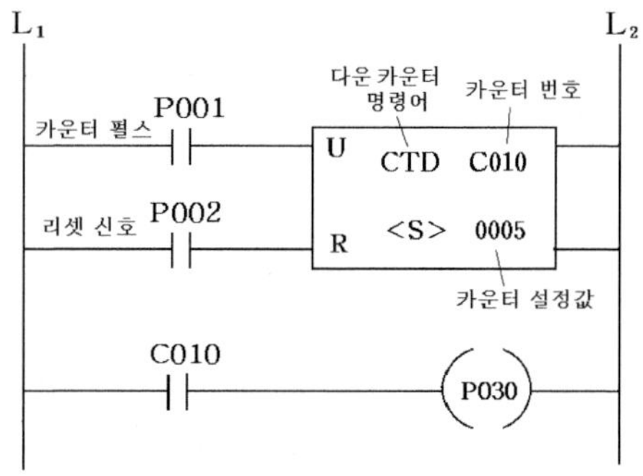

그림 11-18 다운 카운터의 래더선도

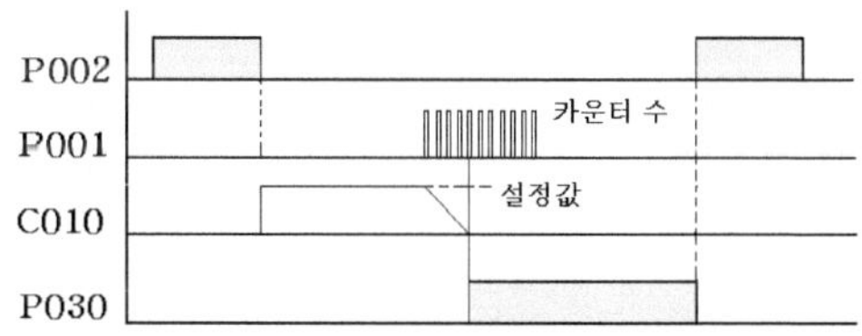

그림 11-19 Down 카운터의 타임 차트

표 11-8 Down 카운터의 키 입력

스텝 번호	키 조작
0000	LOAD P 0 0 1 ENT
0001	LOAD P 0 0 2 ENT
0002 〈DATA〉	CNT CNT C 0 1 0 ENT
0003	0 0 0 5 ENT
0005	LOAD C 0 1 0 ENT
0006	OUT P 0 3 0 ENT

11.2.11 END

END 명령은 프로그램의 종료를 표시한다. END 명령 처리 후, "0000" 스텝으로 돌아가 처리한다. END 명령은 그림 11-20 과 같이 반드시 프로그램의 마지막에 입력하며, 키 조작 방법은 "FUN" 키를 사용한다.

키 조작 : FUN 0 0 1 ENT

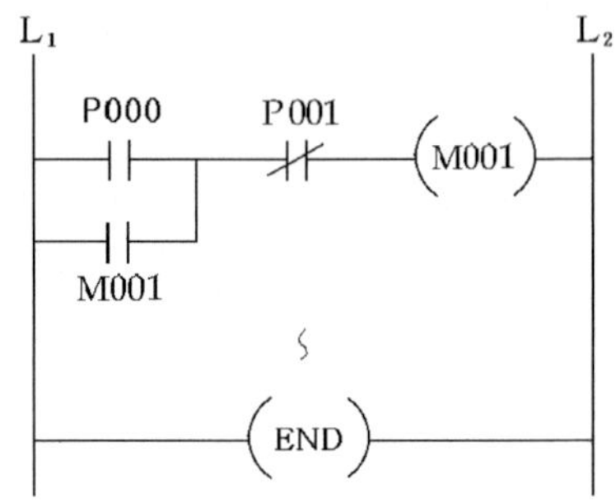

그림 11-20 END 명령

예제 11-1

PLC 를 사용하여 전동기를 구동하고자 한다. 입력 장치로서 푸시 버튼 스위치 2 개와 출력 장치로 램프 2 개를 사용하고자 할 경우 래더선도를 작성하고, 핸디 로더를 이용한 프로그램을 작성하라.

단, 입출력 장치 번호는 다음과 같다.

P000 : Start PB	P030 : Red Lamp
P001 : Stop PB	P031 : Green Lamp
	P032 : Motor Coil

▸ 풀이

그림 11-21 은 전동기를 구동하는 래더선도를 나타낸다. 여기서 "M001"은 내부 코일로서 컨트롤 릴레이에 해당한다. 즉, "P000" 의 Start 푸시 버튼이 ON 되면 내부 코일이 여자되고, 그에 따른 a 접점은 모두 ON 되므로, 전동기 코일이 여자되면서 Red Lamp 가 ON 된다.

만약, Stop 스위치 "P001" 이 눌러지면 내부 코일 "M001"이 소자되므로 모든 a 접점은 OFF 되고, b 접점만 붙으므로써 Green Lamp 가 ON 된다.

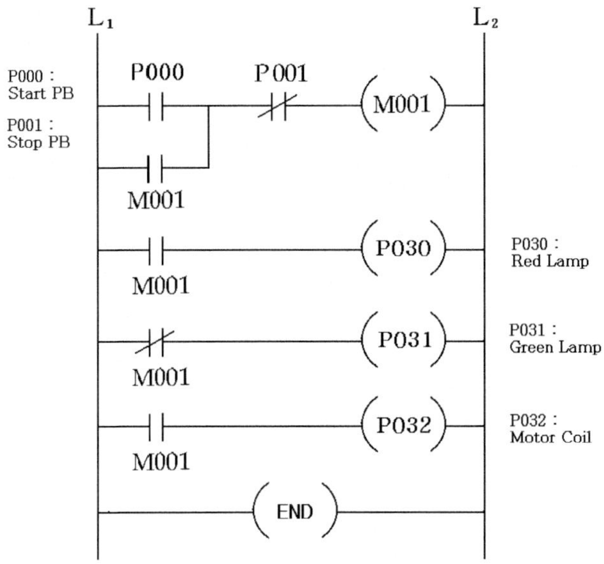

그림 11-21 예제 11-1 의 전동기 구동 래더 논리 선도

그림 11-21 의 래더선도에 대한 Handy Loader 키 조작은 다음 표 11-9 와 같다.

표 11-9 예제 11-1 이 키 입력

스텝번호	키 조작			
0000	LOAD	P000	ENT	
0001	OR	M001	ENT	
0002	AND	NOT	P001	ENT
0003	OUT	M001	ENT	
0004	LOAD	M001	ENT	
0005	OUT	P30	ENT	
0006	LOAD	NOT	M001	ENT
0007	OUT	P31	ENT	
0008	LOAD	M001	ENT	
0009	OUT	P32	ENT	
0010	FUN	001	ENT	

11.2.12 순차 제어 명령어 : SET Sxx.xx

스텝 컨트롤러 (Step controller) 와 같은 순차제어의 기능을 수행하고자 할 때 "SET Sxx.xx" 명령어를 사용한다. 예를 들면, 그림 11-22 와 같이 회전하는 램프를 순차적으로 제어하는 회로를 생각하여 보자.

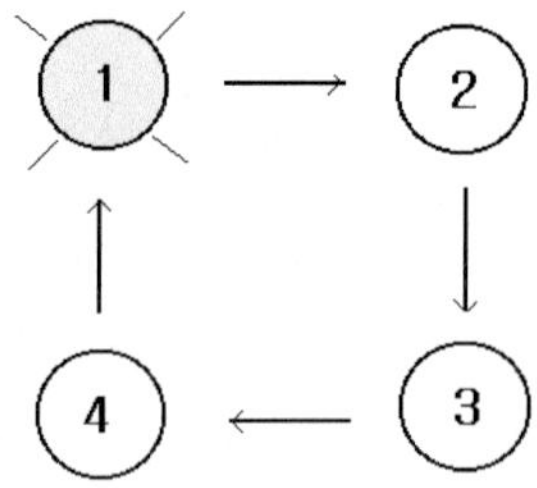

그림 11-22 회전하는 램프 회로

시각적으로 램프가 오른쪽으로 회전하게 하려면, 램프 1을 ON 하고, 램프 2를 ON 함과 동시에 램프 1을 OFF 한다. 같은 방법으로 램프 3을 ON 하고, 램프 2를 OFF 하는 식으로 ON, OFF를 수행하면 순차제어가 이루어진다.

이와 같이, 이전의 스텝 번호가 ON 된 상태에서, 현재 스텝 번호가 ON 되면서, 바로 이전의 스텝 번호는 자동적으로 OFF 되는 제어에 "SET Sxx.xx" 명령어를 사용한다. 여기서, "SET Sxx.xx" 명령어의 숫자가 의미하는 바는 그림 11-23과 같다. SET S 다음에 두 자리수는 32 개의 조(Group)를, 소수점 이하 두 자리는 100 개의 스텝 번호를 나타내므로, 한 조에 100 개의 스텝을 사용할 수 있다.

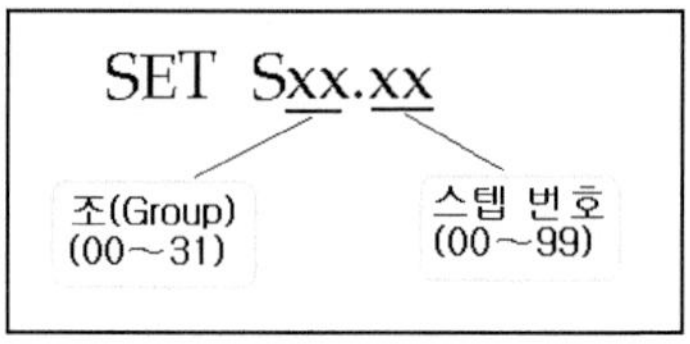

그림 11-23 순차 제어 명령어의 기호

이외의 "SET Sxx.xx" 명령어의 기능을 살펴보면 다음과 같다.

1. 동일 조(Group) 내에서, 현재 스텝 번호에 해당하는 출력이 ON 되면 바로 이전의 스텝 번호는 자동으로 OFF 된다.
2. 현재 스텝 번호가 ON 되면 자기유지 시키고 입력이 OFF 되더라도 ON 되어진 상태를 유지한다.
3. 입력조건이 동시에 ON 되어도 한 조 내에서 한 스텝 번호만이 ON 된다.
4. "SET Sxx.xx" 명령의 종료(또는 Clear)는 Sxx.00을 ON 시킴으로써 해당 조는 OFF 된다.

그림 11-24(a)는 회전하는 램프의 순차제어 래더선도를 나타내며, 그림(b)는 타

임 차트를 나타낸다. 여기서 출력 P030, P031, P032 및 P033은 램프 L1, L2, L3 및 L4를 나타낸다.

그림 11-24 (a)에서, 세 번째 가로줄 SET S01.02의 키 입력은 다음과 같다.

키 조작 : SET S 01 •C 02 ENT

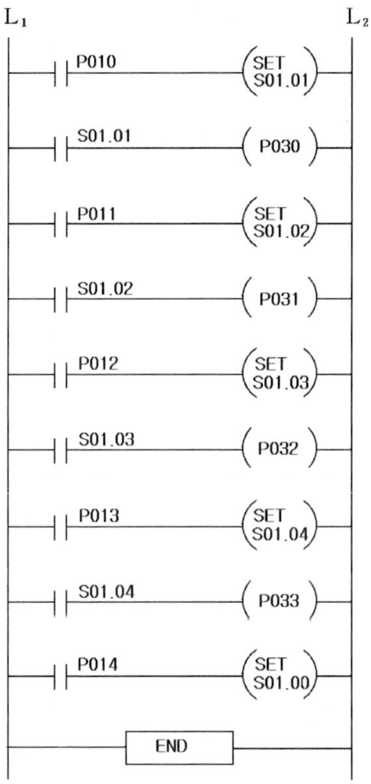

(a) 램프 순차 제어 회로

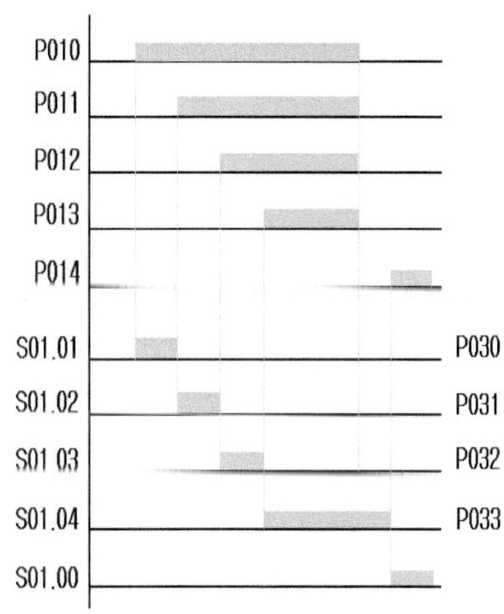

(b) 타임 차트

그림 11-24 램프 순차제어 래더선도

11.3 프로그램 수정 방법

11.3.1 프로그램 변경 방법

그림 11-25의 "P001 a 접점"을 "P000 b 접점"으로 프로그램을 변경하기 위해서 다음과 같이 행한다.

먼저, 변경하고자 하는 접점의 스텝 번호(Step No.)를 찾는다.

로더 창

0000	
LOAD	P001

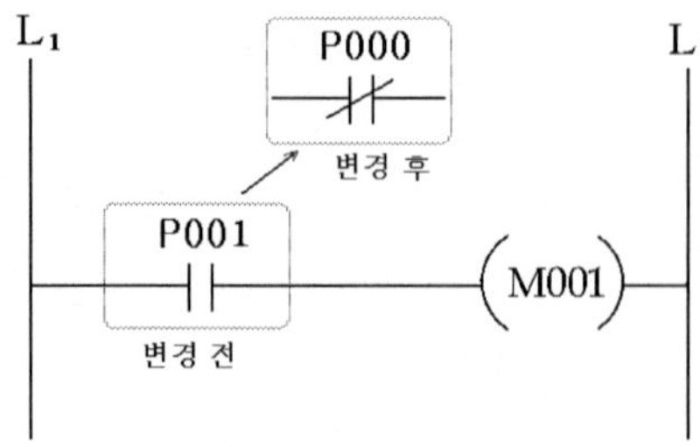

그림 11-25 프로그램 변경 래더선도

변경할 내용을 덮어 쓴다.

키 조작 [LOAD] [NOT] [P000]

로더 창

0000	
LOAD NOT	P000

그리고 [ENT] 하면 곧바로 수정이 완료된다.

11.3.2 프로그램 삽입 방법

그림 2-26 (a) 의 래더선도와 같이 "M000 접점" 을 "P000 접점" 과 병렬로 프로그램에 삽입하고자 할 경우 다음과 같이 행한다.

"M000 접점" 을 삽입하기 전의 프로그램 리스트가 그림 (b) 와 같다고 하자

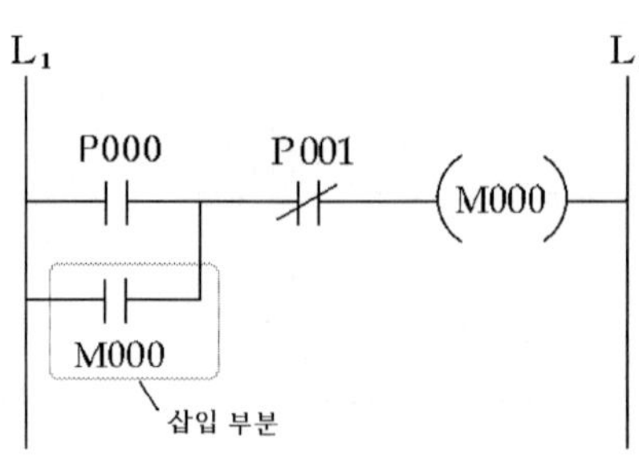

(a) 프로그램 삽입 래더선도 (연속)

0000	LOAD	P000	ENT	
0001	AND	NOT	P001	ENT
0002	OUT	M000	ENT	

(b) 프로그램 리스트

그림 11-26 프로그램 삽입 방법

우선 병렬로 삽입하기 전의 스텝 번호 0001를 찾는다.

로더 창

```
0001
AND  NOT            P001
```

삽입할 내용을 덮어 쓰고, INS 키를 누른다.

키 조작 OR M000

로더 창

```
0001
OR                  M000
```

키 조작 INS

로더 창

```
0002
AND  NOT            P001
```

삽입이 완료된 후, 자동적으로 나머지 스텝들 번호가 한 스텝씩 증가 된다.

11.3.3 프로그램 삭제 방법

그림 11-27에서 "M000 a 접점"을 삭제하고자 할 경우 다음과 같이 행한다.

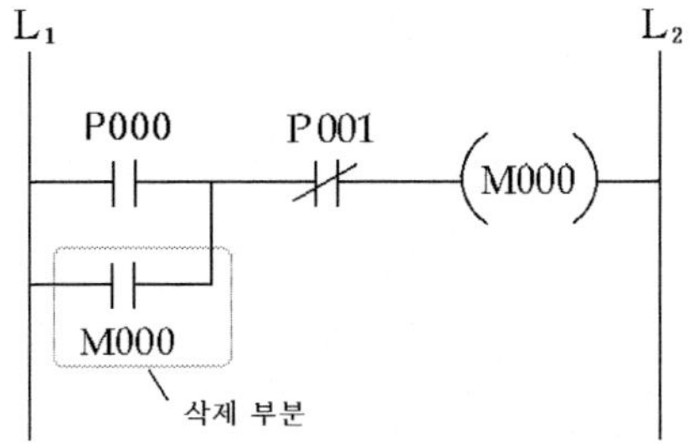

그림 11-27 프로그램 삭제 래더선도

우선 삭제할 스텝 번호와 명령을 찾은 후, [DELT] 키를 누른다. 삭제가 완료된 후에는 나머지 스텝들이 자동적으로 한 스텝씩 당겨진다.

주의 : Timer, Counter, 응용 명령어 등은 명령어의 설정치, Word No, Word Data 까지 삭제되며, 점유하고 있던 Step 만큼 (보통 2 스텝) 나머지 스텝번호는 앞 당겨진다.

로더 창
```
0001
OR                    M000
```

키 조작 [DELT]

로더 창
```
0001
AND   NOT             P001
```

11.3.4 비트 번호 찾는 방법

비트 번호를 찾고자 할 경우 "Search 키"를 사용한다. 예를 들어, 예제 11-1 의 그림 11-24 와 같은 프로그램상에서 비트 번호 "P001" 가 어떤 스텝 번호에 포함되어 있는지 혹은 동일한 비트 번호가 몇 번 사용되었는지를 알 수 있다.

임의로 표시된 로더 창에서 [CLR] 키를 두 번 누른다.

로더 창
```
0003
OUT                   M001
```

키 조작 [CLR]

로더 창
```
0003
OUT
```

키 조작 [CLR]

로더 창
```
0003
```

여기서, "CLR" 를 한 번 누르면, 비트 번호가 삭제되고, 한 번 더 누르면 명령어가, 세 번째 " CLR" 를 누르면 스텝 번호가 삭제되고, 스텝 번호 " 0000 "를 표시한다. 이 동작을 " SHFT"+"CLR" 로 조작할 수 있다.

찾고자하는 비트 번호 [P001] 를 설정한 후, [SRCH] 키를 누르면, 그 비트 번호에 해당하는 스텝 번호와 명령어가 표시된다.

키 조작	P001
로더 창	0003 P001
키 조작	SRCH
로더 창	0002 AND NOT P001

비트 번호가 사용된 처음 스텝 번호의 내용을 화면에 표시합니다.

주의 : 2 개 이상 비트 번호 가 사용된 경우에는 한번 더 [SRCH] 를 선택하면 그 다음에 사용된 스텝 번호를 표시한다.

11.3.5 프로그램의 마지막 스텝 번호를 찾는 방법

프로그램의 마지막 스텝 번호를 찾고자 할 경우에 "Search" 명령을 사용한다. 예를 들어, 임의로 표시된 로더의 창 표시에 [SRCH] 키를 누르면, 다음과 같이 프로그램의 마지막 스텝 번호와 명령어를 표시한다.

로더 창	0001 AND NOT P001
키 조작	SRCH
로더 창	0004 OUT M000

주의 : 임의의 스텝 번호에서 [Step ▼] 를 누르면, 바로 이전의 스텝 번호와 해당 비트 번호를 표시하며, [Step ▲] 를 누르면 그 다음의 스텝 번호와 해당 비트 번호를 표시한다.

11.4 KGL 사용법

MASTER-K PLC는 Window 환경에서 개발된 KGL 소프트웨어를 이용하여 LD 프로그램을 편집할 수 있을 뿐만 아니라, 온 라인으로 동작 모드(런, 스톱)변경, 다운로드 및 업로드 등을 실행할 수 있다.

PLC의 종류에 따라 전용 소프트웨어를 나타낸 표 11-10과 같이 Masker-K는 KGL을, Glofa는 GMWIN을 사용하고 있다. 최근 제품화되고 있는 XGT는 XT5000 소프트웨어를 사용한다.

그림 11-28은 MASTER-K30S와 MASTER-K30H의 PLC를 나타낸다.

표 11-10 LS산전 PLC 모델에 따른 종류와 특징

모델 종류		특 징	전용 소프트웨어
MASTER-K		일본 미쓰비시 회사와의 기술제휴로 제작(구버전 모델)	KGLWIN
GLOFA		IEC 표준규격에 의해 제작 (구버전 모델)	GMWIN
XGB	XBC	블록 타입으로 MASTER-K 개량형	XG5000
	XEC	블록 타입으로 GLOFA 개량형	
	XBM	블록 타입으로 슬림형	
XGT	XGK	모듈 타입으로 MASTER-K 개량형	
	XGI	모듈 타입으로 GLOFA 개량형	
	XGR	모듈 타입으로 이중화 CPU 지원	

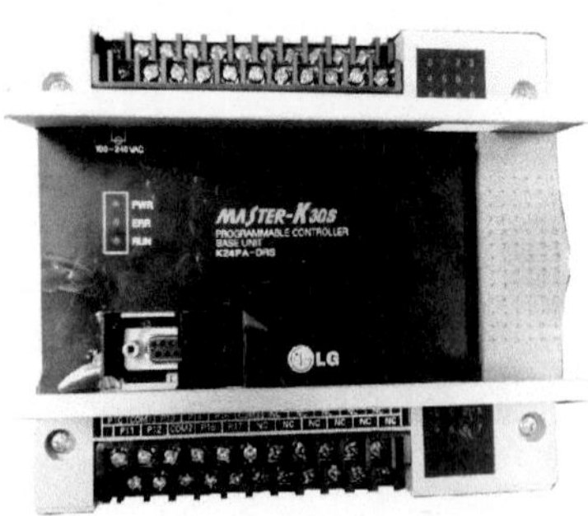

(a) Master-K30S 모델

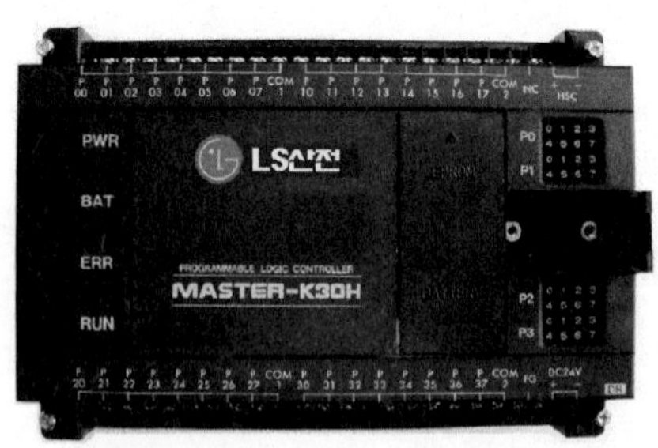

(b) Master-K30H 모델

그림 11-28 LS산전 Master-K PLC의 모델

11.4.1 PC와 연결 방법

Master-K PLC가 개인용 컴퓨터(PC)의 KGL 소트웨어와 통신하기 위해서 그림 11-29와 같이 RS232C 케이블로 서로 연결되어야 한다. 만약 개인용 컴퓨터에 9핀 Male용 RS232C 포트가 없을 경우 그림 11-30처럼 케이블을 제작하던가 또는 그림 11-31과 같은 시리얼 통신 지원 USB를 사용하여 접속한다.

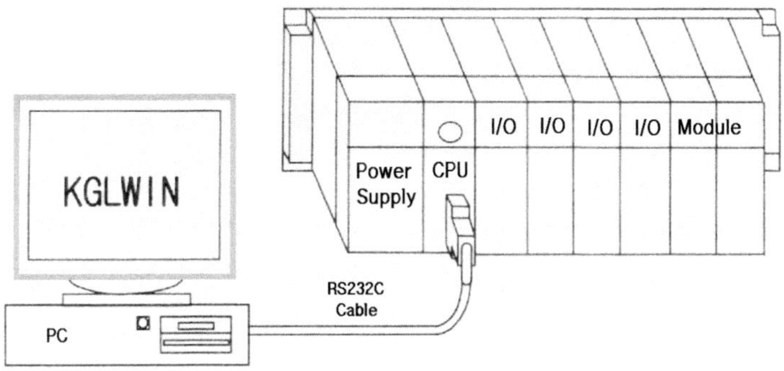

그림 11-29 Master-K와 KGL의 연결

그림 11-31의 RS232C Serial Interface 지원이 가능한 USB를 사용하여 PC와 PLC를 접속하는 방법은 다음과 같다.

- 시리얼 통신 USB를 PC의 RS232C 포트에 연결한 후 드라이브 장치를 설치한다.
- 드라이버가 정상적으로 설치된 후, 윈도우 [컴퓨터]-[장치 관리자]의 "포트"에서 "USB Serial Port(COM1 ~ 4)" 중에 하나가 생성되었는지를 확인한다.
- 설정된 포트 번호 "COM 1"에서 "COM 3"로 변경하고자 할 경우 [장치관리자]-[속성]-[포트 설정]-[고급] 에서 "COM 3"로 설정하면 변경이 가능하다.

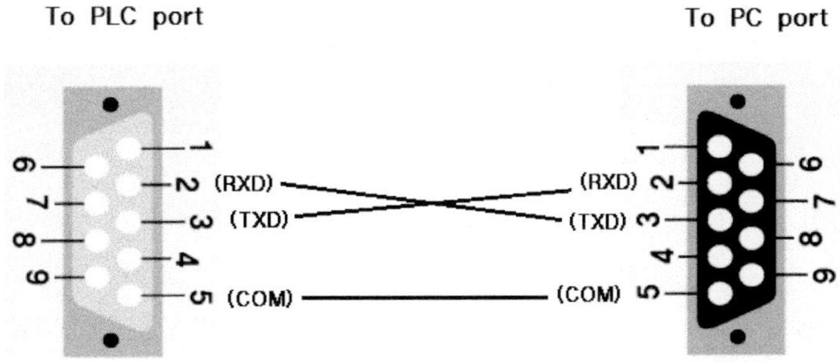

(a) DB9-Male (b) DB9-Female

그림 11-30 RS232C 케이블 내부 접속

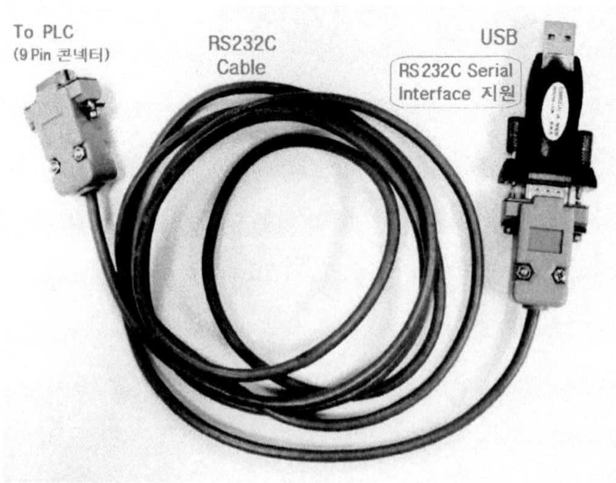

그림 11-31 RS232 시리얼 인터페이스 지원 USB

11.4.2 화면 구성

그림 11-32는 KGL을 실행했을 때의 기본 화면을 나타낸다.

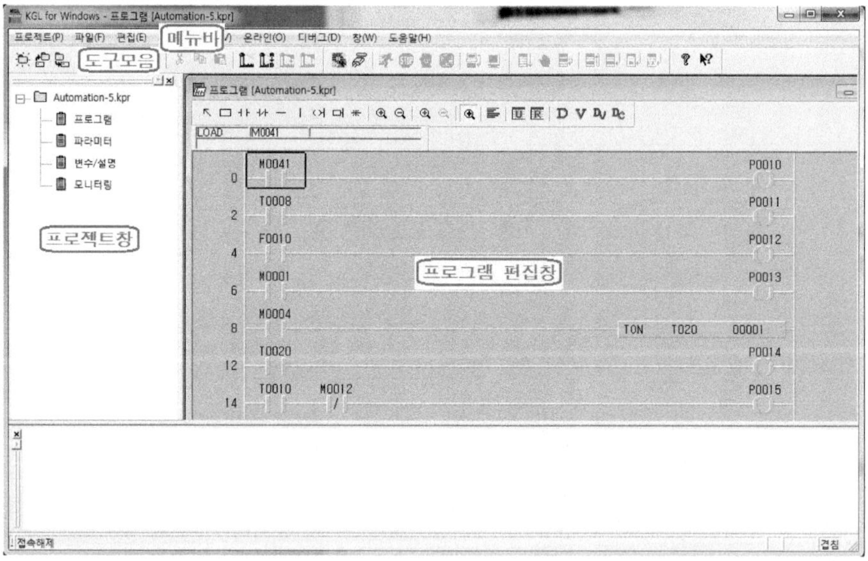

그림 11-32 KGL의 기본 화면

여기서 대화상자의 내용은 다음과 같다.

- –메뉴 바 : 프로그램을 위한 기본 메뉴 모음이다.
- –도구 모음 : 메뉴를 간편하게 실행할 수 있다.
- –프로젝트 창 : 현재 열려있는 프로젝트의 구성요소를 나타낸다.
- –프로그램 편집 창 : 래도선도(LD) 프로그램을 작성할 수 있는 창이다.

(1) 프로젝트 구성

프로젝트 창에서 프로젝트의 구성항목은 다음과 같다.

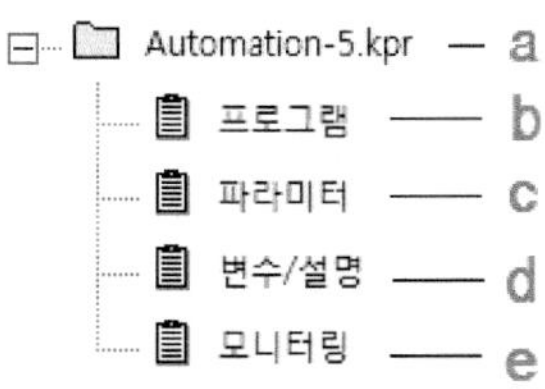

a- Automation-5: 시스템 전체를 정의하는 프로젝트 파일 이름을 나타낸다.

b- 프로그램: 편집된 LD 프로그램을 볼수 있다.

c- 파라미터: 시스템의 동작내용 및 구성에 대한 하드웨어적 내용을 정의한다.

d- 변수/설명: 디바이스에 지정된 변수와 설명문을 편집하고 볼 수 있다.

e- 모니터링: 디바이스 및 시스템정보를 모니터하는 기능이다.

(2) 새 프로젝트 실행

메뉴에서 [프로젝트]-[새 프로젝트] 항목을 선택하면 그림 11-33과 같은 [새 프로젝트 생성] 대화상자가 나타난다. 기존에 작성하였던 프로젝트(래더선도)는[기존 파일로부터 생성]에서 불러온다.

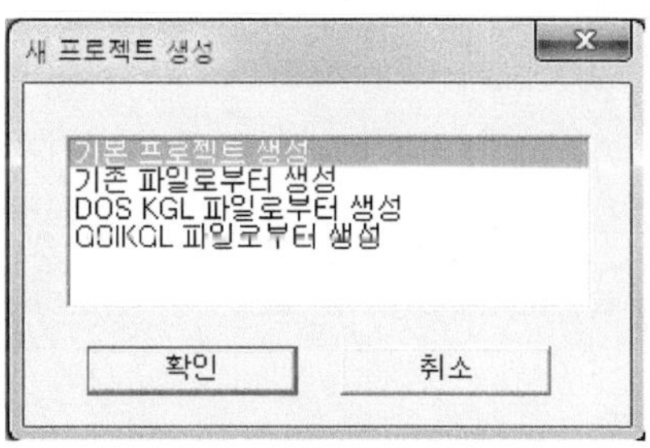

그림 11-33 새 프로젝트 창 화면

- [기존 프로젝트 생성] 항목을 선택하고 확인 버튼을 누르면 그림 11-34와 같은 [프로젝트 정보] 대화상자가 나타나며, 이때 사용하고자 하는 PLC 기종을 선택한다.
- Master-K50H일 경우 [MK_H] 항목에서, Master-K30S일 경우 [MK_S] 항목에서 선정한다.
- 제목, 회사, 저자 및 설명을 작성하고 확인 버튼을 누르면 그림 11-35와 같이 새 프로젝트 LD 프로그램 창이 나타난다.

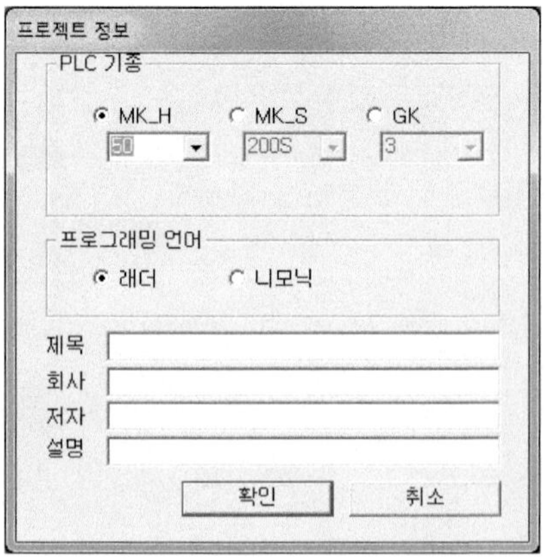

그림 11-34 PLC 기종 선정

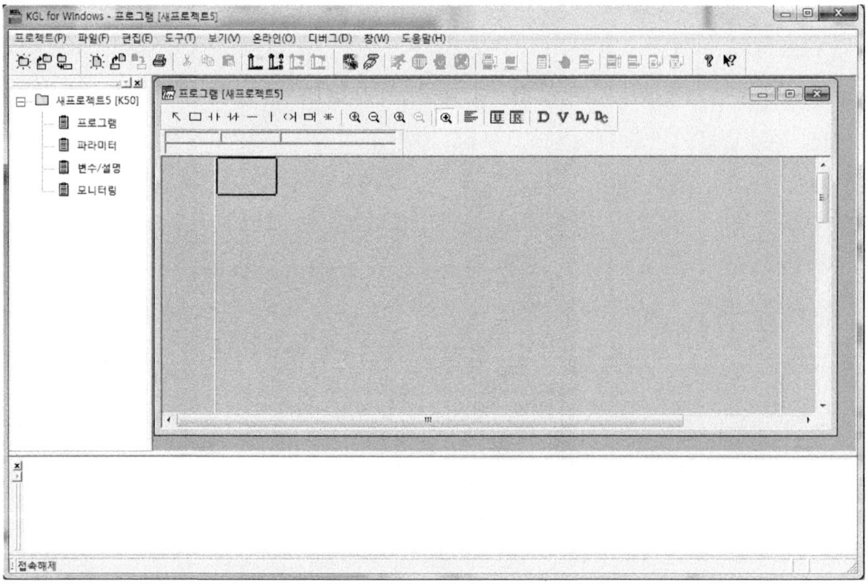

그림 11-35 프로그램(새프로젝트) 창

11.4.3 래도 선도 작성 및 편집

(1) 도구 모음

그림 11-36은 도구 모음을 나타낸다. 도구모음 상자에서 원하는 접점, 코일, 응용명령어 등을 선택하여 래더선도 창의 원하는 위치로 옮겨놓으면서 회로를 작성한다. LD 프로그램 끝에는 항상 “END”라는 응용명령어로 마감한다.

그림 11-36 도구 모음 보기

표 11-11은 도구 모음 기호에 대한 설명을 나타낸다.

표 11-11 도구 모음 기호 및 설명

기호	설명	기호	설명
↖	화살표 – 선택모드로 변경	□	영역을 정할 때 사용
┤├	상시 열린 접점	┤/├	상시 닫힌 접점
—	가로선	|	세로선
( )┤	출력코일	┣┤	응용 명령어
✳	반전 명령어		

(2) 접점과 코일의 입력

래더선도 창에서 LD 언어로 프로그램을 편집하는 방법은 다음과 같다.

- 도구 상자에서 열린 접점 ┤├ 을 선택한 후, LD 프로그램 창의 첫 번째 가로줄 위치에 놓으면 그림 11-37과 같은 [래더 편집] 대화상자가 열린다. 이때 사용하고자 하는 디바이스 P0000를 입력하고 확인버튼을 누른다.
- 같은 방법으로 도구 상자에서 닫힌 접점 ┤/├ 을 선택한 후, 열린 접점 옆에 놓고 [래더 편집] 대화상자의 입력 창에 P0001을 입력한다.
- 도구 상자에서 출력 코일 ( )┤ 을 선택한 후, [래더 편집] 대화상자의 입력 창에 M0000을 입력한다.

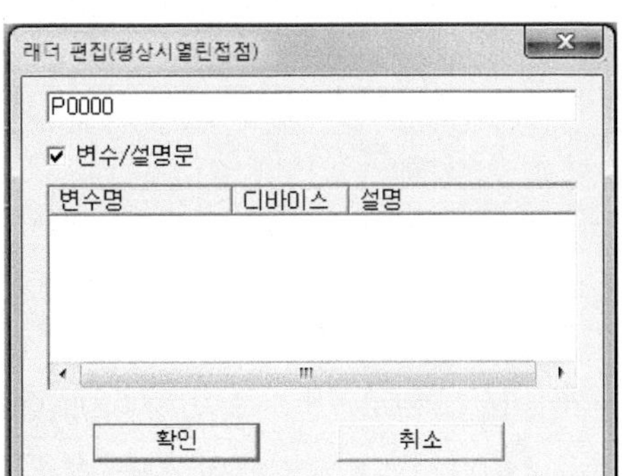

그림 11-37 래더 편집의 대화상자

- 그림 11-39와 같이 첫 번째 가로줄을 작성한 후, 자기유지회로(self holding)를 이용하여 출력코일을 온/오프하는 프로그램을 완성한다.
- 도구상자에서 응용 명령 [icon] 을 선택하면 [래더 편집]-(응용명령) 대화상자가 그림 11-38처럼 나타나며, 입력창에 "END"를 입력하던지 또는 명령어 중에서 "END"를 선택한 후 확인버튼을 누른다.
- 그림 13-39는 완성된 LD 프로그램이다. 저장하기 위해서 [프로젝트]-[프로젝트 저장] 항목을 선택하면 저장이 완료된다.

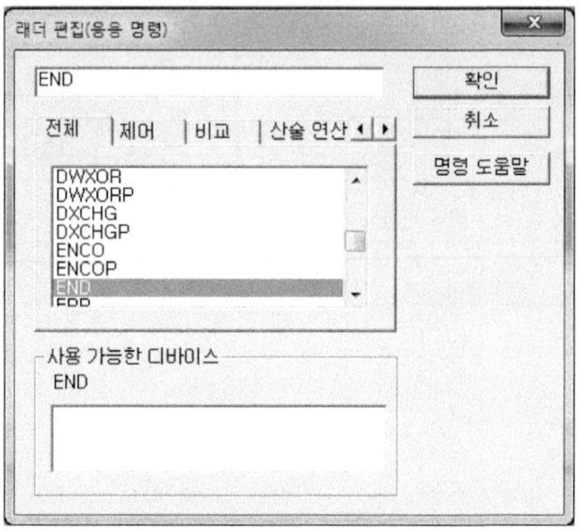

그림 11-38 래더 편집(응용명령)의 대화상자

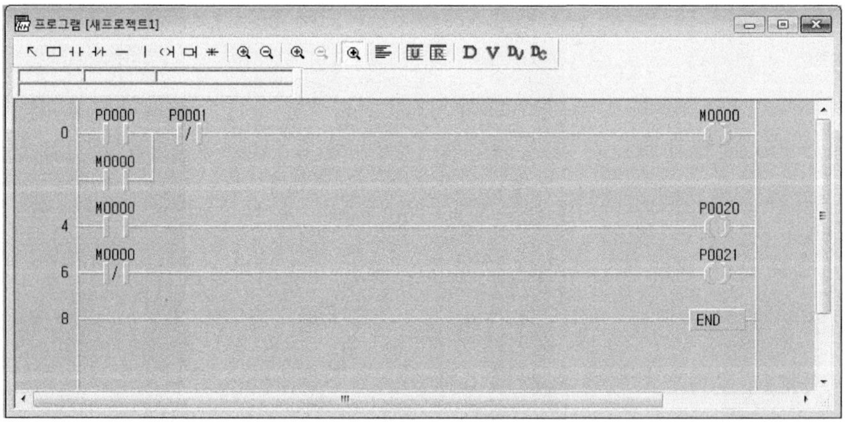

그림 11-39 자기유지회로 응용 프로그램

그림 11-39는 시작 푸시버튼 P0000를 누르면 자기유지되면서 출력 P0020가 온 이 되며, 정지 푸시버튼 P0001을 누르면 출력 P0020은 오프되면서 P0021가 온 되는 프로그램이다.

11.4.4 온 라인

(1) 통신포트 환경설정

메뉴에서 [프로젝트]-[옵션] 항목을 선택하면 그림 11-40과 같이 [환경설정] 대화상자가 나타난다.

- [환경설정]-[접속 옵션]-[접속방식]에서 "RS-232C" 항목을, 통신포트: "COM3"을 선택한다. 그리고 [접속단계]에서 "로컬" 항목을 선택하고 확인버튼을 누른다.
  만약 [내 컴퓨터]-[장치관리자]에서 선택한 통신포트가 "COM 3"일 경우 [접속 옵션]에서 "RS-232C" 항목과 통신포트 "COM 3" 를 선택한다.

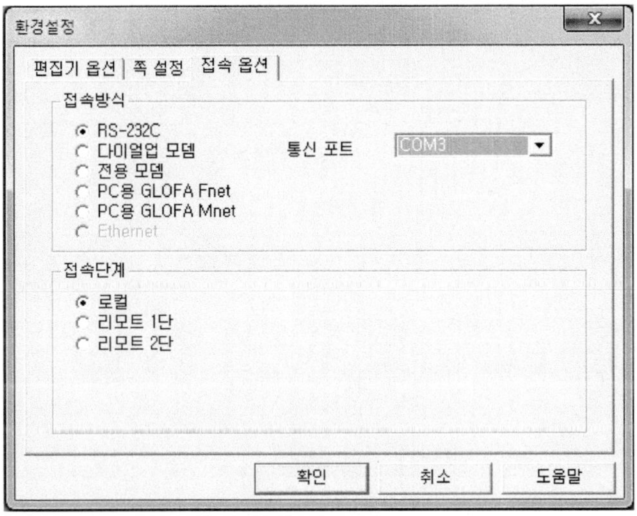

그림 11-40 환경설정 대화상자

- KGLWIN의 기본 [접속 옵션]은 RS232C 접속방식으로, 통신포트는 "COM 1"으로, 접속단계는 "로컬"로 설정되며, 프로젝트를 저장할 때 선정된 접속옵션 등이 함께 저장된다.

> - "로컬" 접속은 PLC의 CPU 모듈과 통신포트(COM1~4)가 직접 연결되는 접속상태이며, RS-232C 케이블을 통해 단거리로 접속할 수 있다.
> - "리모트" 접속은 컴퓨터와 PLC의 CPU 모듈이 "로컬" 접속과 같이 직접 연결되지 않고, 전용 통신모듈(Fnet 등)을 통해 연결되는 것을 말한다. 이것은 PLC를 증설할 경우 사용하며, 리모트 1단 접속, 리모트 2단 접속 등으로 사용할 수 있다.

(2) 온라인 기능

메뉴에서 [온라인]을 클릭하면 그림 11-41과 같은 메뉴가 나타난다. 중요한 항목의 기능은 다음과 같다.

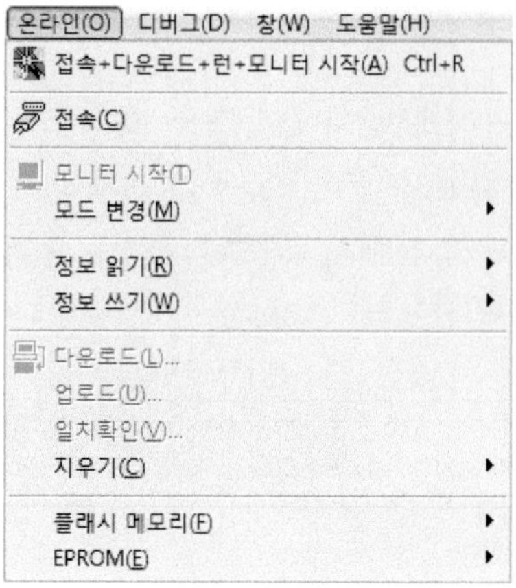

그림 11-41 온라인 메뉴

-접속+다운로드+런 +모니터 시작 :	KGL과 PLC가 온라인으로 접속하여 다운로드하고 런 모드 및 모니터 시작 기능을 실행한다.
-접속 :	KGL과 PLC가 온라인으로 접속한다.
-모드 변경 :	런, 스톱, 일시정지, 디버그 중에서 선택할 수 있다.
-다운로드:	KGL에서 작성된 LD 프로그램(프로젝트)을 PLC로 다운로드 시킨다.
-업로드:	PLC의 LD 프로그램을 컴퓨터 KGL 프로젝트 창으로 업로드 시킨다.
-일치확인:	PLC의 LD 프로그램과 KGL LD 프로그램이 일치하는지를 확인한다.
-지우기:	PLC의 데이터 및 LD 프로그램을 삭제한다.

그림 11-39의 LD 프로그램을 PLC와 온라인으로 접속하여 다운로드(PLC에 저장)하고 런(RUN)모드로 시작하고자 할 경우 [접속+다운로드+런+모니터 시작] 메뉴를 선택한다. 또는 [접속], [다운로드] 및 [모드 변경]-[런] 순으로 메뉴를 한 단계씩 선택해도 된다.

한편 PLC에 저장되어 운용되고 있는 프로그램은 [업로드] 메뉴를 선택하여 KGL의 프로그램 편집창으로 불러와서 편집 또는 수정할 수 있다.

11.5 응용 프로그램 예제

11.5.1 출력 ON/OFF 동작

그림 11-42는 푸시 버튼 PB0 (P000)을 누르면 출력 램프 (P040) 가 켜지고, 푸시 버튼 PB1 (P001) 을 누르면 출력 램프 (P041) 가 꺼지는 시스템 구성과 래더선도를 나타낸다.

(a)

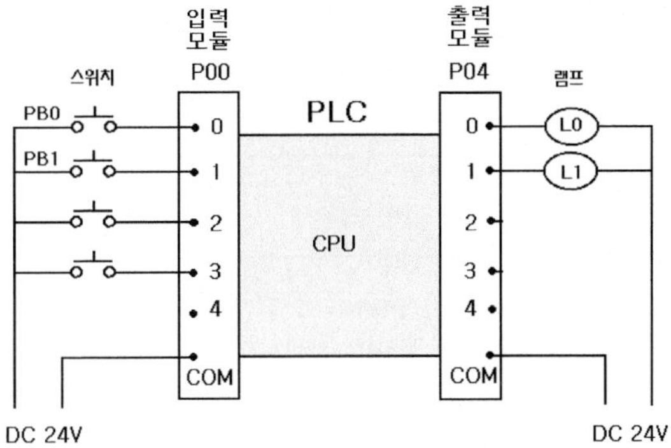

(b)

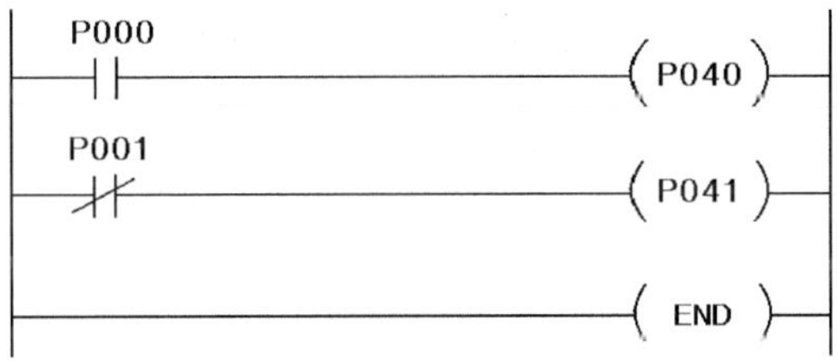

그림 11-42 (a) PLC와 입출력 장치 결선도, (b) 래더선도

11.5.2 출력 ON/OFF 반복 동작

푸시 버튼 PB0 (P000) 을 누르면, 출력 (P040) 이 ON 하고, 두 번째 누르면 출력이 OFF 하는 시스템을 생각하여 보자. 즉, PB0 을 누를 때마다 출력이 ON 과 OFF 를 반복한다.

그림 11-43 은 이러한 시스템 구성과 래더선도를 나타낸다.

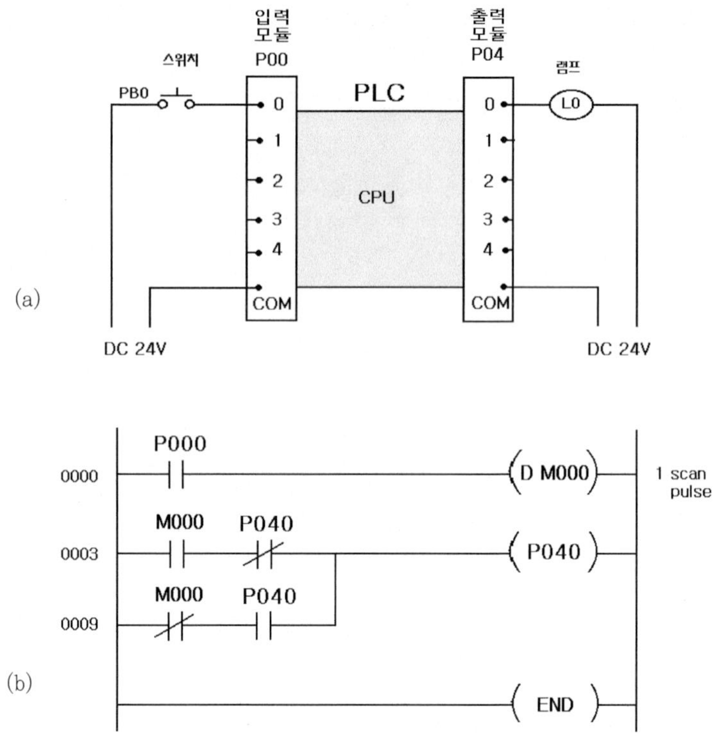

그림 11-43 (a) PLC와 입출력 장치 결선도, (b) 래더선도

첫 번째 PB (P000) 를 누르면, 코일 D M000 에서 1 scan pulse 가 발생한다. 따라서, 출력 P040은 ON 되고 P040 은 자기유지 된다. 두 번째 PB (P000) 를 누르면, 1 scan pulse 동안 접점$\overline{M000}$ 가 떨어지면서 출력 P040 은 OFF 된다.

그림 11-43에서 첫 번째 가로줄 (Rung)은 "FUN(017) D"를 사용한다. "FUN(017) D" 는 입력조건이 OFF→ON으로 되었을 때 지정접점을 1 Scan ON 하며, 그 외에는 OFF 시킨다.

11.5.3 전동기의 정역 운전

그림 11-44(a) 와 같이, 3 개의 푸시 버튼을 사용하여 전동기를 정역 운전을 하고자 할 경우의 래더선도를 작성하여 보자. 이때의 입출력 접점을 그림 (b)와 같이 정한다.

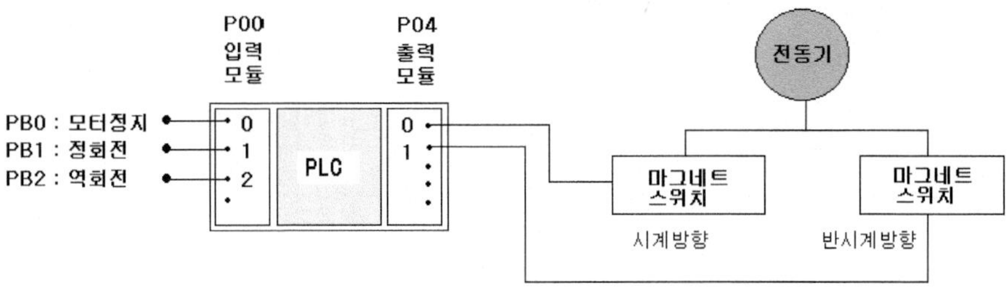

(a) 전동기 정역 운전 블록선도

P000 : 모터 정지	P040 : 시계방향(정회전) 마그네트 코일
P001 : 모터 정회전	
P002 : 모터 역회전	P041 : 반시계방향(역회전) 마그네트 코일

(b) 전동기 정역 운전 입출력 접점

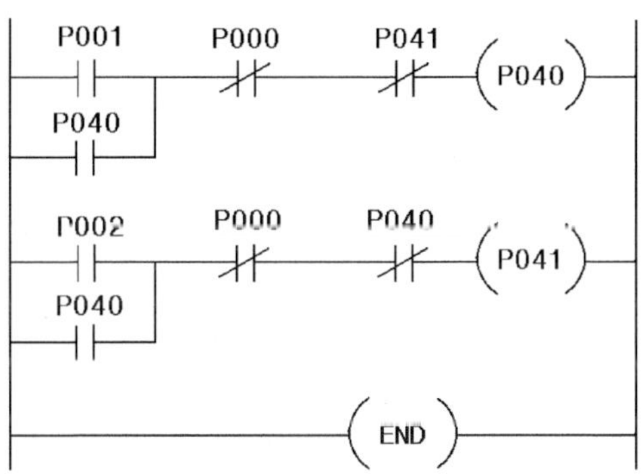

(c) 전동기 정역 운전 래도선도
그림 11-44 전동기의 정역 운전 시스템

그림 11-44(c)의 래더선도에서, 출력 코일 P040과 P041의 b 접점을 이용하여 서로 인터록이 걸리도록 한다.

11.5.4 플리커 회로 (TON 이용)

그림 11-45는 타이머 2개를 이용하여 출력램프 P040을 깜빡거리도록 한다. ON 시간을 0.6초로, OFF 시간을 0.5초로 설정한 래더선도를 나타낸다. 이러한 회로를 플리커(Flicker) 회로라 한다.

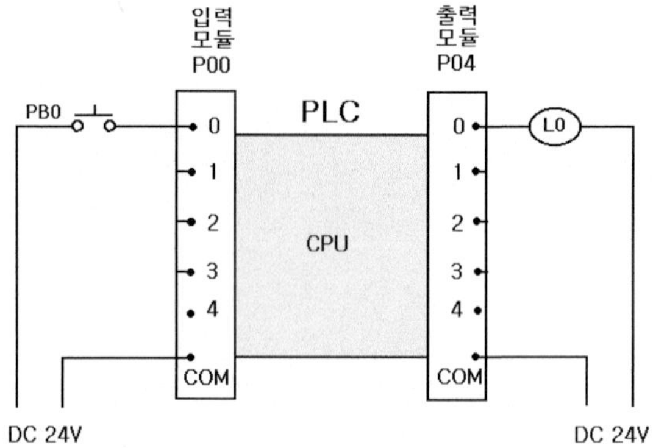

(a) 플리커 회로 결선도

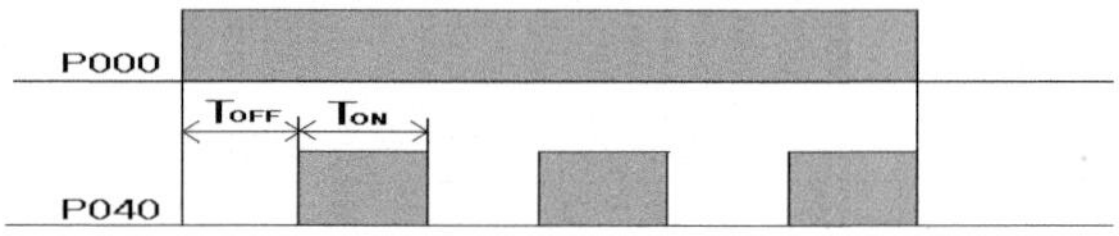

(b) 플리커 회로 타임차트

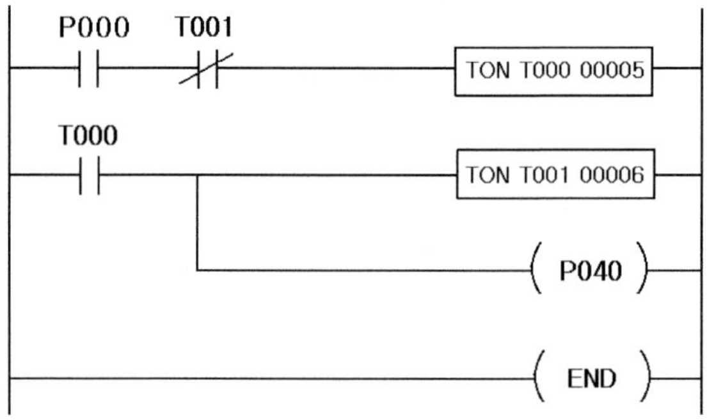

(c) 플리커 회로 래더선도

그림 11-45 플리커 회로

11.5.5 컨베이어 제어 회로

그림 11-46 은 3 대의 컨베이어를 순서에 따라 $A \to B \to C$ 순으로 모터로 기동하고, 정지하고자 할 경우는 반대로 $C \to B \to A$ 순으로 모터를 이용하여 정지시키고자 한다. 이러한 컨베이어 시스템의 래더선도를 작성하여 보자.

즉, 기동 푸시버튼 (P20)을 누르면 컨베이어 A (P40) 가 기동되고, 5초 후에 컨베이어 B (P41) 가 가동되며, 다시 10초 후에 컨베이어 C (P42) 가 가동된다.

반대로 정지 푸시버튼 (P21)을 누르면 컨베이어 C (P42) 가 정지되고, 5초 후에 컨베이어 B (P41)가 정지되며, 다시 10초 후에 컨베이어 A (P40)가 정지된다.

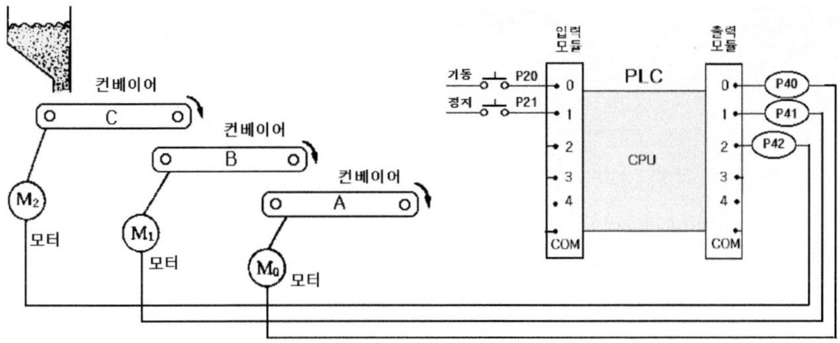

(a) 컨베이어 제어회로 결선도

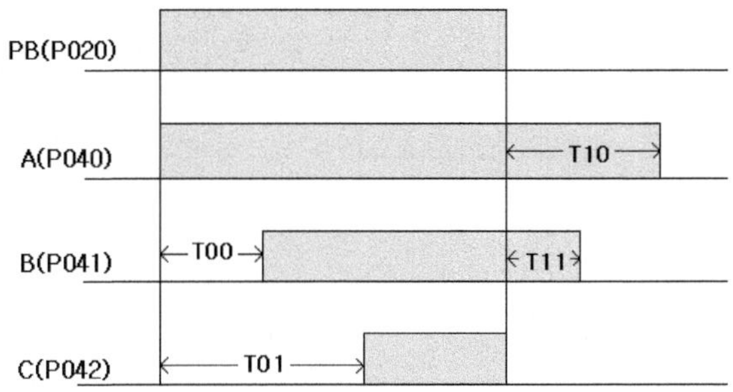

(b) 컨베이어 제어회로 타임차트

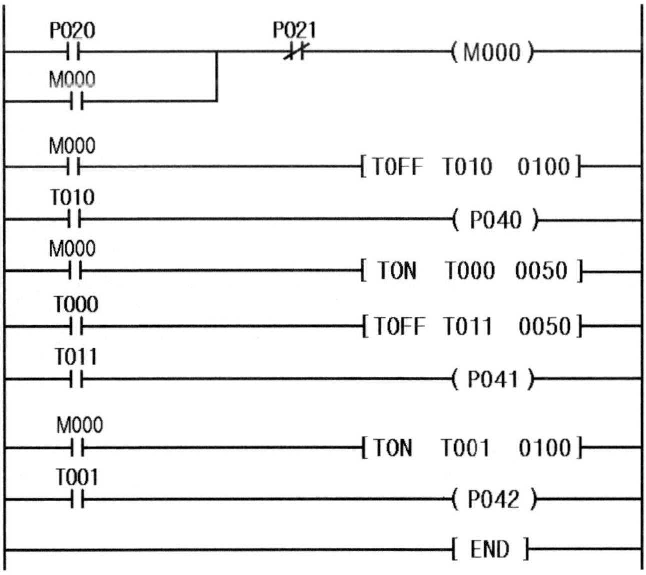

(c) 컨베이어 제어회로 래도선도

그림 11-46 컨베이어 제어회로 시스템

11.5.6 공구 교환 경보회로

그림 11-47 은 센서로부터 공구 사용시간을 측정하여 100 시간을 초과할 경우 공구를 교환하라는 경보등을 출력하는 장치이다. 드릴이 작업하기 위하여 하강하면 센서(P021) 는 이것을 검출한다. 센서로 드릴 작업 시간을 감시하면서, 100 시간을 초과할 경우 드릴을 교환하라는 경보등을 발생한다. 작업자는 드릴을 교환하고 완료 PB (P020) 를 누르면, 다시 센서는 감시를 시작한다.

(a)

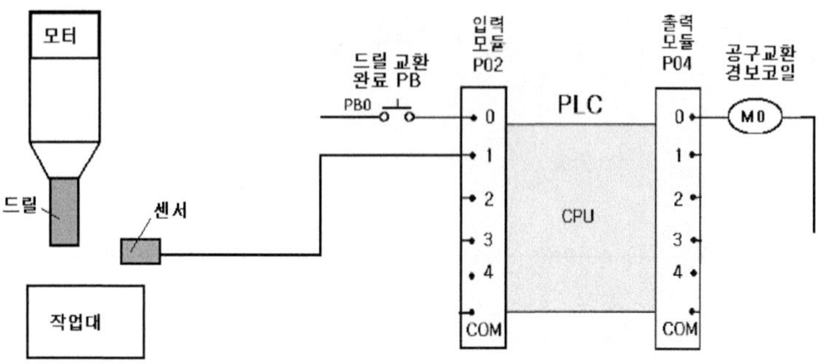

(b)

어드레스	사용 용도
P020	드릴 교환 완료 PB
P021	드릴 하강 검출
P040	공구 교환 경보등
T000	공구 교환 설정 타이머

(c)

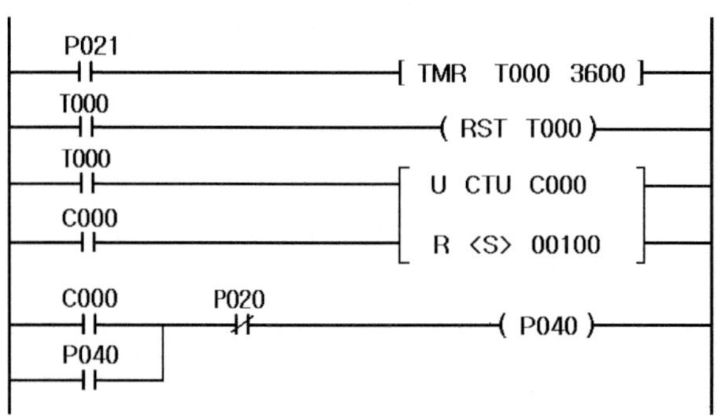

그림 11-47 공구 교환 경보회로 (a) 블록도 (b) 입출력 장치번호 (c) 래도선도

예제 11-2 내부 타이머 TON 응용 문제

어떤 시스템에 Start 푸시버튼을 누르면 3초 후, Buzzer가 울리면서 Red 램프가 온이 된다. 반대로 Stop 푸시버튼을 누르면 Buzzer가 멈추면서 Red 램프가 오프되고 Green 램프가 온이 되는 래더선도를 작성하라. 단, 입출력 장치 번호는 다음과 같으며 내부 타이머를 사용한다.

P010 : Start Button
P013 : Stop Button
T001 : Timer
P030 : Red Lamp
P031 : Green Lamp
P032 : Buzzer

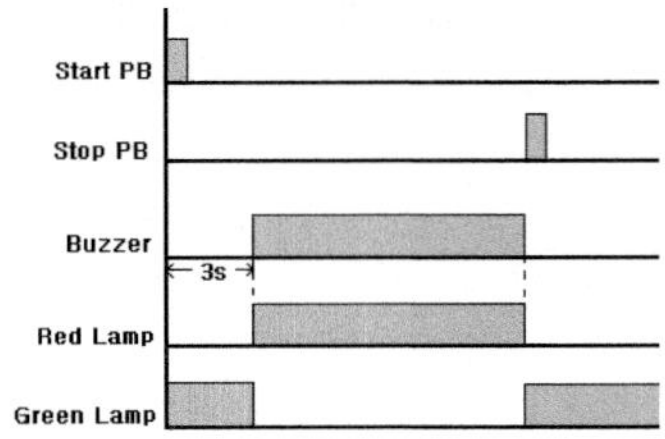

▸ 풀이

그림 11-48 은 문제의 래더선도를 나타낸다. Start 푸시버튼 스위치 "P010"이 눌러지면 보조코일 "M001"이 여자되면서 자기 유지되고, 내부 타이머 TMR(TON)은 기동되기 시작한다. 3초 후에 타이머코일 "T001"이 여자 되므로 Buzzer가 울리고 Red 램프가 켜지게 된다. 한편 Stop 푸시버튼 "P011"을 누르면 보조코일 "M001"이 소자되면서 Red 램프는 Off 되고 Green 램프가 On 된다.

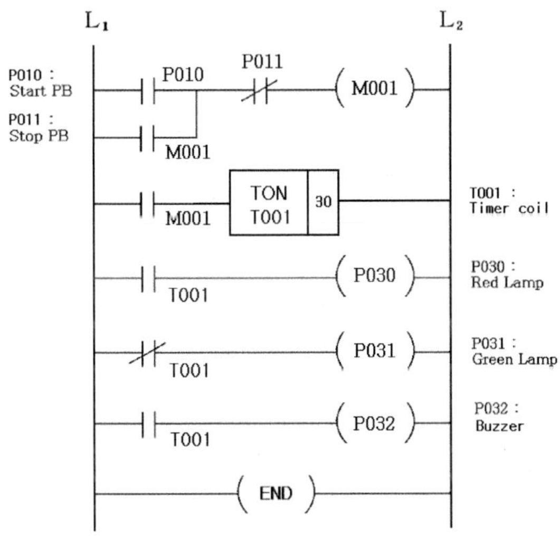

그림 11-48 예제 11-2의 래더선도

예제 11-3 ON 지연 및 OFF 지연 타이머 응용 문제

어떤 시스템의 Start 푸시버튼을 누르면 3초 후에 Red 램프가 온이 되고, 반대로 Stop 푸시버튼을 누르면 2초 후에 Red 램프가 오프 되는 프로그램을 작성하라.

▸ 풀이

그림 11-49는 문제의 래더선도를 나타낸다. Start 푸시버튼 스위치 "P010"이 눌러지면 보조코일 "M001"이 여자되면서 자기 유지되고, 온 지연타이머 TMR(TON)은 기동되

기 시작한다. 3초 후에 타이머코일 "T000"이 여자 되므로 Red 램프가 켜지게 된다. 한편 Stop 푸시버튼 "P011"을 누르면 보조코일 "M001"이 소자되면서 오프 지연타이머코일 "T001"가 2초후에 Off 되므로, 따라서 Red 램프도 Off 된다.

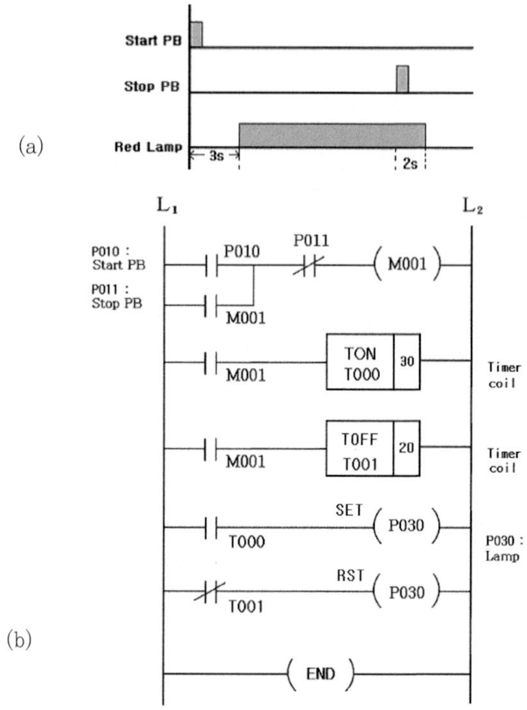

그림 11-49 예제 11-3의 (a) 타임차트, (b) 래더선도

예제 11-4 순차제어 문제

그림 11-50과 같이 사각형 간판 모서리에 설치되어 있는 전등(Lamp)을 순차적으로 200[ms] 동안 ON한 후 OFF를 하고자 한다. 4개의 전등으로 구성되어 있는 간판을 시계방향으로 회전하는 과정을 반복하는 래더선도를 작성하라.

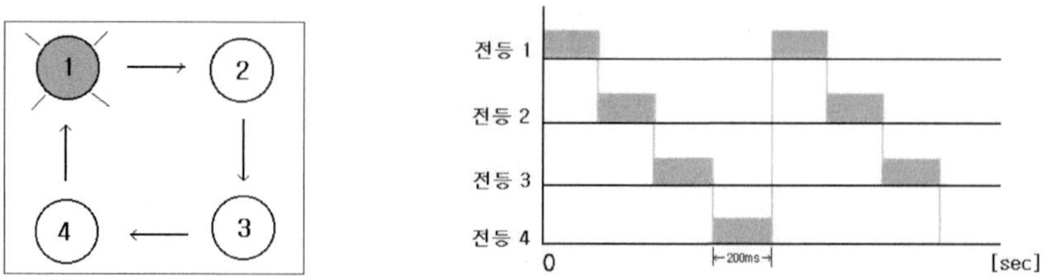

그림 11-50 예제 11-4의 그림

▸ 풀이

래더선도를 작성하기 위하여 출력 코일과 전등의 점멸순서를 다음과 같이 정하였을 때, 그림 11-51은 4개의 전등을 순차적으로 ON/OFF하는 래더선도를 나타낸다.

P010 : Start 푸시버튼
P011 : Stop 푸시버튼
P030 : 전등 1
P031 : 전등 2
P032 : 전등 3
P033 : 전등 4

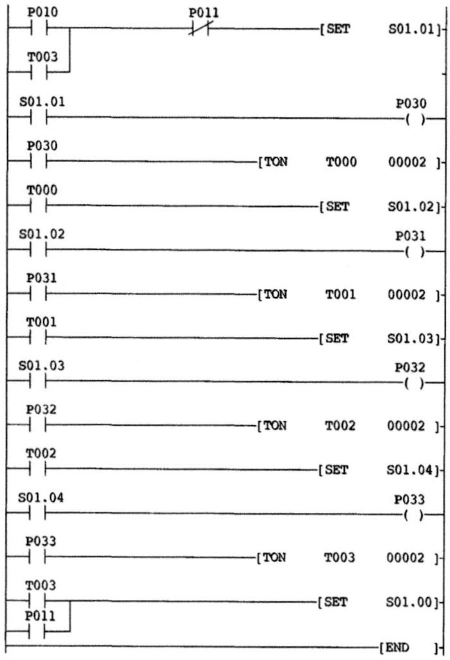

그림 11-51 예제 11-4의 순차제어 래더선도

예제 11-5 내부 타이머 TOFF 응용 문제

그림 11-52와 같이 히터와 팬을 이용하여 난방을 하려고 한다. Start 푸시버튼을 누르면 히터가 먼저 온 되고 3초 후에 가열팬이 온 되어 실내온도를 올린다. 실내 난방이 끝난 후 Stop 푸시버튼을 누르면 히터가 먼저 오프 되고 5초 후에 가열팬이 오프 된다. 히터가 온 되어 있을 경우는 Red 램프가 온 되고, 오프 되어 있을 경우는 Green 램프가 온 되는 래더선도를 작성하라.

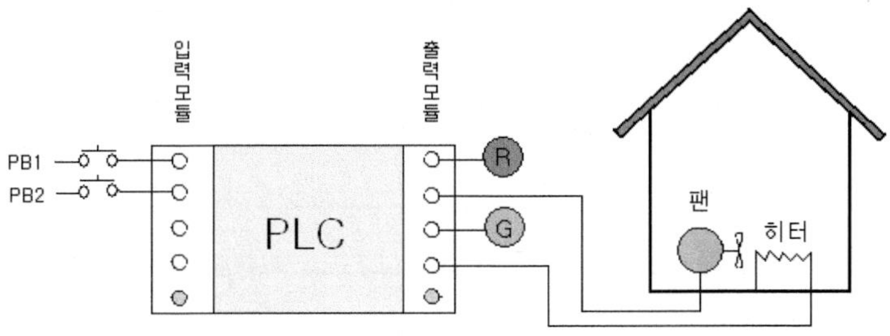

그림 13-52 실내 난방 시스템

▸ 풀이

래더선도를 작성하기 위하여 입출력 장치번호를 다음에 나타내었고, 온 딜레이타이머와 오프 딜레이타이머를 사용하였다(타임챠트 참조). 그림 11-53은 실내 난방 시스템의 래더선도를 나타낸다.

P010 : Start Button	P030 : Red Lamp
P011 : Stop Button	P031 : Fan
T001 : Timer(TON)	P032 : Green Lamp
T002 : Timer(TOFF)	P033 : Heater

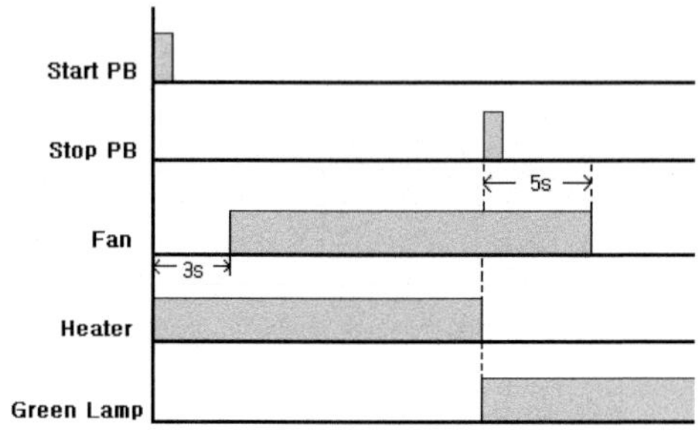

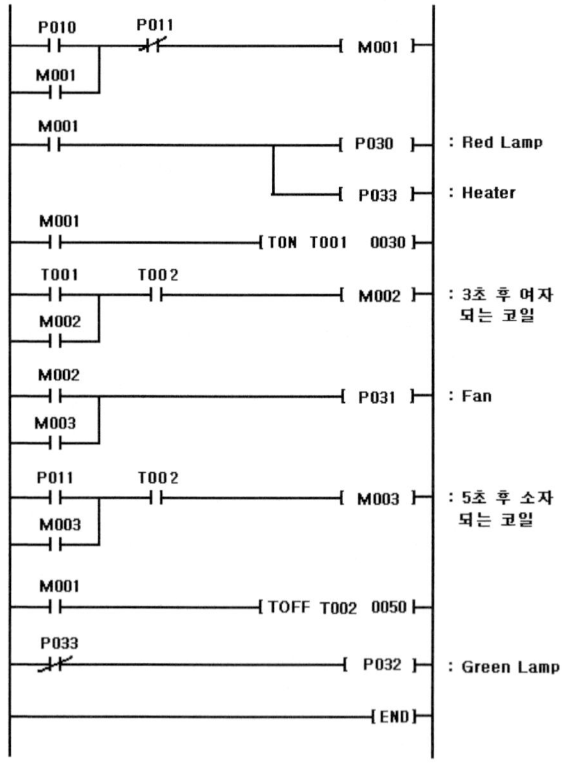

그림 11-53 예제 11-5의 래더선도

예제 11-6 플리커 회로 예제

고장검출 센서가 동작하면 부저가 울리면서 경고등이 300[ms] 간격으로 점등되었다가 소등된다. 고장이 완료된 후 부저와 경고등을 리셋하는 래더선도를 작성하라.

▸ 풀이

문제에 대한 타임챠트를 작성하면 다음 그림과 같이 타이머 2개를 사용한다. 래도선도를 작성하기 위하여 입출력장치 번호를 정하고 래도선도를 작성하면 그림 11-54와 같다.

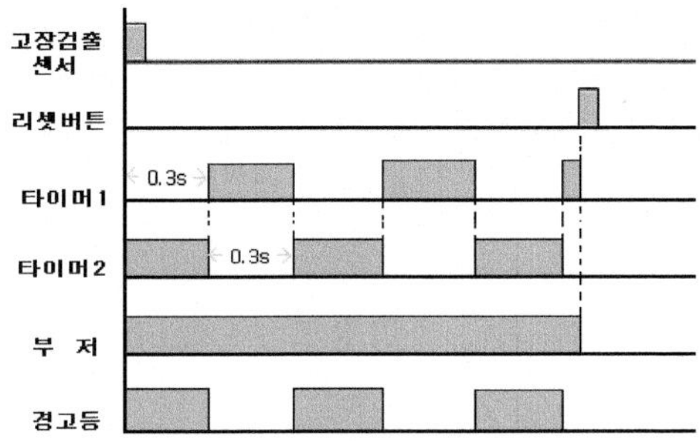

P010 : 고장검출센서	T001 : Timer(TON)	P030 : Buzzer
P011 : 리셋 Button	T002 : Timer(TON)	P031 : 경고등

고장검출 센서 "P010"에 신호가 들어오면 내부 보조코일 "M001"이 여자되고 부저 "P030"이 울린다. 동시에 온 딜레이 타이머 "T001"이 가동되며, 설정시간 t_1[sec]동안 경고등 "P031"이 점등된다. 타이머 "T001"의 설정시간 t_1[sec] 후 경고등은 소등되고, 동시에 온 딜레이 타이머 "T002"가 가동된다. 타이머 "T002"의 설정시간 t_2[sec]후에 타이머 "T001"이 소자되고 동시에 타이머 "T002"도 소자된다. 타이머 "T002"가 소자되면 타이머 "T001"은 재가동되고 경고등은 다시 점등된다.

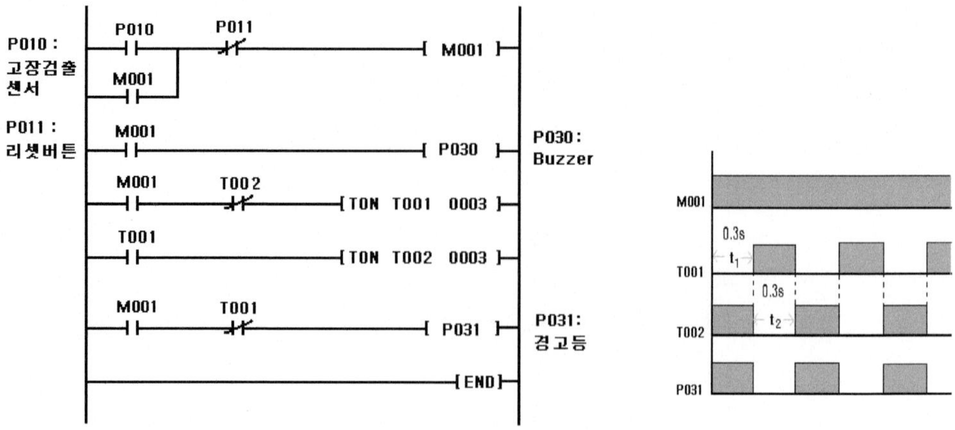

(a) 래도선도 (b) 타임챠트

그림 11-54 예제 11-6의 고장검출 회로

예제 11-7 온/오프 반복동작 회로

그림 11-55의 타임챠트와 같이 푸시버튼 하나를 사용하여 버튼을 누를 때 마다 전등이 온/오프 반복하는 래더선도를 작성하라.

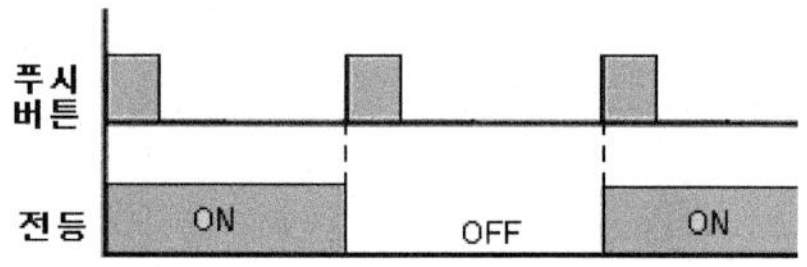

그림 11-55 예제 11-7의 타임챠트

▸ 풀이

푸시버튼 "P011"을 한번 누르면 첫 번째 가로줄에서 "M004"는 "M002"를 자기 유지시키고 소자된다. 이때 "M002"의 a 접점은 전등 "P032"을 점등(온)한다. 푸시버튼 "P011"을 한 번 더 누르면 세 번째 가로줄에서 "M003"가 여자되면서 두 번째 가로줄의 "M002"를 소자시킨다. 따라서 전등 "P032"는 소등(오프)된다.

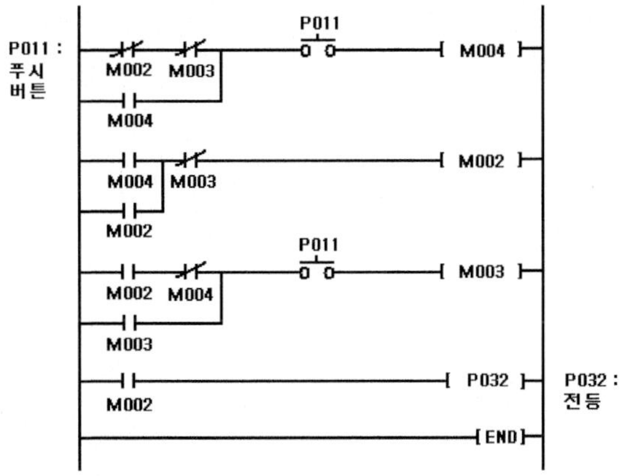

그림 11-56 온/오프 반복동작 래더선도

예제 11-8

PLC 프로그램을 래더선도에 따라 작성한 후, 입력모듈(Input Module)에 푸시버튼(Push button) 또는 스위치(Switch)를 연결하고자 한다. 이러한 외부 장치를 PLC 입력모듈에 어떻게 연결해야 하는지 설명하라.

▸ 풀이

(1) 외부전원이 필요한 경우

PLC의 입력모듈에 외부전원 DC 24 V를 그림 11-57(a)와 같이 연결한다. 즉 입력스위치(SW) 또는 푸시버튼(PB)을 외부전원과 직렬이 되도록 연결하며 COM1과 COM2는 분리하여 사용하거나 공통으로 사용할 수 있다.

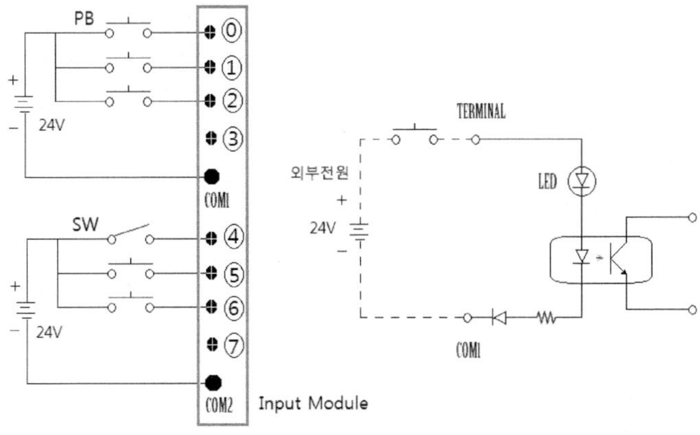

(a) 외부 결선도 (b) 내부 결선도

그림 11-57 PLC의 입력모듈과 외부장치 결선도

(2) 외부전원이 필요 없는 경우

PLC의 입력모듈에 입력스위치(SW) 또는 푸시버튼(PB)를 그림 11-58(a)와 같이 연결한다. COM1과 COM2는 분리하여 사용하거나 공통으로 사용할 수 있다. 그러나 그림(b)의 내부 결선도처럼 내부전원으로 회로가 구동되기 때문에 별도의 외부전원을 연결할 필요가 없다.

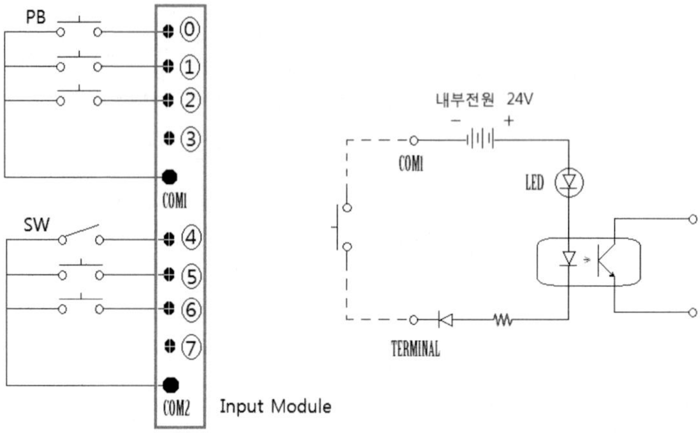

(a) 외부 결선도 (b) 내부 결선도

그림 11-58 PLC의 입력모듈과 외부장치 결선도

예제 11-9

PLC 프로그램을 래더선도에 따라 작성한 후, 출력모듈(Output Module)에 부하로서 램프(Lamp) 또는 모터(Motor)를 연결하고자 한다. 이러한 외부 장치를 PLC 출력모듈에 어떻게 연결해야 하는지 설명하라.

▸ 풀이

PLC의 출력모듈에 램프 또는 모터는 다음 그림 11-59(a)와 같이 연결한다. COM1과 COM2에 연결하는 전압원은 AC와 DC 전원으로 분리하여 사용하거나 공통으로 사용할 수 있다. 출력모듈은 그림(a)의 점선으로 표시된 것과 같이 PLC(래더선도에서의 Out 기능)의 출력기능으로서 단순히 접촉자(Contactor)를 온/오프 하여 부하를 연결한다.

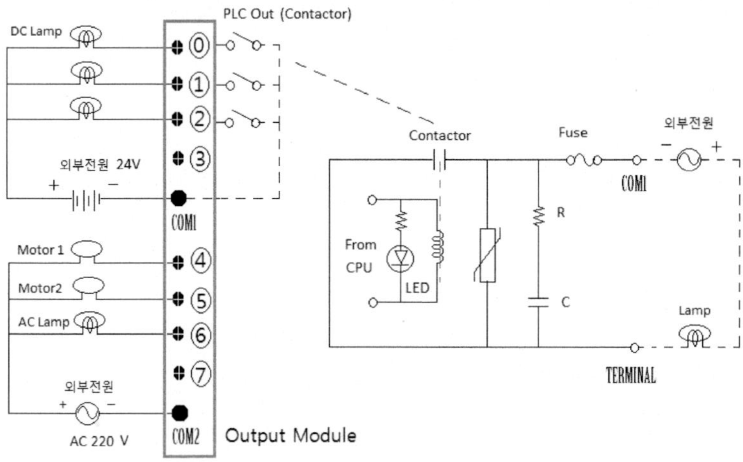

(a) 외부 결선도 (b) 내부 결선도

그림 11-59 PLC의 출력모듈과 외부장치 결선도

Q. 연습문제

01 다음과 같은 타이머의 사용 용도를 간단히 설명하라.

(a) ON 딜레이 타이머

(b) OFF 딜레이 타이머

02 카운터의 종류를 설명하라.

03 순차 제어 명령어는 몇 개의 조(group)까지 사용할 수 있느냐?

04 타이머 2 개를 이용하여 전등을 깜빡거리도록 래더선도를 작성하라. 단, 전등의 ON 시간을 0.6 초로, OFF 시간을 0.5 초로 설정한다.

05 다음 그림은 도로 공사로 인하여 왕복 2차선이 왕복 1차선으로 통제되는 곳이다. 시스템이 동작(P001) 하면 양쪽에 우선 적색등이 켜지고, 10초 후에 좌측 녹색등이 켜진다. 좌측 녹색등이 계속 켜져있다가 우측 차선으로부터 센서 신호(P002) 를 받게되면 20 초를 더 유지하고 꺼진다. 다음에, 10초동안 양쪽 적색등이 켜지고 난 후, 우측 녹색등이 켜진다. 래더선도를 작성하라.

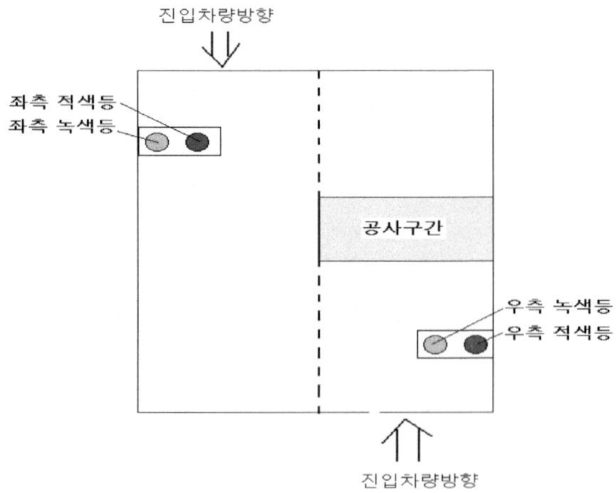

A. 해 답

01 (a) ON 딜레이 타이머는 한시동작(순시복귀) 타이머와 같은 기능을 한다.

(b) OFF 딜레이 타이머는 한시복귀(순시동작) 타이머와 같은 기능을 한다.

02 (a) 업 카운터 : 펄스가 입력될 때마다 현재값을 +1 하는 카운터

(b) 다운 카운터 : 펄스가 입력될 때마다 현재값을 −1 하는 카운터

04 다음에 타임 차트와 래더도를 나타낸다. 이러한 회로를 플리커 회로라고 한다.

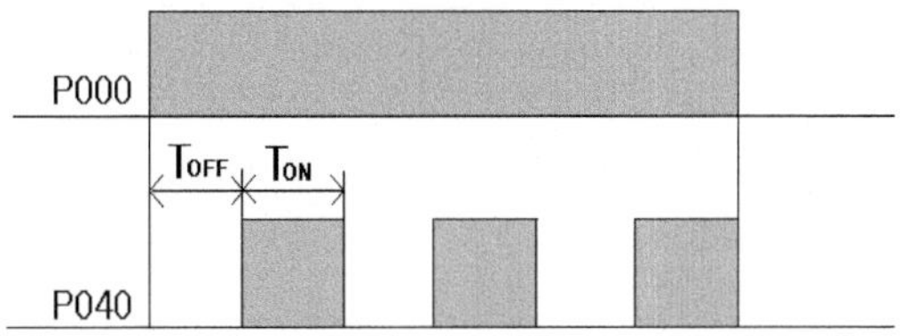

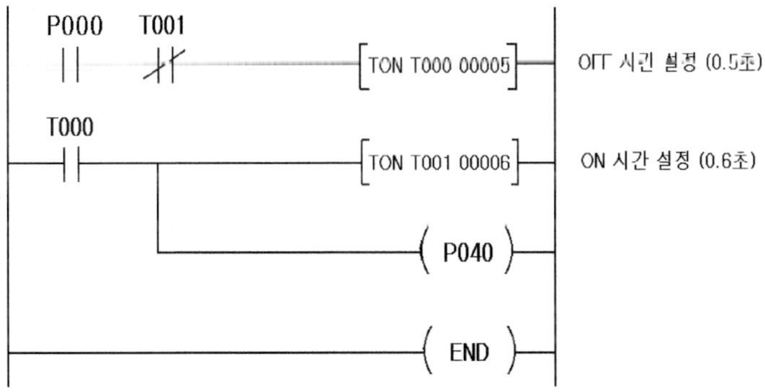

05 공사구간에 대한 신호등의 래더선도를 작성하면 다음과 같다.

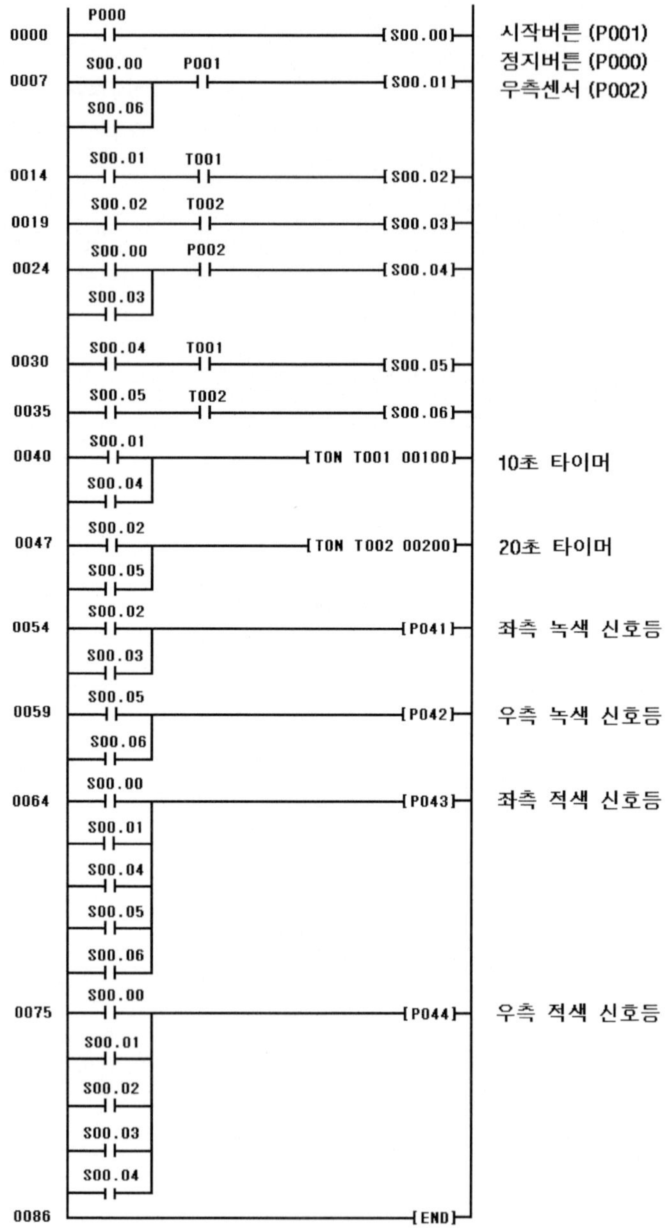

제 12 장 GLOFA 프로그램 작성법

12.1 서론

PLC는 제작사마다 사용 명령어와 통신 네트워크를 서로 달리하기 때문에 프로그램 등이 호환이 되지 않는 불편함을 겪어 왔다. 이러한 불편함을 해소하고, PLC 사용자에게 편리성을 도모하고자 IEC(International Electrotechnical Commission; 국제 전기 표준 회의)에서는 PLC 국제 표준화 규격인 IEC1131을 제정하게 되었다.

국제 표준화 규격인 IEC1131은 크게 5 부분으로 구성되어 있는데, Part 1은 PLC의 기본 기능 및 용어 정의, Part 2는 설비의 요구 기능 및 시험 조건, Part 3은 프로그램 언어, Part 4는 사용자 지침, Part 5는 통신 네트워크로 구성되어 있다.

LG 산전의 GLOFA PLC와 삼성전자의 FARA PLC는 이러한 IEC 규격을 적용하여 개발되었다. 이들의 특징은 다음과 같다.

1. IEC에서 표준화한 PLC용 언어를 만족한다.
   (LD, IL, SFC 언어 사용 가능)
2. 국제규격의 통신 프로토콜을 만족한다.
   (Open 네트워크를 지향하여 이기종, 멀티 벤더간의 통신이 가능)
3. Windows 환경의 프로그램 편집 툴(Tool)을 지원한다.
   (LG 산전의 GLOFA PLC를 위해서 GMWIN 소프트웨어와 삼성전자의 FARA PLC를 위해서 WinGPC 소프트웨어가 지원)

LG산전의 GLOFA PLC는 그림 12-1과 같이, GMR, GM1, GM2, GM3, GM4, GM6, GM7 시리즈로 제품화 되어있으며, 그림 12-2는 GM4의 대표적 시스템 구성을 나타내고, 표 12-1은 GM Series의 성능 규격을 비교한 것이다.

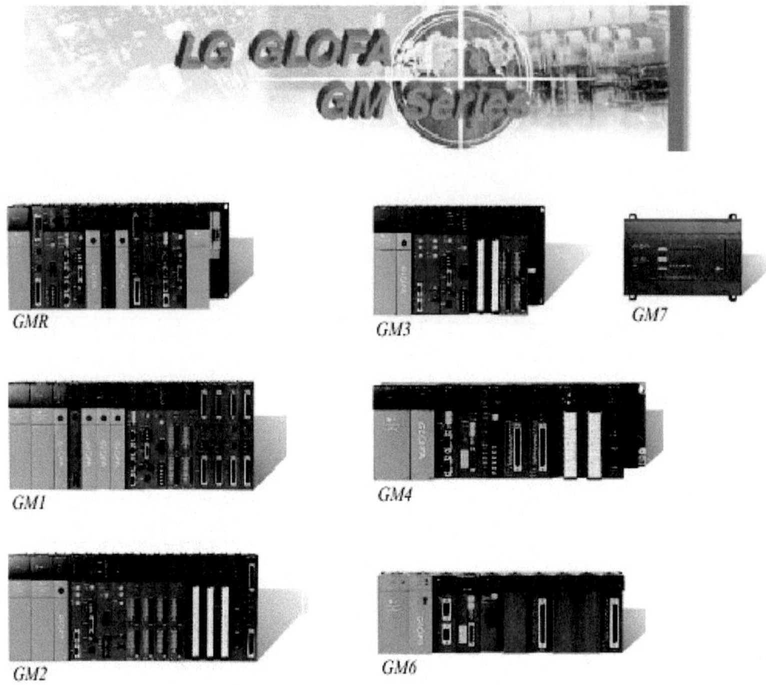

그림 12-1 GLOFA GM 시리즈 제품 종류

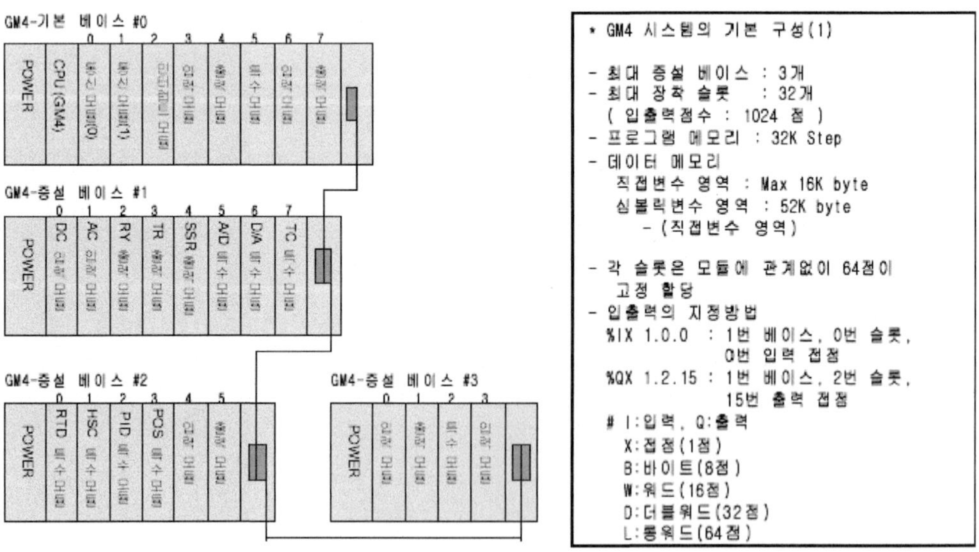

그림 12-2 GM4의 시스템 구성

표 12-1 GLOFA PLC의 성능 비교

항 목		GMR	GM1	GM2	GM3	GM4	GM5
제어 방식		저장된 프로그램 반복 연산, 정주기 연산, 인터럽트 연산					
입출력 제어 방식		스캔 동기 일괄처리 방식					
프로그램 언어		LD (Ladder Diagram) IL (Instruction List) SFC (Sequential Function Chart)					
언어 구성체 종류	오퍼레이터	LD : 13 개, IL : 21 개					
	기본 펑션	156 개	324 개	324 개	324 개	194 개	194 개
	기본 펑션 블록	11 개	11 개	11 개	11 개	11 개	12 개
	전용 펑션 블록	이중화 전용 펑션 블록	특수 기능 전용 펑션 블록				
연산 처리 속도	오퍼레이터	0.12 μs / 명령			0.2 μs/ 명령		
	기본 펑션	0.12 μs / step			0.2 μs / 명령		
	기본 펑션 블록						
프로그램 메모리용량		512 kbyte (128 k step)			256 kbyte (64 kstep)	128 kbyte (32 kstep)	64 kbyte (16 kstep)
입출력 점수	32 점모듈사용시	3,840 점	8,000 점	2,048 점	1,024 점	512 점	192 점
	64 점모듈사용시	7,680 점 32,000 *1	16,000 점	4,096 점	2,048 점	1,024 점	
데이터 메모리	직접 변수 영역	0 ~ 64 kbyte	8 ~ 64 kbyte		8 ~ 64 kbyte	2 ~ 16 kbyte	2 ~ 16 kbyte
	네임드 변수영역 *2	최대 446 kbyte			최대 116 kbyte	최대 52 kbyte	최대 32 kbyte
타이머		점수 제한 없음, 시간범위 : 0.001 초 ~ 4294967.295 초(1,193 시간)					
카운터		점수 제한 없음, 계수범위 : - 32,768 ~ + 32,767					
운전모드		Pause 모드 없음	Run, Stop, Debug, Pause				
정전시 데이터 보존		변수 정의시 보존(Retain)으로 설정된 데이터					
프로그램 블록수		180 개					
프로그램 종류	스캔	태스크 프로그램으로 등록하지 않은 프로그램					
	정주기 태스크	32 개					8 개
	외부접점태스크	없음	16 개			8 개	8 개
	내부접점태스크	16 개					8 개
	초기화 태스크	2 개(_INT, _H_INT)					
	에러 태스크	1 개(_ERR_SYS)			없음		
자기 진단 기능		운전상태 감시, 연산지연 감시, 메모리 이상, 입출력 이상, 배터리 이상, 전원 이상 등					
리스타트 기능		콜드, 웜, 핫 리스타트					
증설 베이스 수		총 16 개	31 개	7 개	3 개	3 개	
멀티 CPU 운전		불가	최대 4 개	불가			
이중화운전		중복, 전환, 단독 입출력	불가능				

*1 : 네트워크 구성 시 최대 입출력 점수

*2 : 네임드 변수(심볼릭 변수) = 최대 네임드 범위 - 직접 변수 지정 범위

12.2 GMWIN 의 소프트웨어 구조

GMWIN 은 PLC 의 프로그램을 편집하고 실행파일을 만들어 PLC에 전송할 뿐만 아니라, PLC 데이터를 모니터링 및 디버깅하는 소프트웨어 툴이다. 그리고 GMWIN 은 다중 문서 인터페이스(Multiple Document Interface) 방식으로 동시에 여러 개의 프로그램을 편집하거나 모니터링 할 수 있다.

GLOFA 에서는 PLC 시스템 전체를 하나의 프로젝트(Project)로 정의한다. 프로젝트 안에는 하나의 PLC 시스템에 필요한 모든 것이 그림 12-3 과 같이 계층적으로 정의되어 있다.

- Project
  - Configuration
    - Resource
      - Program
      - Resource Global Variable
      - Task
    - Configuration Global Variable
    - Access Variable
  - Parameter
    - Basic Parameter
    - I/O Parameter
    - Link Parameter

그림 12-3 GMWIN 의 소프트웨어 구조

GLOFA PLC 의 프로그램을 작성하기 위해서는 우선 프로젝트를 구성하여야 한다. 하나의 프로젝트를 구성한다는 것은 하나의 PLC 시스템에 필요한 모든 구성 요소를 작성한다는 것을 의미하고, 여기에는 기본적인 프로그램뿐만 아니라 기본 파라미터, 태스크 정의, I/O 파라미터 등을 작성한다.

그림 12-4 는 GMWIN 에서 새프로젝트를 구성하고자 할 때, 하단에 나타나는 모니터창이다. 즉, 그림 12-3 의 프로젝트를 프로그램 상에서 정의할 수 있도록 한다.

12.2.1 컨피그레이션 (Configuration)

컨피그레이션은 PLC 프로그램에 관한 여러 가지 정의 사항들, 예를 들면 글로벌 변수, 프로그램, 태스크 등의 정의 및 서로의 연관 관계를 설정하는 부분이다. PLC 시스템은 고유의 이름을 가지는 데, 이것을 컨피그레이션 이름이라고 한다. 컨피그레이션 이름은 PLC 와 PLC 를 연결하여 통신을 할 때, 각각의 PLC 가 지니고 있는 고

* 참조 - PLC를 PC와 연결하는 방법은 『11.4.1 PC와 연결 방법』을 참조 바람

유 이름이 된다. 컨피그레이션 이름은 영문자로 최대 8자까지 작성할 수 있다.

컨피그레이션은 리소스와 컨피그레이션 글로벌 변수, 액세스 변수를 가지고 있다.

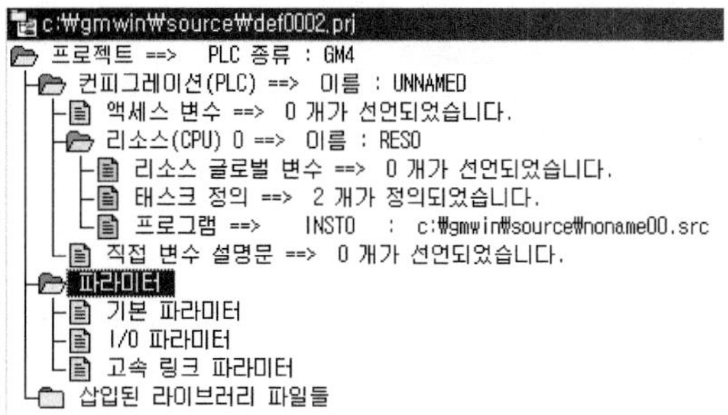

그림 12-4 프로젝트 작성을 위한 화면

1. 리소스 (Resource)

리소스는 PLC 의 CPU 에 해당한다. 보통 하나의 PLC 시스템은 한 개의 CPU 모듈을 가지지만, GM1 은 하나의 PLC 시스템에 최대 4 개의 CPU 모듈을 장착할 수 있다. 따라서 GM1 의 경우에는 컨피그레이션 안에 4 개의 리소스를 정의할 수 있고, GM2~GM5 는 리소스를 1 개만 정의할 수 있다. 이 리소스도 이름을 가지며, 역시 통신할 때에 사용한다. 리소스 이름은 영문자로 최대 8 자까지 작성할 수 있으며, 그림 12-5 와 같이 작성된 리소스 이름은 마우스를 이용하여 "리소스(CPU) ⇒ 이름" 을 두 번 클릭하면 나타난다.

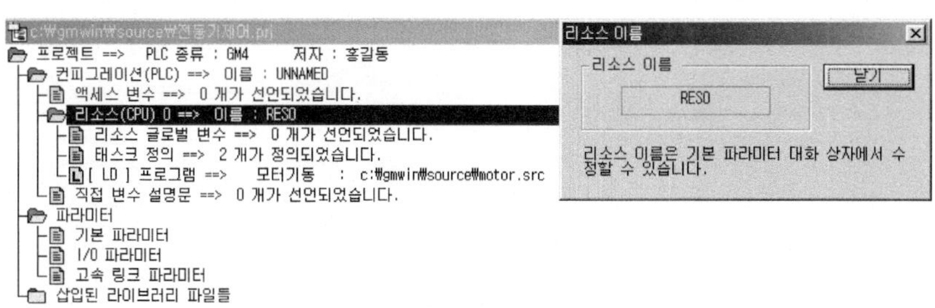

그림 12-5 리소스 대화상자

- "리소스 글로벌 변수" 는 그 리소스 내에 있는 모든 프로그램에서 사용할 수 있는 변수이다. 그림 12-6 는 "리소스 글로벌 변수" 의 대화상자를 나타낸다. 이 대화상자의 수정(E) 을 선택하여 글로벌 변수를 수정할 수 있다.

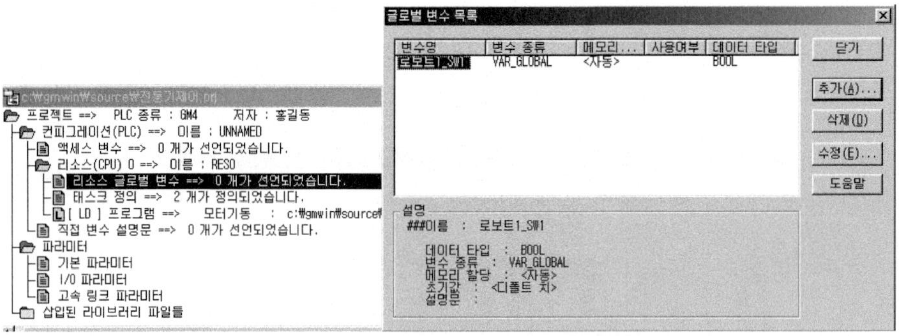

그림 12-6 리소스 글로벌 변수의 대화상자

2. 태스크(Task)

태스크는 프로그램의 실행조건을 정의하는 것으로써, 그 종류에는 싱글, 인터벌, 인터럽트 등이 있다.

- 프로젝트 윈도우 내의 "태스크 정의"를 선택하면, 그림 12-7과 같은 "태스 크 목록" 대화상자가 나타난다.

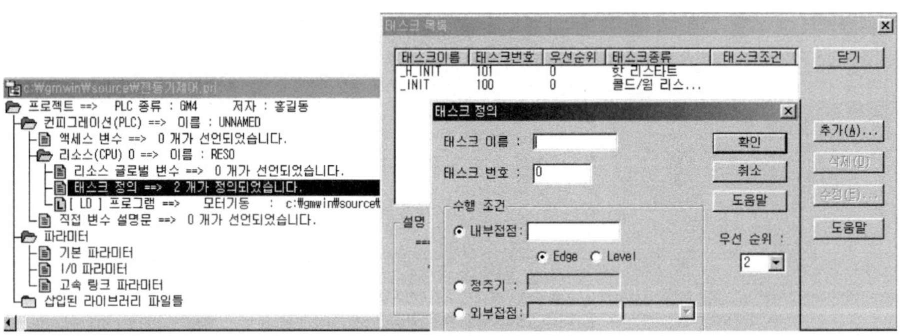

그림 12-7 태스크 목록 대화상자

- "태스크 이름" 입력란에 태스크 이름을 입력하고, "태스크 번호" 입력란에 수행 조건에 따라 다음 표 12-2와 같은 번호를 입력한다.

표 12-2 태스크 입력 번호

수행조건	태스크 번호
정주기	0~31
외부 접점	32~47 (GM4, GM5 ; 32~39)
내부 접점	48~63

3. 프로그램 (Program)

프로그램의 종류는 스캔 프로그램과 태스크 정의 프로그램이 있으며, 여러 개의 스캔 프로그램이 존재하는 경우에는 정의된 순서대로 실행되고, 태스크로 정의된 프로그램은 그 태스크의 조건에 따라 실행된다.

그림 12-8은 c:\gmwin\source\motor.src 에 저장되어 있는 "모터기동"이라는 프로그램을 나타낸다.

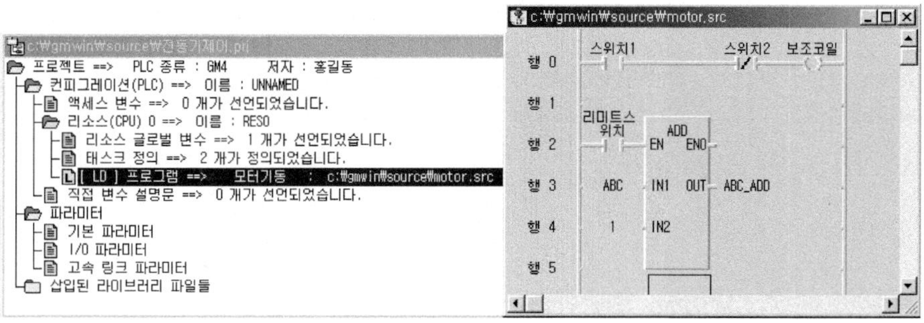

그림 12-8 프로그램 대화상자

4. 직접 변수 설명문

직접 변수 설명문은 직접 변수에 설명문을 첨부할 수 있도록 해주는 것으로서 프로그램에서 설명문란에 보이는 내용과 일치한다. 그림 12-9는 직접 변수 설명문의 대화상자를 나타낸다. 이 대화상자를 통하여 추가, 수정 및 삭제를 할 수 있다.

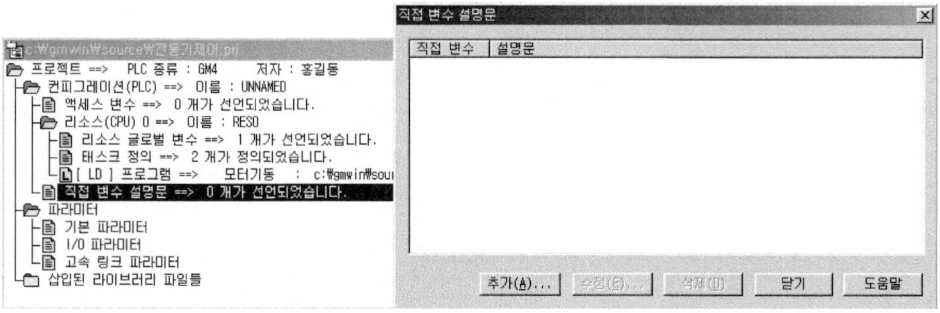

그림 12-9 직접 변수 설명문 대화상자

5. 컨피그레이션 글로벌 변수(Configuration Global Variable)

컨피그레이션 글로벌 변수는 다중 리소스 내의 모든 프로그램에서 공용으로 사용할 수 있는 변수들로써, 리소스가 여러 개 존재할 수 있는 GM1에서만 사용된다. 즉,

리소스와 리소스 간에 공유할 데이터들을 컨피그레이션 글로벌 변수로 정의한다. 컨피그레이션 글로벌 변수의 수정은 그림 12-10과 같이 리소스 글로벌 변수의 수정과 동일하다.

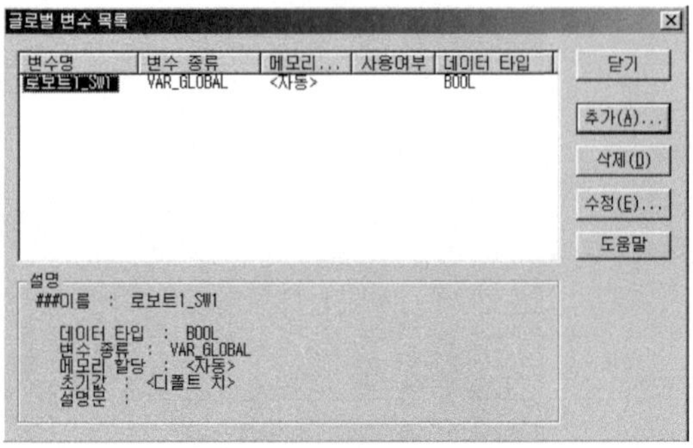

그림 12-10 컨피그레이션 글로벌 변수 편집

6. 액세스 변수(Acess Variable)

하나의 PLC에서 액세스 변수로 정의된 경우, 다른 컨피그레이션(또는 다른 PLC)에서 이 변수를 사용할 수 있다. 즉, 여기에 선언된 변수에만 다른 PLC가 접근할 수 있으므로, 읽기 또는 읽고 쓰기로서 접근 권한을 제한할 수 있다.

그림 12-11은 프로젝트 윈도우 내의 액세스 변수를 선택하였을 때의 "액세스 변수 목록" 대화상자를 나타낸다.

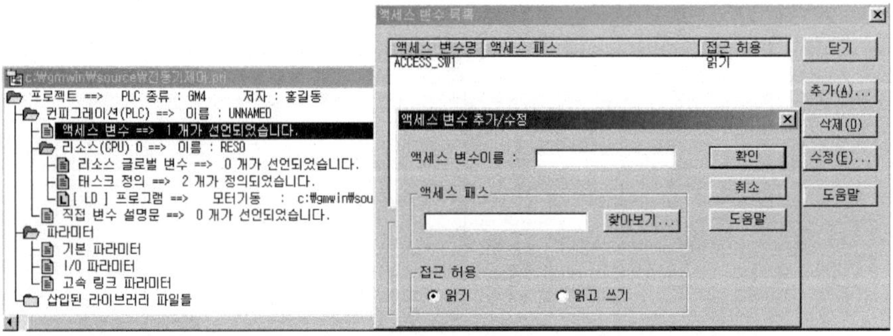

그림 12-11 액세스 변수 목록 대화상자

- 액세스 변수를 삽입하기 위해서 "추가" 단추를 누르고, "액세스 변수 추가/수정" 대화상자가 열리면, 액세스 변수 이름(영문 대문자만 가능)을 입력한다.
- "액세스 패스" 란에 액세스 패스를 입력한다. 액세스 패스의 입력 예는 표 12-3 및 12-4와 같이 GM1인 경우와 GM2~7인 경우 사용방법이 약간 다르다.

표 12-3 GM1 인 경우

입력 가능한 액세스 경로	예 제
컨피그레이션 글로벌 변수	A, VALVE1
리소스 글로벌 변수	리소스 이름 . 글로벌 변수 이름 ⇒ RES1.%I0.0.0
직접 변수	리소스 이름 . 직접 변수 ⇒ RES1.%I0.0.0

표 12-4 GM2~7 인 경우

입력 가능한 액세스 경로	예 제
리소스 글로벌 변수	글로벌 변수 이름 ⇒ A
직접 변수	직접 변수 ⇒ %I0.0.0

- 액세스 변수를 삭제(또는 수정)하고자 할 경우, "액세스 변수 목록" 대화상자에서 삭제(또는 수정) 할 항목을 선택한 후 "삭제(또는 수정)" 단추를 누른다.

12.2.2 파라미터 (Parameter)

파라미터 부분은 PLC 시스템의 기동시 필요한 여러 가지 정보를 작성하는 부분이다. 즉, 그림 12-3 과 같이 파라미터부는 기본 파라미터, I/O 파라미터, 링크 파라미터 등과 같은 하드웨어적인 것들을 작성하며, 삽입된 라이브러리 파일들에서 라이브러리 파일을 추가 또는 삭제할 수 있다.

1. 기본 파라미터 설정

기본 파라미터에서는 그림 12-12 와 같이, 컨피그레이션(PLC) 이름과 리소스, 스캔 워치독 등의 내용을 설정하며, 설정 방법은 다음과 같다.

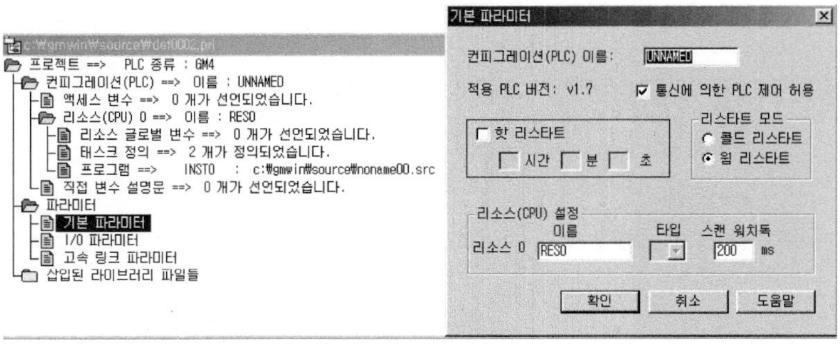

그림 12-12 기본 파라미터 설정

- PLC 이름 입력란에 PLC의 이름을 입력한다.
- 적용 PLC 버전은 현재의 GMWIN 버전에서 사용 가능한 PLC의 버전을 나타낸다.
- 통신에 의한 PLC 제어 허용 확인란에 리모트 접근 권한 허용 여부를 설정한다. (디폴트값을 사용할 경우에는 허용)
- 핫 리스타트 확인란을 눌러 핫 리스타트를 가능하게 할 것인가를 설정한다.
  핫 리스타트를 설정할 경우, 핫 리스타트 시간을 설정하여야 하며, 핫 리스타트 시간은 1초에서 23시간 59분 59초 까지 초 단위로 설정할 수 있다.
- 리스타트 모드 영역의 옵션 단추를 눌러 콜드 리스타트로 할 것인가, 웜리스타트로 할 것인가를 선택한다.
- 리소스 설정 이름 입력란에 리소스 이름을 작성한다. 리소스 이름은 영문 8자(한글 4자) 까지 작성 가능하다.
- 스캔 워치독 입력란에 워치독 시간을 설정한다. 시간은 1[ms] 단위로 최대 65535[ms] 까지 설정할 수 있다.

단, GM7의 경우에는 최대 5000[ms] 까지 설정할 수 있다.

2. I/O 파라미터 설정

입/출력 파라미터에서는, 베이스 번호를 선택하여 I/O 형태를 설정할 수 있다. 그림 12-13 은 I/O 파라미터 설정창을 나타낸다.

- "베이스 선택" 에서 설정할 베이스 번호를 선택하면, "I/O 형태 설정" 목록에 선택된 베이스에 대한 내용이 나타난다.
- PLC 별 베이스 설정 범위는 표 12-5 와 같다.

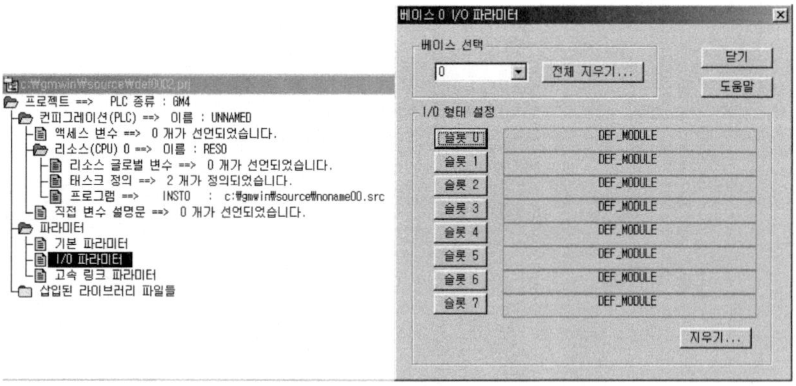

그림 12-13 I/O 파라미터설정

표 12-5 PLC 종류별 베이스 설정 범위

PLC 종류	설정 범위	PLC 종류	설정 범위
GMR	베이스 0~15	GM3, GM4	베이스 0~3
GM1	베이스 0~31	GM5	베이스 0
GM2	베이스 0~7	GM6	베이스 0~1

- 베이스 선택에서 "전체 지우기" 단추를 누르면, 모든 베이스에 설정된 I/O 파라미터를 모두 기본값으로 바꾼다.
- I/O 형태 설정에서, "지우기" 단추를 누르면, 선택된 베이스 내의 슬롯에 설정된 I/O 파라미터를 모두 기본값으로 바꾼다.
- 기본값으로 사용되는 I/O의 형태는 표 12-6과 같다.

표 12-6 기본값으로 사용되는 I/O의 형태

I/O 형명	내용
DEF_I	전원 입력시, 선택된 슬롯에 장착된 입력 모듈이 기본값으로 I/O 리프레시 테이블에 등록된다.
DEF_O	전원 입력시, 선택된 슬롯에 장착된 출력 모듈이 기본값으로 I/O 리프레시 테이블에 등록된다.
DEF_IO	전원 입력시, 선택된 슬롯에 장착된 입/출력 모듈이 기본값으로 I/O 리프레시 테이블에 등록된다.
DEF_SP	전원 입력시, 선택된 슬롯에 장착된 특수 모듈이 기본값으로 I/O 리프레시 테이블에 등록된다.
DEF_MODULE	전원 입력시, 선택된 슬롯에 장착된 모듈이 기본값으로 I/O 리프레시 테이블에 등록된다.
DEF_EMPTY	전원 입력시, 선택된 슬롯이 비어있는 슬롯으로 I/O 리프레시 테이블에 등록된다.

3. 고속 링크 파라미터 설정

PLC의 종류에 따라서 고속 링크 파라미터 설정을 위한 구성은 표 12-7과 같다.

표 12-7 고속 링크 파라미터 설정 범위

종류	고속 링크 설정 범위
GM1, GM2, GM3	고속 링크 1~4
GM4,GM6	고속 링크 1~2
GM5	고속 링크 1
GM7	고속 링크 파라미터를 설정할 수 없다.

그림 12-14와 같은 "고속 링크 파라미터" 대화상자에서, 링크 설정 정보 및 각 등록 목록의 정보를 설정할 수 있다.

등록 목록은 다중 선택하여 삭제, 수정, 복사 등을 해당 단추를 이용하거나 삭제 시, Del 키를 사용할 수 있고, 복사/수정은 Ctrl+v와 Ctrl+c 키를 사용하여 할 수 있다.

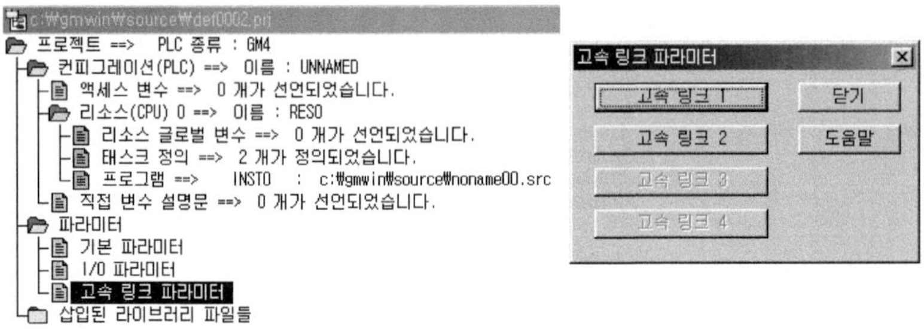

그림 12-14 고속 링크 파라미터 설정 대화상자

이상의 프로젝트 계층을 요약하면 표 12-8과 같다.

표 12-8 프로젝트 계층 요약

계층 항목	설명
프로젝트	PLC 시스템 전체를 정의
-컨피그레이션	-PLC 프로그램에 관한 여러 정의 사항들을 설정
-컨페그레이션 글로벌 변수	-컨피그레이션 전체에서 사용되는 변수 리스트
-액세스 변수	-다른 컨피그레이션이 접근 가능한 변수 리스트
-리소스	-CPU 모듈에 해당
-리소스 글로벌 변수	-한 리소스 전체에서 사용되는 변수 리스트
-태스크 정의	-프로그램의 실행 조건 정의
-프로그램 정의	-각 프로그램과 그 실행 조건 기술
-직접 변수 설명문	-직접 변수에 사용한 설명문 리스트
-파라미터	-PLC 시스템의 하드웨어에 관한 내용 정의
-기본 파라미터	-기본적인 하드웨어 파라미터 정의
-I/0 파라미터	-입출력 모듈에 관한 내용 기술
-고속 링크 파라미터	-고속 링크 파라미터에 관한 내용 기술
-통신 파라미터	-통신 파라미터에 관한 내용 기술(GM7 용)
-이중화 파라미터	-이중화 파라미터에 관한 내용 기술(GMR 용)
삽입된 라이브러리 파일들	현재 삽입되어 있는 라이브러리 파일들의 리스트

12.3 프로젝트 작성

그림 12-15 는 GMWIN 에서 LD 프로그램을 작성하기 위하여 알아두어야 할 명령어의 종류를 나타낸다.

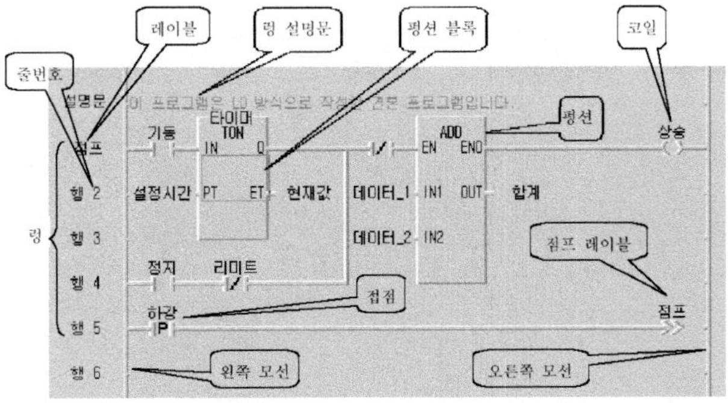

그림 12-15 LD 프로그램 작성에 필요한 기호

- 그림 12-15 에서 시퀀스 연산자로서 "접점", "코일", "점프" 등이 사용된다.

- "펑션(Function)" 은 입력에 대한 연산 결과를 1스캔마다 즉시 출력하고, 출력은 하나만 내보낸다. 펑션에는 전송 펑션(MOVE), 산술 연산 펑션(ADD, MUL 등), 논리 연산 펑션(AND, OR 등), 형 변환 펑션 (INT_TO_BCD, BCD_TO_INR 등) 등이 사용되며, 라이브러리에 넣어서 사용한다.
- "펑션 블록(Function Block)" 은 타이머, 카운터 등과 같이 여러 스캔에 걸쳐 누계된 연산결과를 출력하며, 출력은 여러 개가 될 수 있다. 펑션 블록은 명령어 내부에 누계된 데이터를 보관하기 위하여 내부 메모리가 필요하므로, 사용하기 전에 변수를 선언한다.

그림 12-16 은 펑션과 펑션 블록의 기호를 나타낸다.

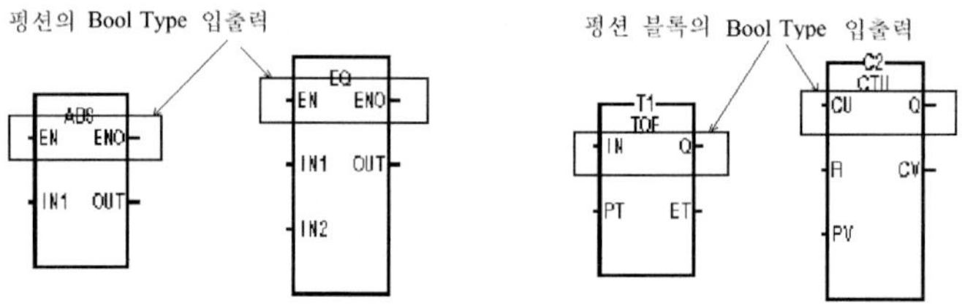

그림 12-16 펑션과 펑션 블록의 기호

12.3.1 프로그램 작성

PLC 와 PC 를 RS232-C 케이블로 연결한 후, PC 에 GMWIN 을 설치하면, 그림 12-17 과 같은 초기화면이 나타난다. 이러한 초기화면으로부터 프로그램을 작성하기 위해서는 다음과 같이 몇 가지 단계를 거쳐야 한다.

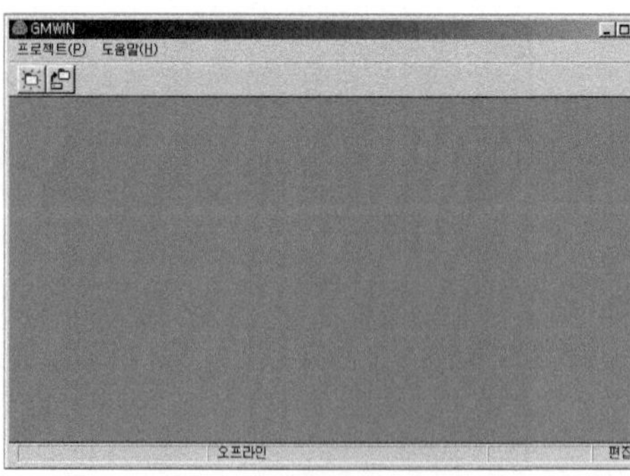

그림 12-17 GMWIN 의 초기화면

* 참조 - PLC를 PC와 연결하는 방법은 『11.4.1 PC와 연결 방법』을 참조 바람

단계 1 : 프로젝트의 생성

- "프로젝트(P)" 의 메뉴에서 "새 프로젝트(N)" 을 선택하여, 그림 12-18(a)와 같은 새로운 프로젝트 대화상자를 만든다.
- 생성된 "프로젝트" 화면 입력란에 그림 12-18(b) 와 같이 파일명(전동기제어), PLC 의 종류(GM4), 프로그램 저자(홍길동) 및 프로젝트의 간단한 설명(전동기의 기동 방법)을 입력한다. (그림 12-18(b) 참조)

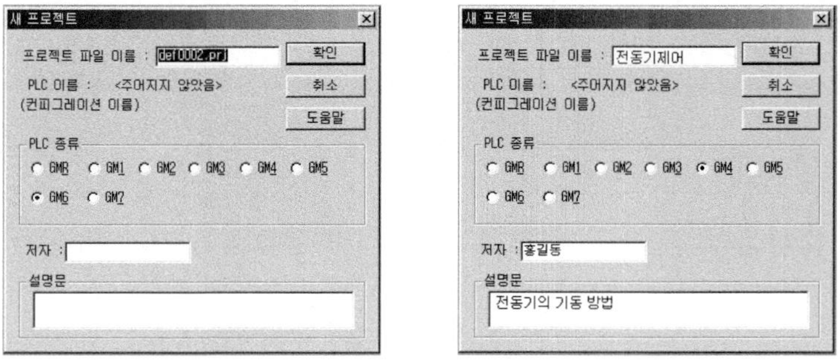

(a) (b)

그림 12-18 프로젝트의 생성 화면

단계 2 : 프로그램의 정의

- 그림 12-18 "프로젝트" 대화상자의 확인 단추를 눌러서 그림 12-19(a)와 같이 프로그램 정의 대화상자를 부른다.
- "프로그램 정의" 대화상자에 인스턴스 이름(모터기동), 수행 조건(스캔 프로그램) 및 프로그램 파일 이름(c:₩gmwin₩source₩motor.src)을 입력한다. (그림 12-19(b) 참조)

(a) (b)

그림 12-19 프로그램 정의 화면

- "프로그램 정의" 대화상자의 확인단추를 눌러서 그림 12-20과 같은 "새 프로그램" 대화상자를 부른다.
- "새 프로그램" 대화상자의 입력화면에서, 사용하고자 하는 언어(LD), 프로그램의 종류(프로그램 블록)를 입력하고, 설명문(모터 기동 및 정지 프로그램)을 작성한다. (그림 12-20 (b) 참조)

(a) (b)

그림 12-20 새 프로그램 화면

- "새 프로그램" 대화상자의 확인단추를 누르면, 그림 12-21과 같이 프로그램을 작성하거나 편집할 수 있는 "motor.src" 가 화면에 나타난다.

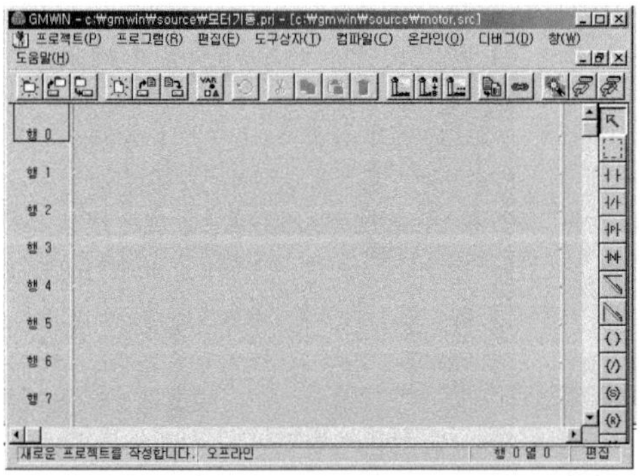

그림 12-21 생성된 "motor.src" 화면

단계 3 : 프로그램의 편집

1) 입력접점과 출력코일의 생성

그림 12-21와 같은 프로그램 편집 상태에서, LD 언어로 프로그램을 편집하는 방법은 다음과 같다.

- 도구 상자에서 원하는 접점 을 선택한 후, LD 프로그램 창의 행 0 위치에서 마우스의 왼쪽 단추를 누르면, 그림 12-22 (a) 와 같이 입력접점이 생성된다.

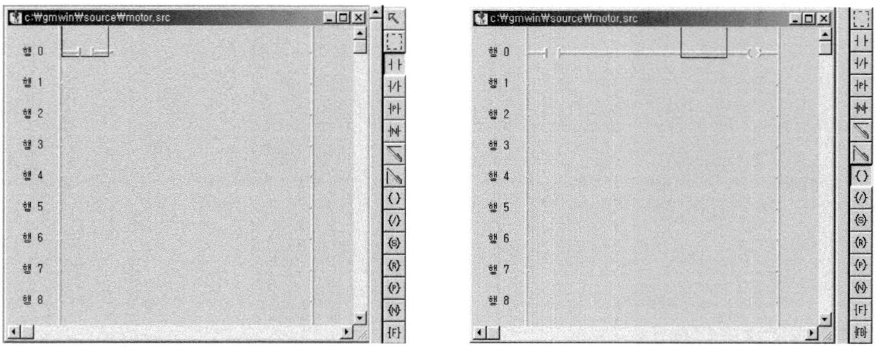

(a) 입력접점 생성　　　　(b) 출력코일 생성

그림 12-22 입력접점 및 출력코일 작성

- 도구 상자에서 을 선택한 후, 접점  옆 위치에서 마우스의 왼쪽 단추를 누르면, 그림 12-22 (b) 와 같이 입력접점과 연결된 출력코일이 생성된다.

2) 접점의 삽입 방법

- 입력 a 접점과 출력코일 사이에 b 접점을 삽입하고자 할 경우, 도구 상자에서  을 선택한 후, 셀의 위치를 a 접점과 출력코일 사이에 위치시킨 후, 마우스의 왼쪽 단추를 누르면, 그림 12-23 (a) 와 같이 입력접점과 출력코일 사이에 b 접점이 생성된다.

3) 접점의 병렬 연결

- a 접점과 병렬로 다른 a 접점을 연결하고자 할 경우, 도구 상자에서  을 선택한 후, 행 1 의 위치에서 마우스의 왼쪽 단추를 누른다. 행 0 의 a 접점과 병렬로 연결하기 위하여, 도구상자에서 세로선  을 선택한 후, 연결하고자 하는 위치에서 마우스의 왼쪽 단추를 누르면, 그림 12-23 (b) 와 같이 병렬연결이 완료된다.

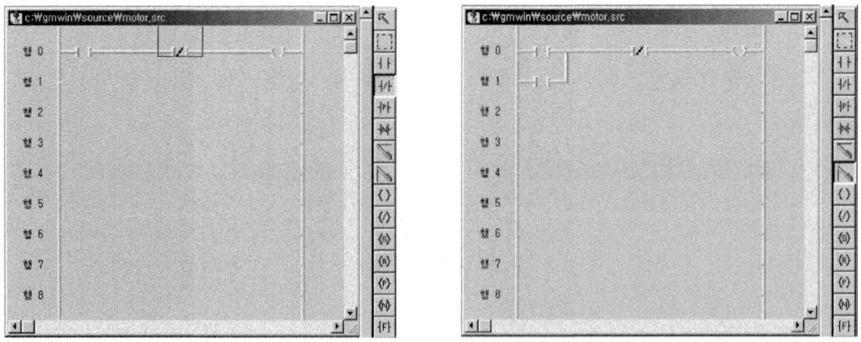

(a) b 접점 삽입　　　　　　　　(b) 접점의 병렬 연결

그림 12-23 입력접점 및 출력코일 작성

4) 펑션 사용(Function)

그림 12-24 와 같은 래더 선도에서 펑션을 사용하는 방법에 관하여 알아보자.

- 마우스를 이용하여 도구상자의 {F} 를 선택한다.

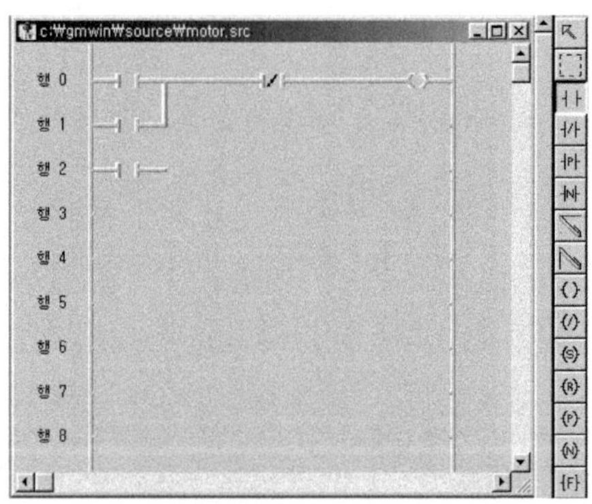

그림 12-24 펑션을 사용하기 위한 입력접점의 생성

- LD 프로그램 윈도우에서 원하는 위치(행 2 번, 열 2 번)로 마우스를 옮긴 후에 왼쪽 단추를 누르면, 그림 12-25 와 같이 "펑션 목록" 대화상자가 나타난다.

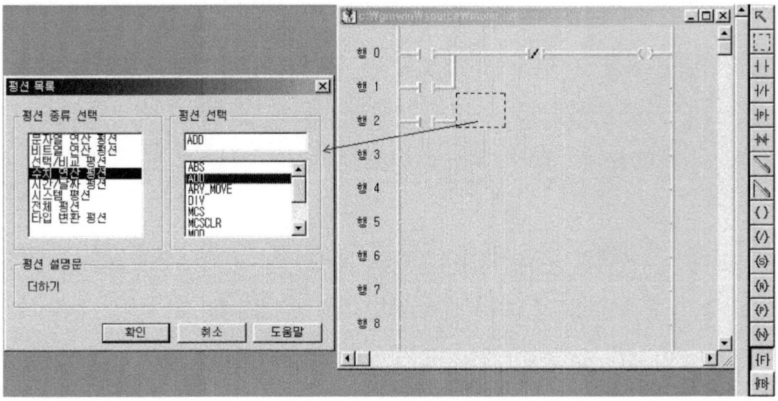

그림 12-25 펑션 목록 대화상자

- "펑션 목록" 대화 상자에서 펑션 종류를 "수치연산 펑션" 으로, 펑션 선택에는 "ADD" 를 선택하고 확인 단추를 누르면, 그림 12-26 과 같은 "입력 개수" 대화상자가 나타난다. 이때 원하는 입력 개수를(여기서는 2) 입력한다.

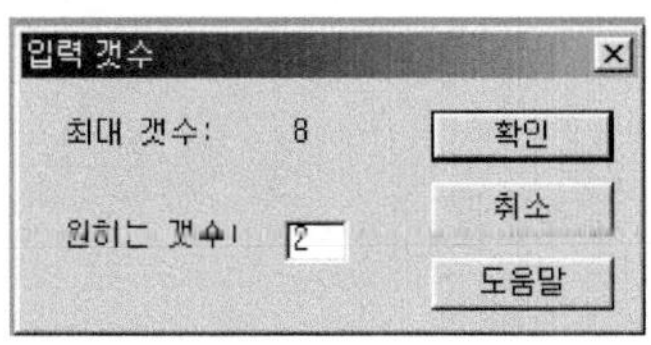

그림 12-26 입력 갯수 대화상자

- 그림 12-26 의 "입력 갯수" 대화상자에서 확인단추를 누르면, 그림 12-27 과 같이 2 입력 펑션이 생성된다. 펑션은 LD 프로그램의 2 번 열에서부터 30 번 열까지 입력 가능하다.

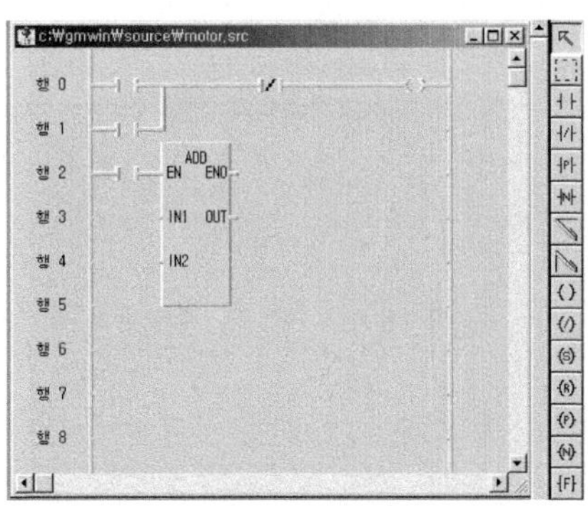

그림 12-27 2 입력 펑션의 생성 화면

5) 변수 입력

변수 입력이란, 래더 선도상의 접점이나 코일에 변수명을 작성하는 것을 나타낸다. 예를 들어, 그림 12-27과 같은 래더 선도상에서 행 0번, 열 1번에 위치해 있는 a 접점에 “스위치1” 이라는 변수명을 나타내고자 할 경우 다음과 같이 행한다.

- 도구상자에서 ↖를 선택하여 LD창의 행 0번, 열 1번 행 0 의 위치에 마우스를 놓고 왼쪽 단추를 두 번 누르면, 그림 12-28과 같이 “변수 대화” 상자가 나타난다.
- “변수” 대화상자의 변수 이름란에 “스위치1” 이라 입력하고, 확인단추를 누르면 “변수 추가/수정” 대화상자가 나타난다.

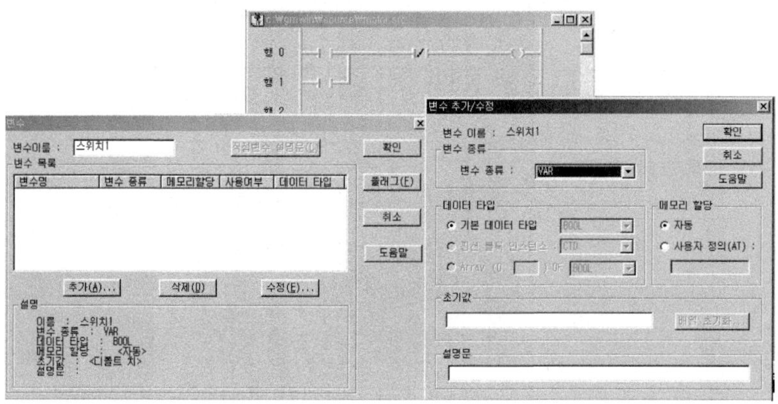

그림 12-28 변수대화 및 변수 추가/수정대화 상자

- “변수 추가/수정” 대화상자의 확인단추를 누르면, 그림 12-29와 같이 행 0번, 열 1번째의 a 접점에 “스위치1” 라는 변수명이 나타난다.
- 출력 코일의 변수 입력도 접점의 변수 입력과 같은 방법으로 실행한다.

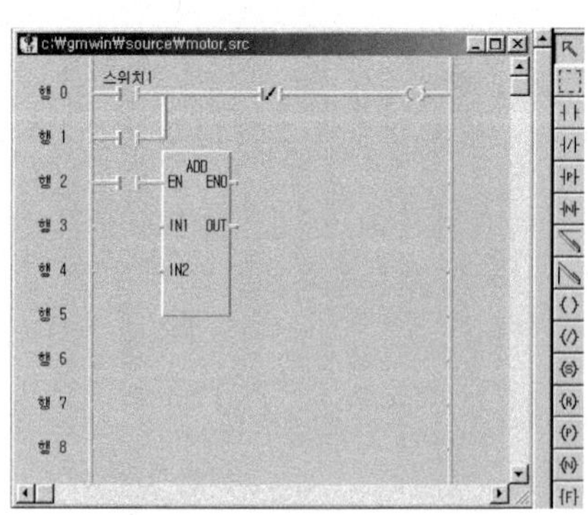

그림 12-29 변수명 “스위치1” 쓰기

6) 펑션 변수 입력

펑션 ADD 변수 입력은 아래와 같은 방법으로 실행한다.

- 펑션 ADD의 IN 1 위치 앞(행 3 번 ,열 1 번)에서 마우스의 왼쪽 단추를 두 번 누르면, 그림 12-30 과 같이 변수 대화상자가 나타난다.
- "변수" 대화상자의 변수 이름 란에 "ABC" 라 입력하고, 확인단추를 누르면 그림 12-30 의 "변수 추가/수정" 대화상자가 나타난다.

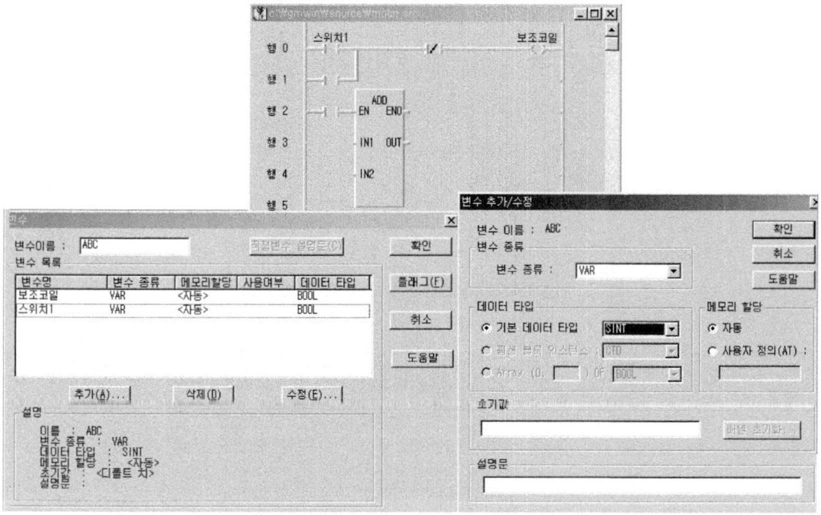

그림 12-30 펑션 변수 입력 방법

- "변수 추가/수정" 대화상자의 확인단추를 누르면, 그림 12-31(a)와 같이 펑션 ADD 의 IN 1 에 변수 "ABC" 가 입력된다.
- 같은 방법으로 펑션 ADD 의 IN 2 위치(행 4 번, 열 1 번)에서 마우스의 왼쪽 단추를 두 번 누르고, "변수" 대화상자의 변수 입력란에 상수 "1" 를 입력하고, "변수" 대화상자의 확인단추를 누르면, 그림 12-31(b)와 같이 펑션 ADD 의 IN 2 에 상수 1 이 입력된다.

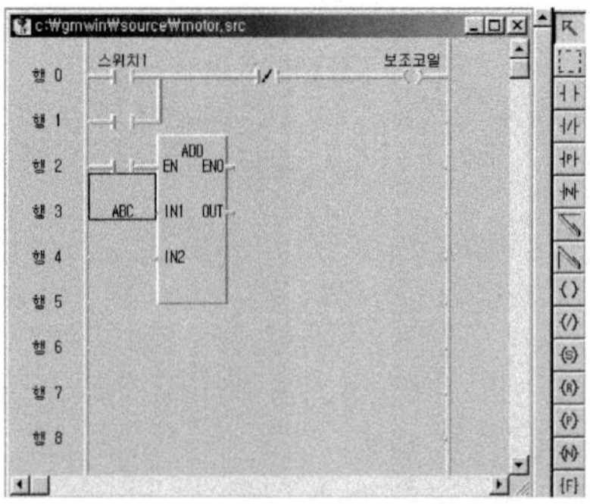
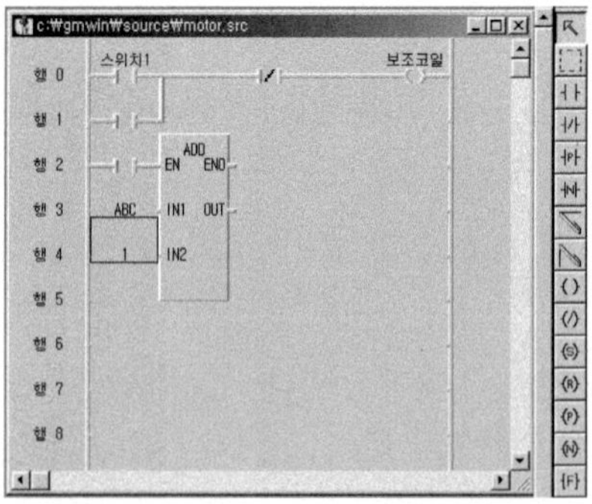

그림 12-31 펑션 ADD 의 변수 입력

- 펑션 ADD의 OUT 위치(행 3 번, 열 3 번)에서 마우스의 왼쪽 단추를 두 번 누른다. "변수" 대화상자의 변수 입력란에 변수명 "ABC_ADD" 를 입력하면, "변수 추가/수정" 대화상자가 나타나고, 이때 확인단추를 누르면 그림 12-32 와 같이 펑션 ADD 의 OUT 에 변수 "ABC_ADD" 가 입력된다.

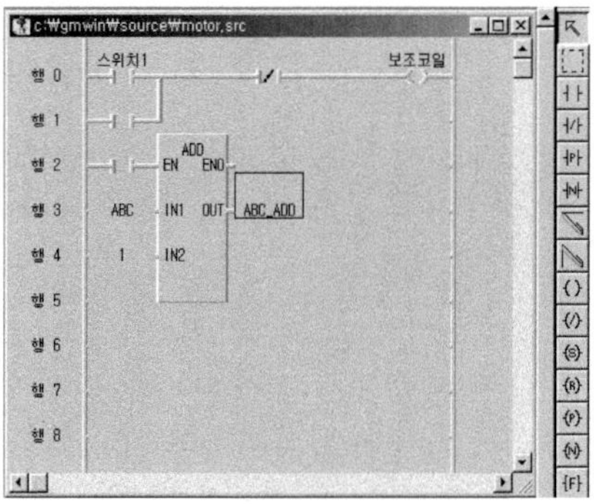

그림 12-32 펑션 OUT

단계 4 : 프로그램의 컴파일

- 메뉴상에서 "컴파일 - 메이크" 를 실행하면, 그림 12-33 과 같이 실행파일 "c:₩GMWIN₩전동기제어.BN0" 가 만들어진다.

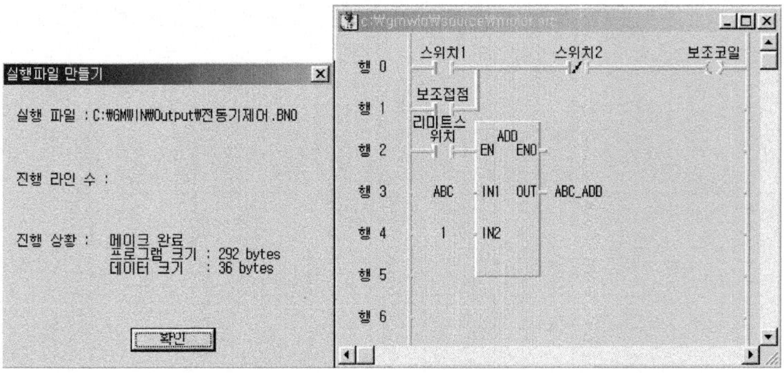

그림 12-33 실행파일 만들기

단계 5 : 프로그램 전송

GMWIN 상에서 편집된 LD 프로그램은 컴파일을 거쳐 실행파일로 바뀐 후, PLC 에 전송하게 된다. 이때 PC 와 PLC 의 연결 상태를 확인할 필요가 있다.

- 메뉴 "온라인 – 접속 + 쓰기 + 모드전환(런) + 모니터 시작(G)" 를 선택하면, 이때 실행 파일이 PLC 에 전송된다.
- 전송이 완료되면 PLC 의 모드가 런(Run) 으로 바뀌고 모니터가 실행된다.

한편, 그림 12-33 과 같은 LD 프로그램을 컴파일 하고, 실행파일을 PLC 에 전송했다고 할 경우, 다음과 같이 강제입력을 실행하면 모니터 할 수 있다.

- "스위치 1" 접점 위치에서 마우스를 두번 누르면, 그림 12-34 와 같은 "변수강제입력" 대화상자가 나타나며, 이때 "값" 입력란에 "1" 을 쓰고, 확인 단추를 누른다.

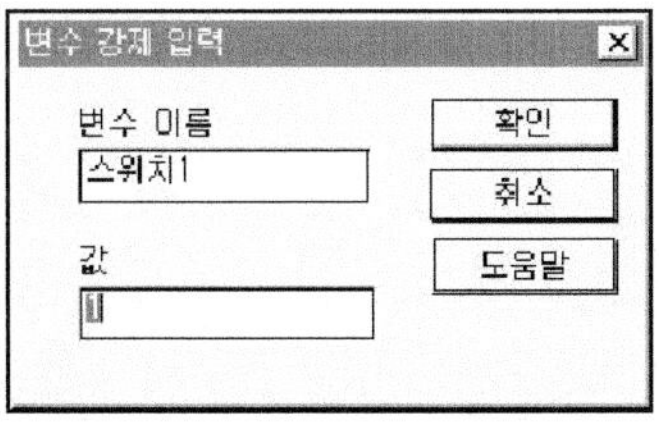

그림 12-34 "변수 강제 입력" 대화상자

- "리미트 스위치 1" 도 위와 같은 방법으로 강제 입력을 실행한다.
- "스위치 1" 이 On 되면, "보조코일" 이 On 되는 것을 그림 12-35 와 같이 모니터 할 수 있으며, LD 프로그램 창에서 변수 ABC 의 입력에 따라 변수 ABC_ADD의 값이 "1" 씩 증가하는 것을 모니터링 할 수 있다.

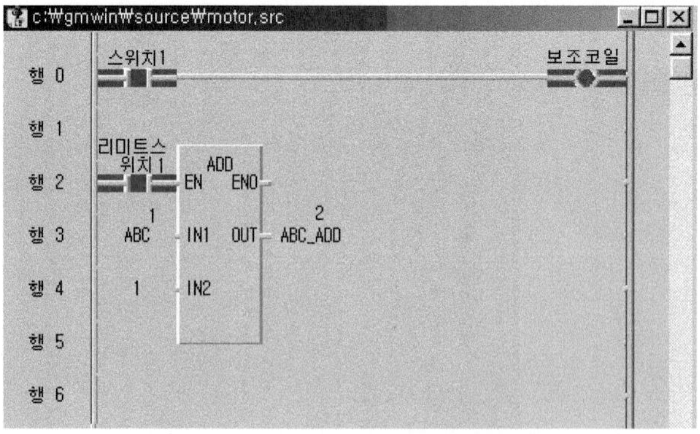

그림 12-35 연산결과의 모니터링화면

12.3.2 GMWIN에서 생성되는 파일

사용자가 프로젝트를 생성하고 프로그램을 편집하여 PLC 실행 파일을 만들면 표 12-9 와 같은 파일이 만들어진다.

표 12-9 GMWIN 에서 생성되는 파일

프로젝트 . 확장자명	내용
[프로젝트명 . prj]	사용자가 작성한 프로젝트 파일
[프로젝트명 . BN0]	PLC 실행 파일 GM 1인 경우, 리소스 개수만큼생긴다. [프로젝트명.BN0]~[프로젝트명.BNi] (i는 리소스갯수)
[프로젝트명 . MON]	모니터링을 위한 정보 파일
[프로젝트명 . CR0]	PLC실행 파일을 만들 때 생성되며, 각각의 프로그램에서 사용한 글로벌 변수 및 직접 변수를 나타낸 텍스트 파일 (Cross Reference)
[프로젝트명 . SRC]	사용자가 작성한 프로그램 파일
[프로젝트명 . ASV]	사용자가 작성한 프로그램을 이 이름으로 주기적으 로 저장한다. 메뉴 Option-Auto 저장에서 타임 값을 설정 하였을 경우에만 생성되고, 정상적으로 프로그램 창을 닫은 경우에는 이 파일은 자동으로 삭제된다.
[프로젝트명 .OP?]	프로그램을 컴파일하면 생성된다. (프로그램 블록인 경우)
[프로젝트명 .OB?]	프로그램을 컴파일하면 생성된다. (펑션 블록인 경우)
[프로젝트명 . OF?]	프로그램을 컴파일하면 생성된다. (펑션인 경우) (OP3 : GM3 인경우, OP4 : GM4 인 경우)

* 굵은 글씨체의 파일들은 반드시 보관하여야 할 파일들이며, 나머지 파일들은 "메이크" 를 실행하면 다시 생성할 수 있다.

12.4 변수의 표현 방식

프로그램 안에서 사용되는 데이터는 두 가지 값을 가진다. 즉, 프로그램이 실행되는 동안에 값이 바뀌지 않는 상수와 그 값이 변하는 변수가 있다.

접점, 코일, 블록, 펑션, 펑션블록 등의 프로그램 구성 요소에서 변수를 사용하기 위해서는 다음과 같은 변수의 표현 방식을 사용한다.

직접 변수 : 종래의 PLC와 같이 변수 선언이 필요하지 않다.

심볼릭 변수 : 변수 선언이 필요하다.

"직접 변수" 표현 방식은 사용자가 이름을 부여하지 않고 제작사에 의해서 지정된 메모리 영역의 식별자를 사용하는 방식이고, "심볼릭 변수" 표현 방식은 사용자가 이름을 부여하고 사용하는 기호 (Named; Symbolic) 변수 방식을 나타낸다.

12.4.1 직접 변수

직접변수 표현방식은 사용자가 변수 이름과 형 등의 선언이 없이 이미 제작사에 의해 정해진 메모리 영역의 식별자를 사용한다. 직접 변수에는 %I, %Q의 입출력 변수와 %M의 내부 메모리 변수가 있다. 입출력 변수와 내부 메모리 변수 영역의 크기는 PLC 종류에 따라 차이가 있다.

직접 변수는 별도의 변수 선언 없이 식별자의 위치를 표현하는 방식이므로, 프로그램의 해독성이 떨어지고 사용자의 잘못으로 어드레스 등이 중복될 우려가 있다. 따라서 가능하면 심볼 변수를 사용하는 것이 좋다.

직접 변수는 반드시 퍼센트 문자(%)로 시작하고, 표 12-10 및 표 12-11과 같은 위치 접두어와 크기 접두어를 붙이며, 그리고 마침표로 분리되는 하나 이상의 정수로 표현된다.

표 12-10 위치 접두어

번호	접두어	의미
1	I	입력 위치(Input Location)
2	Q	출력 위치(Output Location)
3	M	내부 메모리 위치(Memory Location)

표 12-11 크기 접두어

번호	접두어	의미
1	X	1 비트의 크기 ("X"문자에 한하여 생략 가능)
2	B	1 바이트 (8 비트) 의 크기
3	W	1 워드 (16 비트) 의 크기
4	D	1 더블 워드 (32 비트) 의 크기
5	L	1 롱 워드 (64 비트) 의 크기

즉, 직접 변수의 표현 형식은 아래와 같다.

% [위치 접두어] [크기 접두어] 베이스 번호 . 슬롯 번호 . N

여기서, N 은 [크기 접두어]에 따른 N 번째 데이터 (0 부터 시작) 이다.

예제 12-1

직접 변수 표현 방식으로 입출력 접점을 다음과 같이 나타내었다. 간단히 설명하여라.

입력 : %IX0.0.0
출력 : %QX0.3.15

▸ 풀이

위의 예에서 X 는 1 비트의 크기를 나타낸다. 첫 번째 숫자는 베이스 번호를 나타내며, 0 ~ 3 의 값을 갖는다. 두 번째 숫자는 입출력 모듈이 장착된 슬롯 번호를 나타내며, 0 ~ 7 의 값을 갖는다. 세 번째 숫자는 입출력 모듈의 접점 번호를 나타내며, 0 ~ 63 의 값을 갖는다. 즉, 다음과 같다.

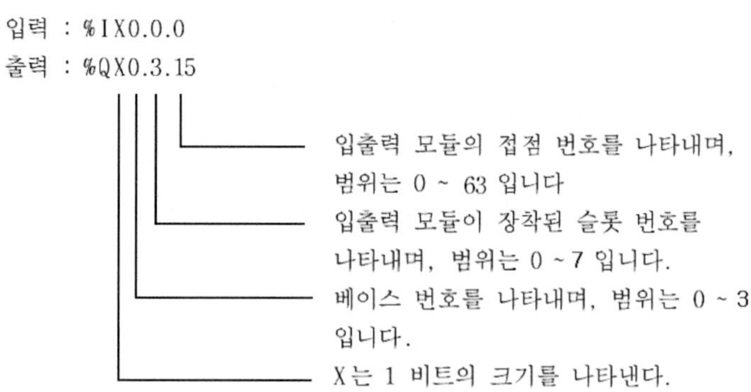

예제 12-2

직접 변수 표현 방식으로 내부 메모리를 다음과 나타내었다. 간단히 설명하여라.
(1) %MX0 (2) %MB1 (3) %MD48 (4) %MW20.3

▸ **풀이**

내부 메모리는 베이스, 슬롯 번호가 없으며, 의미를 설명하면 다음과 같다.

(1) 0 의 위치에 있는 비트 단위의 접점 번호를 나타낸다.
(2) 1 의 위치에 있는 바이트 단위의 메모리를 나타낸다.
(3) 48 의 위치에 있는 더블 워드 단위의 메모리를 나타낸다.
(4) 20 의 위치에 있는 워드 단위의 메모리 중 3 번 비트를 나타낸다.

12.4.2 심볼릭 변수 (Symbolic variable)

심볼릭 변수는 사용자가 변수 이름과 형 등을 선언하고 사용하는 변수이다. 심볼릭 변수의 이름은 한글은 8 자, 영문은 16 자까지 선언이 가능하며 한글, 영문, 숫자 및 밑줄 문자(_)를 조합하여 사용할 수 있다. 또한, 영문자의 경우 대·소 문자를 구별하지 않고 모두 대문자로 인식하며, 빈 칸을 포함하지 않아야 한다.

한편, 심볼릭 변수의 변수 선언 절차는 다음과 같이 표현한다.

(변수 종류 설정 → 데이터 형(type) 지정 → 메모리 할당)

표 12-12 에 심볼릭 변수 사용 예를 나타내었다.

표 12-12 심볼릭 변수의 사용예

종류	사용 예
한글, 숫자 및 밑줄 문자	모터10, 디지털_스위치1, 누름_검출, 수동_배출_스위치밸브1, 설비_자동_운전중, 사이클_정지_완료
한글, 영문, 숫자 및 밑줄 문자	AGV_주행_완료, 모터2_ON, BCD값, VAL2, 자동_SOL_배출

(1) 심볼릭 변수의 종류

변수를 어떻게 선언할 것인지를 표 12-13 을 참고하여 설정한다.

표 12-13 심볼릭 변수의 종류

변수 종류	내용
VAR	읽고 쓸 수 있는 일반적인 변수
VAR_RETAIN	정전시 값이 유지되는 변수
VAR_CONSTANT	읽기만 할 수 있는 변수
VAR_EXTERNAL	외부 변수(VAR_GLOBAL) 임을 지정하는 변수

(2) 심볼릭 변수의 데이터 형(Type)

- 데이터형은 크게 수치 (ANY_NUM) 와 비트 상태 (ANY_BIT) 로 구분할 수 있다.
- 수치의 대표적인 경우는 정수 (INT ; Integer) 인데 셀 수 있고 산술 연산을 할 수 있다.
- 정수의 예는 카운터의 현재값, A/D (아날로그 입력) 변환값 등이 있다.
- 비트 상태는 BOOL (BOOLEAN ; 1 비트), BYTE (8 개의 비트 열), WORD(16 개의 비트 열) 등이 있는데 비트 열의 ON/OFF 상태, 출력 램프의 소등/점등상태 등이 있다.
- 비트 상태의 예는 입력 스위치의 ON/OFF 상태, 출력 램프의 소등/점등 상태 등이 있다.
- BCD 는 10 진수를 4 비트의 2 진 코드로 나타낸 것이다.
- 비트 상태는 산술연산이 불가능하지만 형(Type) 변환 펑션을 사용하여 수치로 변환하면 산술 연산이 가능하다.

(3) 심볼릭 변수의 메모리 할당

심볼릭 변수의 메모리 할당에는 자동 할당과 사용자 정의가 있다.

1. 자동 할당

컴파일러가 내부 메모리 영역에 변수 위치를 자동으로 지정한다. 예를 들어 "밸브 1" 이란 변수를 자동 메모리 할당으로 지정할 경우 변수의 내부 위치는 프로그램이 작성된 후, 컴파일 과정에서 정해지므로 사용자는 변수 위치에 신경을 쓸 필요가 없다. 선언된 변수는 외부 입출력과 관계 없이 내부 연산 도중 신호의 중계, 신호 상태 (내부 정보) 의 일시 저장, 타이머나 카운터의 접점 이름 (펑션 블록의 인스턴스) 지정 등에 사용된다.

2. 사용자 정의

사용자가 직접 변수(%I, %Q, %M)를 사용하여 강제로 위치를 지정한다. 선언될 변수는 입출력용(%I, %Q) 변수와 통신 파라미터에서 사용할 통신용(%M) 변수가 있다.

12.5 프로그램 편집 예제

12.5.1 직접 변수를 사용한 프로그램 편집

12.3절의 프로그램 작성과 같은 방법으로 래더 선도를 작성한다. 입출력 접점을 직접 변수로 표현하기 위하여 그림 31-36과 같이 원하는 접점(또는 코일)에 마우스를 놓고, 왼쪽 마우스를 두 번 클릭하면 "변수" 대화상자가 나타난다.

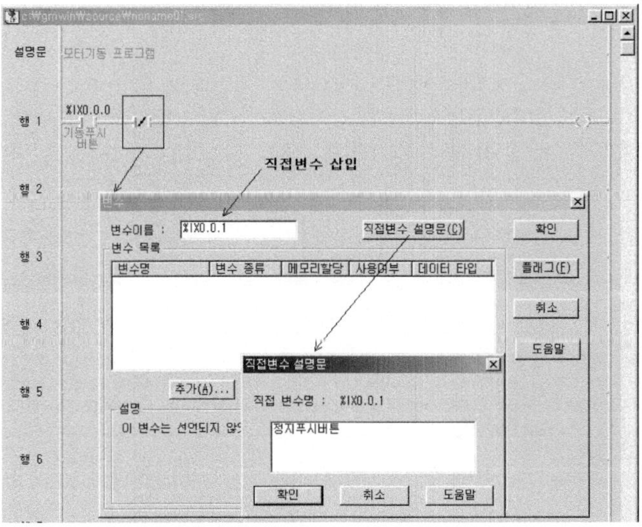

그림 12-36 직접 변수 입력 대화상자

- "변수이름" 란에 직접 변수 %IX0.0.0를 작성하고, "직접변수 설명문(C)"를 클릭하면, "직접변수 설명문"의 대화상자가 나타나고, 이때 "기동푸시버튼"이라 작성하고 "확인" 단추를 누르면 된다.
- 같은 방법으로, "정지푸시버튼"에 %IX0.0.1을 작성하고, 출력의 모터 코일에 %QX0.3.0을 작성하면 최종적으로 그림 12-37과 같은 프로그램이 완성된다.

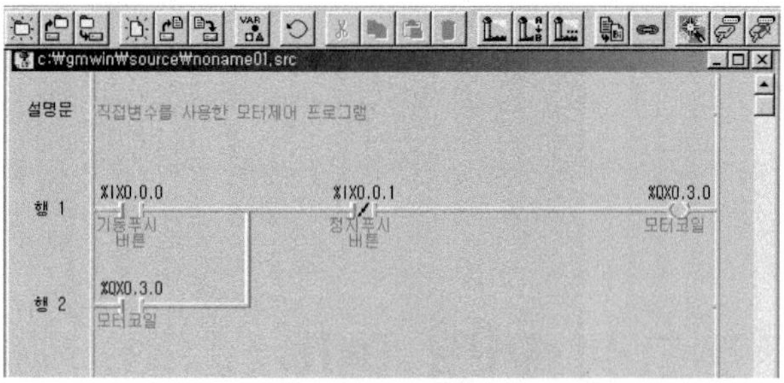

그림 12-37 직접변수를 사용한 모터제어 프로그램

- 메뉴 "컴파일 - 메이크" 를 선택하면, 편집한 프로그램에 대한 실행 파일이 만들어진다.
- 메뉴 "온라인 - 접속 + 쓰기 + 모드전환 (런) + 모니터 시작 (G)" 를 선택하면, 이때 실행 파일이 PLC 에 전송된다.
- 전송이 완료되면, PLC 의 모드가 런 (Run) 으로 바뀌고 운전 중의 프로그램이 그림 12-38 과 같이 모니터링 된다.

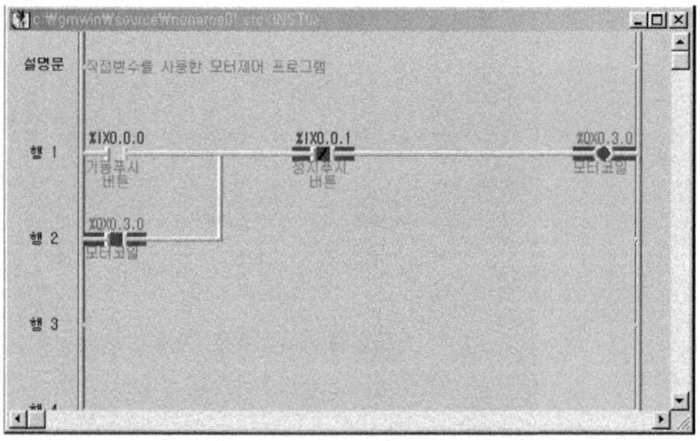

그림 12-38 래더 선도의 모니터 화면

12.5.2 심볼릭 변수를 사용한 프로그램 편집

입출력 접점을 심볼릭 변수로 표현하기 위하여 그림 12-39 와 같이 "기동버튼" 접점에 마우스를 놓고, 두 번 클릭하면 "변수" 대화상자가 나타난다.

- "변수" 대화상자의 "추가" 단추를 누르면, "변수 추가/수정" 대화상자가 나타난다. 그림 12-39 와 같이 "사용자 정의" 옵션을 선택한 후, %IX0.0.0 을 작성하고 확인 단추를 누른다.
- 같은 방법으로 "정지버튼" 및 "구동모터" 에 "사용자 정의" 옵션을 선택한 후, %IX0.0.1 및 %QX0.2.0 을 작성하고 확인 단추를 누른다.

- 메뉴 "프로그램(R) - 지역 변수" 를 선택하면 그림 12-40 과 같은 "지역 변수 목록" 이 작성된 것을 볼 수 있다.

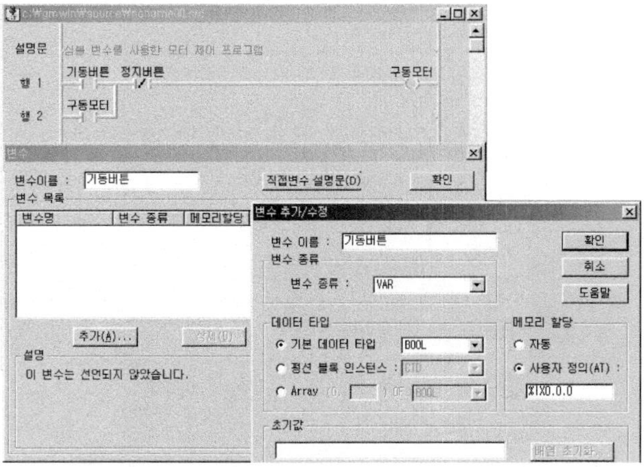

그림 12-39 심볼릭 변수로 작성한 프로그램

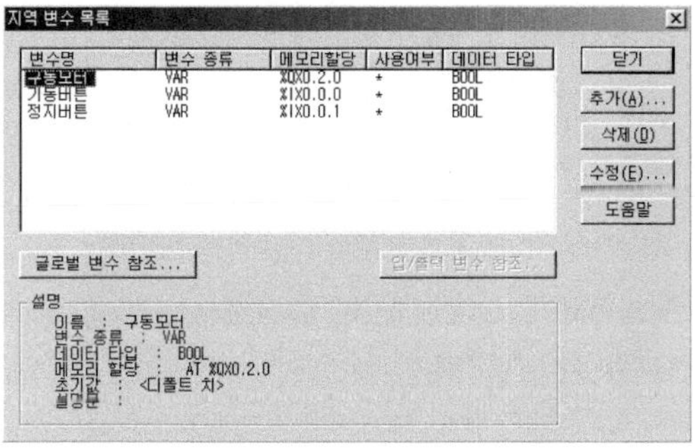

그림 12-40 지역 변수 목록 화면

12.6 시뮬레이터 기능

GMWIN 프로젝트 편집 기능을 이용하여 프로그램을 작성한 후, PLC에 전송하여 Run 을 시키면 입출력의 동작 유무를 알 수 있다. 그러나 GMWIN 프로그램은 PLC 와 PC 가 접속되어있지 않더라도 입출력의 동작 유무를 알 수 있는 시뮬레이터 기능을 가지고 있다.

12.6.1 시뮬레이터 시작

GMWIN 으로 실행할 프로그램을 작성한다. 예를 들어, 그림 12-37 과 같은 모터제어 프로그램을 시뮬레이터로 동작시키고자 할 경우 다음과 같이 행한다.

- 메뉴 "프로젝트 - 시뮬레이터 시작" 을 선택하여 실행파일을 만들면, 그림 12-41과 같이 시뮬레이터 기능을 수행할 수 있는 화면이 나타난다. 그림의 각부 명칭은 실물과 거의 유사하다.

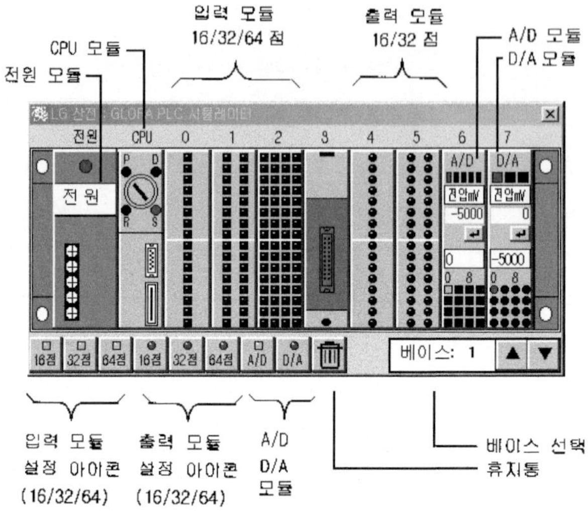

그림 12-41 시뮬레이터 시작 화면

12.6.2 모듈의 장착과 제거

프로그램 작성 시 사용된 입출력 변수나, 직접 변수가 있으면 시뮬레이션 시작 시 해당 베이스/슬롯에 자동으로 장착된다. 예를 들면, 표 12-14는 데이터 타입에 대한 베이스/슬롯 설정값을 나타낸다.

표 12-14 데이터 타입에 대한 베이스/슬롯 설정값

데이터 타입	16 점	32 점	64 점
X	0 ~ 15	16 ~ 31	32 ~ 63
B	0 ~ 1	2 ~ 3	4 ~ 7
W	0	1	2 ~ 3
D	×	0	1
L	×	×	0

CPU 모듈에는 그림 12-42와 같이 4개의 모드가 있으며, 모듈의 장착과 제거는 CPU 모듈이 Stop 모드일 때만 가능하다.

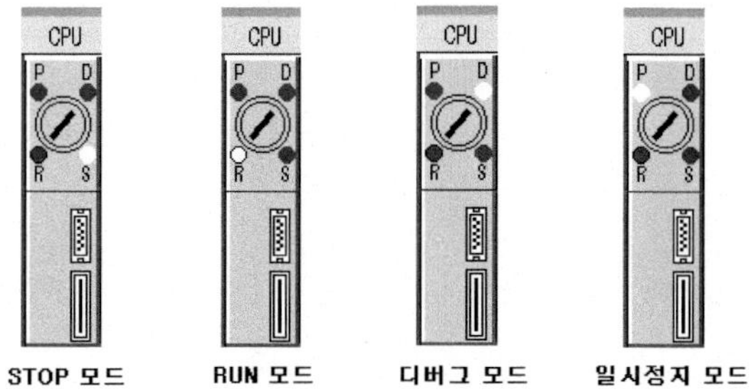

그림 12-42 CPU 모듈의 모드

1) 모듈의 장착

- 베이스를 설정한 후, 원하는 입/출력 모듈 및 A/D, D/A 모듈 아이콘을 마우스로 선택하여 해당 슬롯 위치에 놓으면 모듈이 장착된다.
- 입력, A/D 모듈 : 사각으로 표시(On : 녹색, Off : 검정색)된다.
  출력, D/A 모듈 : 원으로 표시(On : 적색, Off : 검정색)된다.

2) 모듈의 제거

- 제거하려는 슬롯의 모듈을 마우스로 선택한 후, 휴지통에 버리면 된다.

12.6.3 시뮬레이션

입출력 접점의 On/Off는 해당하는 접점을 마우스를 이용하여 직접 클릭함으로서 실행할 수 있다.

그림 12-43은 CPU가 "STOP 모드" 일 경우의 시뮬레이션을 나타낸다. 여기서, b 접점인 "정지버튼" 만 활성화 되어있는 것을 볼 수 있다. 한편, 직접변수 표시 방법에 따라서 시뮬레이터에는 자동적으로 #0과 #3번 슬롯에 입출력 모듈이 장착된다.

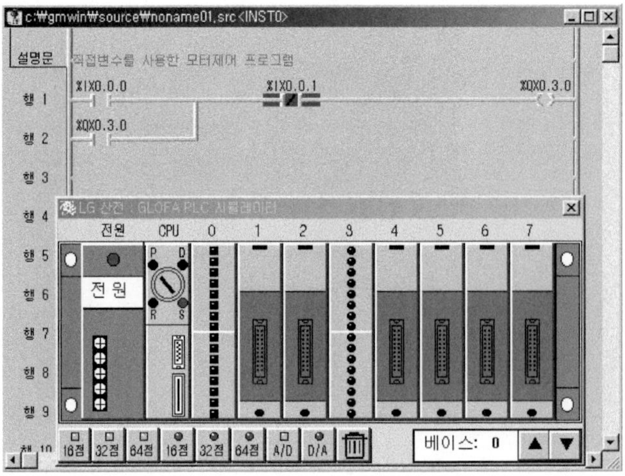

그림 12-43 STOP 모드 일 경우의 시뮬레이션 화면

CPU 를 "RUN 모드" 로 바꾸면, 그림 12-44 와 같이 모든 접점과 코일이 활성화된 것을 볼 수 있다.

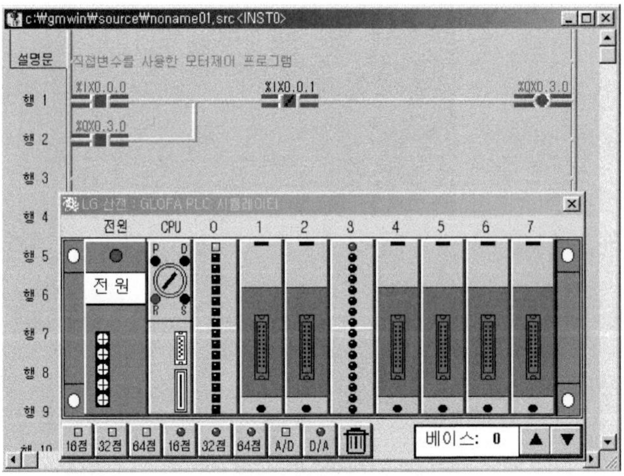

그림 12-44 RUN 모드 일 경우의 시뮬레이션 화면

12.6.4 전원 시뮬레이션

- 시뮬레이터가 시작되면 전원은 On 상태가 된다.
- 전원 램프를 클릭하면 전원이 Off 되었다가 On 된다. 이것은 실제로 PLC 전원이 Off 되었다가 On 된 상태로 간주되며, 이 때 핫 리스타트로 정의 된 프로그램이 있는 경우에는 그 프로그램을 실행한다.

- 전원 시뮬레이션은 Run 모드에서만 가능하다.

12.6.5 A/D, D/A 시뮬레이션

GLOFA PLC 시뮬레이터에서 지원 가능한 특수 모듈은 A/D, D/A 2종류이고, 그림 12-45는 A/D 및 D/A 모듈 구조를 나타내며, 기능은 다음과 같다.

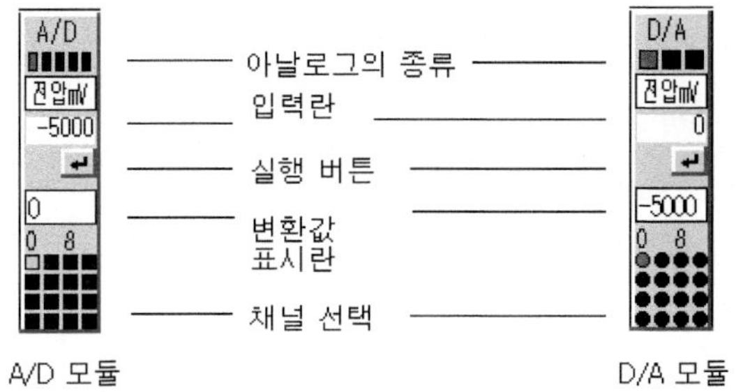

그림 12-45 A/D 및 D/A 모듈 구조

1. 아날로그의 종류 : A/D 입력원 (±5V, ±10V, ±20mA, 4~20mA)과 D/A 출력원 (±5V, ±10V, 4~20mA)의 종류를 표시한다.
2. 입력란 : A/D 아날로그 값, D/A 디지털 값을 입력하는 곳이다.
3. 실행 버튼 : 입력된 값을 변환하기 위한 실행 명령 버튼이다.
4. 변환값 표시란 : 변환된 아날로그, 디지털 값이 표시된다.
5. 채널 선택 : 선택된 채널이 표시된다.

- A/D, D/A 시뮬레이션은 기본적으로 프로그램 상에서 편집한 A/D, D/A 초기화 펑션블록(AD□INI /DA□INI)에서 설정한 값 중 베이스(Base), 슬롯(Slot), 채널(CH), 데이터 타입(Data type)은 유효하며, 기타 항목은 무시된다.
- 프로그램에서 사용하지 않은 베이스와 슬롯에 A/D, D/A 모듈을 장착한 경우에는 베이스와 슬롯은 해당 영역에서 유효하지만, 데이터 타입은 모두 0 즉, DT=0 로 0~16000까지의 출력 형식으로, 채널은 모든 채널을 사용하는 것으로 하여 시뮬레이션한다.
- 아날로그 종류의 변경은 Stop 모드에서만 가능하며, 현재 선택된 채널이 변경한 아날로그 종류의 채널로 속성이 변경된다.
- 채널의 변경은 모든 모드에서 가능하며, 바뀐 채널의 변환 값이 표시된다.
- A/D의 경우 각각의 채널에 따라 아날로그 종류를 설정할 수 있으며, 채널이 바뀌면

그 채널에 맞게 아날로그 종류도 바꾸어 표시된다.

- D/A 의 경우에는 모든 채널에 대하여 하나의 아날로그 종류로만 가능하며, 채널별로 아날로그 종류를 설정할 수 없다.
- A/D 모듈의 아날로그 값 입력 단위는 전압 [mV], 전류 [μA] 이며, 입력란에 입력되는 값은 아날로그 값이고, 그 값이 현재의 아날로그 종류의 범위를 벗어날 수 없다. 상하한 값을 넘는 경우는 상하한 값을 취한다.
- D/A 모듈의 디지털 값 입력 범위는 데이터 타입 (DT) 에 의해 결정된다.
  { DT = 0 일 경우는 0 ~ 16000 , DT = 1 일 경우는 −8000 ~ −8000 }
- 입력란에 입력되는 값은 디지털 값이고, DT 의 범위를 벗어나지 못하며 상하한 값을 넘는 경우는 상하한 값을 취한다.
- A/D (D/A) 모듈 시뮬레이션의 순서는 아래와 같다.
  (1) A/D (D/A) 모듈 장착한다. (Stop 모드)
  (2) 아날로그 종류를 선택한다. (Stop 모드)
  (3) CPU 의 모드를 Run 으로 바꾼다.
  (4) 변환 하려는 채널을 선택한다.
  (5) 아날로그(디지털)값을 입력 범위를 넘지 않는 범위에서 입력한다.
  (6) 실행 버튼을 눌러 변환 명령을 준다.
  (7) 데이터 타입 (DT) 에 따라 디지털 (아날로그) 값이 표시되는지 확인하고, GMWIN 화면에서 프로그램이 정상적으로 수행되는지를 확인한다.

예제 12-3

A/D 모듈의 아날로그 종류가 ±5V (DT=0) 인 상태에서, 아날로그 값 −6000 이 입력되면, 디지털 값은 얼마로 나타나는가?

▸ **풀이**

A/D 모듈에서, 아날로그 값이 −5000 을 넘는 것은 상한값으로 간주하여 변환된 디지털 값은 0 으로 표시된다.

예제 12-4

D/A 모듈의 아날로그 종류가 ±5V (DT=0) 인 상태에서, 디지털 값 17000 이 입력되면, 아날로그 값은 얼마로 나타나는가?

▸ 풀이

D/A 모듈에서, 디지털 값이 -5000 을 넘는 것은 상한값으로 간주하여 변환된 아날로그 값은 5000 으로 표시된다.

12.6.6 온라인 기능

- 모니터링 (Monitoring)
  시뮬레이터 실행 중 모니터링이 가능한 것은 프로그램, 변수 및 타임 차트이다.
- 데이터 클리어 (Data Clear)
  현재의 모든 데이터 값을 0 으로 클리어 (Clear) 하는 기능으로서, 시뮬레이터의 CPU 모드가 Stop 상태에서만 가능하다.
- 모드 전환 (Mode Shift)
  시뮬레이터 상에서 CPU 모듈의 각 모드를 클릭함으로써 전환이 가능하다.

12.6.7 시뮬레이션 끝

시뮬레이터의 실행 종료는 GMWIN 의 "프로젝트 - 시뮬레이터 정지" 를 누른다.

12.7 응용 프로그램 예제

12.7.1 출력 ON/OFF 동작

그림 12-46 은 푸시 버튼 PB0 (P000)을 누르면 출력 램프 (P040) 가 켜지고, 푸시 버튼 PB1 (P001) 을 누르면 출력 램프 (P041) 가 꺼지는 시스템 구성과 GMWIN 의 래더 선도를 나타낸다.

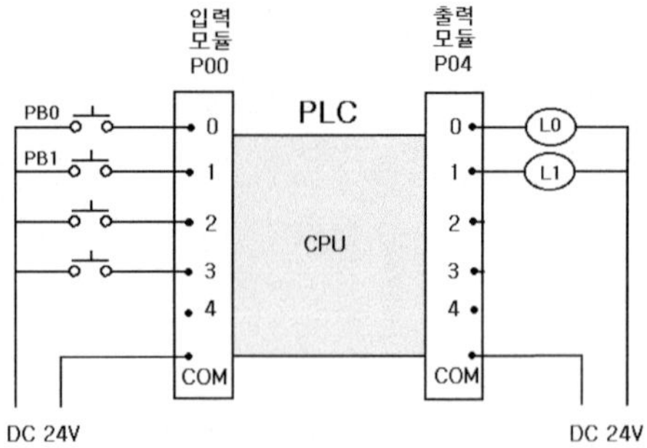

(a) 시스템 구성

(b) 래더 선도

그림 12-46 시스템 구성과 래더 선도

12.7.2 출력 ON/OFF 반복 동작

푸시 버튼 PB0 (P000) 을 누르면, 출력 (P040) 이 ON 하고, 두 번째 누르면 출력이 OFF 하는 시스템을 생각하여 보자. 즉, PB0 을 누를 때마다 출력이 ON 과 OFF 를 반복한다.

그림 12-47 은 이러한 시스템과 래더 선도의 시뮬레이터 동작을 나타낸다.

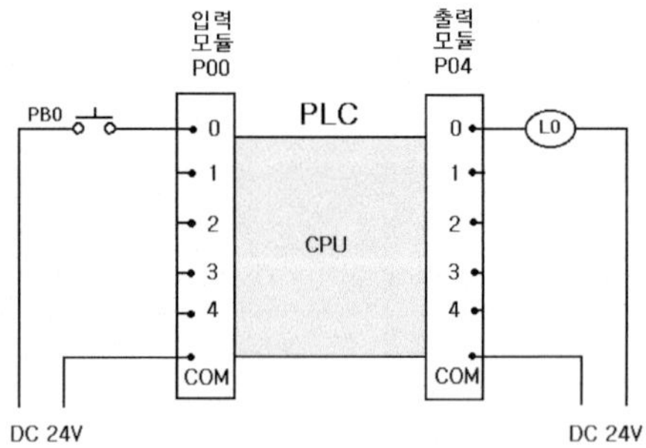

(a) 시스템 구성

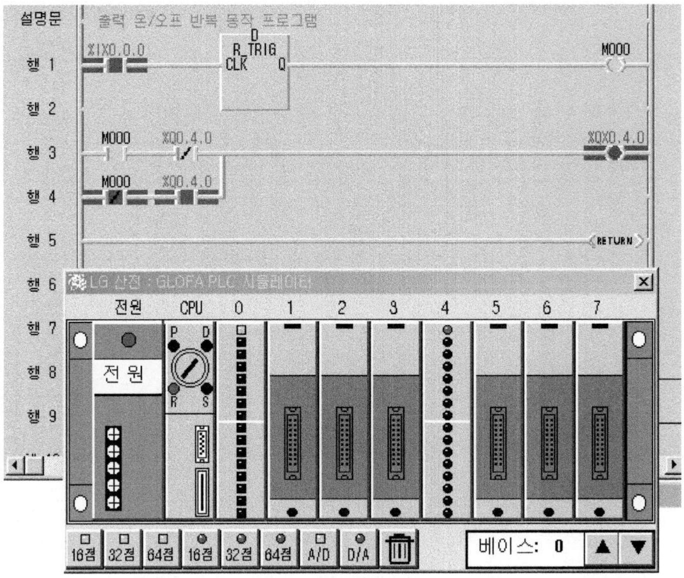

(b) 래더 선도 및 시뮬레이션 결과
그림 12-47 시스템 구성과 래더 선도

첫 번째 PB (P000) 를 누르면, 코일 D M000 에서 1 scan pulse 가 발생한다. 따라서, 출력 P040은 ON 되고 P040 은 자기유지 된다. 두 번째 PB (P000) 를 누르면, 1 scan pulse 동안 접점 $\overline{\text{M000}}$ 가 떨어지면서 출력 P040 은 OFF 된다.

12.7.3 전동기의 정역 운전

그림 12-48 (a) 와 같이, 3 개의 푸시 버튼을 사용하여 전동기를 정역 운전을 하고자 할 경우의 래더 선도를 작성하여 보자. 이때의 입출력 접점을 다음과 같이 정한다.

P000 : 모터 정지용PB, P001: 모터 정회전용 PB, P002: 모터 역회전용 PB
P040 : 시계방향(정회전) 마그네트 코일
P041 : 반시계방향(역회전) 마그네트 코일

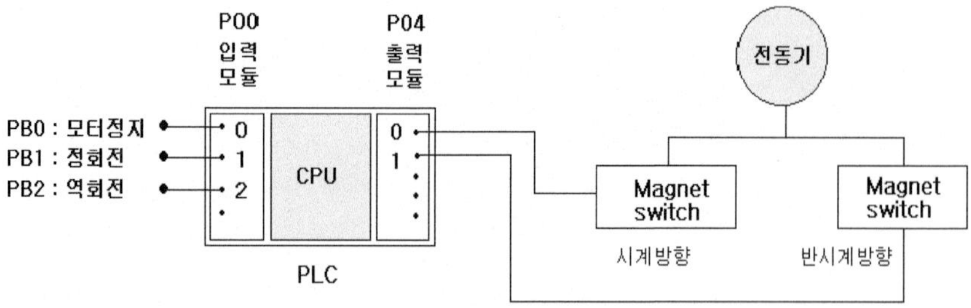

(a) 시스템 구성

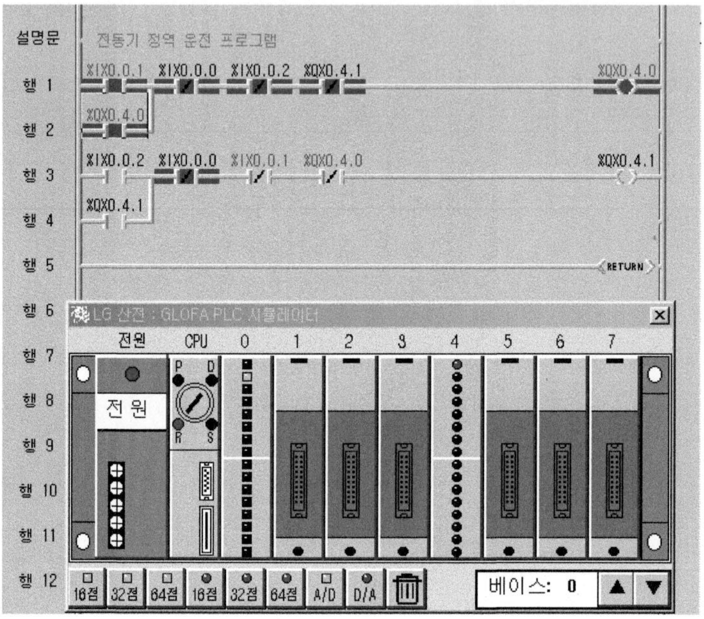

(b) 래더 선도 및 시뮬레이션 결과

그림 12-48 전동기의 정역 운전 시스템

그림 12-48 (b) 의 래더 선도에서, 출력 코일 P040 과 P041 의 b 접점을 이용하여 서로 인터록이 걸리도록 한다.

12.7.4 플리커 회로 (TON 이용)

그림 12-49 (a) 는 출력 P040 을 0.3 초동안 ON 으로, 0.2 초동안은 OFF 로 설정한 플리커 회로의 타임 차트이며, 그림 (b) 는 타이머 2 개를 이용하여 출력 (전등) 이 설정시간에 따라 깜박거리는 시스템과 GMWIN 의 래더 선도를 나타낸다.

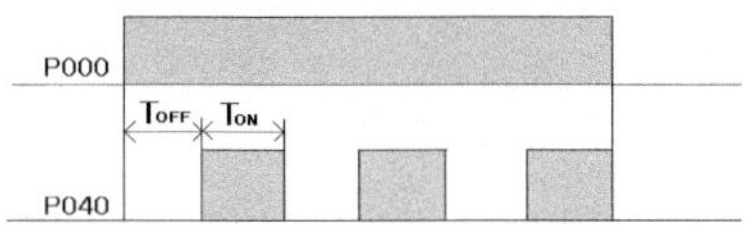

(a) 플리커 회로의 타임 차트

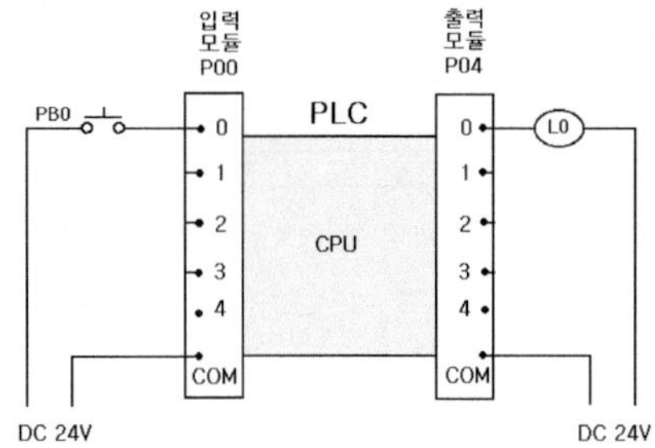

(b) 플리커 회로의 시스템 구성

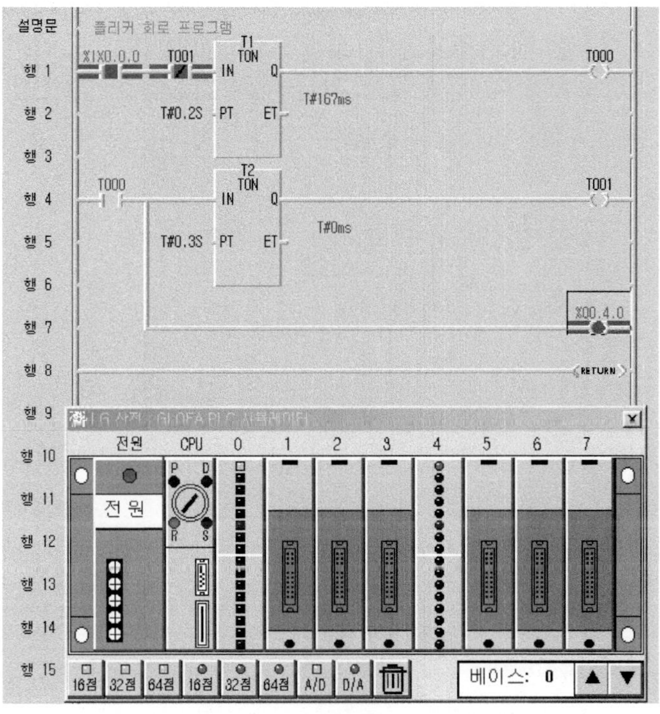

(c) 래더 선도 및 시뮬레이션 결과

그림 12-49 플리커 회로

12.7.5 컨베이어 제어 회로

그림 12-50 (a) 와 같이, 3 대의 컨베이어를 순서에 따라 $A \to B \to C$ 순으로 모터로 기동하고, 정지하고자 할 경우는 반대로 $C \to B \to A$ 순으로 모터를 이용하여 정지하고자 한다. 그림 (b) 는 래더 선도를, (c) 는 타임 차트를 나타낸다.

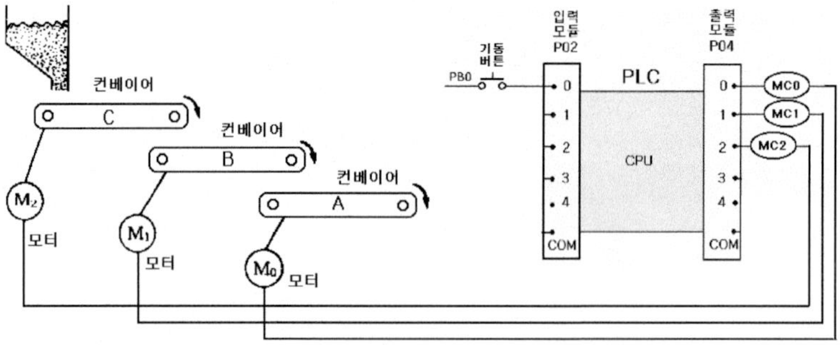

(a) 컨베이어 시스템

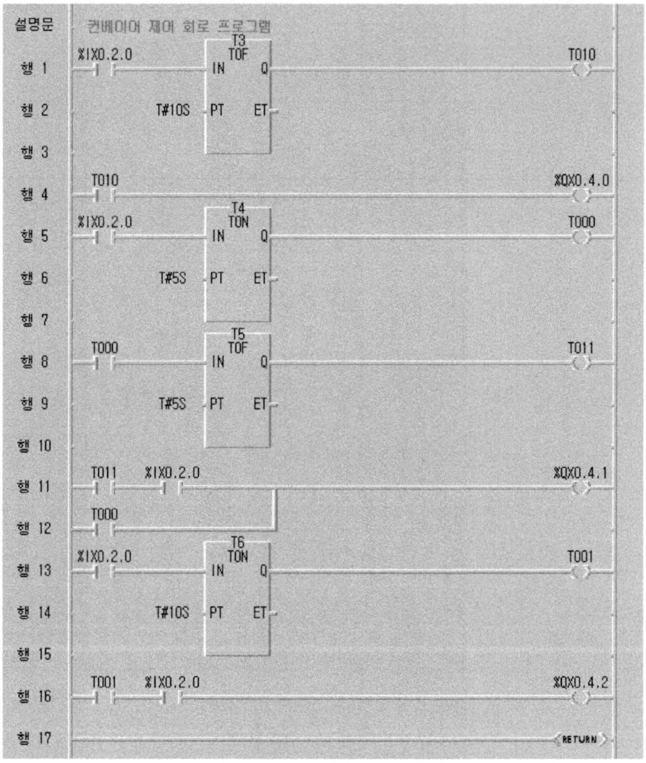

(b) 래더 선도

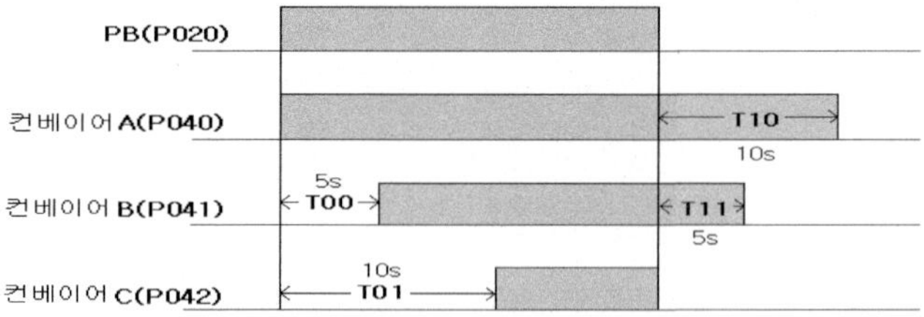

(c) 컨베이어 제어의 타임 차트

그림 12-50 컨베이어 제어 회로

12.7.6 공구 교환 경보 회로

그림 12-51 (a) 는 센서로부터 공구 사용시간을 측정하여 100 시간을 초과할 경우에 공구를 교환하라는 경보등을 출력하는 장치이다. 드릴이 작업하기 위하여 하강하면 센서 (P021) 는 이것을 검출한다. 센서로 드릴 작업 시간을 감시하면서, 100 시간을 초과할 경우 드릴을 교환하라는 경보등을 발생한다. 작업자가 드릴을 교환하고 완료 PB (P020) 를 누르면, 다시 센서는 감시를 시작한다.

그림 12-51 (a) 시스템을 시뮬레이션하기 위하여 그림 (b) 의 래더 선도에서, 타이머는 5 초로, 카운터는 4 회로 설정하였다.

어드레스	사용 용도
P020	드릴 교환 완료 PB
P021	드릴 하강 검출
P040	공구 교환 경보등
T000	공구 교환 설정 타이머

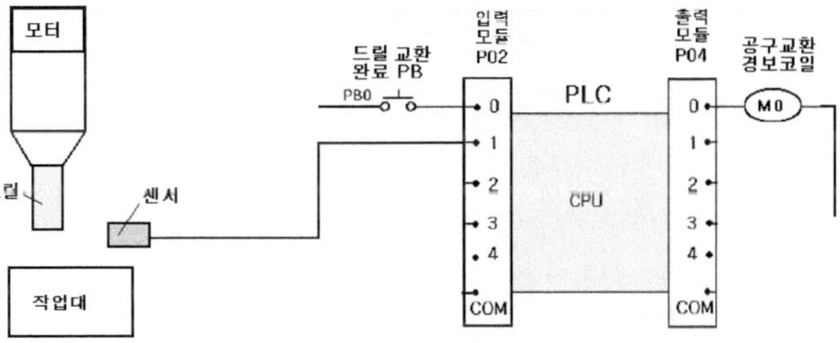

(a) 공구 교환 시스템 구성

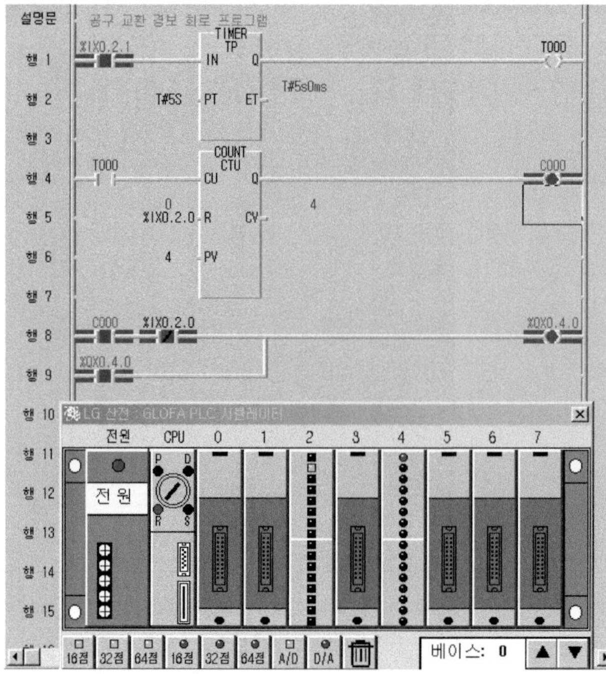

(b) 래더 선도 및 시뮬레이션 결과

그림 12-51 공구 교환 경보 회로

Q. 연습문제

01 GLOFA PLC 의 특징에 관하여 설명하라.

02 GLOFA PLC 의 시스템 구성시 필요한 다음의 용어에 관하여 간단히 설명하라.
(a) 슬롯 (Slot)　　(b) 모듈 (Module)　　(c) 베이스 (Base)

03 GMWIN 소프트웨어 구조에 관하여 설명하라.

04 태스크 (Task) 란?

05 직접변수와 심볼릭 (Symbolic) 변수의 차이점을 설명하라.

06 펑션 (Function) 과 펑션블록 (Function block) 의 사용 용도에 관하여 설명하라.

07 시뮬레이터 상에서 동작되는 CPU 모듈의 4 가지 모드에 관하여 설명하라.

08 스캔 프로그램 (Scan program) 이란?

09 콜드 (Cold), 웜 (Warm), 핫 (Hot) 리스타트에 관하여 설명하라.

A. 해답

02 모듈 : PLC 시스템 구성 시 필요한 요소로서, 일정한 기능을 가진 표준화된 장치이다. 베이스에 삽입되도록 조립된 입출력 보드 장치이며, CPU 모듈, 전원 모듈 및 입출력 모듈 등이 있다.
베이스 : PLC 시스템의 동작상에서 최소 단위가 되는 모듈 또는 모듈의 집합

체이며, 다른 모듈 또는 모듈의 집합체와 접속되어 PLC 시스템을 구성한다. (그림 12-2 참조)

03, **04**, **05**, **06**, **07**, **08**, **09** ▹ 부록1 GMWIN 용어 설명 참조

부록 1 : GMWIN 용어 설명

(ㄱ)	설명
강제 I/O 설정	I/O 에 특정한 값을 주어 프로그램의 수행에 관계없이 일정한 값이 나오도록 하는 방법
고속 링크 (고속 Link)	파라미터에 의해 지정된 영역의 데이터를 GLOFA PLC 통신망(Mnet, Fnet)을 통하여, PLC와 PLC, PLC와 컴퓨터, PLC 본체와 리모트 I/O 간에 고속, 주기적으로 데이터를 주고 받는 통신 방법
글로벌 변수 (Global 변수)	여러 개의 프로그램 구성 요소간, 또는 리소스간에 사용하는 변수. 반대 개념으로 지역변수가 있음.
GLOFA Fnet	Fieldbus 는 제어 기기와 계장 기기를 연결하는 최하위 네트워크로, OSI 의 7계층 중 3계층을 채택한 규격. 3계층은 H2(1Mbps 전기),H1(31.23Kpbs 전기), 광, 무선(Wireless)등으로 다양하게 구성되는 물리층, Scheduled 및 Circurated Token bus 을 채택한 데이터 링크층, 어플리케이션 역할을 담당하는 어플리케이션 층으로 구성되어 있으며 여기에 추가적으로 사용자 층을 채택한 규격.
GLOFA Mnet	OSI 에서 제안한 7계층 구조의 개념 및 기능을 모두 수용한 Full Map 에 비교되는 개념으로, 신뢰성 및 신속한 응답성 그리고 실시간 제어가 요구되는 공장 자동화에 적합하도록 하위 2계층(물리층, 데이터 링크 층)과 어플리케이션 1계층, 그리고 사용자와의 인터페이스를 위한 사용자 층으로 구성된 규격.
(ㄷ)	
데이터 타입 (Data Type)	선언한 변수가 표현할 수 있는 데이터의 고유 성질, SINT, INT, DINT, LINT, USINT, UINT, UDINT, ULINT, REAL, LREAL, TIME, DATE, TIME_OF_DAY, DATE_AND_TIME, STRING, BOOL, BYTE, WORD, DWORD, LWORD 이 있음.
(ㄹ)	
라이브러리 (Library)	여러 개의 펑션이나 펑션블록들을 실행 코드형태로 모아 놓은 것.
라이브러리 관리자 (Library 관리자)	라이브러리에 펑션이나 펑션블록을 삽입하거나 삭제하는 등의 기능을 수행하는 관리자.
렁 (Rung)	LD 언어에서 위, 아래로 연결되는 선이 없는 한 개의 프로그램 요소.

로컬 접속 (Local 접속)	사용자가 프로그램 다운로드, 또는 감시 및 디버깅을 하려는 PLC CPU 모듈의 RS-232C 커넥터에 접속하는 방법. 반대개념으로 리모트 접속이 있음.
리모트 접속 (Remote 접속)	GMWIN 을 다른 PLC CPU 모듈의 RS-232C 커넥터에 접속해 놓고 프로그램 다운로드, 또는 감시 및 디버깅을 하려는 PLC CPU 모듈과는 GLOFA Fnet, Mnet 를 통하여 접속하는 방법.
리소스 (Resource)	원래는 자원이라는 의미이나 GLOFA PLC 에서는 하나의 CPU 모듈을 가리킴. 프로그램 저장 영역과 데이터 저장 영역을 가지고 있음.
리소스 글로벌 변수 (Resource Global 변수)	리소스 안의 여러 개의 프로그램 블록간에 공유 할 수 있는 변수를 말하 며, 직접변수와 리소스 글로벌로 선언된 심볼릭 변수가 이에 해당함. 이 것들은 물리적으로 하나의 메모리 장소를 갖음. 직접변수는 각 프로그램 내에서 바로 사용할 수 있으며, 심볼릭변수는 개별 프로그램 블록 작성 시 동일 이름의 심볼릭변수의 변수 종류를 'VAR_EXTERNAL' 으로 선언한 후 사용함.
라스타트 모드 (Restart Mode)	PLC 시스템의 재 기동 시 사용자 프로그램의 운전 시작 형태로 콜드, 웜, 핫의 세가지 리스타트 모드가 있음.
(ㅁ)	
메이크 (Make)	프로젝트에 포함되어 있는 모든 프로그램을 검사하여 수정이 된 프로그램 블록은 컴파일을 수행하고, 각각의 오브젝트 파일을 링크하여 PLC 가 수행 할 수 있는 하나의 실행 파일로 만드는 작업.
모뎀 (Modem)	일반 전화 교환 선로(공중회선망)를 이용하여 PC 와 PC 간에 원거리에서 데이터 정보를 주고 받을 수 있도록 하는 장치. 컴퓨터에서 발생하는 디지털 신호를 아날로그 신호로 음성 대역에 알맞게 변조하여 상대방에게 송신하고 상대방으로부터 수신된 아날로그 신호를 디지털 신호로 복조하여 원거리 컴퓨터와 상호간에 통신을 원활하게 하는 통신 변환 장치임. GMWIN 이 설치되어 있는 PC 와 컴퓨터 링크 모듈이 설치되어 있는 GLOFA PLC 가 전화선을 이용한 통신 시 사용함.
모듈 (Module)	독립적인 기능을 갖는 부분 제품으로, 베이스 보드 등에 장착되어 사용되는 것. (CPU 모듈, 전원 모듈, 입출력 모듈, 특수기능 모듈, 통신 모듈 등)
(ㅂ)	
변수 브레이크 (변수 Break)	특정 변수의 값이 지정한 값이 되거나 그 변수를 읽고 쓰는 작업이 수행 되었을 때 중지하는 디버그 방식

부분 컴파일 (부분 Compile)	이전에 컴파일이 성공적으로 끝난 하나의 프로그램 구성 요소의 일부분을 수정하여을 때, 수정된 부분만 컴파일하는 것. 캄파일 시간을 단축할 수 있음. 반대개념으로 전체 컴파일이 있음.
분기	SFC 언어에서 제어 흐름을 나누는 것. 병렬 분기와 선택 분기가 있음.
브레이크 포인트 (Break Point)	사용자가 작성한 프로그램 구성 요소를 디버그할 때, 수행을 중지하고자 하는 위치.
(ㅅ)	
사용자 정의 메모리 할당	심볼릭 변수의 선언에서 사용자가 변수 선언 시, 대응될 메모리 영역을 직접변수 형태로 지정하는 방법.
셀 (Cell)	LD 언어에서 접점이나 코일, 펑션, 펑션블록과 같은 LD 구성 요소의 단위.
스캔 (Scan)	PLC 가 운전할 때, 입력 리프레시와 사용자 프로그램, 출력 리프레시를 수행하는 총 시간.
스캔 프로그램 (Scan program)	입력 모듈에서 입력 데이터를 읽은 후 프로그램을 처음부터 끝까지 한 번 수행 하고, 그 수행 결과를 출력 모듈로 보내는 일련의 동작을 반복하여 수행하는 응용프로그램.
스캔 브레이크 (Scan Break)	디버그 운전에서 PLC 가 지정한 스캔만큼 수행하고 중지하는 디버그 방식.
스캔 워치독 시간 (Scan Watchdog 시간)	PLC 가 허용하는 최장의 스캔 시간. 지정한 스캔 시간보다 스캔이 길어지면 스캔 워치독 에러가 발생하고 PLC 는 수행을 중지함.
스텝 (Step)	SFC 언어에서 공정의 제어 단위를 가리킴.
스텝 아웃 (Step Out)	펑션이나 펑션블록을 디버그하거나 SFC 의 액션/트랜지션을 디버그할 때 디버그하고 있는 펑션/펑션블록이나 액션/트랜지션에서 빠져 나와 호출한 프로그램 구성 요소로 돌아가는 것.
스텝 오버	프로그램 구성 요소를 그 언어의 최소 단위로 진행시키는 것.
스텝 인 (Step In)	펑션/펑션블록이나 액션/트랜지션을 디버그하기 위해 호출하는 곳에서 스텝인을 수행함.
심볼릭 변수 (Symbolic 변수)	사용자가 이름, 타입 등을 선언하고 사용하는 변수로 '스위치0'=%IX0.0.2, '결과값'=%MD1234 등과 같이 선언하면 %IX0.0.2와 %MD1234 대신에 '스위치0'과 '결과값'의 이름으로 프로그래밍할 수 있음.

(ㅇ)	
업-로드 프로그램 (Up-Load Program)	사용자가 작성한 프로그램을 PLC 에 보관하기 위해 압축해 놓은 프로그램. GMWIN 의 프로젝트 메뉴의 'PLC 로부터 열기' 명령으로 PLC 안의 업-로드 프로그램을 불러 올 수 있음.
액세스 변수 (Acess 변수)	펑션블록 서비스로 PLC 간에 통신을 할 경우 상대국에서 사용하는 변수 이름.
액션 (Action)	SFC 언어에서 실제로 기능을 수행하는 프로그램이 있는 블록.
오퍼레이터 (Operator)	IL 언어에서 기능을 수행하는 명령어. LD, ST, AND, OR, CAL, JUMP, EQ 등이 있음.
우선 순위	실행할 태스크가 여러 개 대기하고 있을 경우 어느 태스크를 먼저 실행할 것인가를 지정하는 번호. 0 이 제일 우선 순위가 높음.
웜 리스타트 (Warm Restart)	리스타트 모드의 한 가지. 이전값 유지 설정이 된 변수와 초기값이 설정된 변수를 제외한 모든 데이터를 0 으로 지움.
인스턴스 (Instance)	프로그램 블록이나 펑션블록에서 사용하는 데이터들을 모아 놓은 것.
인터럽트 (Interrupt)	정상적인 프로그램 수행 중에 우선처리 해야 할 조건이 발생한 경우, 수행 중인 프로그램을 중지하고 발생 조건에 대한 프로그램을 우선 처리하는 것 또는 그 조건.
입/출력 변수	펑션이나 펑션블록의 입력/출력을 정의하는 변수.
Array	같은 데이터 타입인 요소들의 집합.
Ethernet	미디어 액세스 방식으로는 CSMA/CD(Carrier Sense Multiple Access with Collision Detection)를 채택하고, 상위 프로토콜은 TCP/IP(Transmission Control Protocol/Internet Protocol)를 이용해서 데이터를 송수신하며, 주로 시스템 감시 및 제어를 위해 상위 네트워크에 적용되는 네트워크 기술.
Mnet	GLOFA Mnet 참조
(ㅈ)	
자동 메모리 할당 (자동 Memory 할당)	심볼릭 변수의 선언에서 변수 이름과 변수타입만 선언하면, GMWIN 이 자동으로 영역을 할당해 주는 방법. 반대개념으로 사용자 정의 메모리 할당이 있음.
자동 변수	자동 메모리 할당된 변수.

제한자	SFC 언어에서 액션의 수행 조건을 표시하는 것.
전원 흐름	LD 언어에서 왼쪽 전원선에 전원이 공급되고 있다고 가정하고 그 전원이 로직에 의해 오른쪽으로 전달되고 있다고 간주하는 전원의 흐름.
전체 컴파일 (전체 Compile)	하나의 프로그램 구성 요소의 처음부터 끝까지 컴파일하는 것. 반대 개념으로 부분 컴파일이 있음.
지역 변수	하나의 프로그램 구성요소 안에서만 유효한 변수로, 개별 프로그램 구성요소 안에서 선언하고 선언된 프로그램 구성요소의 프로그램 시에만 사용함. 타 프로그램 구성요소에서는 '읽기', '쓰기'가 불가능 함. 반대 개념으로 글로벌 변수
직접변수	이름이나 데이터 타입을 별도로 선언하지 않고 사용하는 변수로 I, Q, M 영역이 이에 해당함. (%IX0.0.2, %QW1.2.1, %MD1234 등)
(ㅋ)	
컨피그레이션 (Configuration)	GMWIN 에서 하나의 PLC 시스템을 소프트웨어 모델로 표현한 것.
컨피그레이션 글로벌 변수 (Configuration Global 변수)	리소스간 즉 멀티 CPU 시스템에서 CPU 간에 공유할 수 있는 변수를 말하며, 컨피그레이션 글로벌로 선언된 심볼릭 변수가 이에 해당함. 이것들은 물리적으로 코디네이터 모듈상에 하나의 메모리 장소를 갖음. 개별 프로그램 블록 작성 시 동일 이름의 심볼릭 변수의 변수 종류를 'VAR_EXTERNAL' 으로 선언한 후 사용함.
컴파일 (Compile)	사용자가 작성한 PLC 프로그램을 PLC 에서 실행할 수 있는 코드로 번역하는 작업.
콜드 리스타트 (Cold Restart)	리스타트 모드의 한 가지. 초기값이 설정된 변수를 제외한 모든 데이터를 0 으로 지움.
(ㅌ)	
태스크 (Task)	프로그램의 기동 조건을 의미하며 스캔 태스크, 정주기(인터벌) 태스크, 내부접점(싱글) 태스크 및 인터럽트 모듈의 입력접점에 의한 외부접점(인터럽트) 태스크 등 4종류가 있음.
태스크 프로그램 (Task Program)	태스크가 발생했을 때, 발생한 태스크에 대응하여 수행될 수 있도록, 기동 조건이 태스크로 설정된 프로그램.
통신포트 (통신Port)	GMWIN 과 GLOFA-GM 을 연결하는 PC 의 시리얼 포트.

트랜지션 (Transition)	SFC 언어에서 다음 스텝으로 이행하기 위한 조건.
(ㅍ)	
프로젝트 (Project)	하나의 PLC 시스템을 구성하는 PLC 에 필요한 프로그램, 시스템 구성, 파라미터, 통신 등을 포함한 GMWIN 의 처리 단위, 하나의 PLC 시스템은 하나의 프로젝트로 구현함.
펑션 (Function)	4 칙 연산, 비교 연산등과 같이 연산 결과를 명령어 내부에 기억하지 않고, 입력에 대한 연산 결과를 즉시 출력하는 프로그램 구성 요소.
펑션블록 (Functio Block)	타이머, 카운터 등과 같이 명령어 내부에 연산 결과를 기억하여, 여러 스캔에 걸쳐 기억된 연산 결과를 이용하는 프로그램 구성 요소.
프로그램 (Program)	통상 PLC 의 프로그램 영역에 보관되어 PLC 를 실행시키는 코드, 프로그램 블록과 펑션, 펑션블록이 있다. 프로그램 구성 요소라고도 한다.
플래시 메모리 (Flash Memory)	GLOFA PLC 에서 사용하는 보조 메모리 모듈.
PLC 시스템 (PLC System)	PLC 운전을 위한 구성 요소가 완비되어, 사용자 프로그램에 의하여 제어 대상체의 제어가 가능 하도록 구성된 것.
(ㅎ)	
핫 리스타트 (Hot Restart)	리스타트 모드의 한 가지. 모든 데이터와 수행 요소들을 정전 이전의 상태로 복원하여 수행함.

부록 2 : LD 도구 상자의 모양과 기능

블럭 지정
평상시 열린 접점
평상시 닫힌 접점
양변환 검출 접점
음변환 검출 접점
가로선
세로선
코일
역 코일
셋(래치) 코일
리셋(비래치) 코일
양변환 검출 코일
음변환 검출 코일
펑션
펑션 블럭
LD 프로그램의 종료와 서브 루틴의 종료를 나타내는 명령
LD 프로그램의 분기 (레이블 위치) 를 나타내는 점프 명령
서브루틴을 부르는 명령

제 13 장 XGT-XGK 프로그램 작성법

13.1 서론

LS 산전의 PLC는 표 13-1과 같이 모델 종류에 따라 구분할 수 있다.

MASTER-K와 GLOFA는 구버전 모델로서 단종되었거나 단종될 예정이며, 현재 XGT와 XGB 시리즈로 제품화되고 있다. XGB 모델은 컴팩트화된 블록 타입으로 중소형에 적합하며 XGT는 모듈 타입으로 중대형에 적합하다. 그림 13-1은 이들 중 대표적인 PLC를 나타낸다.

표 13-1 LS산전 PLC 모델에 따른 종류와 특징

모델 종류		특 징	전용 소프트웨어
MASTER-K		일본 미쓰비시 회사와의 기술제휴로 제작(구버전 모델)	KGL-WIN
GLOFA		IEC 표준규격에 의해 제작 (구버전 모델)	GMWIN
XGB	XBC	블록 타입으로 MASTER-K 개량형	XG5000
	XEC	블록 타입으로 GLOFA 개량형	
	XBM	블록 타입으로 슬림형	
XGT	XGK	모듈 타입으로 MASTER-K 개량형	
	XGI	모듈 타입으로 GLOFA 개량형	
	XGR	모듈 타입으로 이중화 CPU 지원	

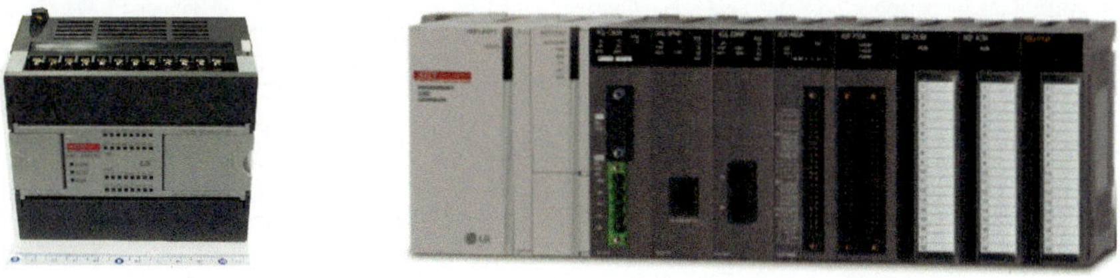

(a) XGB-XBC 모델　　　　(b) XGT-XGK 모델

그림 13-1　LS산전 PLC의 모델

소프트웨어도 구버전 모델 MASTER-K에서는 KGL을, GLOFA에서는 GMWIN을 사용하였지만, XGT시리즈에서는 XG5000 (**PLC 프로그램 작성, 편집 및 디버그 기능을 수행하는 프로그래밍 툴**)으로 통합되었기 때문에 모델에 따라 CPU를 선택해주면 된다. 뿐만 아니라 기존의 KGL 프로그램 또는 GMWIN 프로그램을 XG5000 에서 불러들일 수 있어서 MASTER-K 모델에 대한 시뮬레이션이 가능하다.

이 장에서는 주로 XGT계열의 XGK PLC 시스템 구성과 XG5000을 사용하여 프로그래밍하는 방법에 관하여 설명하고자 한다.

13.1.1 XGT PLC 시스템

그림 13-2는 XGT PLC 시스템 구성을 나타낸다. PC에서 소프트웨어 XG5000 을 실행한 후 USB 케이블 또는 RS-232C 로 XGT PLC와 연결하여 프로그램을 작성한다. XG5000 을 통하여 컴퓨터 상에서 프로그래밍의 편집과 시뮬레이션을 함께 행할 수 있다.

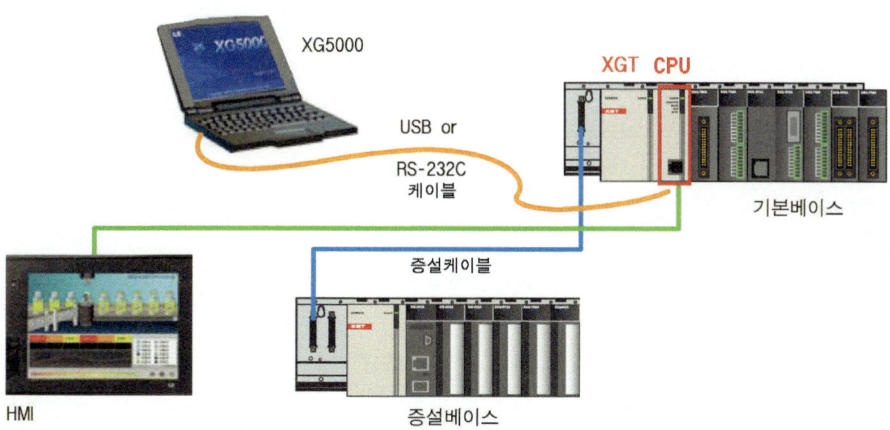

그림 13-2　XGT PLC 의 시스템 구성

뿐만 아니라 XGT PLC는 여러 개의 PLC를 증설할 수 있으며, 사용자에게 조작이나 운영을 용이하도록 HMI(Human Machine Interface) 기능을 추가하여 사용할 수도 있다. HMI는 운영자가 화면상에서 공정 과정이나 플랜트 상태를 애니메이션으로 볼 수 있도록 해주며, 플랜트에 필요한 데이터의 분석 및 처리 등을 할 수 있도록 해준다.

그림 13-3은 XGT PLC 중에서 XGK 모델의 기본베이스를 나타낸다. 여기서 기본적으로 전원 모듈(XGP-xxxx), CPU 모듈(XGK-CPUx), 입력 모듈(XGI-xxxx), 출력 모듈(XGQ-xxxx) 및 통신 모듈(XGL-xxxx)등을 슬롯에 장착하게 된다.

전원 모듈(Power supply)은 PLC의 CPU를 비롯하여 입/출력 모듈, 통신모듈, 특수모듈에 전원을 공급하는 장치이다. 입력전압으로 AC 100V~240V, DC 24V를 사용하며 출력전압 DC 24V, 12V, 5V 등을 이용한다.

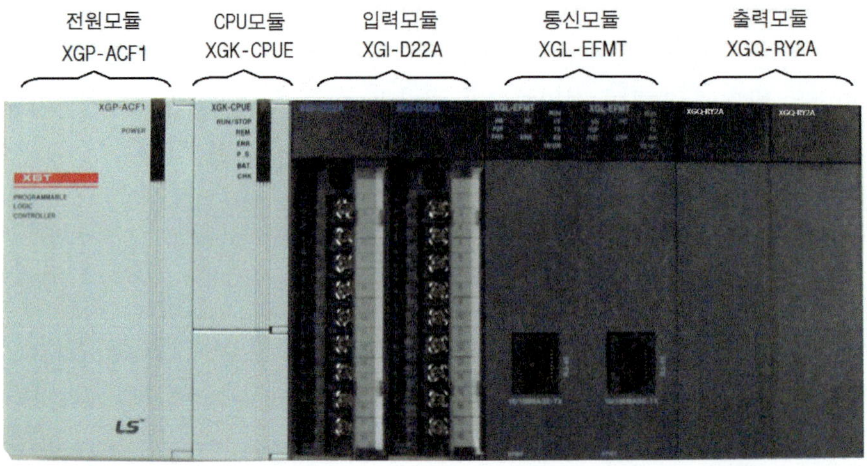

그림 13-3 XGK PLC의 기본베이스

시스템 구성시 주의해야 할 사항으로 다음과 같은 것들이 있다.

1) 증설케이블 길이의 총합은 15m 이하로 제한할 것
2) 증설베이스를 연결할 경우 증설케이블 길이에 관계없이 마지막 베이스에 종단저항(XGT-TERA)을 설치할 것
3) 베이스에 모듈을 장착하지 않을 경우 더미 모듈(XGT-DMMA)을 장착하여 슬롯 커넥터를 보호할 것

(1) CPU 모듈

그림 13-4는 XGK-CPU의 각부의 명칭을 표시하며 표 13-2에 그의 용도를 나타낸다.

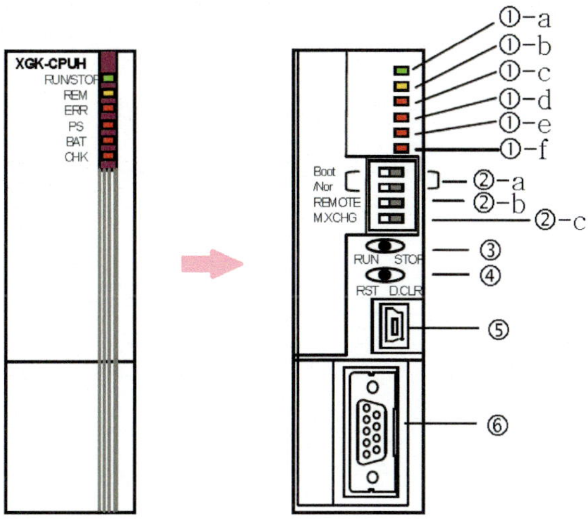

그림 13-4 XGK-CPU 각부 명칭

표 13-2 XGK-CPU 각부 명칭에 대한 용도

번호	명 칭	용 도
①-a	RUN/STOP LED	CPU 모듈의 동작 상태를 나타낸다.
①-b	REM LED	리모트 허용 또는 금지 상태임을 표시한다.
①-c	ERR LED	운전이 불가한 에러가 발생한 경우 적색점등을 표시한다.
①-d	PS LED (Programmable Status)	'사용자 지정 플래그', '에러시 운전 속행', '운전 중에 모듈을 조작" 할 때 적색점등을 표시한다.
①-e	BAT LED	배터리 전압이 저하된 경우 표시한다.
①-f	CHK LED	표준설정과 다른 내용이 설정되어 있는 경우에 표시한다. (파라미터로 추가/삭제[해제]가 가능함)
②-a	Boot/Nor 스위치	출하 전 O/S를 다운로드 하는 경우 사용하는 스위치로 사용자는 조작을 금지한다.
②-b	REMOTE허용 스위치	XG5000으로 PLC접속 시 PLC의 동작을 제한한다.
②-c	M.XCHG (모듈교체 스위치)	운전 중 모듈을 교체할 경우에 사용한다.
③	RUN/STOP 모드 스위치	CPU 모듈의 운전모드를 설정할 때 사용한다. (REMOTE 스위치에 우선하여 동작 합니다.)
④	리셋/ D.Clear 스위치	리셋/D.Clear에 대해 "XG5000 → 기본파라미터 → 기본 동작 설정"에 대해 동작 차단을 설정 할 수 있다.
⑤	USB 커넥터	주변기기 (XG5000 등)와 접속하기 위한 커넥터
⑥	RS-232C 커넥터	XG5000 및 주변기기와 접속하기 위한 커넥터

(2) 입/출력 모듈

1) 입력 모듈

입력모듈의 타입은 XGI로 시작하며, 그림 13-5와 같이 오른쪽 첫째와 둘째 자리는 전원의 종류를, 셋째 자리는 접점수를, 넷째 자리는 공통단자의 옵션을 나타낸다.

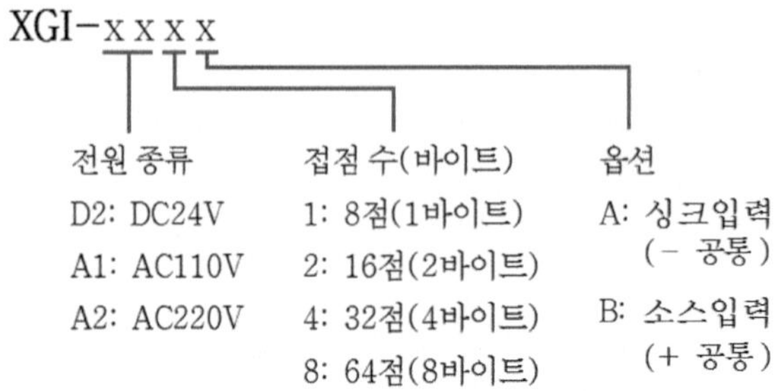

그림 13-5 입력 모듈의 형식

예를 들어 입력모듈의 형식이 XGI-D22B 일 경우, 전원 DC 24V, 접점수 16점, + 공통단자를 사용하는 모듈을 의미한다.

2) 출력 모듈

출력모듈의 타입은 XGQ로 시작하며, 그림 13-6과 같이 오른쪽 첫째와 둘째 자리는 출력소자의 종류를, 셋째 자리는 접점수를, 넷째 자리는 공통단자의 옵션을 나타낸다.

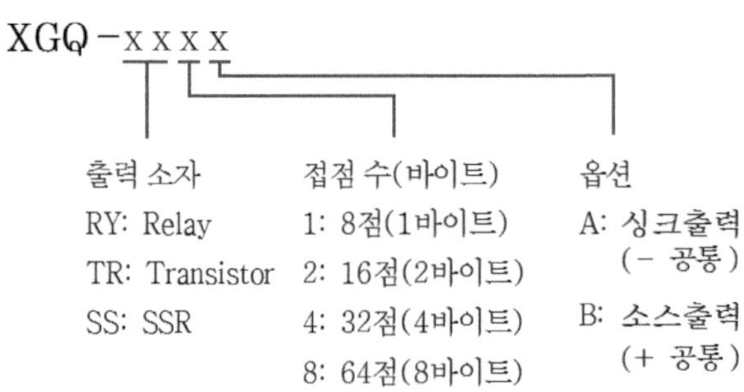

그림 13-6 출력 모듈의 형식

예를 들어 출력모듈의 형식이 XGQ-TR2B 일 경우, 트랜지스터 소자, 접점수 16점, + 공통단자를 사용하는 모듈을 의미한다.

표 13-3은 입/출력 모듈의 옵션 사항에 관하여 정리한 것이다.

표 13-3 입/출력 모듈의 옵션 사항 용어 정의

용 어	정 의	비 고
싱크(Sink)입력 (– 공통단자)	입력신호가 ON될 때(즉 SW → ON되어), PLC 입력단자로 전류가 유입되도록 흐르는 방식 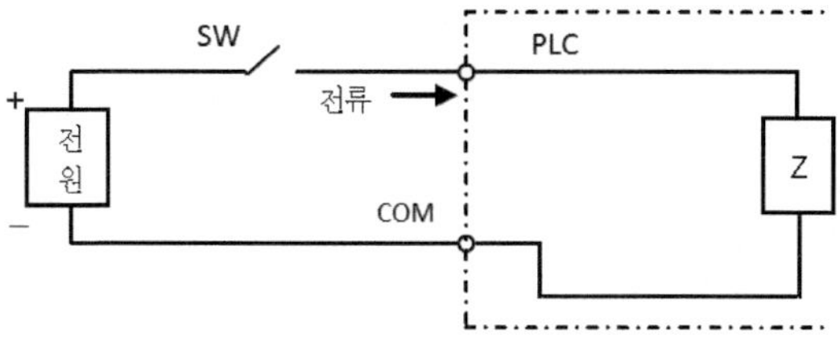	Z : 입력저항
소스(Source)입력 (+ 공통단자)	입력신호가 ON될 때(즉 SW → ON되어), PLC 입력단자로부터 전류가 유출되도록 흐르는 방식 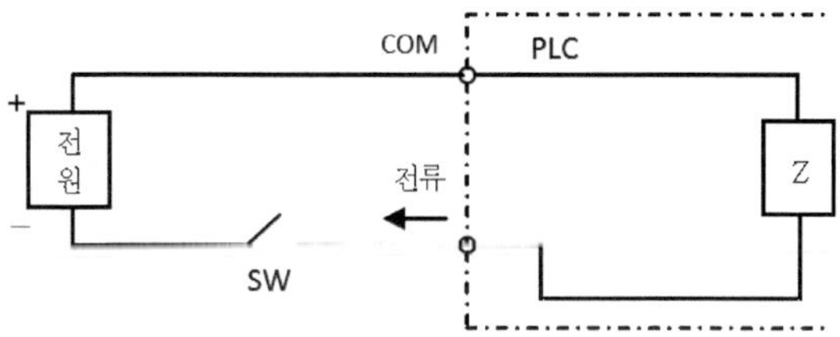	Z : 입력저항
싱크(Sink)출력 (– 공통단자)	PLC 출력접점이 ON될 때 부하측에서 출력단자로 전류가 유입되도록 흐르는 방식 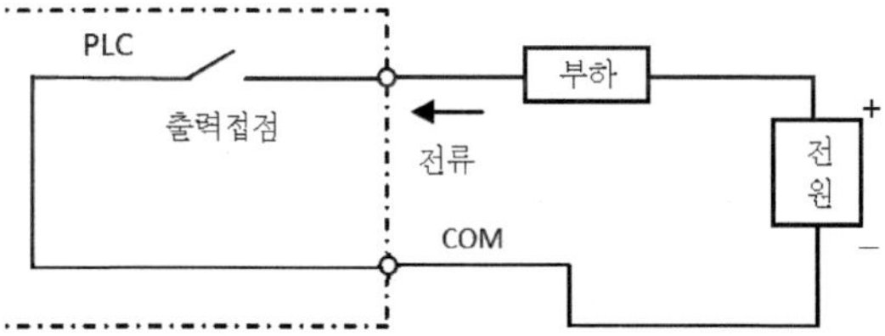	
소스(Source)출력 (+ 공통단자)	PLC 출력접점이 ON될 때 출력단자로부터 부하측으로 전류가 유출되도록 흐르는 방식 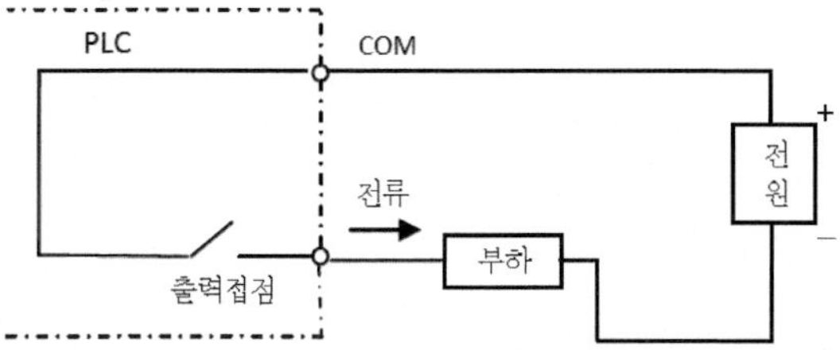	

3) 특수 모듈

XGT PLC는 입/출력 모듈 외에 여러 종류의 특수 모듈이 개발되어 있으므로 사용자는 매뉴얼 혹은 카탈로그를 참조하여 목적에 적합한 모듈을 선정한다. 특수 모듈에는 표 13-4와 같은 것들이 있다.

표 13-4 특수 모듈의 종류와 형명

품 명	형 명
아날로그 입력 모듈	XGF-Axxx
아날로그 출력 모듈	XGF-Dxxx
아날로그 입출력 혼합 모듈	XGF-AHBA
열전대 입력 모듈	XGF-TC4S
측온저항체 입력 모듈	XGF-RDxx
온도제어 모듈	XGF-TC4xx
고속카운터 모듈	XGF-HO8A
위치결정 모듈	XGF-Pxxx
모션제어 모듈	XGF-Mxxx
이벤트 입력 모듈	XGF-SOEA
데이터 로그 모듈	XGF-DLxx

4) 통신 모듈

XGT PLC는 상위 시스템간 또는 PLC사이 통신이나 하위 네트워크 제어를 위하여 통신 모듈이 개발되어 있다. 통신 모듈에는 표 13-5와 같은 것들이 있다.

표 13-5 통신 모듈의 종류와 형명

품 명	형 명
FEnet I/F 모듈	XGL-EFxx
RAPIEnet I/F 모듈	XGL-EIxx
Cnet I/F 모듈	XGL-Cxxx
FDEnet I/F 모듈 (Master)	XGL-EDMx
Rnet I/F 모듈	XGL-RMEA
Profibus-DP I/F 모듈	XGL-PMEx
Pnet Slave I/F 모듈	XGL-PSEA
DeviceNet I/F 모듈	XGL-DMEA
Ethernet/IP I/F 모듈	XGL-Mxxx
BACnet/IP I/F 모듈	XGL-EIPT
Fnet I/F 모듈	XGL-FMEA

13.2 기본 시스템 구성 방법

기본 베이스 PLC에 증설 베이스를 추가 구성하고자 할 때 증설 베이스의 단수는 CPU의 종류에 따라 제한이 있으며, 입출력 번호의 할당방식은 기본 파라미터의 설정에 따라서 고정식과 가변식의 선택이 가능하다.

(1) 고정식 입출력 번호의 할당

하나의 베이스에 설치할 수 있는 슬롯은 12개이며, 각 슬롯은 모듈의 장착여부 및 종류에 관계없이 64점씩 할당된다. 그리고 한 개의 베이스에는 16개 슬롯 분의 입출력 번호가 할당된다. 예를 들어, 기본 베이스에 장착된 12 개의 슬롯에 입/출력모듈을 16점, 32점 및 64점을 혼합하여 사용할 경우 각 모듈의 입출력 번호의 할당은 그림 13-7(a)와 같이 모듈마다 똑같이 64점씩 할당된다.

그림 13-7(a) 고정식 입출력 번호 할당 방법

(2) 가변식 입출력 번호의 할당

가변식도 베이스에 설치할 수 있는 슬롯은 12개이며, 슬롯별로 장착모듈의 지정에 따라 점수가 자동 할당된다. 즉 그림 13-7(b)와 같이 입/출력 장착모듈을 16점, 32점, 64점 등으로 점수를 지정 할당할 수 있으므로 입출력 번호의 활용도가 높다.

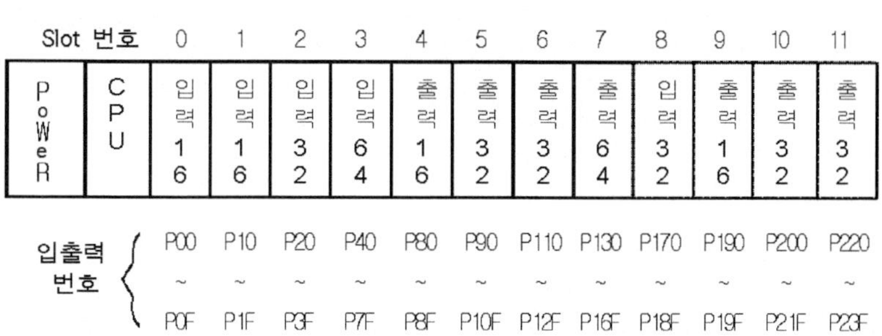

그림 13-7(b) 가변식 입출력 번호 할당 방법

한편 I/O 파라미터로 지정하지 않은 슬롯은 예를 들어 특수모듈, 통신모듈 및 빈 슬롯은 16 점으로 할당된다. 가변식 12 Slot 베이스의 슬롯 및 입출력 번호의 할당 예는 그림 13-7(b)와 같다.

> ※ 주의사항
> 1) 입출력 번호의 할당 방식은 기본 파라미터에서 설정한다.
> 2) 기본 베이스는 베이스 번호가 '0'으로 고정되며, 증설 베이스는 베이스 번호를 설정하는 스위치가 있다.
> 3) I/O 파라미터로 모듈타입을 설정한 경우, 실제 장착된 모듈의 타입이 일치 되어야 운전이 개시된다

13.3 XG5000 사용법

(1) 화면 구성

그림 13-8은 XG5000 을 실행했을 때의 기본 화면을 나타낸다.

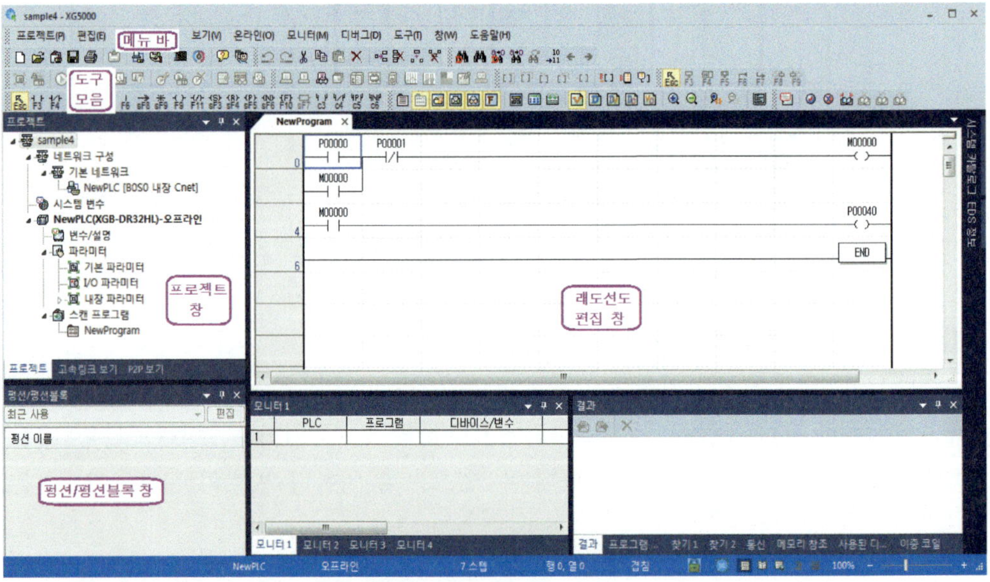

그림 13-8 XG5000의 기본 화면

여기서 대화상자의 내용은 다음과 같다.

-메뉴 바 : 프로그램을 위한 기본 메뉴 모음이다.

-도구 모음 : 메뉴를 간편하게 실행할 수 있다.

* 참조 - PLC를 PC와 연결하는 방법은 『11.4.1 PC와 연결 방법』을 참조 바람

-프로젝트 창 : 현재 열려있는 프로젝트의 구성요소를 나타낸다.
-프로그램 편집 창 : 래도선도를 작성할 수 있는 창
-펑션/펑션블록 창 : 최근에 사용된 펑션/펑션블록을 나타낸다.

(2) 프로젝트 구성

프로젝트 창에서 프로젝트의 구성항목은 그림 13-9와 같다.

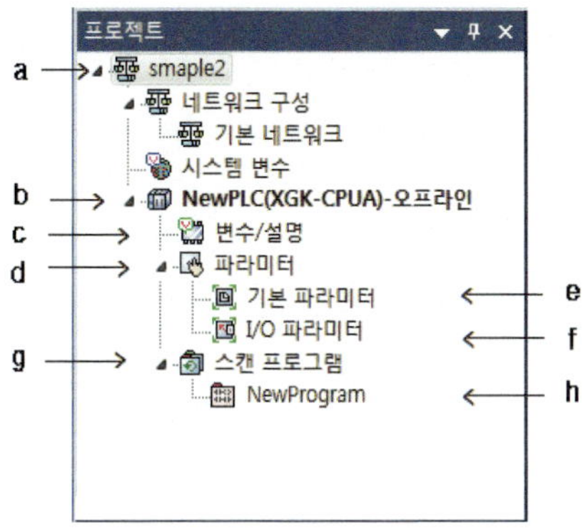

그림 13-9 프로젝트 창 화면

a- sample2: 시스템 전제를 정의하는 프로젝트 파일 이름을 나타낸다.
b- NewPLC: 현재 사용하고 있는 PLC-CPU모듈을 나타낸다.
c- 변수/설명: 디바이스에 지정된 변수와 설명문을 편집하고 볼 수 있다.
d- 파라미터: 시스템의 동작내용 및 구성에 대한 하드웨어적 내용을 정의한다.
e- 기본 파라미터: 기본적인 동작에 대하여 정의한다.
f- I/O 파라미터: 입/출력모듈 구성에 대하여 정의한다.
g- 스캔 프로그램: 항시 실행되는 프로그램을 하위 항목에 정의한다.
h- NewProgram: 사용자가 정의한 항시 실행되는 프로그램이다

1) 새 프로젝트 실행

메뉴에서 [프로젝트] - [새 프로젝트] 창을 열면 그림 13-10과 같은 창이 나타난다. 기존에 작성하였던 프로젝트(래더선도)는 [프로젝트 열기]에서 불러온다.

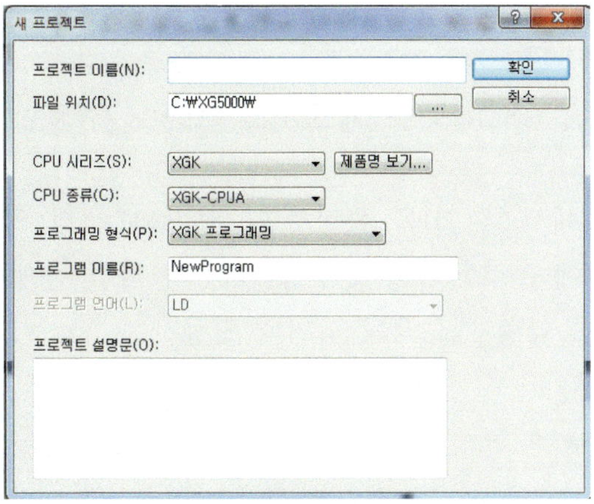

그림 13-10 새 프로젝트 창 화면

-프로젝트 이름(N):	사용자가 원하는 새 프로젝트 이름을 입력한다.
-파일 위치(D):	사용자가 입력한 프로젝트 이름으로 폴더가 만들어지고, 그 폴더 안에 프로젝트 파일이 생성된다.
-CPU 시리즈(S):	PLC CPU 시리즈 기종을 선택한다. (XGK, XGB, XGB(IEC), XGI, XGR,XGS, SMC)
-CPU 종류(C):	해당 CPU 종류를 선택한다.
-프로그램 형식(P):	XGK 프로그래밍 또는 XGK 프로그래밍(자동할당)으로 선택한다.
-프로그램 이름(R):	프로젝트에 기본으로 포함되는 프로그램 이름을 입력한다.
-프로젝트 설명문(O):	프로젝트 설명문을 입력한다.

2) 프로젝트 이름 작성

프로젝트 이름(N)에 "sample" 이라 작성하고, 표 13-1을 참조하여 PLC가 어떤 종류의 CPU를 사용하고 있는지를 확인하고 설정한다. 이 절에서는 XGK-CPUA를 선택하여 실행하는 과정을 설명한다.

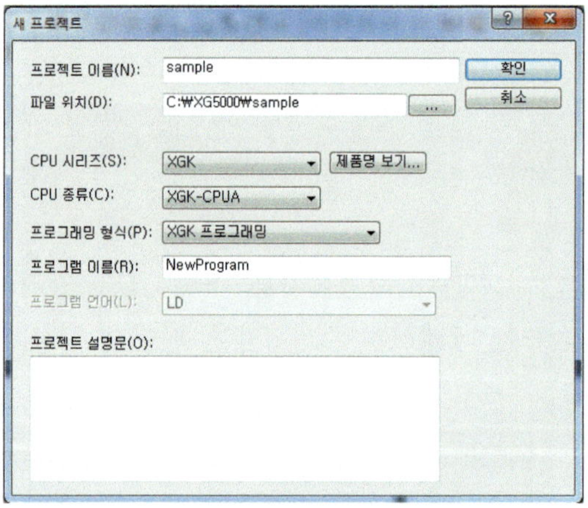

그림 13-11 새 프로젝트 창에 XGK-CPUA 입력

[새 프로젝트] 창에서 [확인]을 클릭하면, XG5000 폴더 안에 sample 폴더가 만들어지며, 그 폴더 안에 6개의 파일이 형성된다. 이 파일 중에서 소스 프로그램의 확장자는 ".xgs" 이고, 통합형 프로젝트 파일의 확장자는 ".xgwx" 이다.

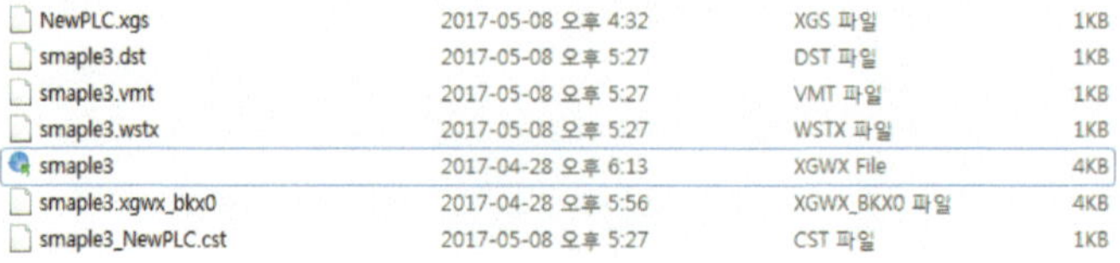

3) 각 슬롯에 가상 모듈 설정

XGK PLC는 입/출력모듈이 베이스에 장착되는 순서에 따라 슬롯 위치번호가 결정된다. XG5000 대화상자의 메뉴에서 [보기] → [프로젝트창] → [I/O 파라미터]를 클릭하여 선택하면 가상적으로 원하는 입/출력모듈을 장착할 수 있다. 그림 13-12는 [I/O 파라미터]를 선택하였을 때 나타나는 화면이다. 위쪽에 가상적인 XGK PLC모양이 나타나고, 아래쪽에 입/출력모듈을 장착할 수 있는 슬롯 항이 나열된다.

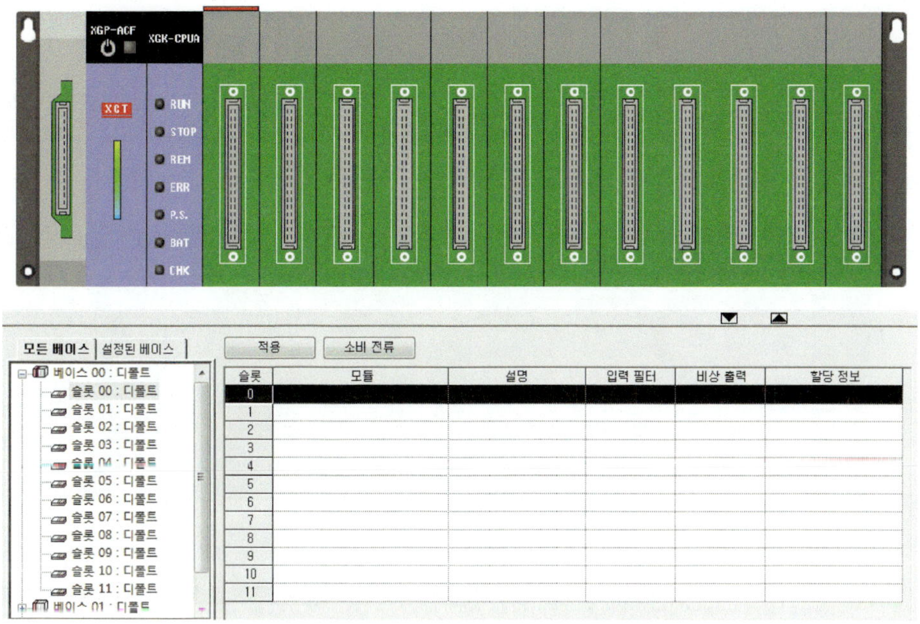

그림 13-12 "I/O 파라미터"를 선택했을 때의 화면

그림 13-12 아래 그림에서 슬롯 0번에 입력 16점의 입력모듈을, 슬롯 1번에 32점의 입력모듈을, 슬롯 2번에 16점의 출력모듈을 그림 13-5와 그림 13-6을 참조하여 그림 13-13과 같이 선택한다.

최종적으로 설정이 끝나면 그림 13-14와 같이 된다. 즉 가상적인 PLC의 슬롯에 해당 입/출력 접점수에 해당하는 LED가 달린 모듈로 바뀐다. 뿐만 아니라 할당정보도 다르게 나타남을 알 수 있다.

즉 슬롯 0번은 입력 16점의 입력모듈이므로 P0000~P0000F이지만, 슬롯 1번은 32점의 입력모듈이므로 P00010~P0002F가 된다. 반면에 슬롯 2번에 16점의 출력모듈을 설치하였으므로 P00020~P0003F가 됨을 알 수 있다. 따라서 사용자가 어떠한 입/출력 모듈을 선택하느냐에 따라 할당 번지가 달라진다.

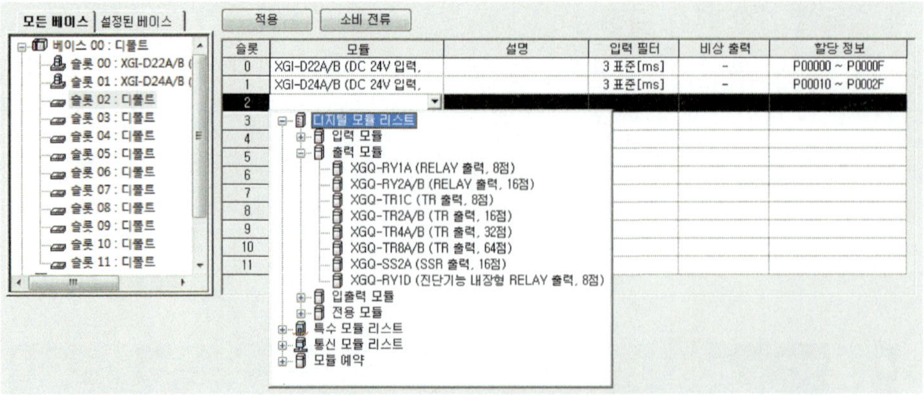

그림 13-13 "I/O 파라미터"를 선택하는 과정

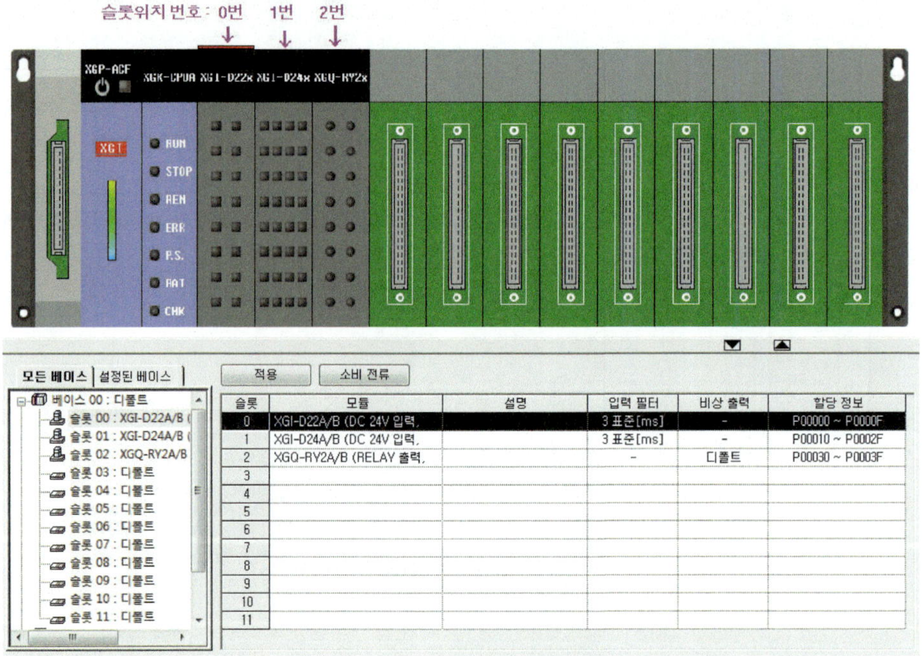

그림 13-14 가상 입출력모듈 장착 화면

4) 변수 부여 방법

프로그램 상에 푸시버튼(push button), 스위치(switch)와 같은 디바이스(device)가 사용될 경우 어떠한 용도로 사용되는지 참조할 필요가 있다. 이 때 미리 디바이스에 변수를 일괄적으로 설정하고 디바이스가 사용되는 곳에 변수를 기록하는 방법이다.

프로젝트 창에서 [변수/설명]을 클릭하면 [변수 보기] 창이 그림 13-15와 같이 나타난다. 이때 디바이스를 설정하고 사용할 변수들을 입력한다.

즉 디바이스 P00000를 PB1으로 사용하는데 “Starting” 푸시버튼이라는 설명을 추가한다. 또한 디바이스 P00001를 PB2로 사용하며 “Stoping” 푸시버튼이라 설명을 한다. 같은 방법으로 디바이스 마다 변수를 기록하고 필요하다면 설명문을 작성한다.

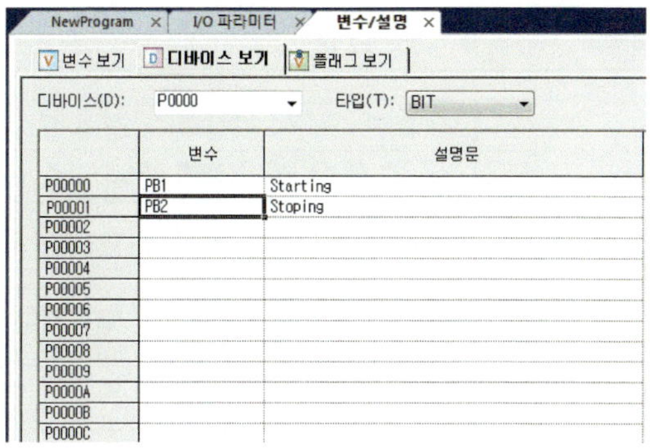

그림 13-15 변수 보기에서 변수 설정

변수를 입력한 후 [변수 보기]를 클릭하여 선택하면 선언된 변수와 타입(Bit 또는 Word) 및 디바이스 번호가 그림 13-16과 같이 일목요연하게 나타난다.

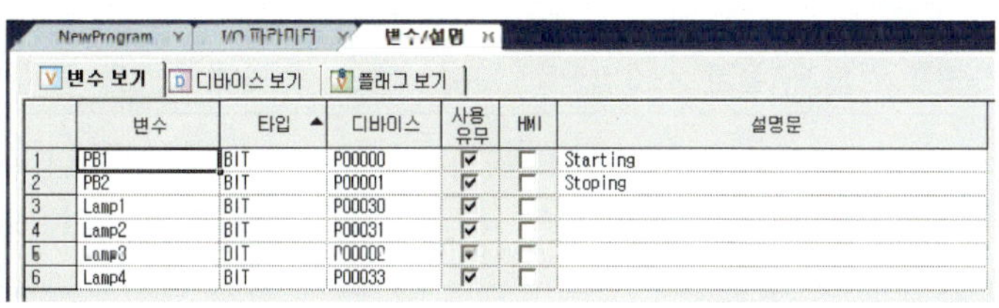

그림 13-16 변수와 디바이스 보기 화면

(3) 래더선도 작성 및 편집

1) 도구 모음

도구모음 상자에서 원하는 접점, 코일, 펑션(function) 등을 선택하여 래더선도 창의 원하는 위치로 옮겨놓으면서 회로를 작성한다. 프로그램 끝에는 항상 “END” 라는 펑션으로 마감한다.

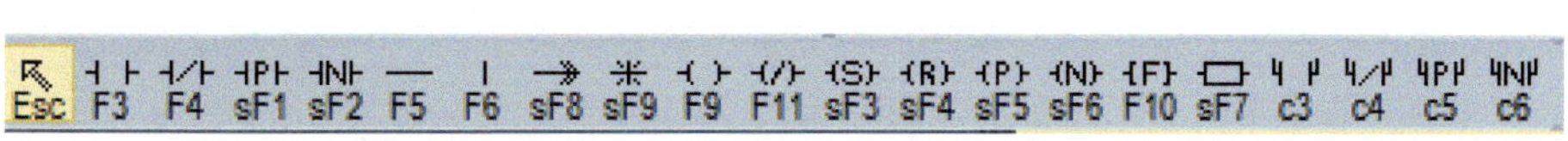

그림 13-17 도구 모음 보기

표 13-6은 도구 모음 기호에 대한 설명 및 단축키를 나타내며, 표 13-7은 그 외에 많이 사용하는 커서 이동 단축키를 나타낸다.

표 13-6 도구 모음 기호 및 설명

기호	설명	단축키	기호	설명	단축키
Esc	화살표-"선택 모드"로 변경	Esc	설명: 프로그램 편집에서 복사, 삭제 등을 할 때 화살표로 "선택 모드"로 변경 후 시행한다.		
F3	평상시 열린 접점	F3	F4	평상시 닫힌 접점	F4
sF1	양변환 검출 접점	Shift + F1	sF2	음변환 검출 접점	Shift + F2
F5	가로선	F5	F6	세로선	F6
sF8	가로선 채우기	Shift + F8	sF9	반전 입력	Shift + F9
F9	코일	F9	F11	역코일	F11
sF3	SET 코일	Shift + F3	sF4	RESET 코일	Shift + F4
sF5	양변환 검출 코일	Shift + F5	sF6	음변환 검출 코일	Shift + F6
F10	응용 명령어	F10	sF7	확장 펑션	Shift + F7
c3	상시 열린 OR접점	Ctrl + 3	c4	상시 닫힌 OR접점	Ctrl + 4
c5	양변환 검출 OR접점	Ctrl + 5	c6	음변환 검출 OR접점	Ctrl + 6

표 13-7 커서 이동 단축키

단축키	설명
Home	열(가로줄)의 시작점으로 이동
Ctrl + Home	프로그램의 시작점으로 이동
Back space	현재 데이터를 삭제하고 왼쪽으로 이동
→	현재 커서를 오른쪽으로 한 칸 이동
←	현재 커서를 왼쪽으로 한 칸 이동
↑	현재 커서를 윗쪽으로 한 칸 이동
↓	현재 커서를 아랫쪽으로 한 칸 이동
End	열(가로줄)의 끝으로 이동
Ctrl + End	편집된 마지막 줄로 이동

2) 접점과 코일의 입력

래더선도 창에서 LD 언어로 프로그램을 편집하는 방법은 다음과 같다.

- 도구상자에서 원하는 열린 접점 F3 을 선택한 후, LD 프로그램 창의 첫 번째 가로줄(렁) 위치에 놓으면 그림 13-18과 같은 [변수/디바이스 입력] 창이 열린다. 이때 사용하고자 하는 디바이스 P00000를 입력하고 [확인]을 누른다.
- 같은 방법으로 도구상자에서 닫힌 접점 F4 을 선택한 후, 열린 접점 옆에 놓고 [변수/디바이스]입력 창에 P00001을 입력한다.
- 위와 같은 방법으로 도구상자에서 출력 코일 F9 을 선택한 후, [변수/디바이스] 입력 창에 M00000을 입력한다.

첫 번째 가로줄이 그림 13-19와 같이 완성된다.

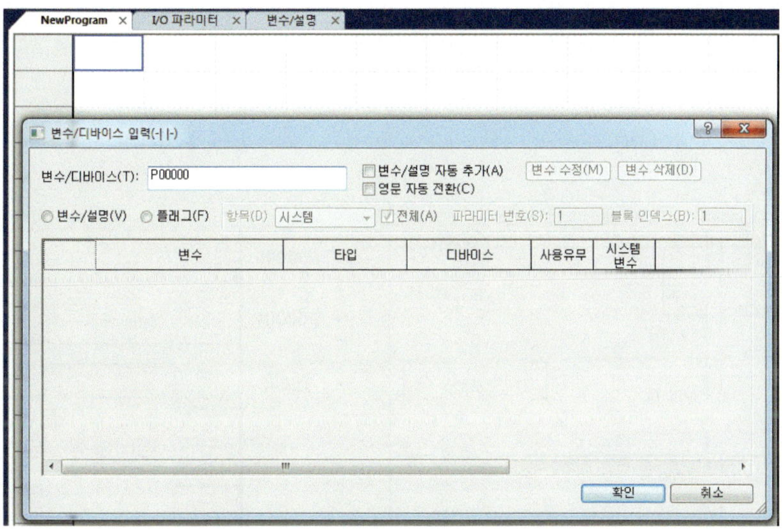

그림 13-18 입력접점에 변수/디바이스 입력

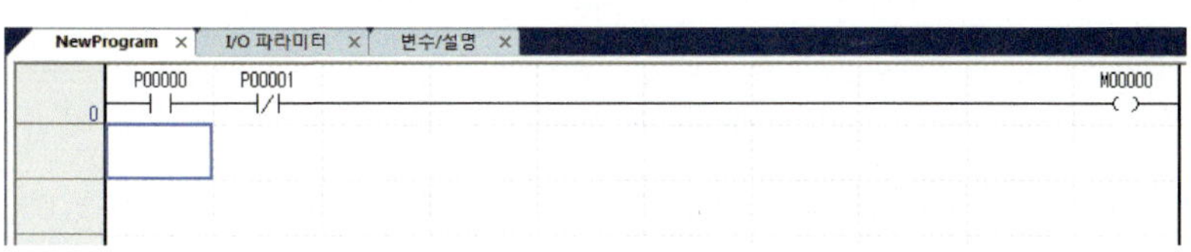

그림 13-19 입력접점 및 출력코일 작성

그림 13-19에서 자기유지회로(self holding)를 완성해 보자

- 두 번째 가로줄에 열린 접점 F3 을 놓고 [변수/디바이스]입력 창에 M00000을 입력한다.

– 이 열린 접점을 첫 번째 가로줄에 연결시키기 위해서 세로선 F6 을 선택한 후 연결하고자 하는 위치에 놓으면 그림 13-20과 같이 자기유지회로가 완성된다.

그림 13-20 자기유지회로 작성

3) 응용명령어(타이머, 카운터)의 입력

타이머를 이용한 래더선도를 작성하기 위하여 그림 13-21를 예를 들어 설명하고자 한다. 즉 시작버튼 PB1(P00000)을 누르면 온-딜레이 타이머(T0000)로 인하여 2초 후에 RL(P00030)램프가 점등된다. 정지버튼 PB2(P00001)을 누르면 즉시로 RL(P00030) 램프가 소등되면서 GL(P00031)램프가 점등된다.

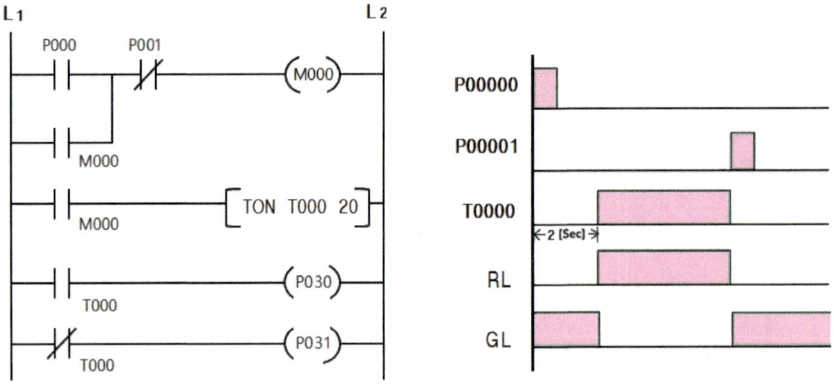

(a) 래더선도 (b) 타임챠트

그림 13-21 온 딜레이 타이머 응용 래더선도

– 그림 13-22와 같이 자기유지회로에 이어서 세 번째 가로줄에 타이머를 설치하고자 한다면 응용명령어 {F} F10를 선택하면 "응용명령" 대화상자가 열린다. 응용명령(I) 항목에 "TON" 이라고 명령어를 입력한다. 또는 분류(C): [타이머/카운터]를 선택한 후, 명령어(M): [TON]를 선택한다.

– 타이머와 카운터는 코일 비트번호와 설정시간을 필요로 한다. 따라서 설정시간 2sec의 On Dealy 타이머 코일이므로 그림 13-22와 같이 "TON T0000 20" 으로 입력한 후, "확인" 버튼을 누른다. 이때 타이머 코일 비트번호는 T0000가 된다.

- 마지막 가로줄에 응용명령어 F10 를 선택하여 "응용명령" 대화상자가 열리면 응용명령(I) 항목에 "END" 라고 명령어를 입력한다. 또는 분류(C): [전체]를 선택한 후, 명령어(M): [END]를 선택한다.
- 출력접점을 연결한 후, 프로젝트 창에서 [변수/설명] 항목을 선택하여 다음과 같이 입력하면 디바이스 번호가 변수로 바뀌어 나타난다

  P00030 : RL , P00031 : GL
- 그림 13-23은 완성된 래더선도이다.

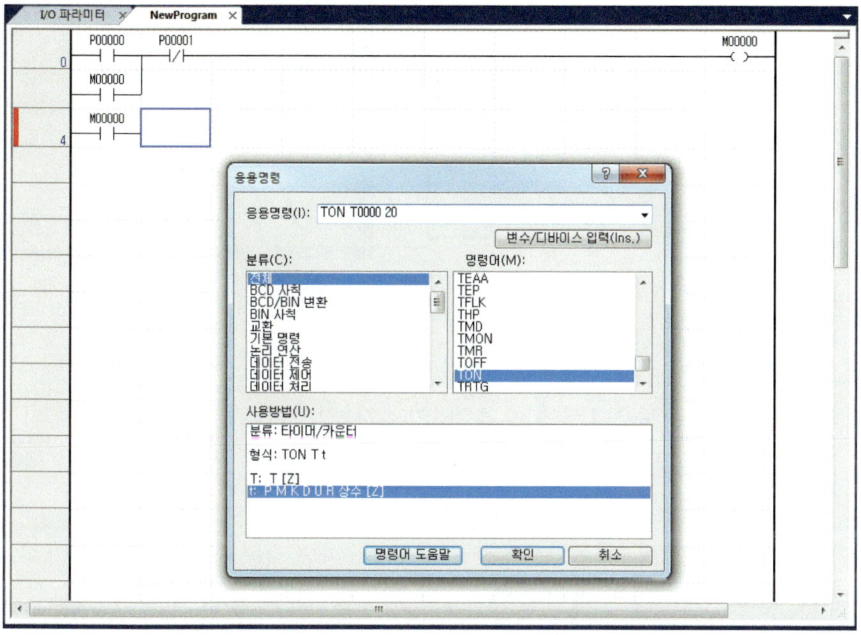

그림 13-22 "응용명령" 창에서 TON 타이머 설정 과정

그림 13-23 완성된 타이머 응용 래더선도

4) 설명문과 레이블 입력

래더선도에 가로줄(렁), 출력 설명문 및 레이블을 입력할 수 있다.

- 가로줄의 시작 위치에 커서를 놓고 마우스 오른쪽을 클릭하여 [설명문/레이블 입력] 항목을 선택하면 그림 13-24와 같은 창이 열린다. 이때 확인을 하고 필요한 "렁 설명문" 을 작성한다.

- 같은 방법으로 필요한 레이블 위치에 "레이블" 을 작성할 수 있다.

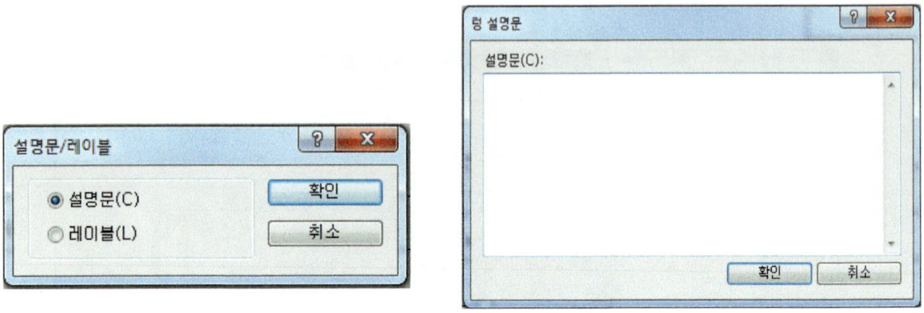

그림 13-24 설명문과 레이블 입력

5) 프로그램 검사

작성한 래더선도 프로그램에 오류가 있는지 검사할 필요가 있다.

-프로그램의 검사는 메뉴에서 [보기]-[프로그램 검사] 항목을 선택하면 그림 13-25 (a)와 같은 "프로그램 검사" 창이 열린다.

- "현재 프로그램" 으로 선택하고 확인을 하면 검사를 진행된다. 프로그램에 대한 오류를 알고 싶을 경우 메시지 창의 "프로그램 검사" 탭을 클릭하면 그림 13-26과 같이 결과내용이 표시된다.

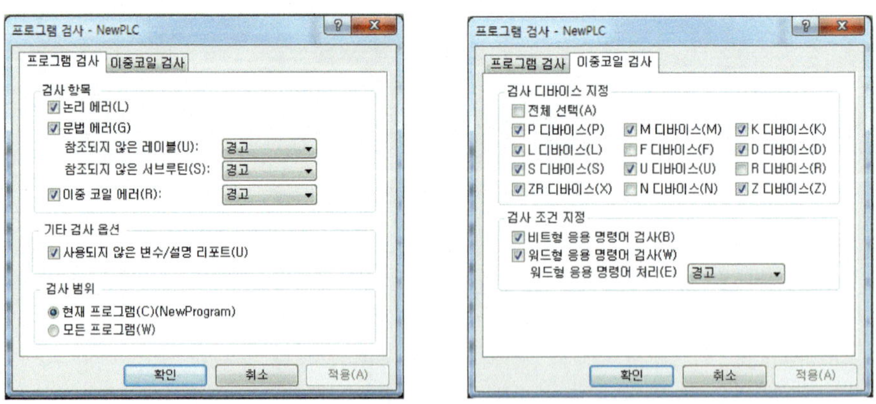

(a) 프로그램 검사 화면 (b) 이중코일 검사 화면

그림 13-25 프로그램 검사

- ·논리 에러(L) : LD의 결선여부 및 단락회로 등 프로그램의 논리적인 오류에 대한 검사여부를 선택한다.
- ·문법 에러(G) : SBRT/CALL, MCS/MCSCLR 등의 응용명령어 오류 검사여부를 선택한다.
  - ·참조되지 않은 레이블(U) : 선언한 레이블이 사용되지 않았을 경우, 처리에 대한 범위를 지정한다. [무시], [경고], [오류]를 선택할 수 있다.
  - ·참조되지 않은 서브루틴(S) : 참조한 서브루틴이 사용되지 않았을 경우, 처리에 대한 범위를 지정할 수 있다. [무시], [경고], [오류]를 선택할 수 있다.
- ·이중코일 에러(R) : 이중코일 검사여부를 선택한다.
- ·현재 프로그램(C) : 현재 프로그램을 검사한다.
- ·모든 프로그램(W) : 현재 PLC 항목에 있는 모든 프로그램을 검사한다.

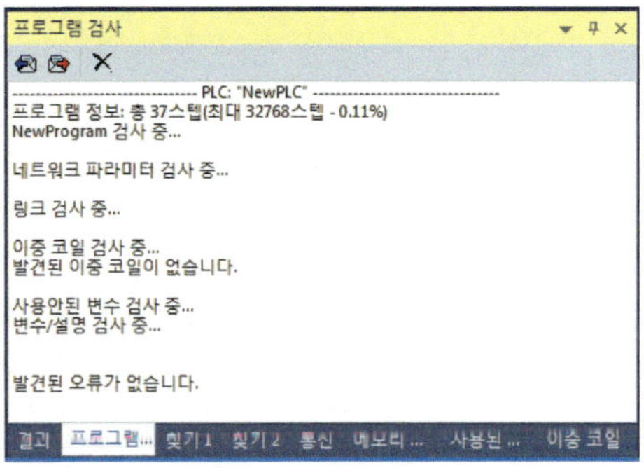

그림 13-26 프로그램 검사 오류 화면

13.4 XG-SIM과 시뮬레이션

1) XG-SIM의 특징

XG-SIM은 XGT PLC 시리즈를 위한 윈도우 환경의 가상 PLC이다. XG-SIM을 이용하면 PLC 없이도 작성한 LD프로그램을 실행할 수 있다. 뿐만 아니라 입력접점을 조작할 수 있으며, 모듈 시뮬레이션 기능을 이용하여 프로그램을 디버깅할 수 있다.

XG-SIM은 다음과 같은 특징을 갖는다.

① 프로그램 시뮬레이션

XG5000에서 LD 또는 IL 언어로 작성된 프로그램을 시뮬레이션 할 수 있다. 또한 XG-SIM에서 실행 중인 프로그램을 런(run) 상태에서 변경 사항을 적용할 수 있는 런 중 수정 기능을 지원하며, 사용자가 작성한 프로그램을 스텝 단위로 트레이스 할 수 있는 디버깅 기능을 제공한다.

② PLC 온라인 기능

XG5000에서 제공하는 프로그램 모니터링 기능 이외에, 시스템 모니터, 디바이스 모니터, 트렌드 모니터, 데이터 트레이스, 사용자 이벤트 등 온라인 진단 기능을 그대로 사용할 수 있다.

③ 모듈(module) 시뮬레이션

디지털 입/출력 모듈 및 A/D 변환 모듈, D/A 변환 모듈, 고속 카운터, 온도제어 모듈, 위치결정 모듈 등 XGK 랙형(rack type) PLC에 설치 가능한 모듈에 대한 간략한 시뮬레이션 기능을 제공한다. 모듈 시뮬레이션 기능을 이용하여 모듈로부터의 입력값을 이용하여 프로그램을 시뮬레이션할 수 있다.

④ I/O 입력 조건 설정

특정 디바이스의 값 혹은 모듈 내부의 채널값을 입력 조건으로 하여 디바이스의 값을 설정할 수 있다. I/O 입력조건 설정기능을 이용하면 작성한 PLC 프로그램을 테스트 하기 위한 별도의 PLC 프로그램을 작성하지 않고도 작성한 그대로의 프로그램을 시뮬레이션할 수 있다.

2) XG-SIM의 실행

앞에서 작성한 그림 13-23 타이머 응용회로를 "XG-SIM" 을 이용하여 시뮬레이션 하기 위하여 다음과 같은 과정을 실행한다.

- 메뉴에서 [도구] - [시뮬레이터 시작]항목을 선택한다. XG-SIM이 실행되면 작성한 프로그램이 XG-SIM으로 자동으로 다운로드 되며, 온라인 접속이 정지된다.

이때 "XG-SIM" 대화상자(그림 13-27)와 동시에 "쓰기" 대화상자(그림 13-28)가 나타난다.

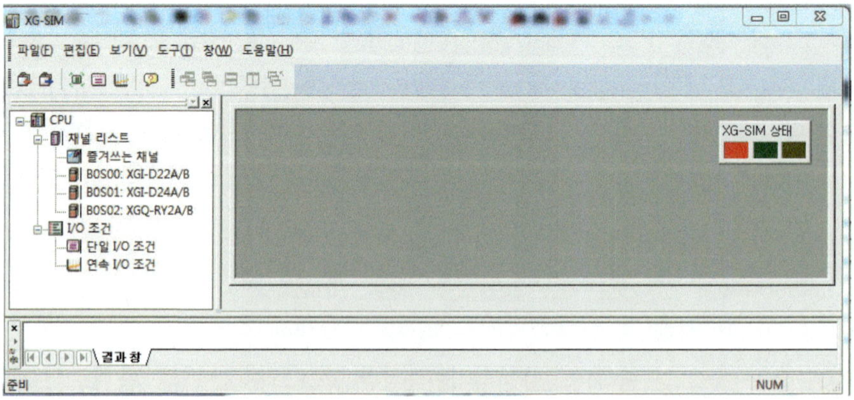

그림 13-27 XG-SIM 구성 화면

"XG-SIM" 대화상자에는 시뮬레이터의 상태를 표시하는 "XG-SIM 상태" 로 활성화 된다. 그림 13-27에서 구성내용은 다음과 같다.

·채널 리스트	:	모듈 별 채널 및 사용자 선택에 의한 즐겨쓰는 채널이 표시된다. 모듈의 경우에는 I/O 파라미터에서 설정한 모듈만 표시된다. 모듈의 표시는 "B0(베이스 번호)S00(슬롯 번호): 모듈 이름" 형태로 표시된다. (예, B0S00: XGI-D22A/B)
·I/O 조건	:	단일 I/O 조건 및 연속 I/O 조건을 표시한다.
·XG-SIM 상태 창	:	상태 창은 시뮬레이터의 상태를 표시한다. 정상적으로 접속 준비가 완료된 경우, 첫 번째 적색 LED가 활성화된다.

- "쓰기" 대화상자에서 확인을 누르면 작성한 프로그램과 파라미터 등의 내용을 PLC로 보낸다는 의미로 CPU에 쓰기를 완료한다. 이때 래더선도 창은 배경이 회색으로 바뀌어 모니터링 모드가 되며 입력 또는 출력이 ON 상태인 접점은 청색으로 변한다.

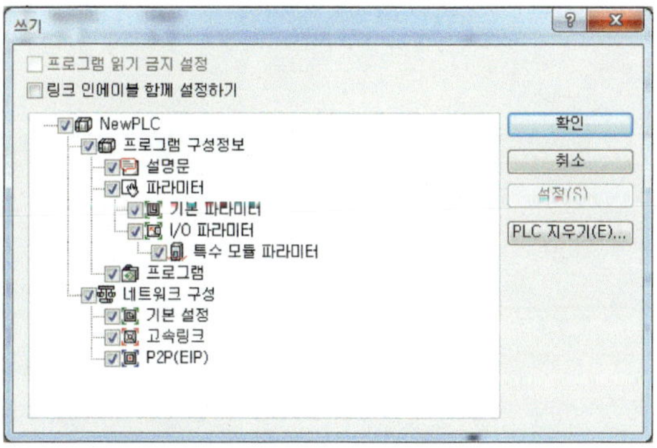

그림 13-28 XG-SIM 실행 중 쓰기화면

- 메뉴에서 [모니터] - [시스템 모니터] 항목을 선택하면 그림 13-29처럼 가상적인 PLC모양이 나타난다. 밑에는 시스템 정보를 표시한다.
- 그림 13-29의 가상적인 PLC의 입력모듈 LED에서 P00000에 해당하는 LED 위에 마우스 놓고 클릭하면 접점을 활성화하겠느냐는 메시지가 나타난다, 이때 "확인" 을 누르면 시작버튼에 해당하는 PB1(P00000)가 온 되어 출력모듈 LED가 점등된다.
- 그림 13-30은 타이머 응용 프로그램인 그림 13-23이 시뮬레이션되고 있는 과정을 화면으로 캡쳐한 것이다.
- 정지버튼에 해당하는 PB2(P00001)의 입력모듈 LED에 마우스를 놓고 접점을 활성화하면 회로동작은 정지한다.
- 시뮬레이션을 멈추기 위해서는 메뉴 [도구] - [시뮬레이터 끝] 항목을 선택한다.

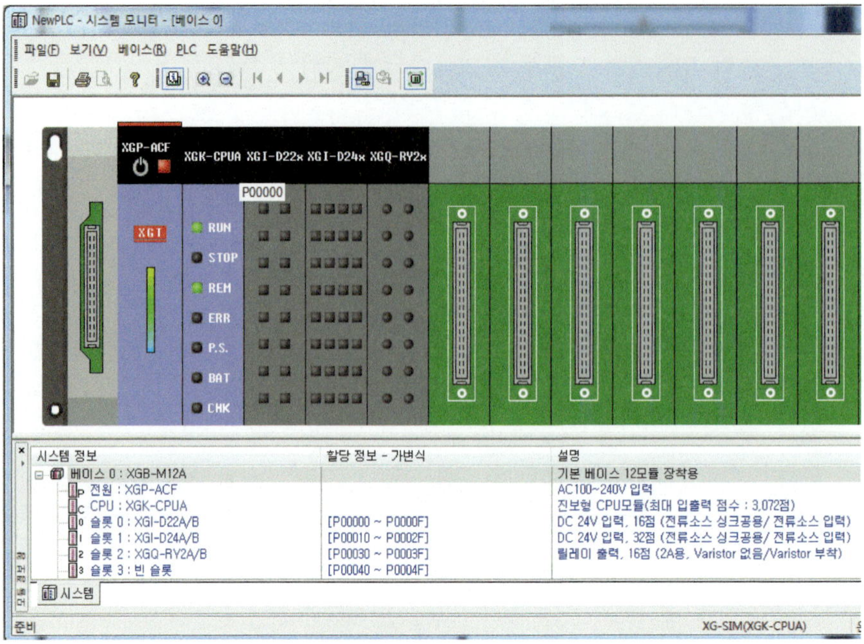

그림 13-29 시스템 모니터 화면

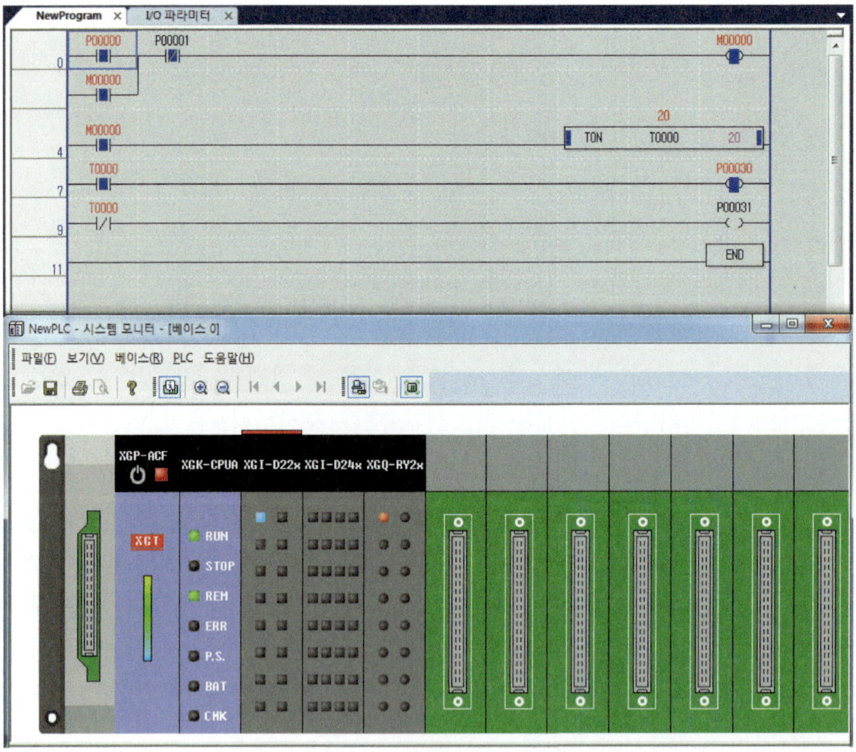

그림 13-30 시뮬레이션 동작 화면

3) XG-SIM 시뮬레이터 작동방법 요약

① 프로그램 완성 후 [프로젝트 저장]하고, [I/O 파라미터]에서 입/출력 모듈 접점을 선택한 후, [적용] 버튼을 클릭한다.

② 메뉴에서 [도구]-[시뮬레이터 시작]을 선택 후, [확인] [확인] 버튼을 클릭한다.

③ 메뉴에서 [모니터]-[시스템 모니터]를 선택하면 시뮬레이션 모니터를 시작한다.

④ 메뉴에서 [도구]-[시뮬레이터 끝]을 선택하면 시뮬레이션이 종료한다.

13.5 온 라인 기능

XG5000의 “온 라인” 기능은 PLC와 연결되었을 때만 가능하다. 따라서 그림 13-2와 같이(『11.4.1 PLC와 연결』 참조) XGT PLC를 PC와 RS-232C 또는 시리얼 인터페이스 지원 USB 케이블로 연결한다.

1) 로컬 접속 설정

PLC와 XG5000의 네트워크 접속을 위해서 메뉴에서 [온라인] - [접속 설정] 항목을 선택하면 그림 13-31의 대화상자가 열린다. 그림 (a)의 방법(T)에서 “USB” 또는 “RS-232C” 를 선택하고, 그림 (b)의 단계(D)에서 “로컬” 을 선택한다.

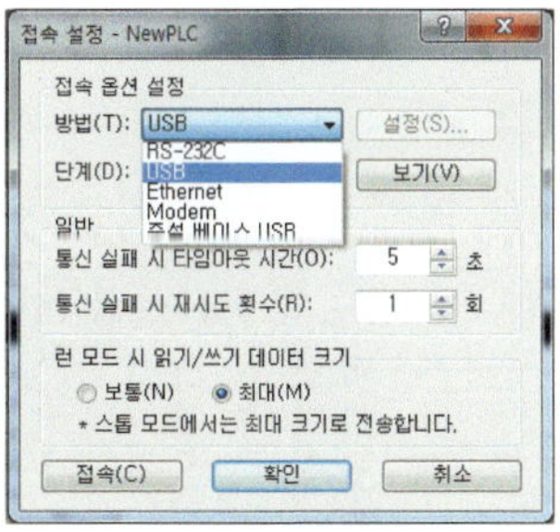

(a) 접속 방법 설정화면

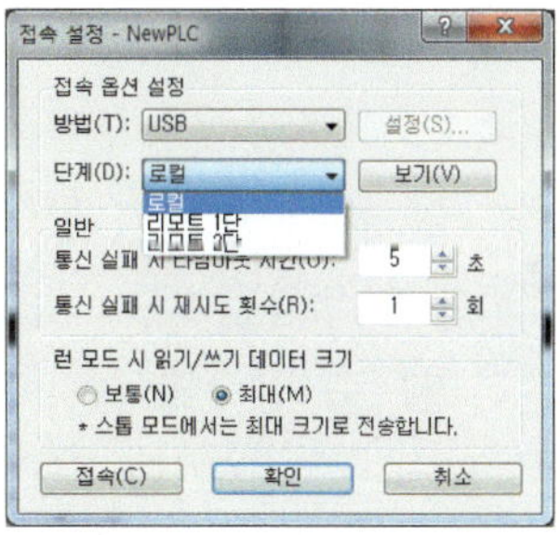

(b) 접속단계 설정화면

그림 13-31 접속 설정 화면

① 로컬 RS-232C 연결의 경우, 다음과 같이 진행한다.
- 접속 방법을 RS-232C로 선택한다.
- “설정” 버튼을 눌러 통신 포트(P) 및 통신 속도(B)를 설정한다.
  (기본 설정은 RS-232C COM1에 통신 속도 115200bps 이다.)
- “확인” 버튼을 눌러 접속 옵션을 저장한다.

그림 13-32 세부사항 화면

② 로컬 USB 연결의 경우, 다음과 같이 진행한다.

USB로 PLC를 연결하기 위해서는 USB 장치 드라이버가 설치되어야 한다. XG5000 설치 시 USB 드라이버는 자동 설치된다.

- 접속 방법을 "USB" 로 설정한다.
- USB는 세부 설정사항이 없으므로 설정 버튼이 비활성화 된다.
- 확인 버튼을 눌러 접속 옵션을 저장합니다.

2) 접속

메뉴에서 [온라인]-[접속] 항목을 선택하면 앞에서 설정된 접속 옵션에 따라 PLC와 XG5000가 연결된다. 만약 PLC와 XG5000의 CPU가 서로 매칭이 되지 않았을 경우 그림 13-33과 같은 메시지 창이 열리므로 다시 확인한다.

그림 13-33 접속 설정 에러 화면

3) 쓰기 기능

사용자 프로그램, 각 파라미터 및 설명문 등을 PLC로 전송시키는 것을 "쓰기" 라 한다. 즉 XG5000에서 작성된 LD 프로그램을 PLC에 저장할 때 사용한다. 따라서 PLC와 XG5000가 온라인으로 접속된 상태이고, LD 프로그램이 완성된 후에 진행한다.

- 메뉴에서 [온라인]-[쓰기]를 선택하면 그림 13-34와 같은 쓰기 화면이 오픈된다. PLC로 전송할 데이터를 선택한 후, 확인을 누르면 PLC로 전송된다.

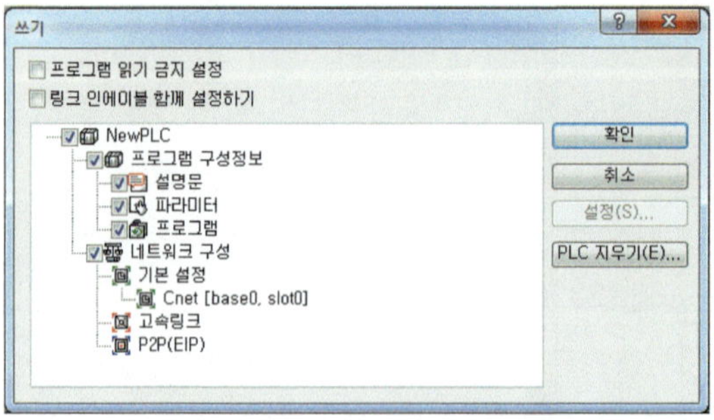

그림 13-34 쓰기 화면

4) 읽기 기능

PLC 내에 저장되어 있는 프로그램 및 각 파라미터, 설명문 등을 PLC로부터 업로드 하여 현재 프로젝트에 적용하는 것을 "읽기" 라 한다. 즉 PLC에 저장되어 있는 프로그램을 XG5000으로 가져올 때 사용한다.

- 메뉴에서 [온라인]-[접속]을 선택하여 PLC와 연결한다.
- 메뉴에서 [온라인]-[읽기]를 선택한다.
- PLC로부터 업로드 할 항목을 설정한 후, 확인 버튼을 눌러서 PLC로부터 업로드 한다. 업로드 된 항목들이 현재 프로젝트에 적용된다.

5) 모드 전환 기능

PLC의 운전 모드를 전환할 수 있다.

- 메뉴에서 [온라인]-[접속]을 선택하여 PLC와 연결한다.
- 메뉴에서 [온라인]-[모드 전환]-[런/ 스톱/ 디버그] 중에서 하나를 선택하면 PLC의 운전 모드를 사용자가 선택한 운전모드로 전환된다.

6) PLC와 비교

PLC 내의 프로젝트와 XG5000에 열려있는 프로젝트를 비교할 수 있다.

- 메뉴에서 [온라인]-[접속]을 선택하여 PLC와 연결한다.
- 메뉴에서 [온라인]-[PLC와 비교]를 선택한다.
- 비교할 대상을 선택하고 비교하기를 누른다.

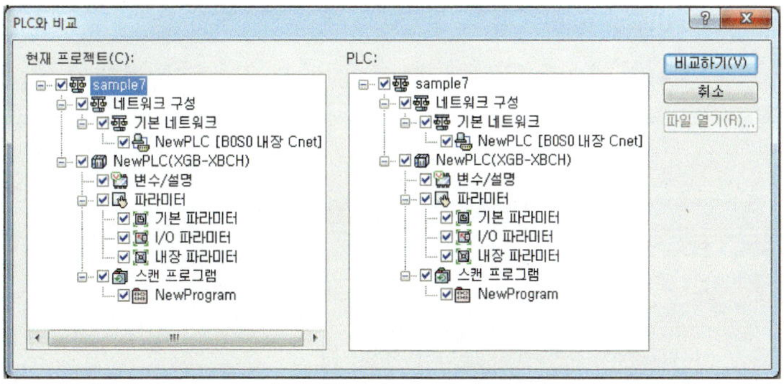

그림 13-35 PLC와 비교 화면

7) PLC 지우기

PLC 내의 프로그램, 각 파라미터, 설명문 및 메모리, 래치 영역을 지울 수 있다.

- 메뉴 [온라인]-[접속]을 선택하여 PLC와 연결한다.
- 메뉴 [온라인]-[리셋/ 클리어]-[PLC 지우기]를 선택한다.
- 각 지울 항목들을 선택 후 지우기 버튼을 눌러 PLC 지우기를 실행한다.

① 항목 지우기

- PLC에 저장된 프로젝트 내용을 지우는 기능으로써 그림 13-36의 "항목" 선택목록 중에서 지우고자 하는 내용을 체크 선택하여 지운다.

② 메모리 지우기

- PLC의 메모리 값을 지우는 기능으로써 그림 13-37에서 "메모리 영역" 선택목록은 PLC 내의 메모리 영역을 보여준다. 사용자가 지우려고 하는 시작 주소와 끝 주소를 지정할 수 있다.

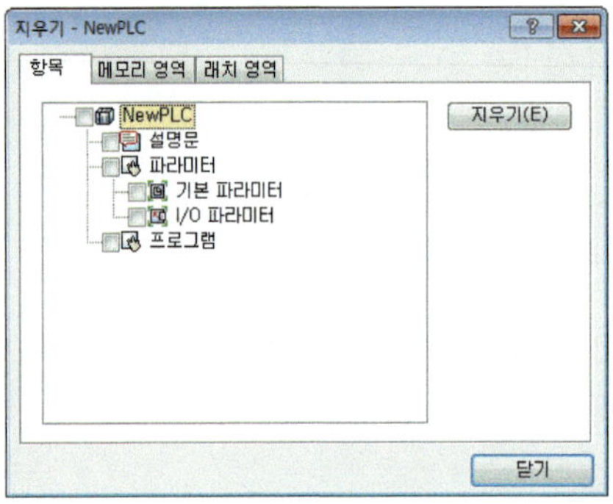

그림 13-36 지우기-항목 화면

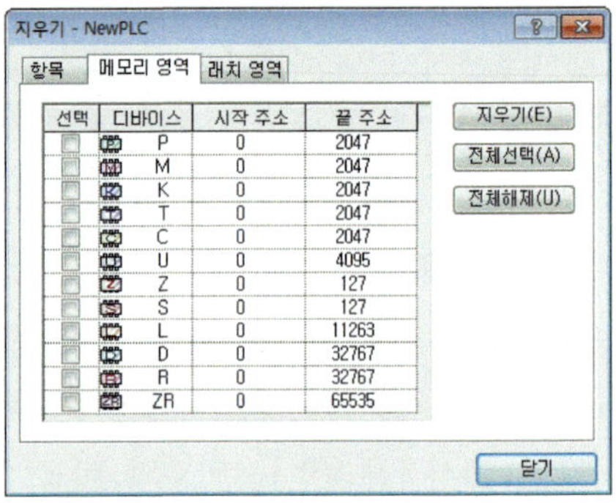

그림 13-37 지우기-메모리 영역 화면

③ 래치 데이터 지우기

그림 13-38의 "래치 영역" 창에서 영역과 항목을 클릭 선택하여 데이터를 지울 수 있다.

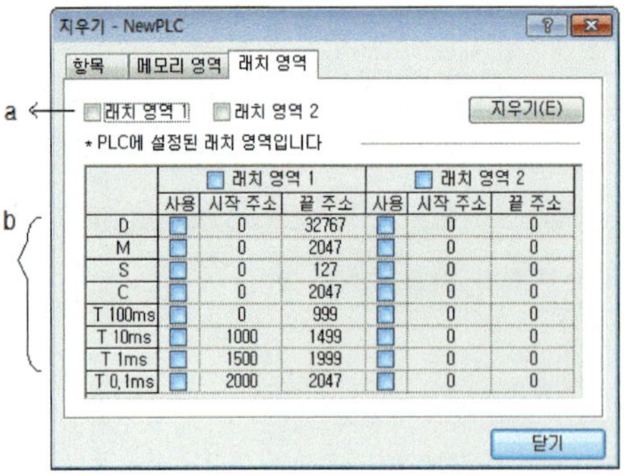

a. 래치 영역 체크: 체크된 래치 영역은 실행 버튼을 누를 시 PLC의 선택된 래치 영역의 디바이스 영역의 값을 지운다.

b. 래치 설정 항목: PLC 내에 기본 파라미터에서 설정한 래치 설정영역 및 설정내용을 보여주며, 지우기 버튼으로 선택된 항목이 지워진다.

그림 13-38 래치 데이터 지우기 화면

8) 강제 I/O 설정

PLC가 XG5000과 접속된 온라인 상태에서 "모드 전환" 기능을 이용하여 "런"을 실행할 수 있다. 뿐만 아니라 "런" 모드 중에도 입/출력접점을 강제로 "온"이나 "오프" 시킬 수 있다.

- 메뉴에서 [온라인]-[강제 I/O 설정]을 선택하면 "강제 I/O 설정" 대화상자가 그림 13-39처럼 나타난다. 이때 해당 디바이스를 체크하고 허용하고 적용하면 된다.

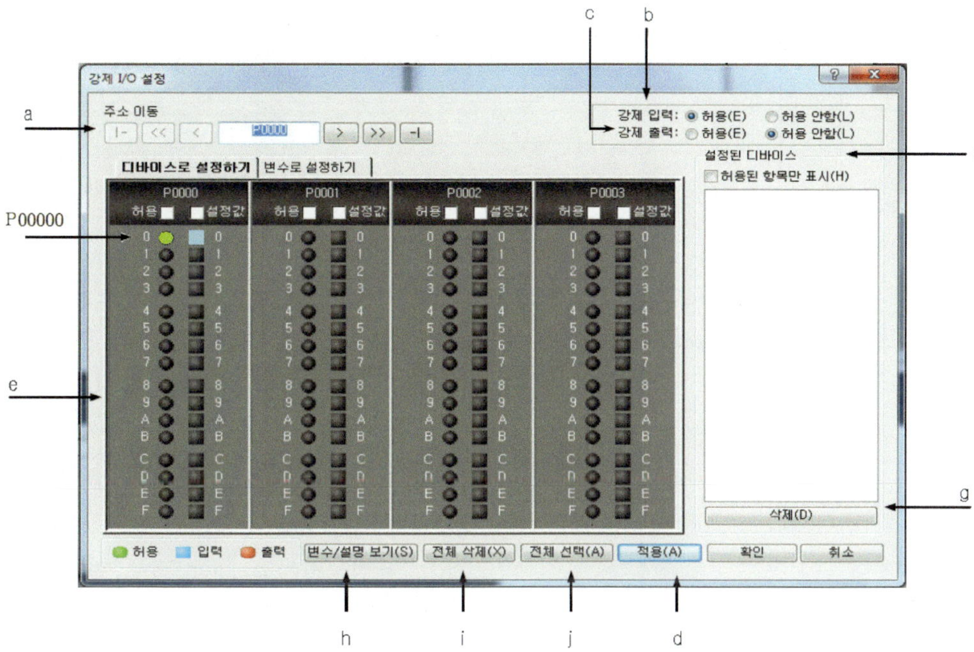

그림 13-39 강제 I/O 설정 화면

a. 주소 이동 : 영역의 주소 값을 변경한다. 버튼을 이용하여 이동하거나, 편집 상자에 이동하고자 하는 주소 값을 직접 입력할 수 있다.

b. 강제 입력 : 강제 입력 허용 여부를 선택하며, 강제 입력이 "허용" 상태인 경우에만 비트 별 강제 입력값이 적용된다.

c. 강제 출력 : 강제 출력 허용 여부를 선택하며, 강제 출력이 "허용" 상태인 경우에만 비트 별 강제 출력 값이 적용된다.

d. 적용 : 대화 상자를 닫지 않고 변경 사항을 PLC에 저장한다.

e. 강제 I/O 비트 : 비트 별 플래그 및 데이터(설정값)를 설정한다.

f. 설정된 디바이스
g. 삭제 : 강제 I/O 허용 플래그 및 데이터가 설정된 디바이스를 표시한다. 설정된 디방이스 항목은 삭제(D) 가능하다.

h. 변수/설명 보기 : 변수/설명에 대한 리스트를 표시한다.

i. 전체 선택 : 모든 영역에 대하여 허용 플래그 및 데이터를 설정한다.

j. 전체 삭제 : 모든 영역에 대하여 허용 플래그 및 데이터를 해제한다.

"강제 I/O 설정" 기능을 사용하는 방법에 대하여 예를 들어 설명하고자 한다.

그림 13-40은 램프 온/오프 래더선도를 나타낸다. 시작 푸시버튼(P00000)를 누르면 적색램프(RL)가 점등되고, 정지 푸시버튼(P00001)를 누르면 녹색램프(GL)가 점등하는 프로그램이다.

그림 13-40 램프 온/오프 래더선도

LD 프로그램을 완성한 후,

- 메뉴에서 [온라인]-[접속]을 선택하여 PLC에 쓰기를 실행한다.
- 메뉴에서 [온라인]-[모드 전환] 중 "런" 을 선택한다.
- 메뉴에서 [온라인]-[시스템 모니터]를 선택한다.

이때 PLC에는 "런" 중이기 때문에 정상적이라면 "시스템 모니터" 에 녹색램프(GL)가 점등된다.

다음에 프로그램 작동 중, 적색램프(RL)을 점등시키고자 할 경우 현장에서 시작 푸시버튼(P00000)을 직접 누르거나, 온라인에서 "강제 I/O 설정" 기능을 이용하여 입력 접점을 동작시키는 방법이 있다.

- 메뉴에서 [온라인]-[강제 I/O 설정]를 선택하면 그림 13-39와 같은 "강제 I/O 설정" 대화상자가 나타난다. 이 대화상자의 "디바이스로 설정하기" 에서 시작 푸시버튼(P00000)에 해당하는 사항을 체크(허용, 설정값 색깔이 바뀜)한다.
- "강제 입력" 항목을 "허용" 으로 체크하고 "적용" 버튼을 누르면, "시스템 모니터" 에 녹색램프(GL)는 소등되고 적색램프(RL)을 점등된다.

같은 방법으로 출력접점을 강제로 설정하기 위해서는 "주소이동" 으로 해당 출력 디바이스를 선택한 후, "강제 출력" 항목을 "허용" 으로 체크하고 "적용" 버튼을 누르면 된다.

강제 I/O 허용여부를 확인하기 위하여, 메뉴에서 [모니터]-[모니터 시작] 항목을 선택하면 LD 프로그램의 색깔이 회색으로 반전되고, 허용된 디바이스는 황색과 녹색 표시로 바뀐다.

13.6 모니터 기능

모니터링은 두 가지 기능을 갖는다. XG5000을 PLC와 "온 라인" 으로 연결하였을 때와 연결하지 않고 시뮬레이션을 하는 경우의 모니터링이다.

1) 모니터 시작 기능

- 메뉴에서 [온라인]-[접속] 항목을 선택하여 PLC와 온라인으로 연결한다.
- 메뉴에서 [모니터]-[모니터 시작] 항목을 선택한다.
  이때 완성된 LD프로그램 13-40은 그림 3-41과 같은 모니터 모드로 변경된다.
- 메뉴에서 [모니터]-[현재값 변경] 항목을 선택하면 "강제 I/O 설정" 기능과 동일하게 강제적으로 입력접점을 그림 13-42와 같이 조정할 수 있다.

그림 13-41 램프 온/오프 래더선도의 모니터 모드

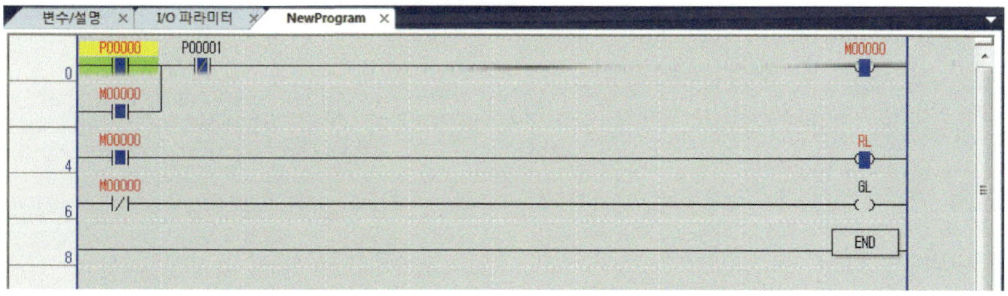

그림 13-42 램프 온/오프 래더선도의 현재값 변경 후 모니터 모드

2) 시스템 모니터 기능

시스템 모니터 기능은 XG5000가 PLC와 "온 라인" 으로 연결되어 있을 경우 물론이고 연결되어 있지 않을 경우에도 사용할 수 있는 모니터링이다. 시스템 모니터는 PLC의 슬롯 정보, I/O 할당 정보를 표시하며, 모듈 상태 및 데이터 값을 표시한다.

① 온 라인

- 메뉴에서 [온라인]-[접속] 항목을 선택하여 PLC와 온라인으로 접속한다.

- 메뉴에서 [모니터]-[시스템 모니터]를 선택하면 그림 13-43과 같은 "모듈 정보" 창이 오픈 된다. "모듈 정보" 창은 PLC에 설치된 슬롯 정보를 표시한다.

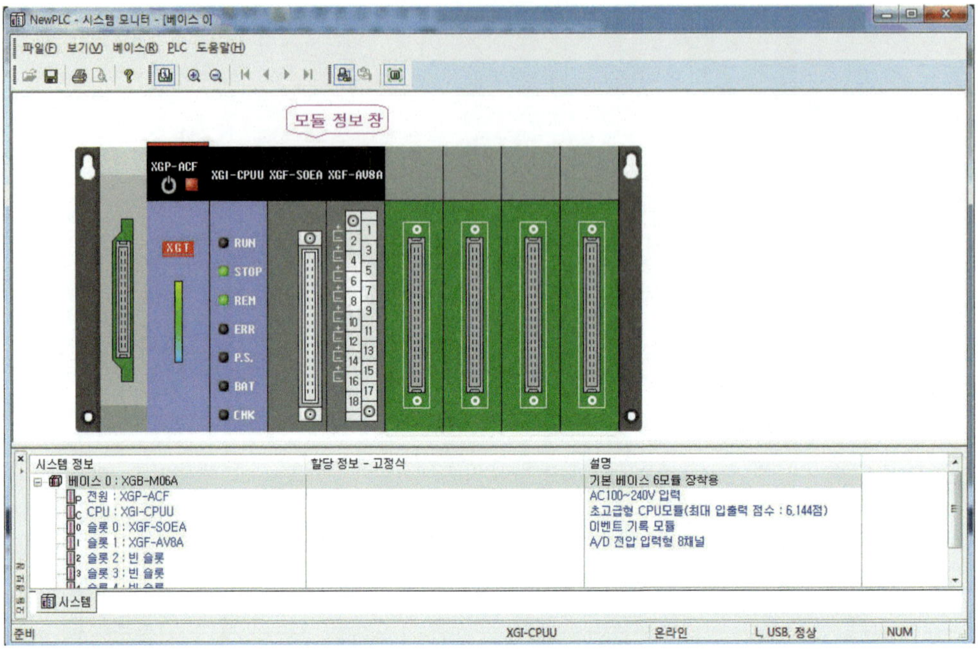

그림 13-43 시스템 모니터 화면

PLC와 온라인으로 접속된 상태에서 입/출력접점을 강제로 변경하기 위해서는 다음과 같이 두가지 방법 중에서 선택한다.

- 첫째로, 해당 접점에 대하여 [모니터]-[현재값 변경]으로 변경한다.
- 둘째로, 해당 접점에 대하여 [온라인]-[강제 I/O 설정]으로 변경한다.

② 오프 라인

XG5000에서 작성된 LD프로그램의 입/출력접점을 강제로 변경하기 위해서는 다음과 같이 두가지 방법 중에서 선택한다.

- 메뉴에서 [도구]-[시뮬레이터 시작] 항목을 선택한다. 시뮬레이션이 시작되면 LD 프로그램 창은 모니터 모드로 변경된다.
- 첫째로, 메뉴에서 [모니터]-[시스템 모니터]를 선택하고, 커서를 해당 접점에 놓으면 디바이스 비트번호가 나타난다. 이때 마우스를 클릭하면 "선택된 I/O 접점 값을 변경하시겠습니까?" 라는 메시지 창이 나타나며, 이를 확인하고 변경한다.
- 둘째로, 시뮬레이션 중인 LD 프로그램에서, 변경하고자 하는 해당 접점에 대하여 마우스로 클릭하여 현재값을 변경한다.

예제 13-1

그림 13-44는 오프-딜레이 타이머를 이용하여 2개의 램프가 번갈아 가면서 점등되는 플리커회로이다. XG5000을 사용하여 LD 프로그램을 작성하라. 또한 시뮬레이션과 온 라인 실행과정을 설명하라.

단, 시작버튼 PB1(P00000)을 누르면 RL(P00030)램프가 2초 동안 점등되었다가 소등되면서 GL(P00031)램프가 3초 동안 점등되고 소등되는 과정을 번갈아 반복하다가 정지버튼 PB2(P00001)을 누르면 플리커 동작이 정지한다.

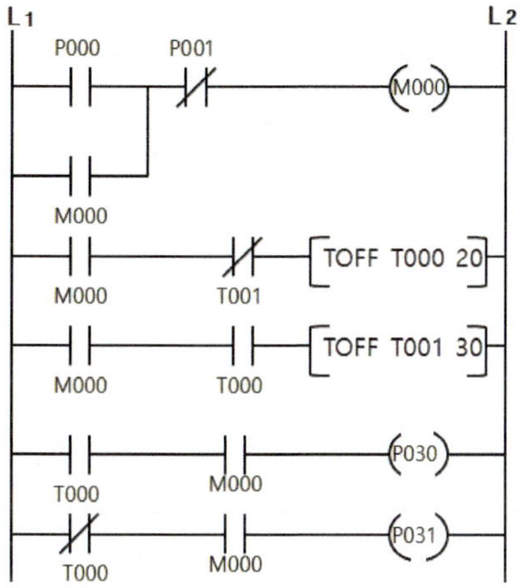

그림 13-44 플리커회로의 래더선도

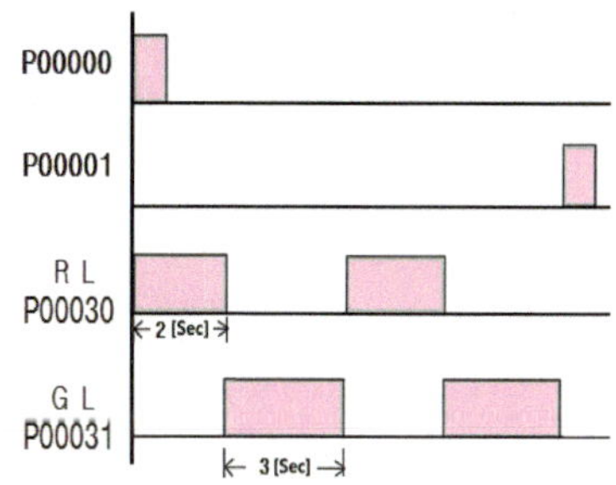

< Time chart >

〈풀이〉

① LD 프로그램 작성

- 그림 13-45와 같이 첫 번째 가로줄에 상시 열린접점 F3 과 상시 닫힌접점 F4 을 사용하여 자기유지회로를 작성하고, 이어서 세 번째 가로줄에 타이머 설치를 위해 응용명령어 F10 를 선택하면 "응용명령" 대화상자가 열린다. 이때 응용명령(I) 항목에 "TOFF" 라고 명령어를 입력한다.
- 타이머는 설정시간 2sec의 Off Dealy 타이머 코일이므로, "응용명령(I): TOFF T0000 20" 으로 입력한 후, "확인" 버튼을 누른다.
- 네 번째 가로줄의 타이머를 위해 "응용명령(I): TOFF T0001 30" 으로 입력한다.
- 마지막 가로줄에 응용명령어 F10 를 선택하여 "응용명령" 대화상자가 열리면 응용명령(I) 항목에 "END" 라고 명령어를 입력한다.
- 그림 13-45는 완성된 플리커회로의 래더선도이다.

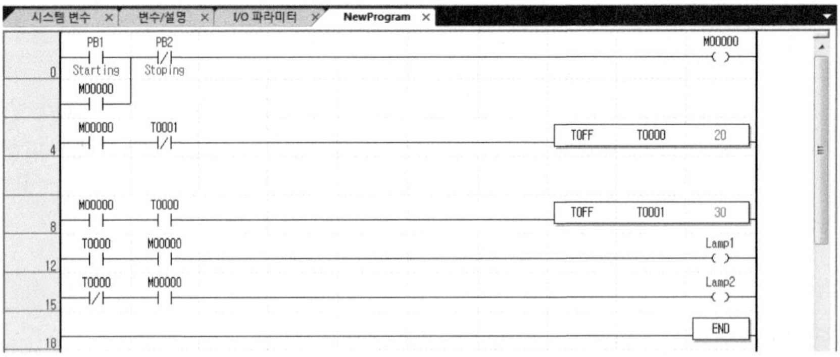

그림 13-45 플리커회로 래더선도

② 시뮬레이션

- 메뉴에서 [도구] - [시뮬레이터 시작] 항목을 선택한다. XG-SIM이 실행되면 작성한 프로그램이 XG-SIM으로 자동으로 다운로드된다.
- 메뉴에서 [모니터] - [시스템 모니터] 항목을 선택하면 가상적인 PLC 모듈 창이 나타난다.
- "시스템 모니터" 대화상자에서 마우스 커서를 P00000에 해당하는 모듈의 디바이스 번호에 놓고 클릭한 후, "선택된 I/O 접점" 값을 변경한다. 이때 P00000에 해당하는 Starting PB1의 동작으로 자기유지되면서 2초 동안 P00030에 해당하는 Lamp1이 점등되고 소등되면서 3초 동안 P00031에 해당하는 Lamp2가 번갈아 점등된다.

③ 온 라인 동작

- 메뉴에서 [온라인]-[접속 설정] 항목에서 "USB" 또는 "RSC232C" 를 선택한다.
- 메뉴에서 [온라인]-[접속] 항목을 선택하여 PLC와 온라인으로 접속한다.
- 메뉴에서 [온라인]-[쓰기] 항목을 선택하여 XG5000에서 완성한 LD 프로그램을 PLC에 쓰기를 한다.
- 메뉴에서 [온라인]-[모드 전환] 항목에서 "런" 을 선택한다.
- 메뉴에서 [모니터]-[모니터 시작] 항목을 선택한다. 이때 LD 프로그램은 "모니터모드" 로 변경된다.
- 메뉴에서 [모니터]-[시스템 모니터] 항목을 선택한다.
- 메뉴에서 [온라인]-[강제 I/O 설정] 항목을 선택한다. "강제 I/O 설정" 대화상자에서 P00000에 해당하는 디바이스를 "강제 입력" , "허용" 으로 설정한다. 이때 "모니터 모드" 하에서 해당 입력접점은 '황색+녹색' 으로 바뀐다.

  따라서 PLC는 "런" 상태에서 접점 P00000가 강제로 입력되었기 때문에 시퀀스적으로 Lamp1과 Lamp2를 번갈아 가면서 점등과 소등을 반복하게 된다. 뿐만 아니라 "시스템 모니터" 화면에서도 실행 결과를 볼 수 있다.

예제 13-2

SET 명령어를 사용하여 4개의 램프가 0.5초 간격으로 순차적으로 회전하는 래더선도를 작성하라.

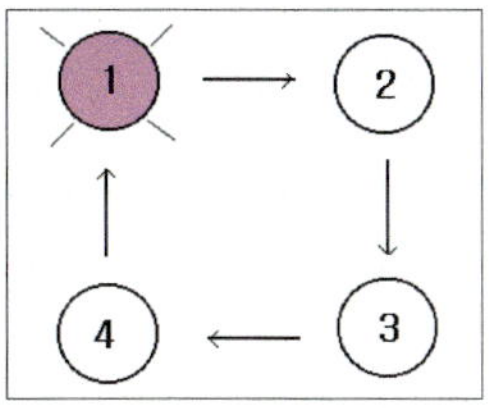

그림 13-46 4개의 램프 순차제어

〈풀이〉

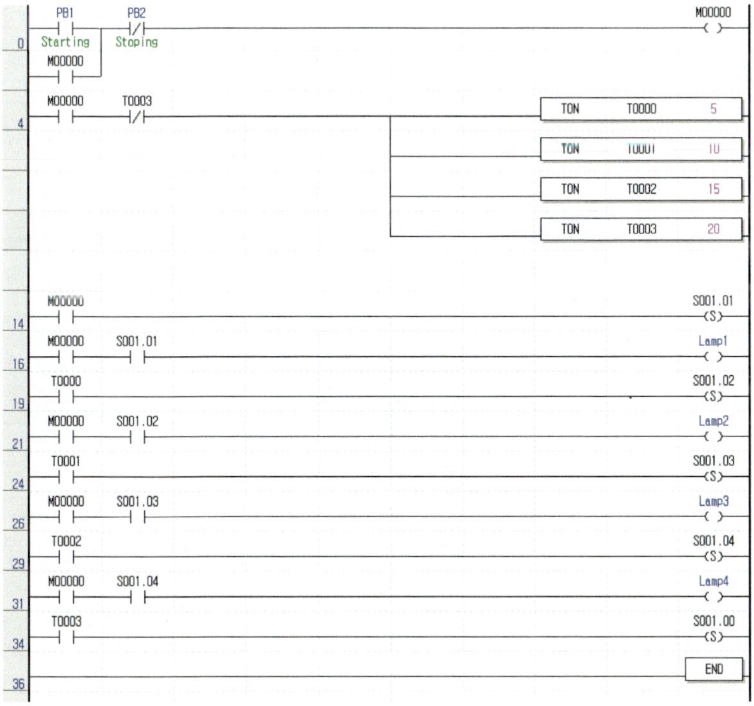

※ 입력모듈과 입력장치(센서 또는 푸시버튼)와의 접속관계는 예제 11-8을, 출력모듈과 출력장치(전등 또는 모터)와의 접속관계는 예제 11-9를 참조하기 바란다.

❖ 13.7 응용 프로그램 예제

13.7.1 출력 ON/OFF 동작

그림 13-47 은 푸시 버튼 PB0 (P000)을 누르면 출력 램프 (P040) 가 켜지고, 푸시 버튼 PB1 (P001) 을 누르면 출력 램프 (P041) 가 꺼지는 시스템 구성과 래더선도 및 시뮬레이터를 작동시켜 보자.

(a)

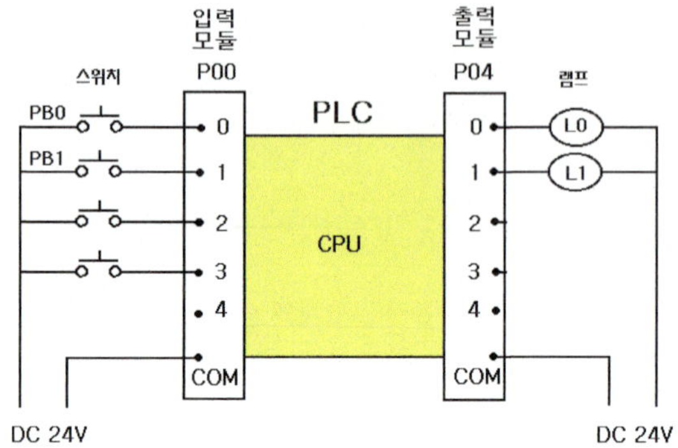

(b)

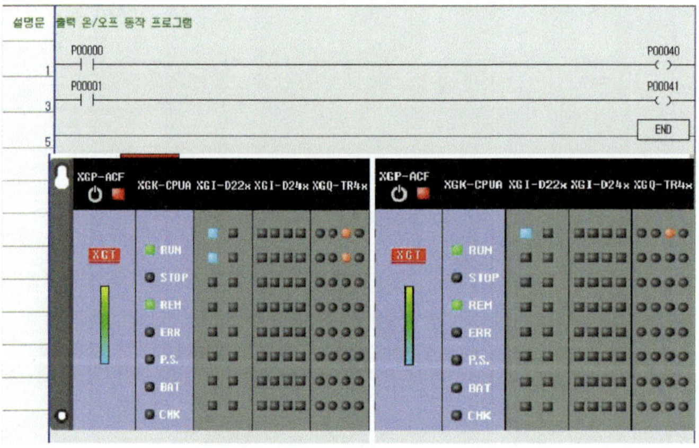

↳ P00를 눌렀을 때 Simulator ↳ P01을 눌렀을 때 Simulator

그림 13-47 (a) PLC와 입출력 장치 결선도, (b) 래더선도 및 시뮬레이션 결과

13.7.2 출력 ON/OFF 반복 동작

푸시 버튼 PB0 (P000) 을 누르면, 출력 (P040) 이 ON 하고, 두 번째 누르면 출력이 OFF 하는 시스템을 생각하여 보자. 즉, PB0 을 누를 때마다 출력이 ON 과 OFF 를 반복한다.

그림 13-48 은 이러한 시스템 구성과 래더선도 및 시뮬레이션 결과를 나타낸다.

(a)

(b)

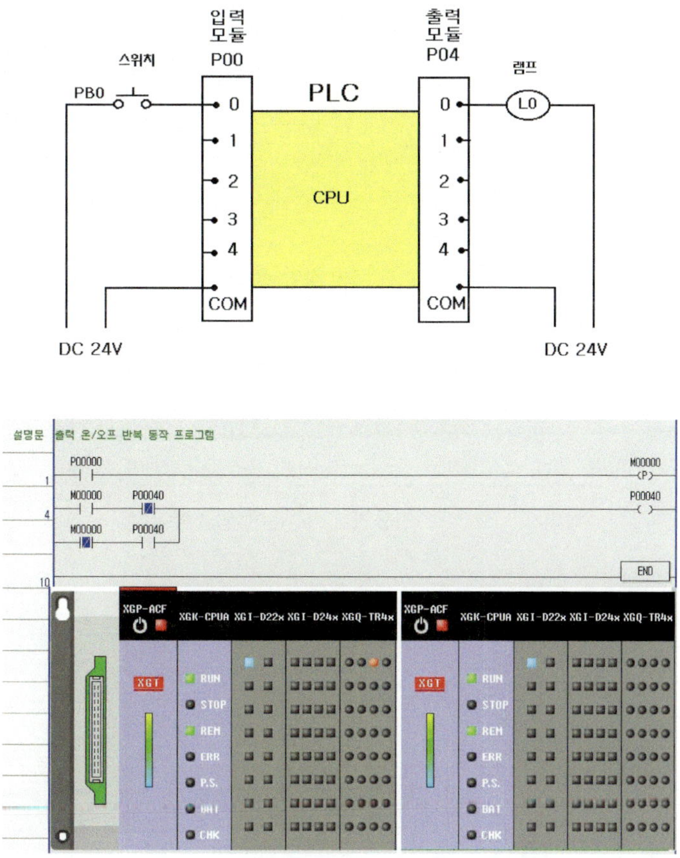

↳ P00를 한 번 눌렀을 때 ↳ P00을 두번째 눌렀을 때

그림 13-48 (a) PLC와 입출력 장치 결선도, (b) 래더선도와 시뮬레이션 결과

첫 번째 PB (P000) 를 누르면, 양변환 검출 코일 M000 에서 1 scan pulse 가 발생한다. 따라서, 출력 P040은 ON 되고 P040 은 자기유지 된다. 두 번째 PB (P000) 를 누르면, 1 scan pulse 동안 접점 $\overline{\text{M000}}$ 가 떨어지면서 출력 P040 은 OFF 된다.

그림 13-29에서 첫 번째 가로줄 (Rung)은 “Shift + F5” 를 사용한다. “Shif t+ F5” 는 입력조건이 OFF → ON으로 되었을 때 지정접점을 1 Scan ON 하며, 그 외에는 OFF 시킨다.

13.7.3 전동기의 정역 운전

그림 13-49(a) 와 같이, 3 개의 푸시 버튼을 사용하여 전동기를 정역 운전을 하고자 할 경우의 래더선도를 작성하여 보자. 이때의 입출력 접점을 그림 (b)와 같이 정한다.

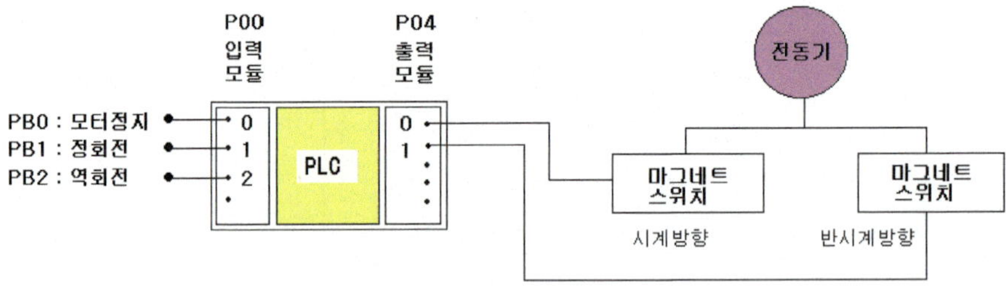

(a) 전동기 정역 운전 블록선도

P000 : 모터 정지	P040 : 시계방향(정회전) 마그네트 코일
P001 : 모터 정회전	
P002 : 모터 역회전	P041 : 반시계방향(역회전) 마그네트 코일

(b) 전동기 정역 운전 입출력 접점

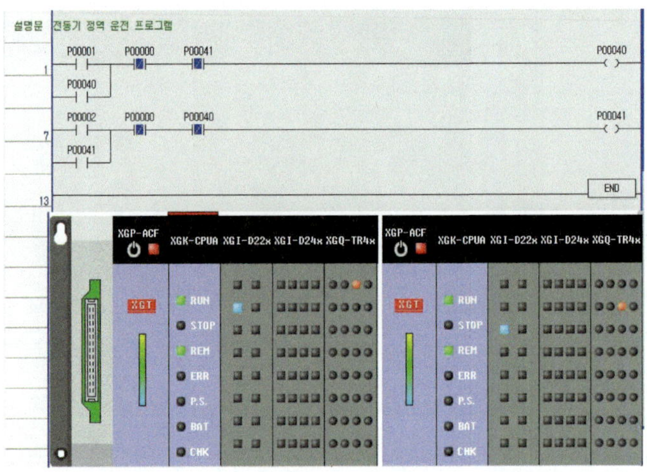

↳ P01를 눌렀을 때 정회전 ↳ P02을 눌렀을 때 역회전

(c) 전동기 정역 운전 래더선도와 시뮬레이션 결과

그림 13-49 전동기의 정역 운전 시스템

그림 13-49 (c) 의 래더선도에서, 출력 코일 P040 과 P041 의 b 접점을 이용하여 서로 인터록이 걸리도록 한다.

13.7.4 플리커 회로 (TON 이용)

그림 13-50 (a) 는 출력 P040 을 2 초동안 OFF 로, 3 초 동안은 ON 으로 설정한 플리커 회로의 타임 차트이며, 그림 (c) 는 타이머 2 개를 이용하여 출력 (전등) 이 설정 시간에 따라 깜박거리는 래더 선도와 시뮬레이션 결과를 나타낸다.

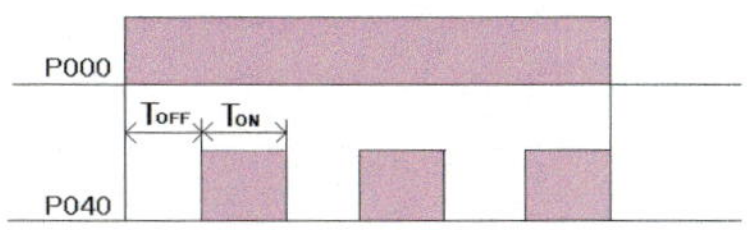

(a) 플리커 회로의 타임 차트

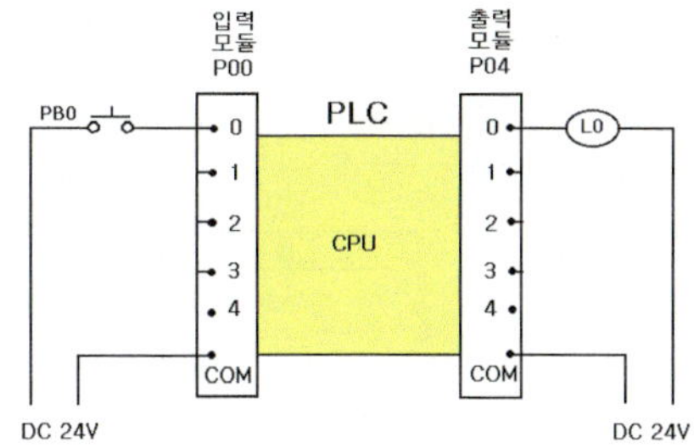

(b) 플리커 회로의 시스템 구성

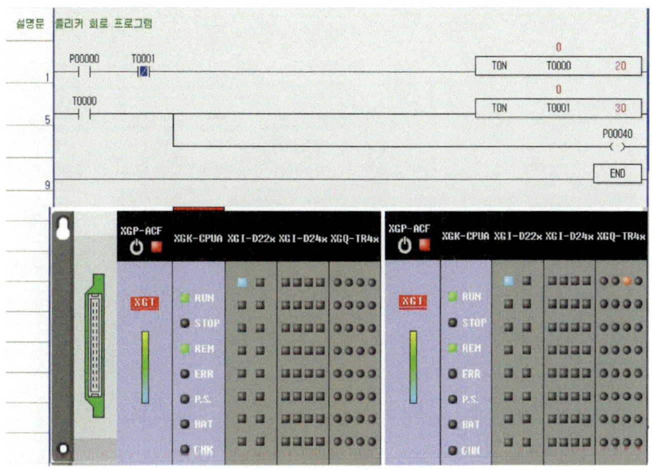

↳ 출력 P40 OFF 일 때 ↳ 출력 P40 ON 일 때

(c) 래더선도 및 시뮬레이션 결과

그림 13-50 플리커 회로

13.7.5 컨베이어 제어 회로

그림 13-51 은 3 대의 컨베이어를 순서에 따라 $A \rightarrow B \rightarrow C$ 순으로 모터로 기동하고, 정지하고자 할 경우는 반대로 $C \rightarrow B \rightarrow A$ 순으로 모터를 이용하여 정지시키고자 한다. 이러한 컨베이어 시스템의 래더선도를 작성하여 보자.

즉, 기동 푸시버튼 (P10)을 누르면 컨베이어 A (P40) 가 기동되고, 5초 후에 컨베이어 B (P41) 가 가동되며, 다시 10초 후에 컨베이어 C (P42) 가 가동된다.

반대로 정지 푸시버튼 (P11)을 누르면 컨베이어 C (P42) 가 정지되고, 5초 후에 컨베이어 B (P41)가 정지되며, 다시 10초 후에 컨베이어 A (P40)가 정지된다.

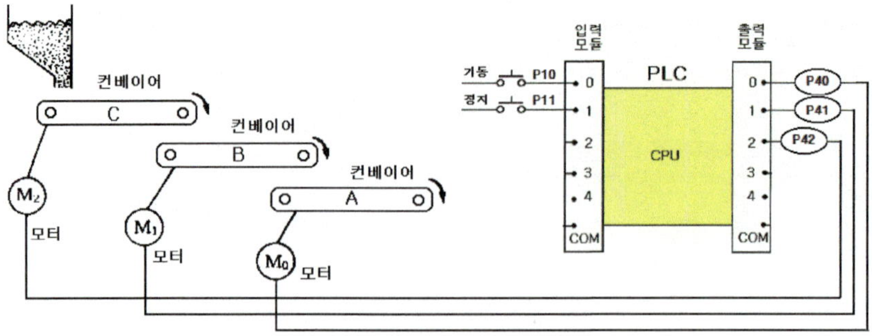

(a) 컨베이어 시스템

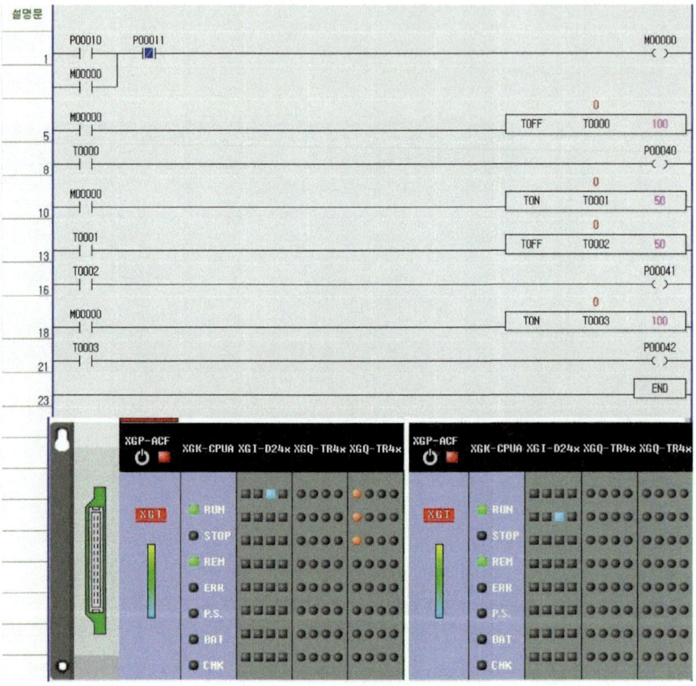

↳ $A \to B \to C$ 순 기동 상태 ↳ 정지 상태

(b) 래더선도와 시뮬레이션 결과

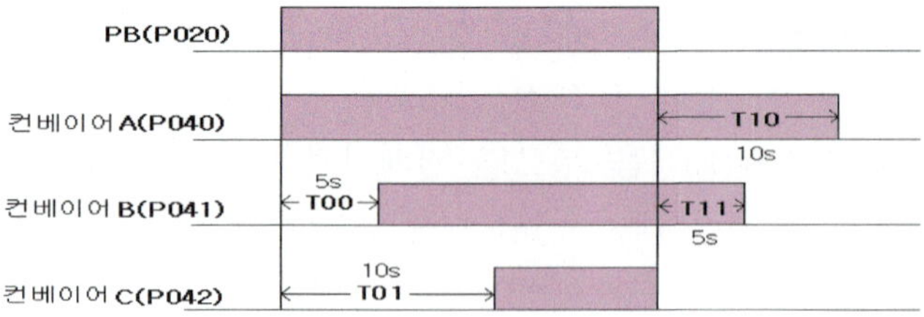

(c) 컨베이어 제어의 타임 차트

그림 13-51 컨베이어 제어 회로

13.7.6 공구 교환 경보회로

그림 13-52 (a) 는 센서로부터 공구 사용시간을 측정하여 100 시간을 초과할 경우에 공구를 교환하라는 경보등(Alarm lamp)을 출력하는 장치이다. 드릴이 작업하기 위하여 하강하면 센서 (P021) 는 이것을 검출한다. 센서로 드릴 작업 시간을 감시하면서, 100 시간(타이머는 3600 초, 카운터는 100으로 설정)을 초과할 경우 드릴을 교환하라는 경보등 (P40)을 발생한다. 작업자가 드릴을 교환하고 완료 PB (P020) 를 누르면, 다시 센서는 감시를 시작한다.

어드레스	사용 용도	어드레스	사용 용도
P020	드릴 교환 완료 PB	P040	공구 교환 경보등
P021	드릴 하강 검출	T000	공구 교환 설정 타이머

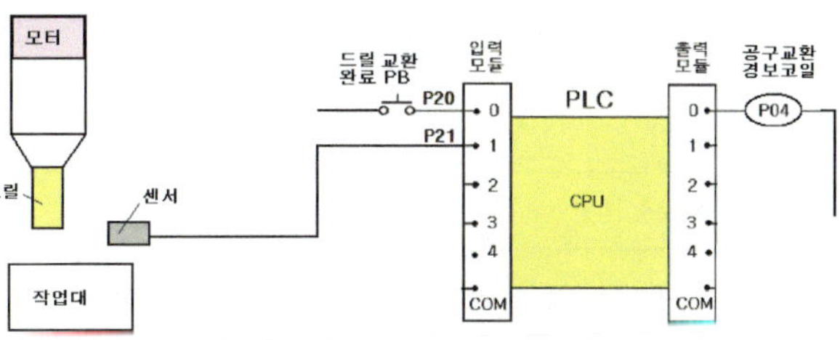

(a) 공구 교환 시스템 구성

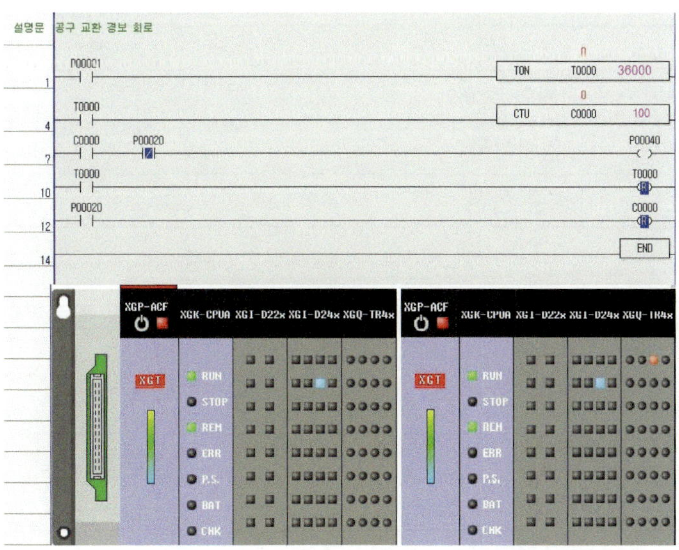

↳ 드릴 하강 상태 ↳ 드릴 교환 경고등 상태

(b) 래더선도 및 시뮬레이션 결과

그림 13-52 공구 교환 경보 회로

Q. 연습문제

01 입출력 번호의 할당방식은 다음과 같이 두 가지로 나눈다. 이들의 차이점을 설명하라.

(a) 고정식 입출력 번호의 할당

(b) 가변식 입출력 번호의 할당

02 다음 PLC 모델에 따른 전용 소프트웨어는?

PLC 모델	전용 소프트웨어
MASTER-K	
GLOFA	
XGT	
XGB	

03 입력모듈의 타입이 XGI-A24A 일 경우, 전원의 종류, 접점수 및 공통 옵션은?

항 목	옵 션
전원의 종류	
입력접점수	
공통 옵션	

04 출력모듈의 타입이 XGQ-RY4B 일 경우, 출력 소자의 종류, 접점수 및 공통 옵션은?

항 목	옵 션
출력 소자의 종류	
출력접점수	
공통 옵션	

05 다음 그림은 도로 공사로 인하여 왕복 2차선이 왕복 1차선으로 통제되는 곳이다. 시스템이 동작(P001) 하면 양쪽에 우선 적색등이 켜지고, 10초 후에 좌측 녹색등이 켜진다. 좌측 녹색등이 계속 켜져있다가 우측 차선으로부터 센서 신호(P002) 를 받게되면 20 초를 더 유지하고 꺼진다. 다음에, 10초동안 양쪽 적색등이 켜지고 난 후, 우측 녹색등이 켜진다. 래더선도를 작성하라.

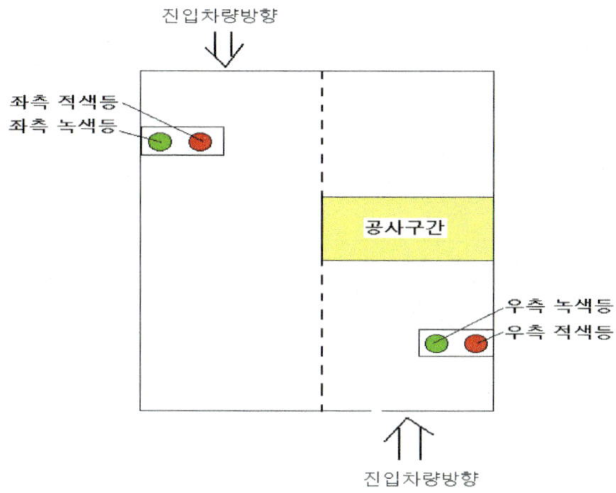

A. 해답

01 (a) 고정식 입출력 번호의 할당

-하나의 슬롯에 할당되는 번호는 64점이다. 즉, 입/출력모듈을 16점, 32점 및 64점을 혼합하여 사용하여도 각 슬롯에 할당되는 번호는 동일하게 64점으로 할당된다.

(b) 가변식 입출력 번호의 할당

-입/출력모듈을 16점, 32점 및 64점을 혼합하여 사용할 경우 각각에 해당하는 점수만큼 지정하여 할당할 수 있으므로 입출력 번호의 활용도가 높다.

02

PLC 모델	전용 소프트웨어
MASTER-K	KGL-WIN
GLOFA	GMWIN
XGT	XG5000
XGB	XG5000

03

항 목	옵 션
전원의 종류	AC 220V
입력접점수	32점
공통 옵션	싱크입력(-공통)

04

항 목	옵 션
출력 소자의 종류	Relay
출력접점수	32점
공통 옵션	소스출력(+공통)

05 공사구간에 대한 신호등의 래더선도와 시뮬레이션 결과는 다음과 같다.

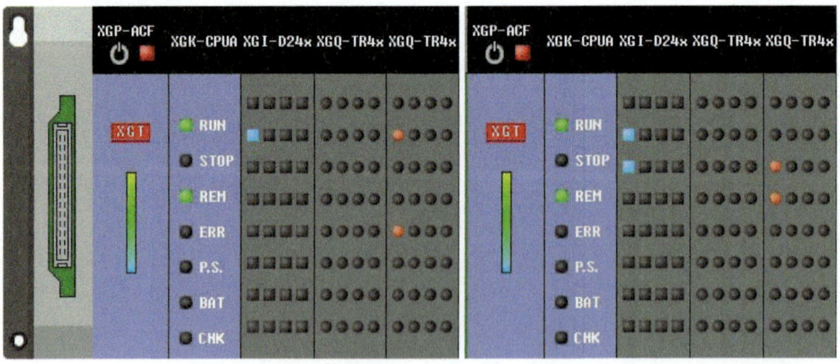

↳ 2개의 적색등 점등상태　　↳ 우·녹색등과 좌·적색등 점등상태

(a) 공사구간 신호등 시뮬레이션 결과

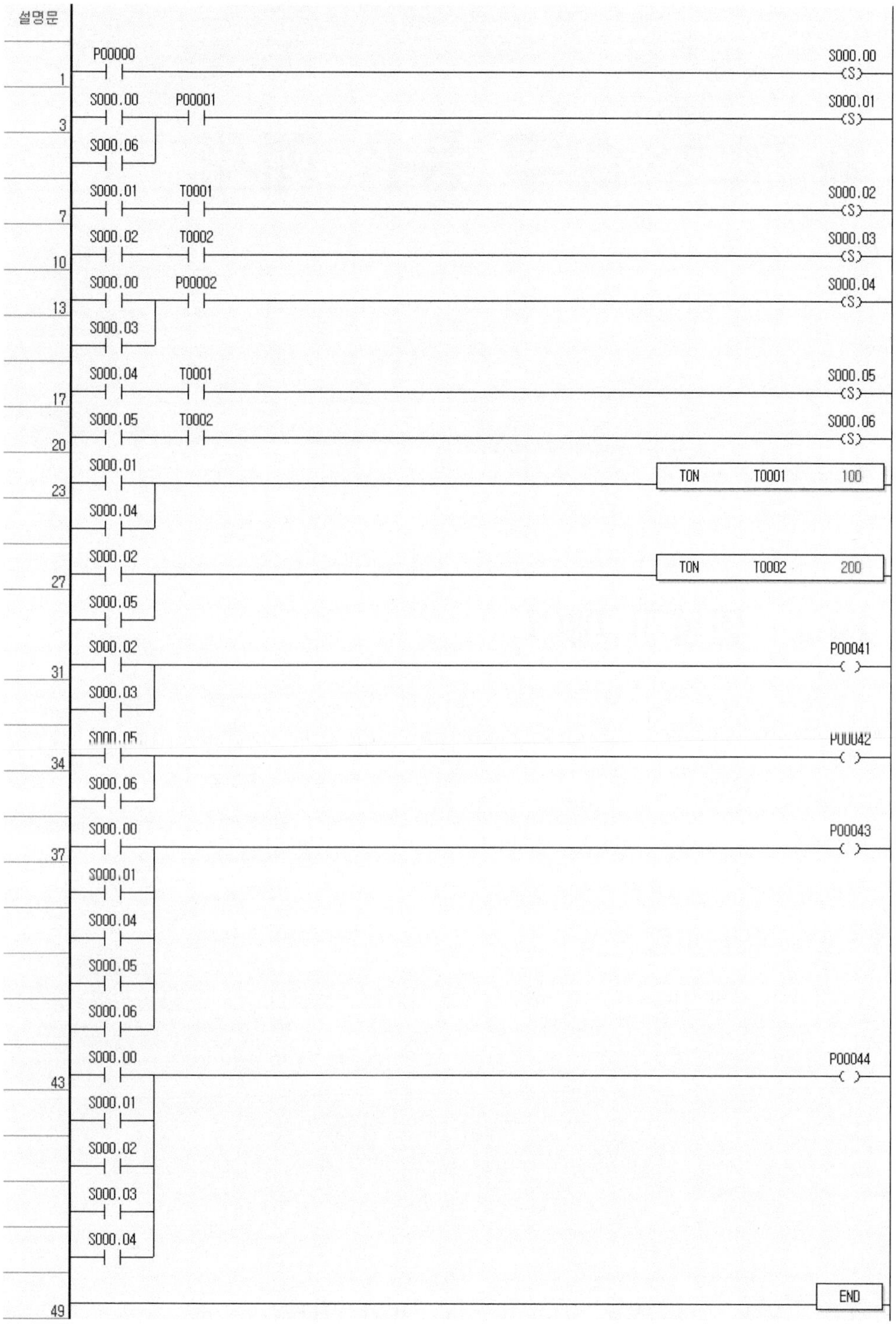

(b) 공사구간 신호등 래더선도

제 14 장 실무 응용 예제

14.1 전동기 제어

전동기는 전기적 에너지를 기계적 에너지로 변환하는 장치로서 교류와 직류전동기로 분류하지만 견고하고 제어가 간단한 교류 농형 유도전동기를 많이 사용한다. 그러나 전동기의 용량이 55kW 이상이 되면 권선형 전동기를 사용한다.

유도전동기의 기동에는 직입기동과 3상 유도전동기의 Y－△ 감압기동 방법이 있다.

14.1.1 직입 기동

전 전압을 직접 전동기에 인가하여 기동시키는 방법으로서 다음과 같은 특징을 갖는다.

(1) 기동전류는 전부하 전류의 5～7배의 대전류가 흐른다.
(2) 단상 또는 소용량의 농형 유도전동기에 많이 사용한다(11[kW] 이하).
(3) 기동전류가 크기 때문에 배선 계통의 전압강하가 심하다.

14.1.2 3상 유도전동기의 Y－△ 감압 기동

농형 3상 유도전동기의 출력이 5[kW] 이상일 경우 전 전압인가 시 기동전류는 정격전류의 6배 이상이 되어 고정자권선이나 배전선 설비에 나쁜 영향을 주게 된다. 이러한 기동전류를 경감하면서 전동기를 정상 운전할 수 있는 방법으로 Y－Δ 감압기동 방법이 있다.

그림 14-1과 같이 고정자권선의 각 상의 단자를 인출하여 3극 쌍투 스위치로 연결한다. 기동시에는 스위치를 Y측으로 닫고 고정자권선을 Y 결선이 되도록 하면 1상에 가해지는 전압이 선간전압의 $1/\sqrt{3}\,(=0.577)$이 되어 기동전류를 제한한다. 이때 유도전동기의 기동전류는 1/3로 감소된다. 유도전동기를 Y 결선으로 기동하여 가속한 후 스위치를 Δ측으로 하여 고정자권선을 Δ 결선으로 전 전압이 가해지도록 하면 정격운전이 가능하게 된다. 이러한 운전방법을 3상 농형 유도전동기의 Y－Δ 기동법이라 한다.

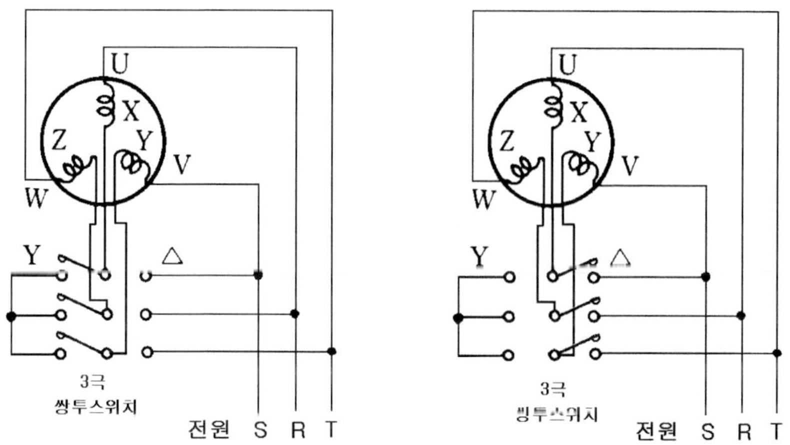

(a) Y 기동 회로　　(b) Δ 기동 회로

그림 14-1　Y－Δ 기동 결선도

예제 14-1　전동기의 Y－Δ 기동 문제

3상 유도전동기를 Y－Δ 기동하고자 한다. 릴레이 시퀀스회로와 래더선도를 작성하고 동작과정을 설명하라.

▸ 풀이

그림 14-2는 3상 유도전동기의 Y－Δ 기동 시퀀스회로를 나타내며, 그림 14-3은 래더선도를 나타낸다. 이 회로의 동작은 다음과 같이 이루어진다.

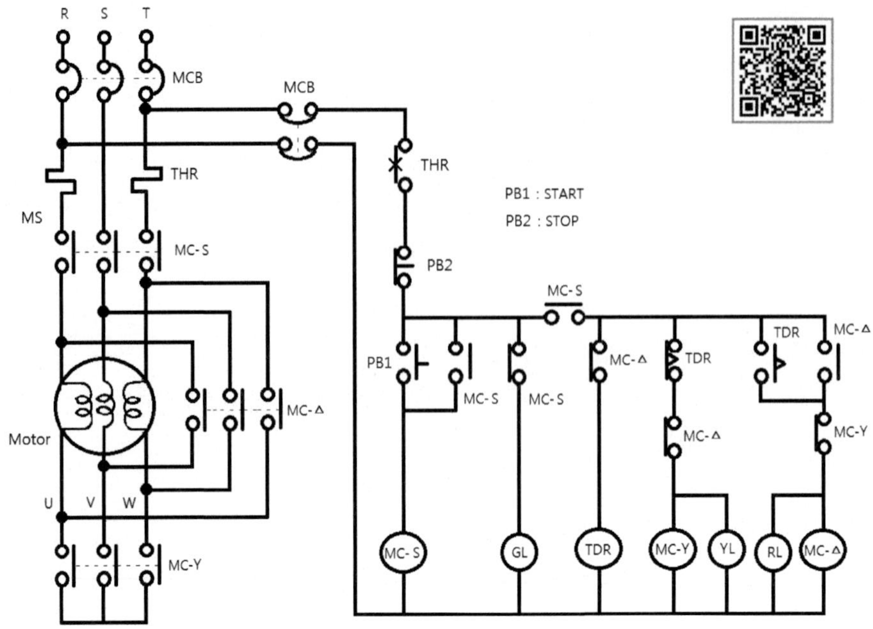

그림 14-2 Y－△ 기동 시퀀스 회로도

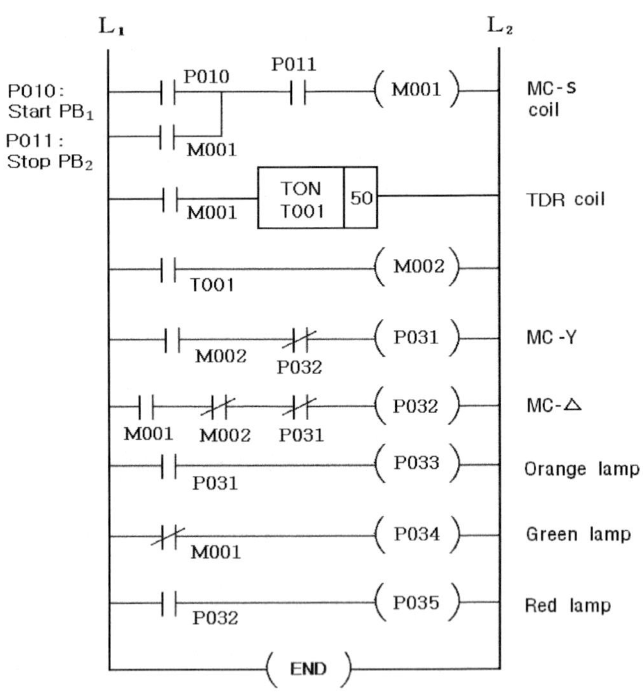

그림 14-3 3상 유도전동기 Y－△ 기동 래더선도

(1) 기동 : 시동버튼 PB_1을 누르면 코일 MC-S가 여자되면서 한시동작 릴레이 TDR과 Y 결선용 전자접촉기 코일 MC-Y를 여자하여 전동기는 선간전압의 $1/\sqrt{3}$ 배 전압으로 기동하게 된다(기동전류는 1/3로 감소 됨). 이때 MC-Y의 b 접점으로 △ 접속용 전자접촉기 MC-△가 여자되지 않도록 인터록회로를 만들고, 또한 MC-Y의 a 접점으로 기동 중이라는 것을 황색등(YL)으로 표시한다.

(2) 운전 : Y 결선으로 기동하여 일정 시간 후, 즉 기동전류가 안정될 때까지의 시간이 경과한 후, TDR의 b 접점은 떨어지게 되고 코일 MC-Y는 소자됨과 동시에 TDR의 a 접점이 붙어서 코일 MC-△를 여자하며, 전동기를 △ 결선으로 접속하여 전전압 운전상태로 들어간다. 이때 MC-△의 b 접점으로 MC-Y의 여자회로를 인터록하고, 또한 MC-△의 a 접점으로 운전중이라는 것을 적색등(RL)으로 표시한다.

(3) 정지 : 기동중이거나 운전중일 때 전동기를 정지하려고 할 경우 정지버튼 PB_2를 누르면 기동용 전자접촉기 코일 MC-S가 소자되면서 모든 접촉기가 떨어지고 전동기는 정지하게 된다. 전동기의 정지상태는 MC-S의 b 접점으로 녹색등(GL)을 점등하게 된다.

(4) 고장 정지 : 기동중이거나 운전중일 때 전동기에 과전류가 흘러서 열동형 과전류 릴레이 THR이 동작하면 그의 b 접점으로 기동조건이 차단되어 정지버튼(STOP)를 누르는 것과 마찬가지로 기동용 전자접촉기 코일 MC-S가 소자되면서 모든 접촉기가 떨어지고 전동기는 정지하게 된다.

14.1.3 3상 유도전동기의 정·역운전 회로

엘리베이터, 천정 크레인, 수문 등과 같이 왕복(또는 상하) 운전의 요소가 있는 것은 3상 유도전동기를 정·역운전 시켜서 제어를 행하고 있는 경우가 많다.

3상 유도전동기를 정회전에서 역회전 운전으로 전환하기 위해서는 전동기를 일단 정지하고, 전동기에 인가하는 전압원 2개의 전선을 그림 14-4 (a)에서 (b)와 같이 접속을 바꾸고 재차 전원을 투입하여 인가하면 된다. 2개의 전선을 그림 (b)와 같이 바꾸었을 경우 회전자계의 방향이 전과 반대가 되어 전동기가 역회전하게 된다.

그림 14-5 는 3상 유도전동기의 정·역회전을 위한 시퀀스회로를 나타낸다. 그림에서 전자접촉기 F가 여자되면 전원의 R, S, T 상의 각각은 전동기의 U, V, W 단자에 접속되어 정회전하게 된다. 만약 전자접촉기 F가 소자되고 B가 여자되면 전원의 R, S, T 상의 각각은 전동기의 W, V, U 단자에 접속되어 역회전하게 된다.

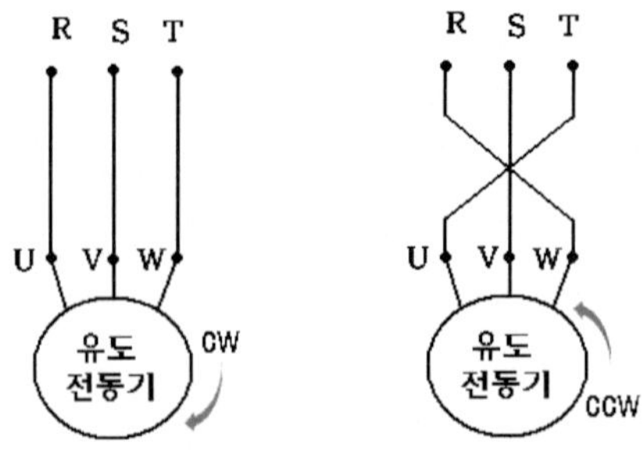

(a) 정회전 (b) 역회전

그림 14-4 3상 유도전동기의 정역운전 결선도

그림 14-5에서 전자접촉기 F와 B가 동시에 여자되면 주회로에서 전원이 단락되는 사고가 발생하므로 두 개의 전자접촉기는 서로 인터록을 취하게 하며, 기계적으로도 양측의 전자접촉기의 주접촉편이 동시에 접촉되지 않도록 연동 레버로서 조정한다. 또한 과부하에 대해서 열동 과전류릴레이(THR)가 동작하도록 전자접촉기의 전원측이나 전동기의 앞단에 설치한다.

처음 '정회전 PB'를 누르면 전자접촉기 코일 F가 여자되어 정회전을 하면서 RL램프가 점등하게 된다. 역회전을 하기위해서는 먼저 주회로 차단 푸시버튼 M-OFF를 눌러서 전동기의 정회전을 멈추고 난 후, 역회전 전자접촉기 코일 B가 여자되도록 '역회전 PB'를 누르면 되며 이때 YL 램프가 점등하게 된다.

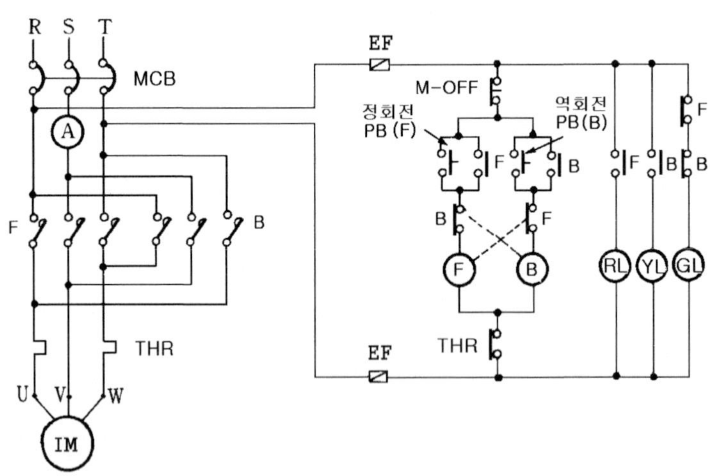

그림 14-5 3상 유도전동기의 정·역회전 회로

예제 14-2 전동기의 정역운전

3상 유도전동기를 정역운전을 하고자 한다. 그림 14-6 과 같이 3 개의 푸시버튼을 사용할 경우 래더선도를 작성하라.

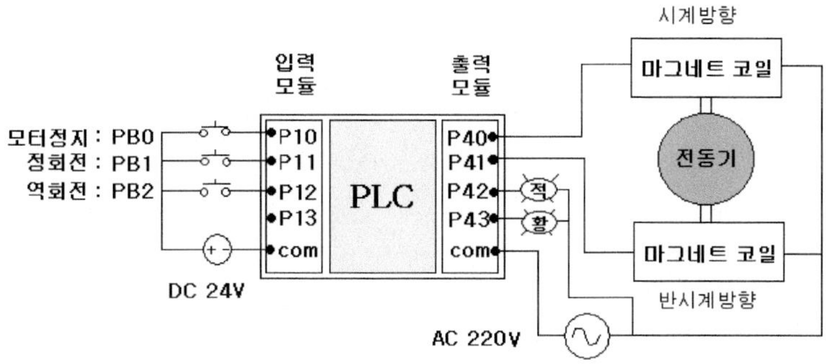

그림 14-6 전동기의 정역운전 시스템

▸ 풀이

3상 유도전동기에 공급되는 전원 3선 a상, b상, c상중에서 두 개의 상을 바꾸어주면 정역운전이 가능하게 된다. 위의 그림에서 마그네트 코일(Magnet coil)은 이러한 역할을 한다. 입출력 접점을 다음과 같이 정한다.

P010 : 모터 정지 버튼	P040 : 정회전 마그네트 코일
P011 : 모터 정회전 버튼	P041 : 역회전 마그네트 코일
P012 : 모터 역회전 버튼	P042 : 적색등(정회전), P043 :황색등(역회전)

그림 14-7은 래더선도이며, 출력 코일의 b 접점을 이용하여 인터록을 설정하는 것이 필요하다.

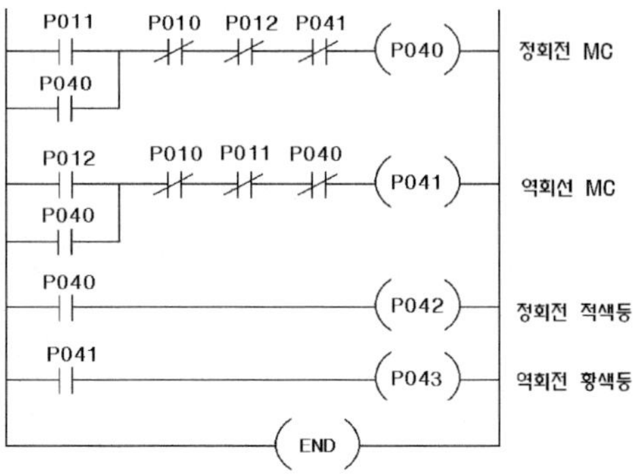

그림 14-7 전동기의 정역운전 래더선도

❖ 14.2 엘리베이터 제어

엘리베이터(Elevator)라 함은 건축물, 기타 공작물에 부착되어 일정한 승강로를 통하여 사람이나 화물을 운반 하는데 사용되는 설비 등을 말한다. 엘리베이터(승용승강기)의 구조는 사람 또는 물건을 싣는 상자인 케이지(cage) 또는 승강카(car)와, 승강카를 상하로 작동시키는 권상기, 가이드 레일, 권상기의 부하를 경감시키기 위하여 승강카의 무게와 상대적으로 매달려 움직이는 카운터-웨이트(counter weight; 균형추), 승강카와 카운터-웨이트를 연결하여 권상기의 회전바퀴에 걸리는 와이어 로프(wire rope)로 구성되어 있다.

그림 14-8은 일반적으로 많이 사용하고 있는 로프(rope)식 엘리베이터 구조를 나타낸다.

표 14-1 엘리베이터의 종류

용도	종류	분류기준
승객용	승객용	사람의 운송에 적합하게 제작된 엘리베이터
	침대용	병원의 병상운반에 적합하게 제작된 엘리베이터로 평상시에는 승객용으로도 사용가능
	승객/화물용	승객 및 화물 겸용에 적합하게 제작된 엘리베이터
	비상용	화재시 소화 및 구조활동에 적합하게 제작된 엘리베이터
	장애인용	장애인이 이용하기에 적합하게 제작된 엘리베이터
	전망용	안에서 외부를 전망하기에 적합하게 제작된 엘리베이터
화물용	화물용	화물운반 전용에 적합하게 제작된 엘리베이터(조작자 또는 화물취급자 1인은 탑승할 수 있음) 적재용량 1톤 미만으로서 사람이 탑승하지 않는 것은 제외
	자동차용	주차장의 자동차 운반에 적합하게 제작된 엘리베이터
	덤웨이터(dumb-waiter)	사람이 탑승하지 않으면서 적재용량 1톤미만의 소형화물(서적, 음식물 등) 운반에 적합하게 제작된 엘리베이터 바닥면적이 0.5㎡ 이하이고, 높이가 0.6m 이하인 것은 제외

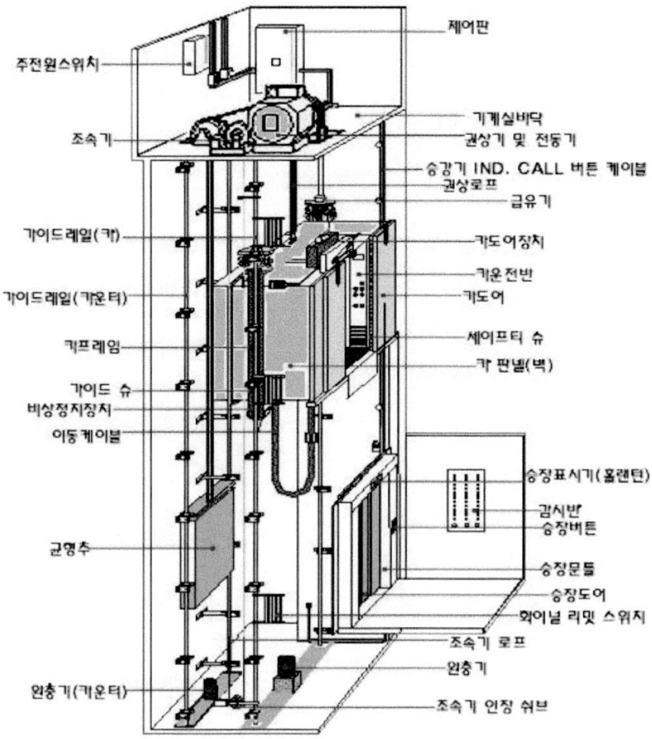

그림 14-8 로프식 엘리베이터 구조

14.2.1 엘리베이터 제어방식

1) 교류 엘리베이터의 제어

1. 교류 속도제어

가장 간단한 제어방식으로 3상 교류 모터에 전원을 공급하는 것으로 기동과 더불어 정속운전을 하고, 정지는 전원을 끊은 후 제동기에 의해 기계적으로 브레이크를 거는 방식이다.

2. 교류귀환 속도제어

교류귀환제어 방식은 반도체의 발달에 따라 실용화된 것으로서 45m/min에서 105m/min까지의 승용엘리베이터에 주로 적용되고 있다. 이 방식은 카의 실제속도와 지령속도를 비교하여 싸이리스터의 점호각을 바꿔 유도전동기의 속도를 제어하는 방식이다. 교류귀환 제어방식의 엘리베이터에서는 미리 정하여진 지령속도에 따라 정확하게 제어되므로 승차감 및 착상정도가 종래의 교류엘리베이터에 비하여 크게 개선된다.

3. VVVF(가변전압 가변주파수)제어

VVVF 제어는 인버터제어라고도 불리며, 유도전동기에 인가되는 전압과 주파수를 동시에 변환시켜 직류전동기와 동등한 제어성능을 얻을 수 있는 방식이다.

2) 직류 엘리베이터의 제어

1. 워드 레오나드(Word Leonard) 방식

워드 레오나드 방식은 그림 14-9와 같이 구동용 전동기와 직류발전기는 같은 축에 직결되고, 직류발전기의 계자조정에 의해서 전동기에 가해지는 전압을 조정하는 방식이다. 일반적으로 전압제어에 의하여 전 전압에 도달하면 전동기의 속도조정기 FR_2에 의하여 계자제어를 행하여 속도조정범위를 확대한다.

발전기의 계자전류를 전환스위치 S에 의하여 반대로 하면 전동기는 역회전한다. 워드 레오너드 방식은 속도를 광범위하고 효율 좋게 제어할 수 있고, 또한 속도변동률도 적으며 가역식이므로 가장 양호한 속도제어법이라고 할 수 있다. 그러나 설비비가 고가인 것이 결점이다.

2. 정지 레오나드 방식

워드 레오나드 방식에 있어서 전동발전기 대신에 사이리스터와 같은 정지형(static type) 반도체 소자를 사용하여 교류를 직류로 변환시킴과 동시에 점호각을 제어하여 직류전압을 변화시키는 것을 정지 레오나드 방식이라 한다. 엘리베이터에서는 정회전과 역회전의 두 방향으로 속도제어를 할 필요가 있기 때문에 사이리스터의 출력으로써 정부(±)의 직류출력이 필요하게 된다.

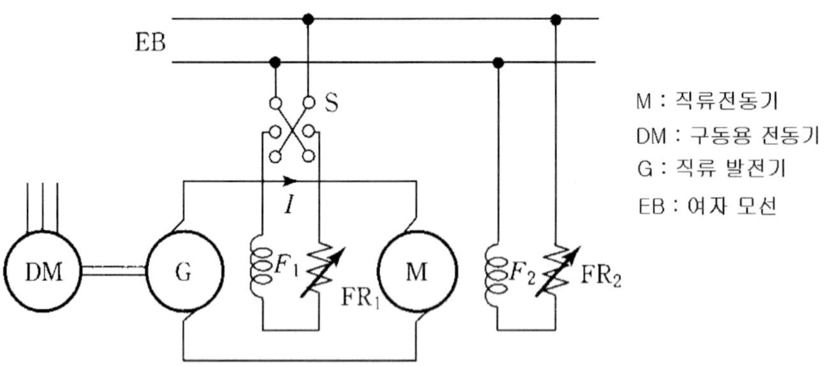

그림 14-9 워드 레오나드 방식 계통도

14.2.2 엘리베이터 제어 실험

엘리베이터는 6층 이상의 건물일 경우 설치하는 경우가 대부분이다. 그러나 이 절에서는 엘리베이터 실험을 위하여 간단히 지하 1층 및 지상 1, 2층까지 운행하는 엘리베이터를 프로그래밍하는 과정을 설명한다.

그림 14-10 은 실험용 엘리베이터의 구조를 나타내며, 프로그래밍을 하기 위해서 전동기(권상기)의 정역운전 방법을 이해해야 하며, 입출력접점을 어떻게 설정할 것인지가 중요하다. 특히 승강카, 각 층의 표시등과 푸시버튼를 입출력접점으로 선정하는 과정을 자세히 알아야 한다.

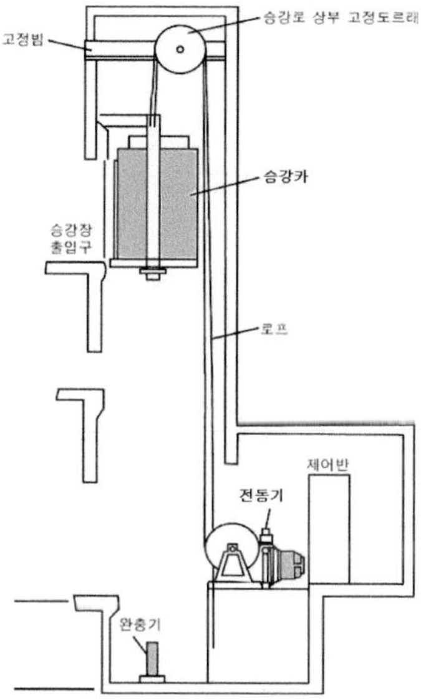

그림 14-10 실험용 엘리베이터 구조

1) 2전원을 이용한 DC 전동기의 정역운전 방법

직류 엘리베이터 제어에서 설명한 바와 같이 정지 네어나드 방식에는 정부(±)의 직류전원이 필요하다. 마찬가지로 실험용 엘리베이터의 직류전동기를 정역운전하기 위해서는 그림 14- 11 과 같이 2전원법을 이용할 수 있다.

그림 14-11 (a)에서 스위치 SW_1이 온 되면 전동기 M은 정방향(+)으로 회전하게 되고, SW_2가 온 되면 역방향(-)으로 회전하게 된다. 그림(b)에서도 SW_3가 P_{33}과 접속되면 정방향으로, P_{37}과 접속하면 역방향으로 회전하게 된다.

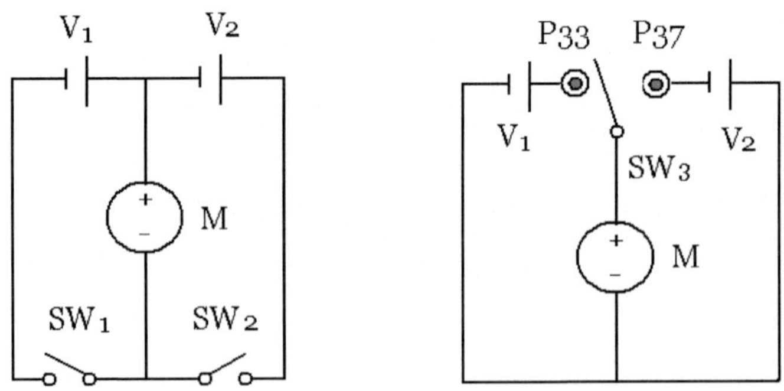

(a) SW 2개인 경우 (b) SW 1개인 경우

그림 14-11 출력모듈과 전원접속도

2) 출력모듈에 2전원을 접속하는 법

그림 14-12는 PLC의 출력모듈과 직류전동기를 정역운전하기 위한 결선도이다. 그림 (a)는 공통단자(COM)가 2개일 때이며, 그림 (b)는 공통단자(COM)가 1개일 때의 결선도이다. 출력모듈의 포인트 P_{33}이 Out(출력)될 경우 공통단자(COM)와 PLC 내부에서 접속되게 되므로 회로가 연결되어 직류전동기가 가동하게 된다.

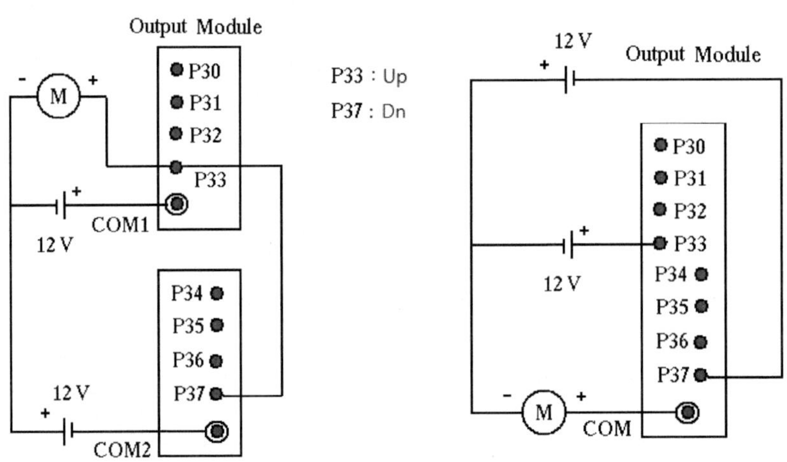

(a) 공통단자(COM)가 2개일 때 (b) 공통단자(COM)가 1개일 때

그림 14-12 PLC 출력모듈과 전원접속도

3) 입/출력접점

엘리베이터의 전 층에서 승강카(Car)의 현재 위치를 파악하기 위한 최소한의 입/출력접점은 그림 14-13과 같고, 각 접점들의 명칭은 표 14-2에 표시한다.

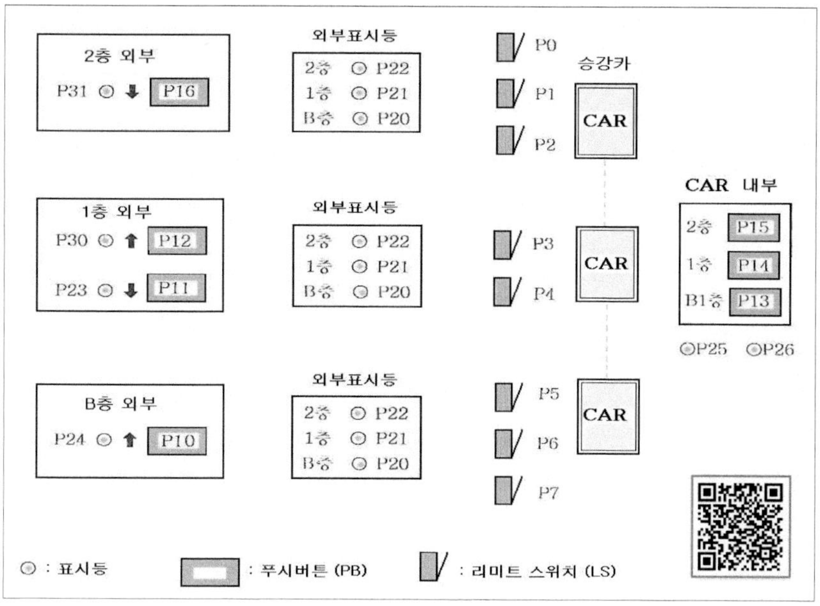

그림 14-13 엘리베이터 입/출력 접점과 배치도

표 14-2 엘리베이터의 입출력 접점과 명칭

입력 접점	출력 접점
P00 : 최상위 감지 스위치	P20 : B층 표시등
P01 : 2층 위치 스위치	P21 : 1층 표시등
P02 : 2층 감지 스위치	P22 : 2층 표시등
P03 : 1층 위치 스위치	P23 : 1층 외부 Up 표시등
P04 : 1층 감치 스위치	P24 : B층 외부 Down 표시등
P05 : B층 위치 스위치	P25 : CAR 열림 표시등
P06 : B층 감지 스위치	P26 : CAR 닫힘 표시등
P07 : 최하위 감지 스위치	P30 : 1층 외부 Up 표시등
P10 : B층 외부 Up PB	P31 : 2층 외부 Down 표시등
P11 : 1층 외부 Down PB	
P12 : 1층 외부 Up PB	P33 : Motor Up(+) 회전 접점
P13 : CAR 내부 B층 PB	P37 : Motor Down(−) 회전 접접
P14 : CAR 내부 1층 PB	
P15 : CAR 내부 2층 PB	
P16 : 2층 외부 Down PB	

4) 엘리베이터의 시퀀스 조건

(1) 상승 조건

조건 1 : 엘리베이터가 B층에 있을 경우 1층이나 2층으로 갈 수 있다.

조건 2 : 엘리베이터가 1층에 있을 경우 2층으로 간다.

(2) 하강 조건

조건 1 : 엘리베이터가 2층에 있을 경우 1층이나 B층으로 갈 수 있다.

조건 2 : 엘리베이터가 1층에 있을 경우 B층으로 간다.

(3) 정지 조건

조건 1 : B층 외부 Up PB가 온 상태이면 CAR은 B층으로 이동하게 된다. B층 검출용 리미트 스위치가 작동하면 CAR은 정지하게 된다.

조건 2 : 1층 외부 Up 또는 Down(Dn) PB가 온 상태이면 CAR은 1층으로 이동하게 된다. 1층 검출용 리미트 스위치가 작동하면 CAB은 정지하게 된다.

조건 3 : 2층 외부 Dn PB가 온 상태이면 CAR은 B층으로 이동하게 된다. 2층 검출용 리미트 스위치가 작동하면 CAR은 정지하게 된다.

(4) 전동기의 상승(Up)

CAR이 상승 중에 있을 때, 외부 층에서 상승하고자 하는 PB가 눌러지면 계속 상승하게 된다. 만약 상승 중에 하강하고자 하는 PB가 눌러지면 그 명령은 자기 유지되었다가 상승명령 중의 최고층에 도달한 후 하강한다.

(5) 전동기의 하강(Dn)

CAR이 하강 중에 있을 때, 외부 층에서 하강하고자 하는 PB가 눌러지면 계속 하강하게 된다. 만약 하강 중에 상승하고자 하는 PB가 눌러지면 그 명령은 자기 유지되었다가 하강명령 중의 최고층에 도달한 후 상승한다. 즉 전동기의 상승 개념과 반대이다.

(6) CAR의 문 열림(Open)과 닫힘(Close)

전동기의 상승 및 하강은 문이 열려 있는 상태에서는 금지된다.

(7) 금지 사항

최상위 및 최하위 리미트 스위치(P00, P07)는 승강CAR가 상한가를 넘어 이탈하지 않도록 보호한다.

5) 래더선도

위에서 언급한 지하 1층 ~ 지상 2층의 엘리베이터 가동을 위한 래더선도를 그림 14-14부터 14-17까지 나타낸다.

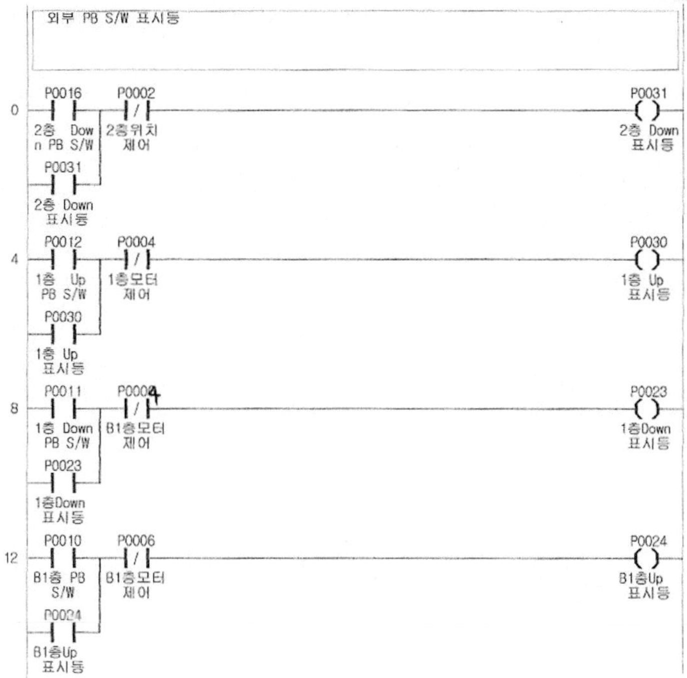

그림 14-14 엘리베이터 외부 스위치와 표시등

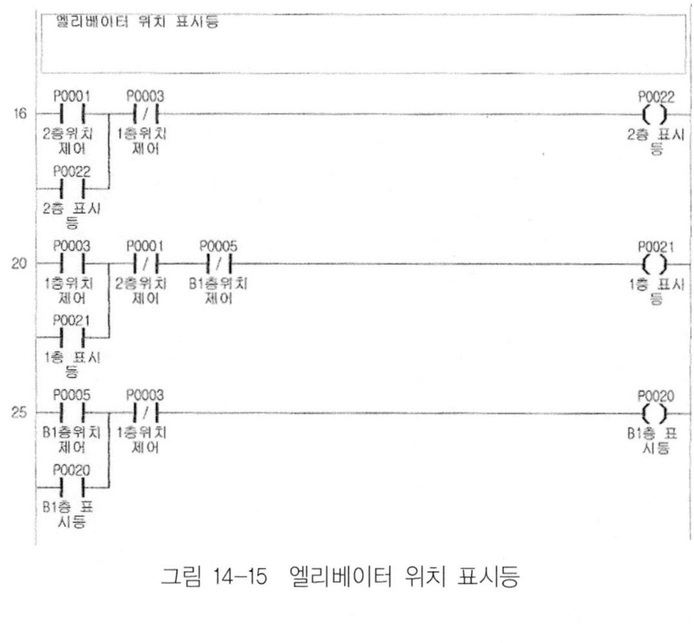

그림 14-15 엘리베이터 위치 표시등

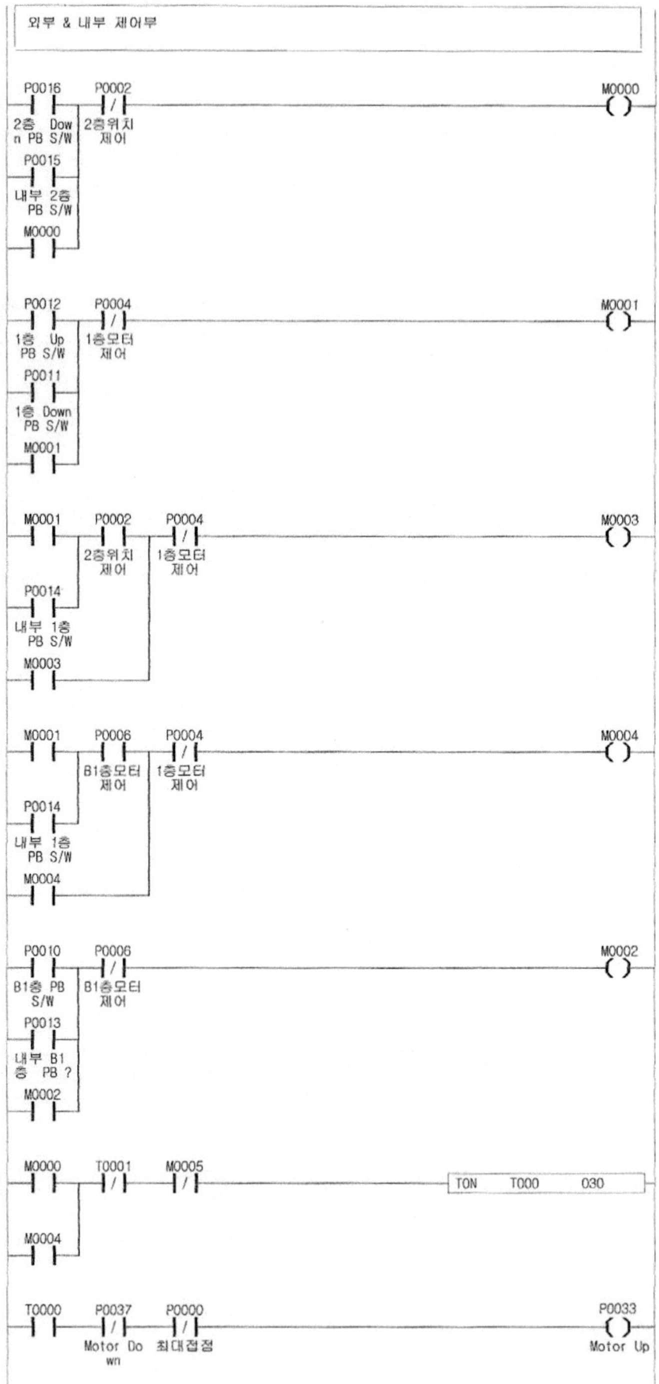

그림 14-16 엘리베이터 외부 내부 제어부 (a)

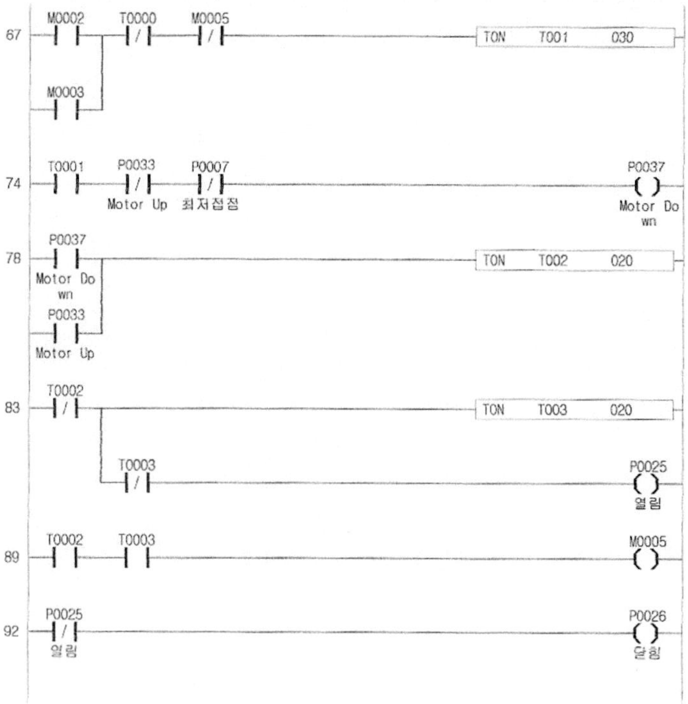

그림 14-17 엘리베이터 외부 내부 제어부 (b)

14.3 교통신호 제어

교통신호 시스템은 교차로에서 자동차의 원만한 진행을 도와줄 뿐만 아니라 통행자에게도 안전하게 도로를 건널 수 있도록 도와주는 가이드 역할을 한다.

그림 14-18 은 왕복 4차선 4거리를 동서남북으로 나타낸 것이다. 교통신호의 동작이 시작되면 그림에서, 남(South : S)측에 있는 자동차가 서(West : W)측으로 좌회전하거나 북(North : N)측으로 진행할 수 있도록 적색(R)등에서 녹색(G)등으로 점등된다. 녹색(G)등이 점등되고 1초 후에 보행자가 E 도로에서 남→북(S→N)측으로 8초 동안 횡단보도에서 통행이 이루어진다.

녹색(G)등이 점등되어 10초 동안 자동차의 좌회전과 직진통행이 이루어진 후, 녹색(G)등이 점멸됨과 동시에 황색(Y)등이 2초 동안 점등됨으로써 S→N 및 S→W측 진행이 완료되고 적색(R)등이 점등된다. 즉 교통신호체계의 1/4 주기가 완료된다.

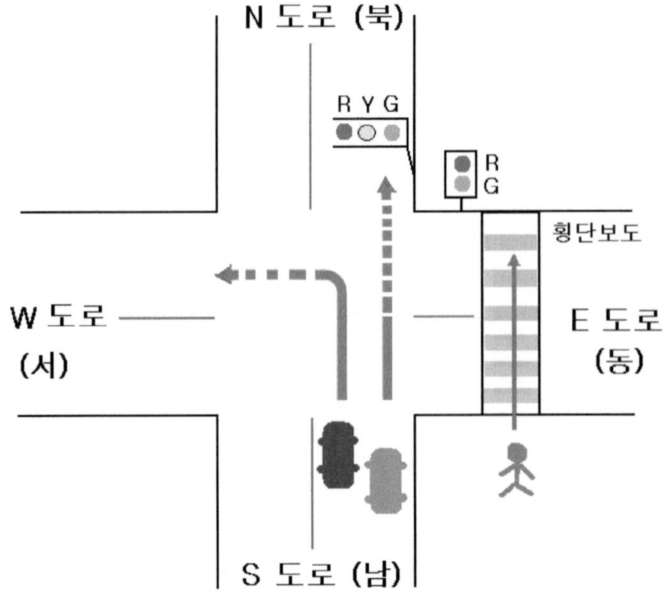

그림 14-18 남→북(S→N) 중심 도로 방향

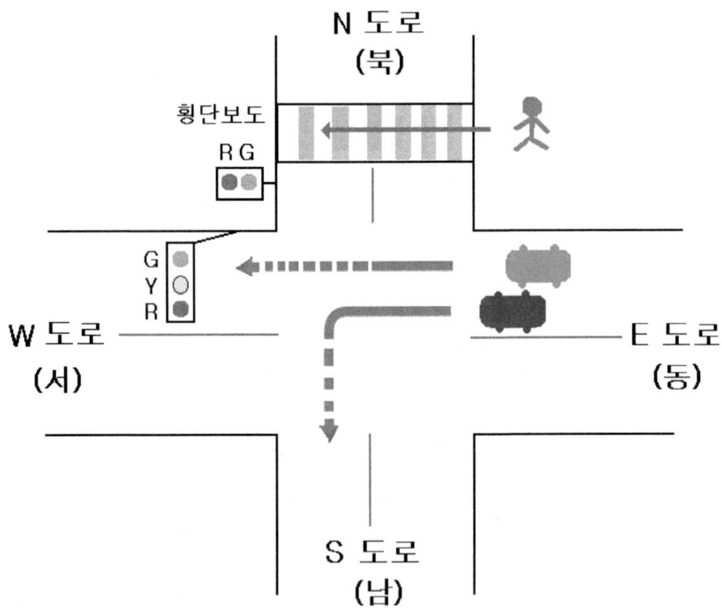

그림 14-19 동→서(E→W) 중심 도로 방향

같은 방법으로 그림 14-19에서, 자동차가 동→서(E→W) 측으로 직진하거나 동→남(E→S)측으로 좌회전할 수 있도록 녹색(G)등이 점등된다. 녹색(G)등이 점등되고

1초 후에 보행자가 N 도로에서 동→서(E→W)측으로 8초 동안 횡단보도를 통행한다.

녹색(G)등이 점등되어 10초 동안 자동차의 좌회전과 직진통행이 이루어진 후, 녹색(G)등이 점멸됨과 동시에 황색(Y)등이 2초 동안 점등됨으로써 E→W 및 E→S측 진행이 완료되고 적색(R)등이 점등된다.

위와 같은 방법으로 보행자가 90° 좌회전 할 수 있도록 N→S 중심 도로 방향으로 자동차 진행이 이루어지고, 다시 W→E 중심 도로 방향으로 자동차 진행이 이루어지도록 적황녹(RYG)등을 점등함으로써 교통신호체계의 1주기가 완료된다.

그림 14-20 은 교통신호 시스템의 입/출력 접점과 배치도를 나타낸다.

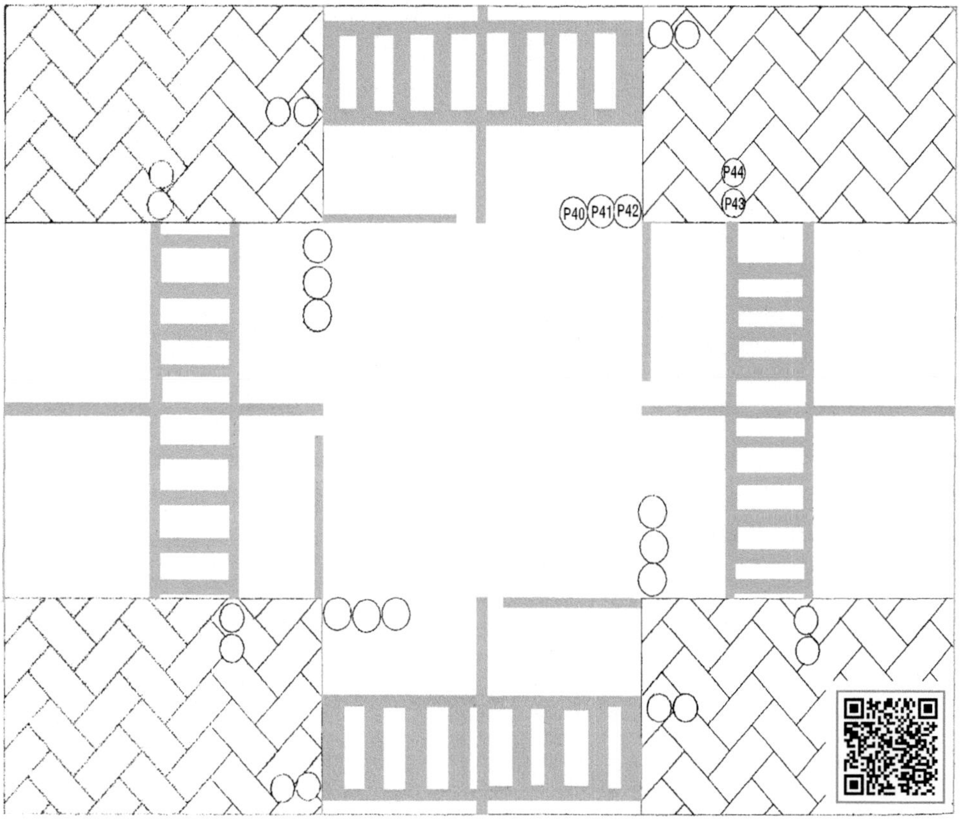

그림 13-20 교통신호 시스템의 입/출력 접점과 배치도

그림 14-21 은 타이머 기능을 이용한 교통신호 시스템의 PLC 래도선도를 나타낸다. 타이머 기능 이외에 SET 명령을 사용하여 래더선도를 작성할 수도 있다.

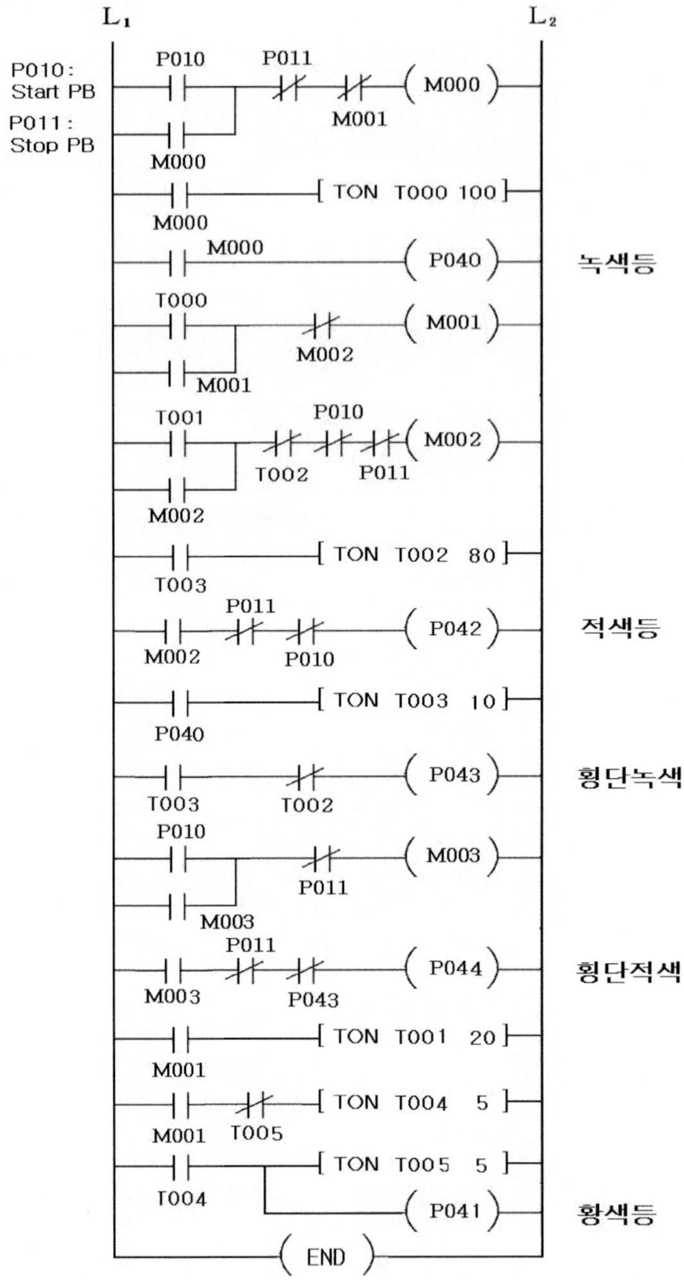

그림 14-21 타이머를 이용한 교통신호 제어의 경우

14.4 근접스위치와 카운터 응용

14.4.1 근접스위치

근접스위치란 종래의 마이크로 스위치, 리미트 스위치와 같은 기계적인 접점에 의한 것을 물리적인 접촉 없이 검출 대상물의 접근만으로도 유·무를 판별하는 전자식 무접점 스위치이다. 근접센서는 검출 물체의 전자유도 현상을 이용한 고주파 발진형 근접센서 그림 14-22 (a) 와 검출 물체와 대지간의 정전용량 변화를 이용한 정전 용량형 근접센서 그림 (b)로 나누어 사용된다. 특히 정전용량형 근접센서는, 철, 금속, 플라스틱, 물, 돌, 분체 등 유전율을 갖고 있는 물체를 검출할 수 있는 근접센서로, 레벨 및 위치제어 등으로도 사용된다.

(a) 고주파 발신형 (b) 정전 용량형

그림 14-22 근접 스위치의 종류

1) 근접스위치의 감지거리

그림 14-23과 같은 근접스위치의 감지거리는 유럽규격 EN50010에 의거하여 규정되며 근접스위치의 적합한 사용 및 활용을 위해서 다음과 같은 규정을 이해할 필요가 있다.

① 정격감지거리(Rated sensing distance: Sn)

검출체가 검출면에 접근하여 출력신호가 ON되는 점까지를 검출거리 Sn이라 하며, 각 기종의 검출거리는 표준 검출체를 사용하여 얻어진다.

② 유효동작거리(Effective operating distance: Sr)

유효동작거리는 일반적인 전원공급 하에서 제품생산시 허용오차 및 주변온도가 20℃ 이하에서 측정된 거리로 정격감지거리의 ±10% 정도의 범위를 말한다.
간단히 요약하면 $0.9Sn < Sr < 1.1Sn$ 으로 표기할 수 있다.

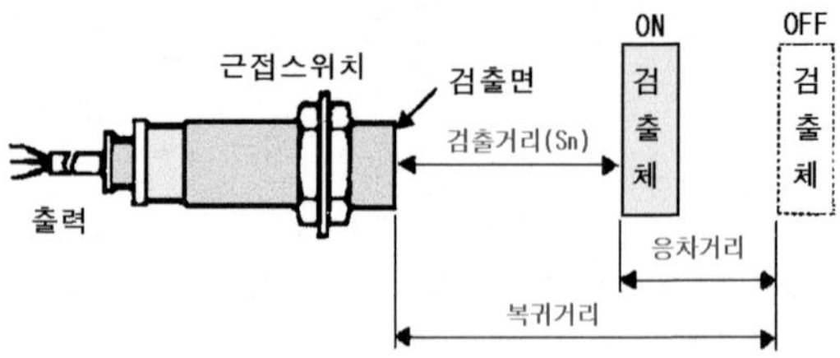

그림 14-23 근접스위치의 검출거리

③ 실용동작거리(Useable operating distance: Su)

허용되는 온도 및 전압범위내에서 보장되는 감지거리를 말하며, 정격감지거리(Sn)의 ±20% 및 유효동작거리 Sr의 ±10%내에 해당이 되는 거리를 말한다.

수식으로 요약하면 $0.9Sr < Su < 1.1Sr$ 혹은 $0.81Sn < Su < 1.21Sn$ 으로 표기할 수 있다.

④ 동작보장 감지거리(Sa)

동작보장감지거리(Sa)는 작업환경과 주변온도의 변화 등 여러 가지 환경을 고려하여 정상적인 전원공급만 되면 근접스위치로서의 역할을 안정되게 측정할 수 있는 거리라고 말할 수 있다. 이는 정격감지거리(Sn)의 0…70%에 해당되는 거리로서 수식으로 요약하면 $0 < Sa < 0.7Sn$ 으로 표기할 수 있다.

2) 근접스위치 접속

근접스위치의 출력 형식에는 그림 14-24 와 같이 NPN형과 PNP형 2가지가 있으며, 직접 파워 릴레이, 솔레노이드, 전자카운터, PC(시퀀서)등의 직류 구동 부하를 개폐한다.

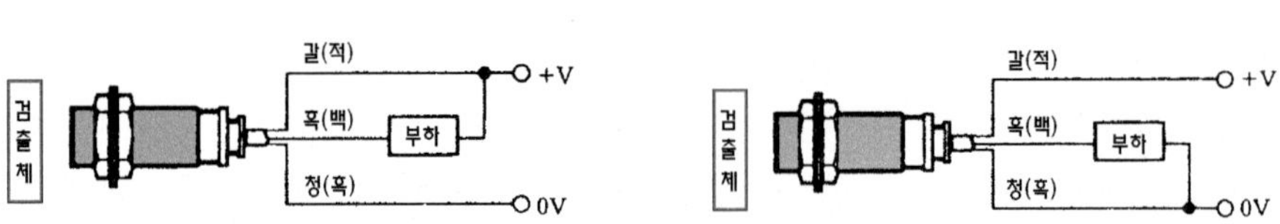

(a) NPN 출력형 접속도 (b) PNP 출력형 접속도

그림 14-24 근접스위치와 부하의 결선

14.4.2 디지털 카운터와 타이머

그림 14-25는 카운터와 타이머 겸용으로 사용되고 있는 제품의 외관을 나타낸다. 카운터 위 LED 디지트(Digit)는 카운트 업(또는 다운)될 경우 숫자를 나타내며, 아래의 썸휠(Thumb-wheel) 스위치는 카운터 설정값을 세팅하고자 할 때 사용한다.

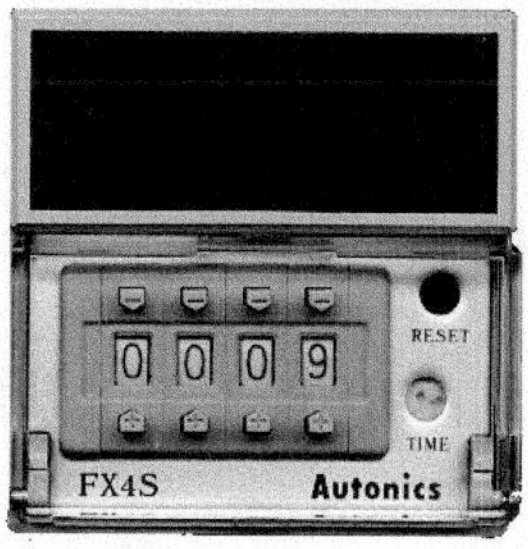

그림 14-25 카운터/타이머 외관

즉 카운터 설정치가 10일 경우 LED의 카운트 지시치가 10에 도달하게 되면 내부 회로에서 출력을 내보내도록 설계되어져 있다.

그림 14-26은 카운터/타이머 외관의 측면에 표시되어 있는 내부선택 스위치를 나타낸다. 딥(dip) 스위치의 ON/OFF 선택에 따라 카운터로 사용되거나 타이머로 사용될 수 있으며 여러 가지 모드가 있다.

그림 14-27은 이러한 모드를 나타내는 딥 스위치의 기능을 설명한다. 예를 들어, 딥 스위치 5번을 ON으로 하였을 경우 카운터로 사용되며, OFF로 하면 타이머로 사용할 수 있다. 같은 방법으로 딥 스위치 7번을 사용하여 정전이 되었을 경우 정전 보상을 선택할 수 있으며, 4번의 ON/OFF를 선택하여 카운터를 감산모드로 또는 가산모드로 사용할 수 있다.

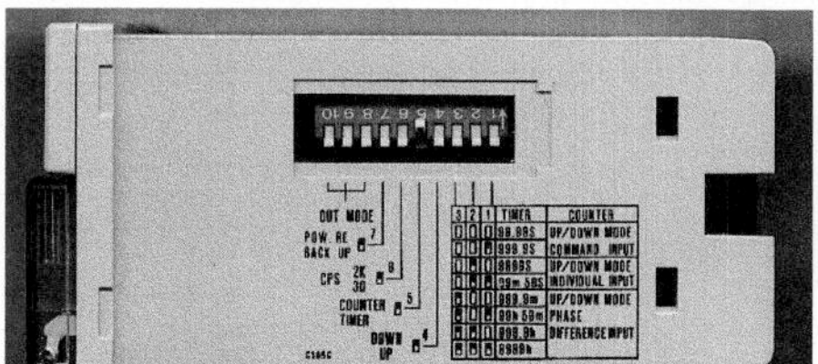

그림 14-26 내부 선택 스위치 구조

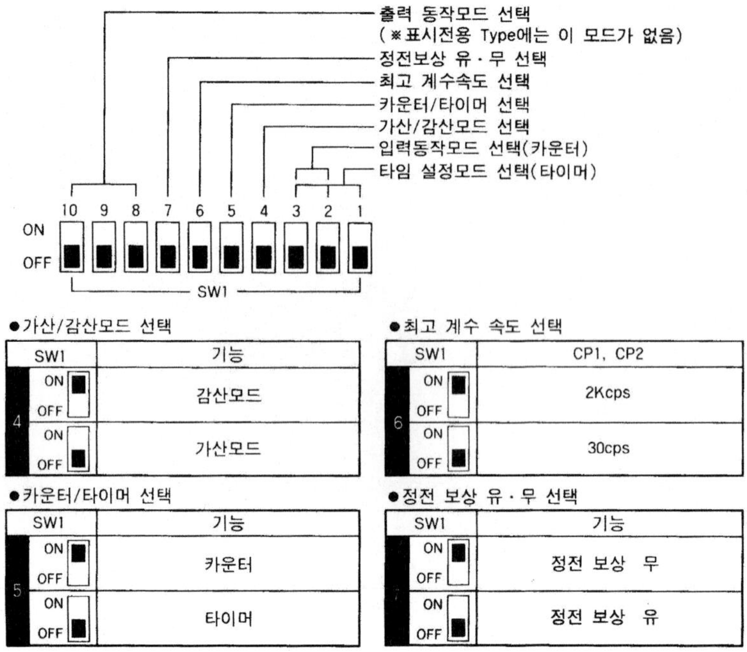

그림 14-27 모드에 따른 딥 스위치 기능

1) 카운터의 접속도

딥 스위치 5번을 ON으로 선택하여 카운터로 사용하고자 할 경우 카운터의 접속도는 그림 14-28과 같이 연결하여 사용한다. 4번과 5번 단자에 AC 220[V] 전원전압을 연결해 주어야 하며, 이때 내부적으로 8번(+12 V)과 9번(0 V) 사이에 DC 12[V]의 전압을 발생한다.

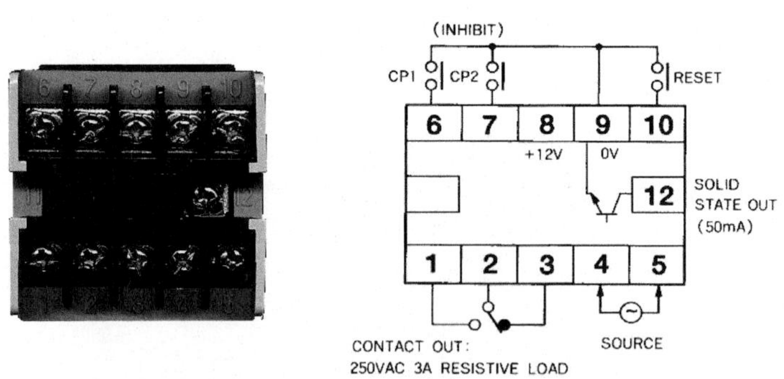

(a) 카운터 후면 (b) 접속도

그림 14-28 카운터 모델 FX4S 의 접속도

9번 단자의 0 [V]가 cp1 (또는 cp2)를 통하여 6번(또는 7번) 단자와 접속이 되면 카운터는 카운트 업(또는 카운트 다운)을 계수한다. 이때 cp1과 cp2에는 마이크로 SW나 근접 SW를 사용한다. 같은 방법으로 9번 단자의 0[V]가 10번 단자와 접속하게 되면 카운터는 리셋 된다.

한편 카운터의 지시값(LED 디지트)이 설정값(썸휠 스위치)에 도달하면 12번과 9번 단자를 통하여 부하에 출력을 내보내게 된다. 이때 부하에 흐를 수 있는 최대 전류용량은 50[mA]이다. 또한 카운터의 출력신호를 이용하여 3[A] 이하의 부하를 ON/OFF 하고자 할 경우 1, 2, 3번 단자를 이용한다.

2) 유접점 입력 방법

그림 14-29 에서 카운터의 입력접점 cp1과 cp2에 리미트 SW, 마이크로 SW 또는 근접 SW 등을 사용할 수 있으며 접점이 ON 될 경우 계수된다. 이때 DC 5V, 100μA의 작은 전류에서도 충분히 개폐할 수 있는 접점을 사용한다.

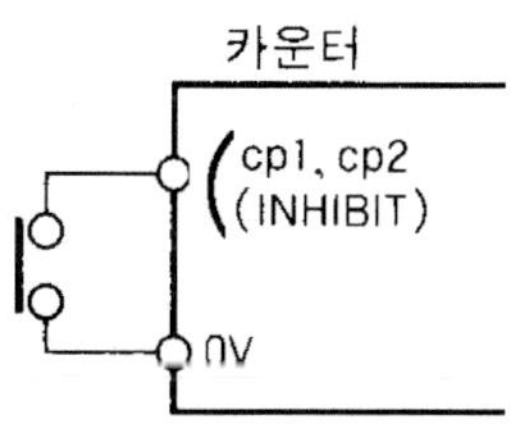

그림 14-29 유접점 입력 사용

3) 무접점 입력 방법

(1) NPN 출력형 센서

NPN 출력형 근접 센서를 사용할 경우 그림 14-30 과 같이 트랜지스터가 ON 될 경우 계수된다. 센서에 필요한 전원은 카운터 내부전원 12[V]를 사용한다.

(2) PNP 출력형 센서

예를 들어 PNP 출력형 근접스위치를 사용할 경우, 그림 14-31 과 같이 센서의 내부저항 R_L과 병렬이 되도록 외부저항 R_1을 ($1_{k\Omega}$~$1.5_{k\Omega}$) 접속한다. 왜냐하면 카운터 입력 단락저항이 $1_{k\Omega}$ 이하로 정격에 표기되어 있으므로, 병렬저항 R_1, R_L의 합성저항이 단락저항보다 작도록 R_1을 선정해 줄 필요가 있다. 단, R_L값은 센서의 종류마다 다르므로 주의한다.

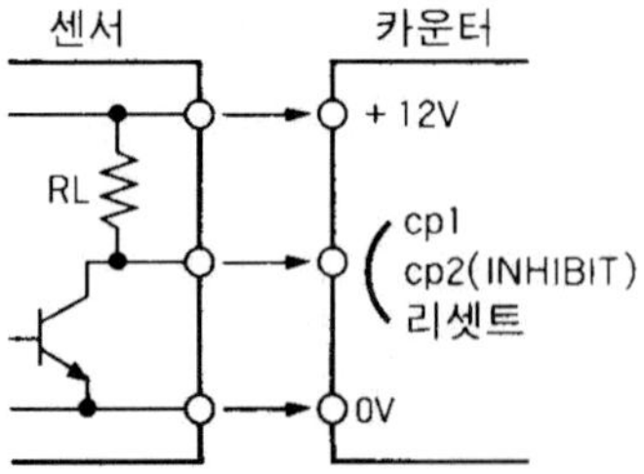

그림 14-30 NPN 출력형 센서

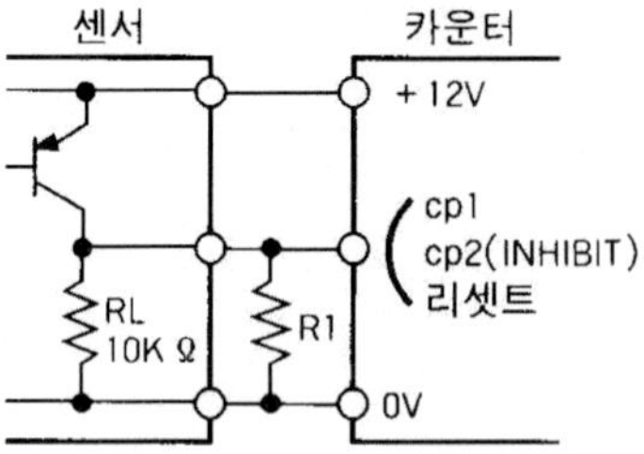

그림 14-31 PNP 출력형 센서

4) 계수 방식

NPN 출력형 센서와 PNP출력형 센서를 사용할 경우 계수되는 형태가 다르므로 주의한다. NPN 출력형 센서는 그림 14-32와 같이 검출 물체가 OFF에서 ON이 될 때 계수한다. 즉 상승(rising)펄스에서 계수된다.

반면에 PNP 출력형 센서는 그림 14-33과 같이 검출 물체가 ON에서 OFF로 될 때 계수한다. 따라서 하강(falling) 펄스에서 계수된다. 그러므로 시스템의 성격에 따라 NPN형과 PNP형 센서를 선택하여 사용하는 것이 필요하다.

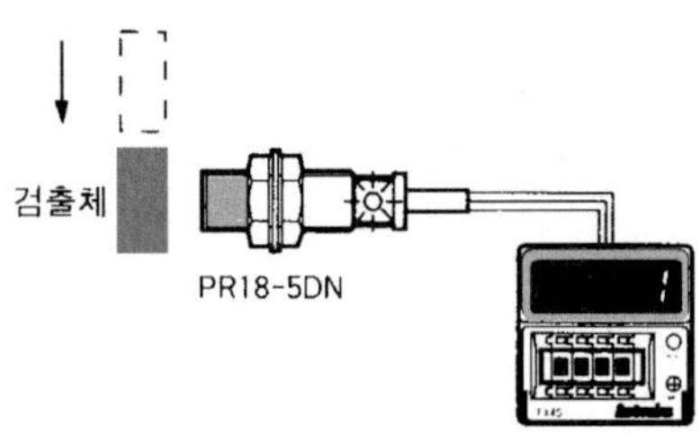

그림 14-32 NPN NO 출력형 접속

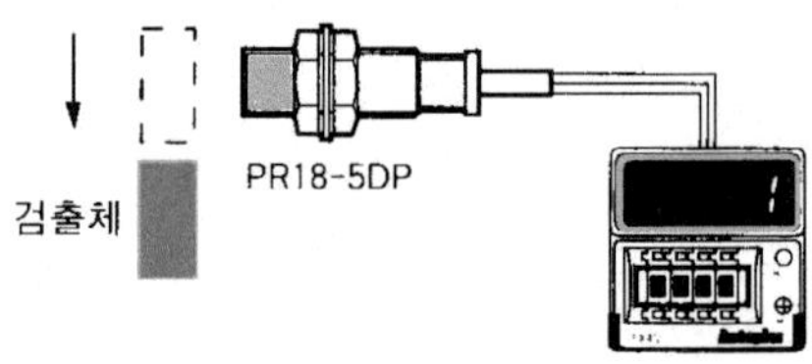

그림 14-33 PNP NO 출력형 접속도

14.4.3 근접스위치와 카운터의 접속방법

카운터의 계수방법으로 근접스위치를 사용하는 것이 널리 이용되고 있다. 그림 14-34는 근접스위치와 카운터의 접속 방법을 나타낸다. 근접스위치에 필요한 전원을 카운터 내부 발생전원 12[V]에 연결시키면, 근접센서에 물체가 감지되는 순간 6번 단자로 출력을 내보내게 됨으로써(내부적으로 cp1이 온 된다.) 카운터는 카운트 업이 된다. 카운터의 지시값이 설정값에 도달할 때 8번과 12번 단자에 연결된 부하(보통 PLC 입력 접점)는 온이 되면 리세트 될 때까지 유지하게 된다. 이때의 부하는 원칙적으로 50[mA] 이하를 사용하는 것이 바람직하다.

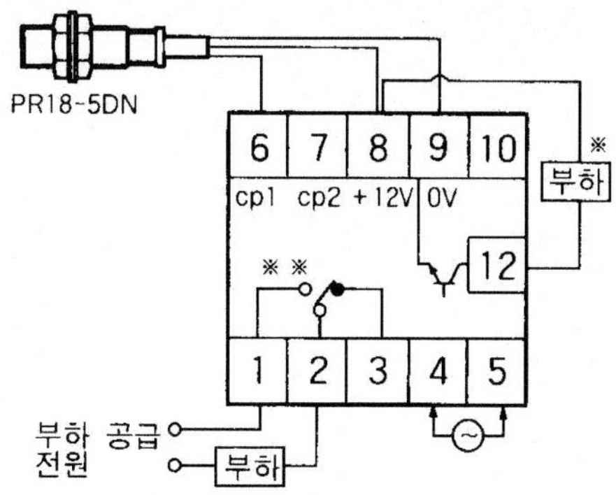

그림 14-34 카운터와 근접스위치의 접속

한편 이와는 별도로 1, 2, 3번 단자를 사용하면 접점 용량 AC 250[V], 3[A] 범위 내의 부하를 가동할 수 있다. 즉 카운터의 지시값이 설정값에 도달하기 전까지는 그림 14-35와 같이 2번 단자가 3번 단자와 연결되지만, 지시값이 설정값에 도달하면 2번 단자는 3번 단자와 오프가 되고 1번 단자와 연결된다. 따라서 부하의 종류에 따라 1번이나 3번 단자를 선택하여 사용한다.

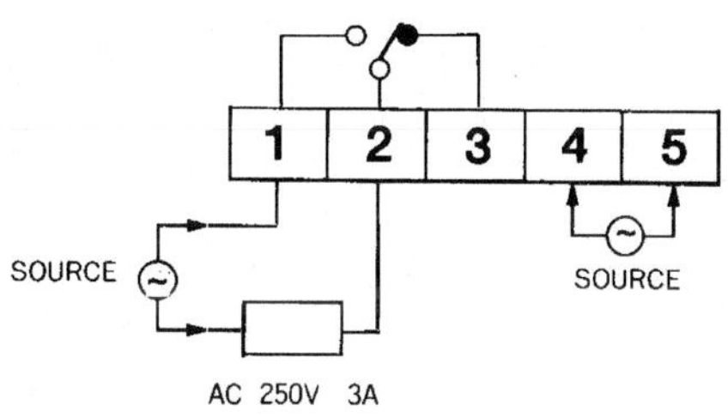

그림 14-35 카운터에 부하 접속법

예제 14-3 프리셋 카운터와 근접 스위치가 결합된 응용 문제

콘베이어 시스템을 통해 전달되는 상품 10개를 3초 동안 1개의 박스로 포장하고자 한다. 콘베이어 시스템의 근접스위치에 상품이 10개 통과하였을 때, Buzzer가 울리고, 모터는 3초 동안 정지한다. 3초 후에 모든 출력이 리셋 되고 모터는 다시 기동되는 래더선도를 작성하라. 한편 입출력장치 번호는 다음과 같다.

입력접점	입력장치	출력접점	출력장치	내부접점	내부장치
P010	Start PB	P030	Motor 또는 Red Lamp	T001	타이머
P011	Stop PB	P031	Green Lamp	M000	보조코일
P012	Counter Output 접점	P032	Buzzer	M001	보조코일
		P033	Counter Reset 접점		

여기서 근접스위치는 NPN 형태를, 디지털 카운터는 프리셋 카운터를 사용한다.

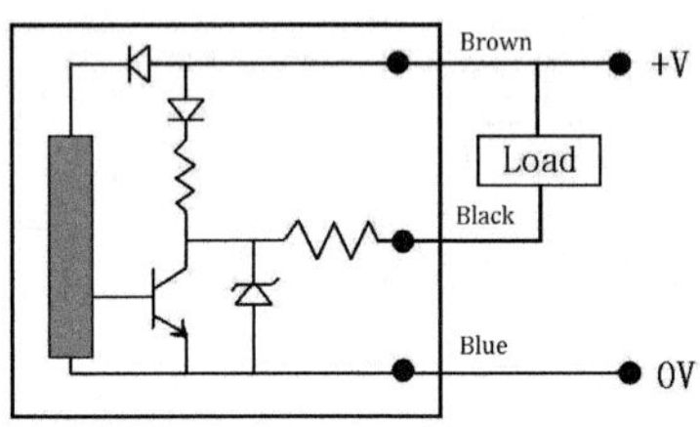

(a) NPN 근접스위치 접속도

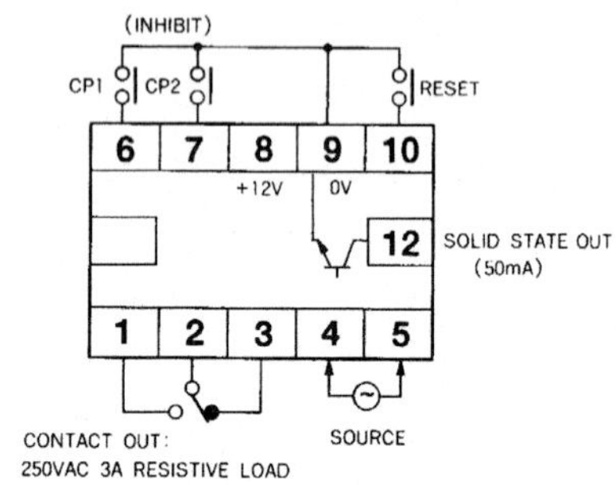

(b) 프리셋 카운터 접속도

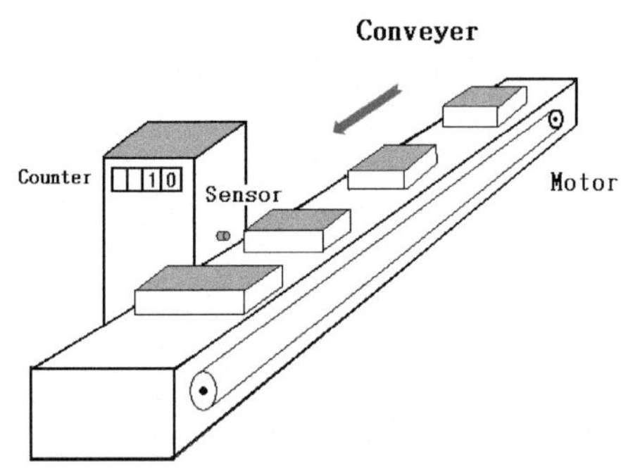

(c) 콘베이어 설비

그림 14-36 예제 14-3 의 콘베이어 시스템

▸ 풀이

다음 표는 프로그램을 쉽게 작성할 수 있도록 장치별 동작 과정을 나타낸다.

콘베이어 시스템 가동	모터 동작 유무	카운터 동작	3초 동안 박스 포장	3초 후
Start PB	→Motor 가동 →Red 램프점등	→카운트 10회 도달	→Motor 정지 →Buzzer 작동	→Motor 재가동 →Red 램프점등 →카운터 리셋
Stop PB	→Motor 정지 →Green 램프점등			

1) 래더 선도

다음 그림은 문제의 래더선도이다. Start PB를 누르면 Motor(또는 Red 램프)가 가동되며 콘베이어 시스템을 통하여 상품이 전달된다. 상품이 하나씩 지날 때마다 근접스위치는 이를 인식하고, 카운터는 Count-up을 시작하며 설정값 10에 도달하면 카운터의 출력접점 "P012"가 닫혀 보조코일 "M001"을 여자한다.

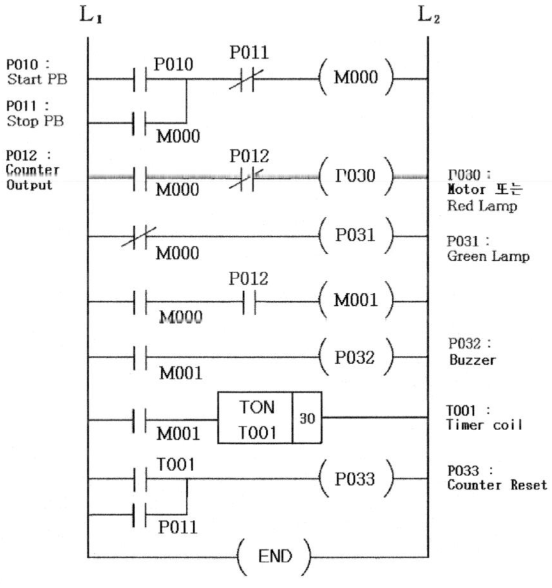

그림 14-37 예제 14-3의 래더선도

보조코일 "M001"이 여자되면 Motor는 정지하고, Buzzer가 울리면서 타이머 코일이 작동한다. 3초 동안 박스 포장이 이루어진다. 3초 후 타이머 접점이 온 되어 출력코일 "P033"은 카운터의 리셋단자를 단락하게 됨으로 모든 출력은 리셋 되고, Motor는 다시 가동된다.

2) 근접스위치와 디지털카운터의 결선

그림 14-38은 근접스위치와 디지털카운터의 결선도를 나타낸다. 여기서 근접스위치는 NPN 타입을 사용하며, 근접스위치에 필요한 전원은 디지털카운터에서 발생하는 DC 전원 12[V], 50[mA]를 사용한다. 디지털 카운터에 220[V] 전원전압을 단자 4번과 5번에 인가하면 카운터의 디지트에 "0"을 지시한다. 이때 근접스위치에 금속(Metal)을 가까이 하면 하나의 펄스가 발생하게 되고, 카운터의 6번 단자를 통해 입력되어 디지트에는 "1"을 지시한다. (Tr의 콜렉터가 0 전위가 되어 카운터의 6번 단자로 통하게 됨)

카운터의 썸휠스위치를 "10"으로 세팅한 후, 근접스위치에 금속을 10번 접근하면 카운터의 디지트가 "10"을 지시하면서 c접점으로 사용되는 단자 2번은 단자 3번에서 단자 1번으로 접속된다. 카운터 지시를 "0"으로 하고자 하면 RESET 단자를 눌러 준다.

이러한 일련의 동작이 확인되면 그림 14-39와 같이 근접스위치, 디지털 카운터 및 PLC를 결선한다.

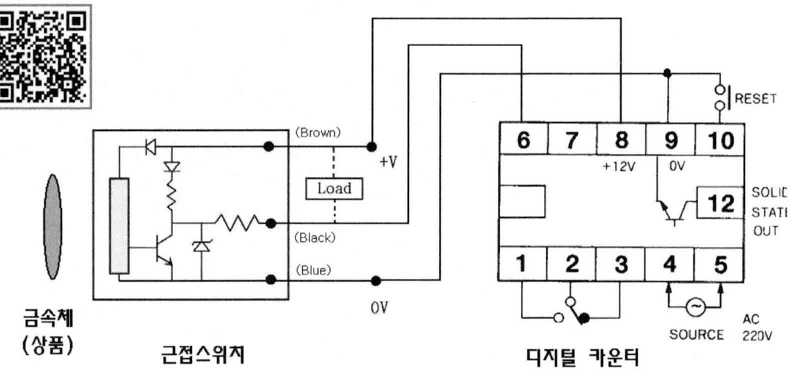

그림 14-38 근접스위치와 디지털카운터의 결선도

3) 근접스위치, 디지털카운터 및 PLC의 결선

그림 14-39는 근접스위치와 카운터 및 PLC 입출력접점의 결선도를 나타낸다. 결선도에서 카운터의 설정값 "10"에 도달하게 되면 단자 2번은 단자 1번과 접속되고 그에 따라 "P012"가 활성화된다. 따라서 "M001" 코일이 여자되어 부저를 울리게 되며 3초 동안 부저가 울린 후, "P033"이 출력되면서 카운터는 리셋된다.

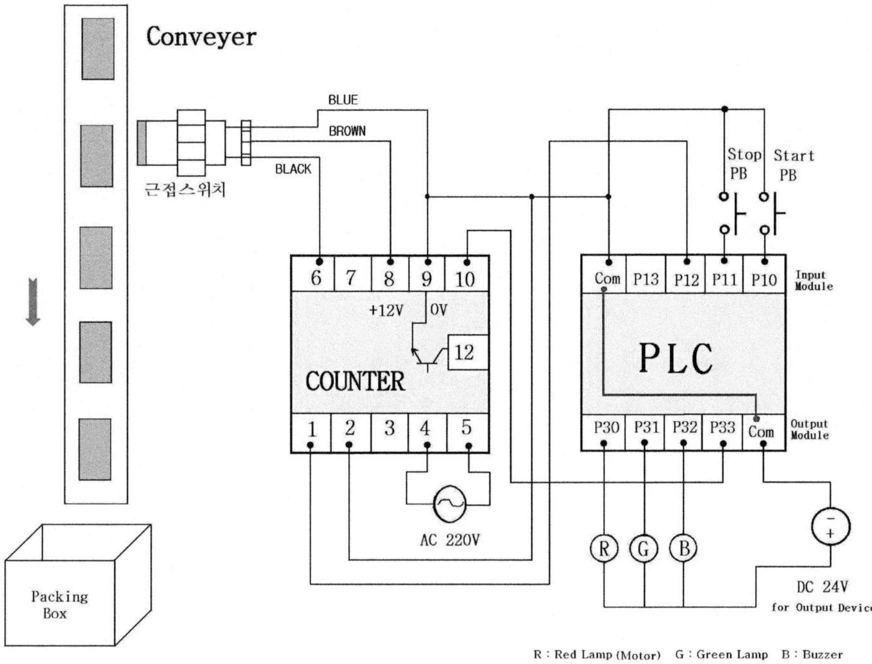

그림 14-39 예제 14-3의 컨베이어 시스템의 결선도

14.5 스텝 모터 제어

스텝 모터는 외부의 DC전압 또는 전류를 모터의 각 코일 권선단자에 스위칭방식으로 입력시켜 줌에 따라 일정한 각도만큼 회전하는 모터이다. 따라서 스텝 모터의 총 회전각도는 입력 펄스 신호의 수에 비례하고 회전속도는 펄스 주파수에 비례한다.

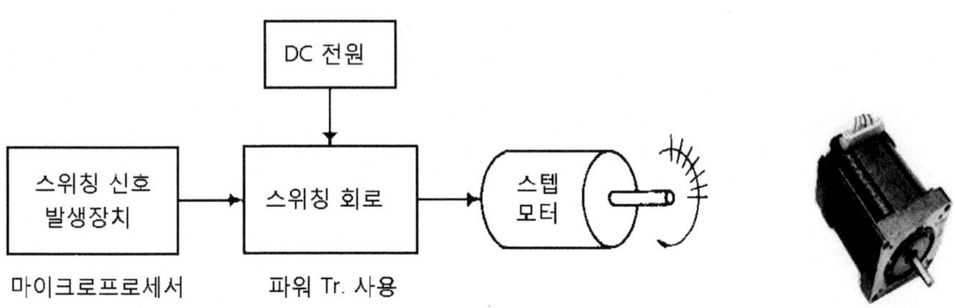

그림 14-40 스텝 모터의 구동 시스템 블록도

14.5.1 구동회로 및 여자방식

1) 스텝 모터의 동작원리

스텝 모터는 그 내부를 구성하는 고정자라고 불리는 극의 수에 따라 단상, 2상, 3상, 4상, 5상, 6상 등의 종류가 있으며, 이 극수에 따라 모터의 스텝각 등의 특성이 달라진다.

그림 14-41과 같이 3상 스텝 모터를 구동하기 위하여 3개의 스위치를 코일 권선과 전원전압에 연결한다. 스위치 S_A가 온 됨으로써 코일 A에 전류가 흐르게 되어 그림 (1)과 같이 자속이 쇄교하게 되고, 고정자 극과 회전자 극이 마주보며 정렬(Alignment)된다. 스위치 S_A를 오프 함과 동시에 스위치 S_B를 온하게 되면, 코일 B에 전류가 흘러서 그림 (2)와 같이 자속이 쇄교하여 회전자 극을 흡인하게 되고, 결국 그림 (3)과 같이 고정자 극과 회전자 극이 정렬된다. 같은 방법으로 스위치 S_B가 오프되고 S_C가 온되면 한 스텝각이 회전하게 된다. 즉 스텝 모터의 구동은 회전방향에 따라 정해진 각 상의 순인 $S_A \rightarrow S_B \rightarrow S_C$일 경우 CCW방향으로 펄스각 만큼 회전하게 되고, 반대로 $S_C \rightarrow S_B \rightarrow S_A$상 순으로 여자할 경우 CW방향으로 회전하게 된다.

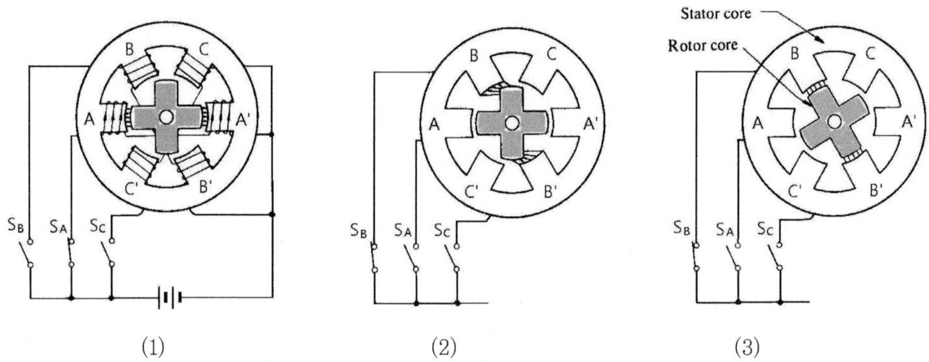

그림 14-41 3상 스텝 모터의 한 스텝각 동작

스텝 모터를 구동하는 방식에는 유니폴라(unipolar)방식과 바이폴라(bipolar)방식이 있으며, 각각의 방식에는 1상, 2상 및 1-2상 여자방식으로 나눌 수 있다. 표 14-3은 스텝 모터에 사용되고 있는 구동회로와 여자방식의 종류를 나타낸다.

표 14-3 구동회로와 여자방식의 종류

구동회로	유니폴라방식	바이폴라방식
여자방식	1상여자 2상여자 1-2상여자	1상여자 2상여자 1-2상여자

14.5.2 유니폴라 구동방식

PM형 2상 유니폴라(unipolar)형 스텝 모터의 권선 배치도를 그림 14-42에 나타내었고, 1상 여자방식의 기본회로를 그림 14-43에 나타내었다.

그림 14-42에서 하나의 고정자극에는 두 개의 권선이 함께 감겨지며, 2개의 COM 단자는 구동전압원의 공통단자에 접속된다. 이와 같이 코일을 감는 방법을 바이파일러(bifillar)형 권선법이라 한다.

그림 14-43의 2상 유니폴라 구동방식은 각각의 코일에 1개의 트랜지스터가 접속되고 트랜지스터를 턴·온함으로써, 각 코일에 전류를 흐르게 한다. 또한 그림과 같이 코일에는 반드시 한 방향만의 전류만 흐르게 된다.

따라서 유니폴라 구동방식은 출력회로가 간단하고 저가이기 때문에 가장 많이 사용되고 있으며, 또한 양방향의 전류가 흐르는 바이폴라(bipolar) 구동방식과 비교할 경우 저속에서 토크는 떨어지지만 고속 특성은 우수하다.

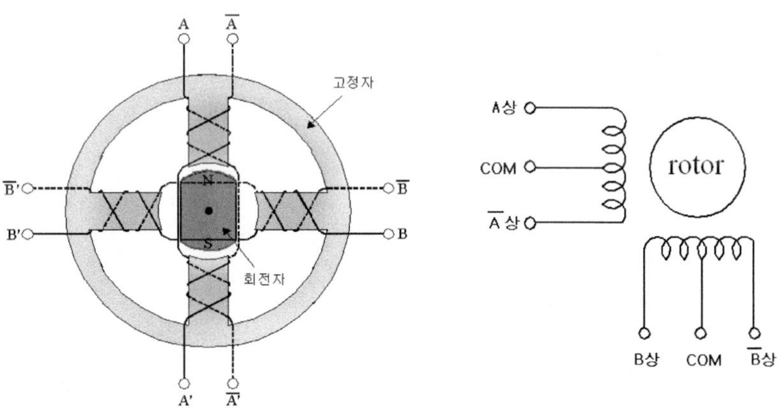

(a) 권선 배치도 (b) 코일 회로도

그림 14-42 2상 유니폴라형 스텝 모터(PM형)의 권선배치

그림 14-44는 2상 PM형 스텝 모터가 1상 여자로 구동될 때의 타임 챠트와 4스텝 동작모드를 나타낸다. 2상 PM형 스텝 모터가 1회전 하는 동안에 4스텝 동작이 행

하여진다. 즉 A상 → B상 → $\overline{A}$상 → $\overline{B}$상 순으로 코일을 여자시키면 스텝모터는 회전하게 되며, 상순을 반대로 하면 역회전하게 된다.

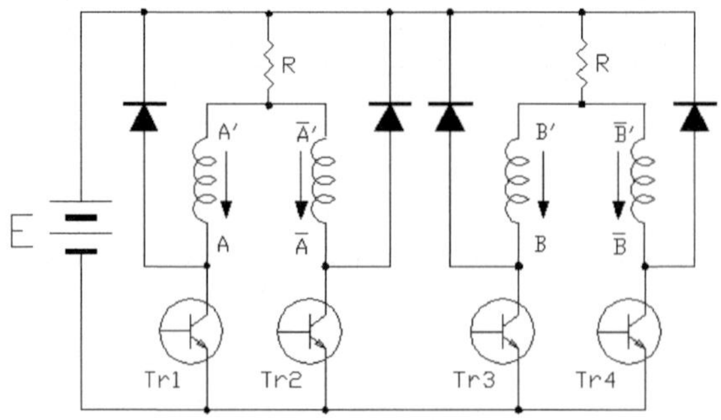

그림 14-43 2상 유니폴라 구동방식의 기본회로

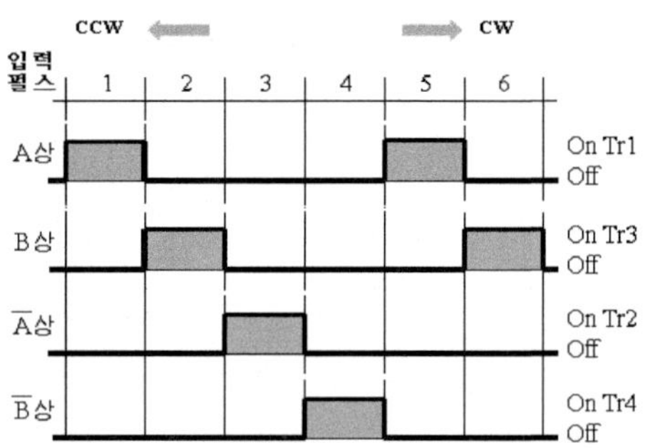

그림 14-44 2상 유니폴라 구동 1상 여자방식 타임챠트

14.5.3 스텝 모터 제어 실험

스텝 모터의 속도를 제어하기 위해서는 전용 제어기(Controller)를 따로 사용하여야 하지만, PLC를 이용하여 간단히 스텝 모터를 구동하는 실험을 해볼 수 있다.

유니폴라 1상 여자일 경우 한 상이 온 되어 여자 되고난 후, 오프 됨과 동시에 다음 상이 온 되어야 함으로 PLC에서는 시퀀서(Sequencer)동작을 이용하여 프로그래밍 할 수 있다. 앞에서 다루었던 램프의 순차제어(예제 11-4, 예제 13-2)를 이용하면 1상 유니폴라 구동방식으로 4상 스텝 모터를 운전할 수 있다.

예제 14-4 스텝모터 속도제어 문제

그림 14-45와 같은 스텝 모터는 서보 메카니즘(Servo mechanism)의 위치제어에 사용된다. 4개의 코일을 순차적으로 여자하면 토크를 얻어 일정한 각도를 가지고 회전하게 된다. PLC를 이용하여 4상 스텝 모터를 구동하는 래더선도를 작성하라.

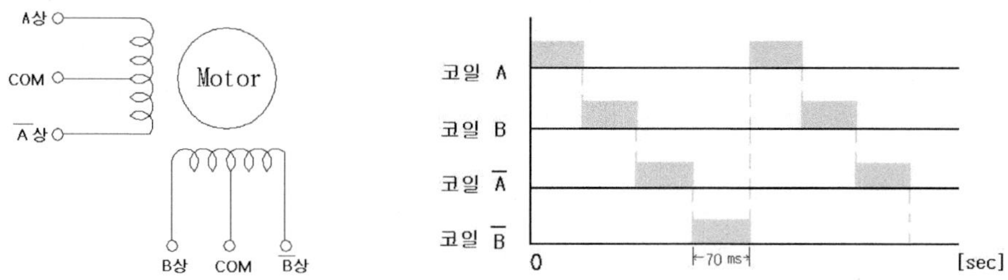

(a) 4상 스텝 모터 구조　　(b) 4상 유니폴라 구동 시 여자 상

그림 14-45 스텝모터의 구조 및 구동 회로

▸ 풀이

래더선도는 앞의 예제와 유사하다. 즉 4개의 램프대신에 코일로 대치한다. 코일 A가 70ms 동안 여자되고 난 후, 코일 B가 여자되고 그 다음 $\overline{A}$가, 그 다음 $\overline{B}$가 여자되도록 한다. 래더선도를 작성하기 위하여 출력 코일과 상순을 나음과 같이 정하고, 펄스가 인가되는 시간은 내부 타이머를 이용하여 70[ms]가 되도록 한다.

〈 입출력 장치 번호 〉

P010 : Start 푸시버튼
P011 : Stop 푸시버튼
P040 : A상 코일
P041 : B상 코일
P042 : $\overline{A}$상 코일
P043 : $\overline{B}$상 코일

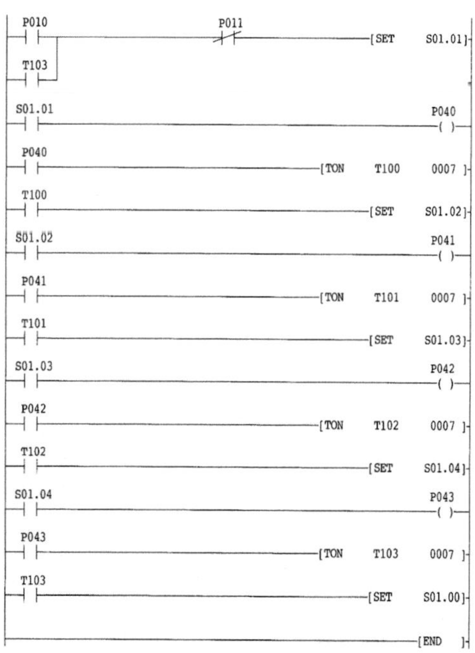

그림 14-46 스텝 모터제어 래더선도

14.6 급수펌프 제어

급수펌프는 아파트에 필요한 물을 공급하기 위하여 옥상 수조탱크에 물을 저장하고자 할 때 사용하며, 일반적으로 농형 유도전동기를 사용한다.

그림 14-47은 Float-less Switch (액면 스위치)형태의 급수펌프 회로를 나타낸다. 즉 급수탱크에 플로트를 사용하지 않고, 전극 사이에 존재하는 액체에 전류를 흘려 그 변화로 액면위(Water level)를 제어하는 것이다. 전극 사이에 흐르는 소전류는 증폭이 되고 난 후, 전자릴레이를 움직여 펌프를 구동시킨다. 또한 릴레이유닛(Relay unit)은 다이오드 브리지회로로 구성되기도 한다.

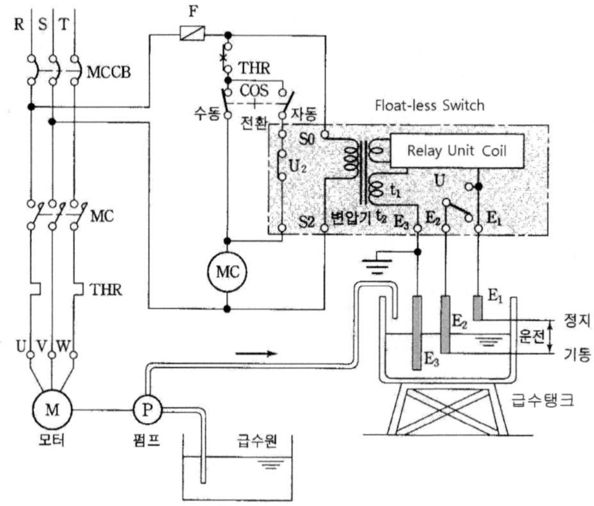

그림 14-47 급수펌프 구성 회로

그림 14-47의 전원부에서 MCCB는 3상 배선용 차단기이고, 전자접촉기 MC와 열동형 과전류계전기 THR이 통합되어 전자개폐기 MS로 작용한다. 릴레이유닛 코일 (U)와 마크네트 코일(MC)에 공급되는 단상 전원측에 휴즈(F)를 삽입하여 단락을 방지하도록 한다.

마크네트 코일(MC)는 릴레이유닛 코일 U_2의 b 접점과 AND로 결합된다. 만약 급수펌프가 자동으로 전환되고, 그림 14-48 (a)와 같이 수위가 E_2이하가 되면 릴레이 전극 E_2와 E_3사이의 전류가 차단되므로 릴레이유닛 코일 (U)는 소자되어 (MC)는 여자된다. (MC)가 여자됨에 따라 전자접촉기 MC가 작동하여 모터가 가동됨으로 급수펌프도 가동된다.

만약 그림 14-48 (b)와 같이 릴레이 전극 E_1까지 물이 차게되면, E_1과 E_3사이로 물을 통해 전류가 흘러서 코일 (U)가 여자된다. 따라서 (MC)와 AND로 연결된 코일 U_2의 b 접점이 떨어져서 (MC)는 소자되고 급수펌프는 정지하게 된다.

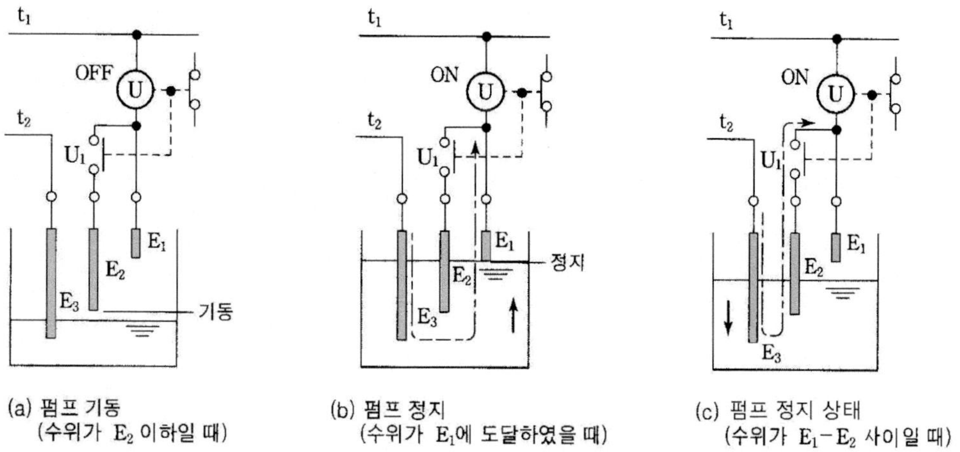

그림 14-48 액면 스위치 동작회로

한편 릴레이유닛 코일 U가 여자되면 전극 E_2와 AND로 연결된 U_1접점이 붙게되며 이때부터 E_3와 E_2사이로 소전류가 흘러서 코일 U는 계속 여자되어 있다가 (그림 14-48(c)참조) 액면이 E_2 이하로 내려가면 소전류가 차단되고 코일 U는 소자됨으로써 MC가 다시 기동하게 된다.

1) 펌프 기동

수조의 물(액위)이 릴레이전극 E_2보다 하강하면 전극 E_3와 $E_2(E_1)$의 전류흐름이 차단되기 때문에 급수펌프가 가동되어 수조에 물을 공급하게 된다. 급수펌프의 가동은 액위가 전극 E_1에 도달할 때까지 계속된다.

2) 펌프 정지

수조의 액위가 릴레이전극 E_1까지 도달하면 전극 E_1과 E_3가 도통이 되고 급수펌프가 정지하게 된다. 급수펌프의 정지는 수조의 액위가 전극 E_2보다 내려갈 때까지 계속된다.

예제 14-5 급수펌프 경보 문제

아파트 지하에 설치된 급수펌프가 만수 및 갈수일 때의 경보를 나타내는 회로를 작성하고 동작을 설명하라. 단 급수탱크 내의 액면(레벨)센서는 정상적인 운전, 만수 및 갈수일 때 감지할 수 있도록 4개를 사용한다.

▸ 풀이

그림 14-49에 만수 및 갈수일 때 경보를 발하는 회로를 나타낸다. 급수펌프의 정상적인 동작에서는 E_2과 E_3 사이를 감지하여 운전되지만 만수 및 갈수일 때는 E_1과 E_4가 동작한다. 급수원으로부터 수조에 공급된 물이 센서 E_1까지 도달하면 부저(BZ)가 울리면서 만수표시 램프등(PLC)이 켜지고, 반대로 수조 내에 물이 E_4까지 내려가면 갈수표시 램프등(PL)이 켜지면서 부저가 울린다.

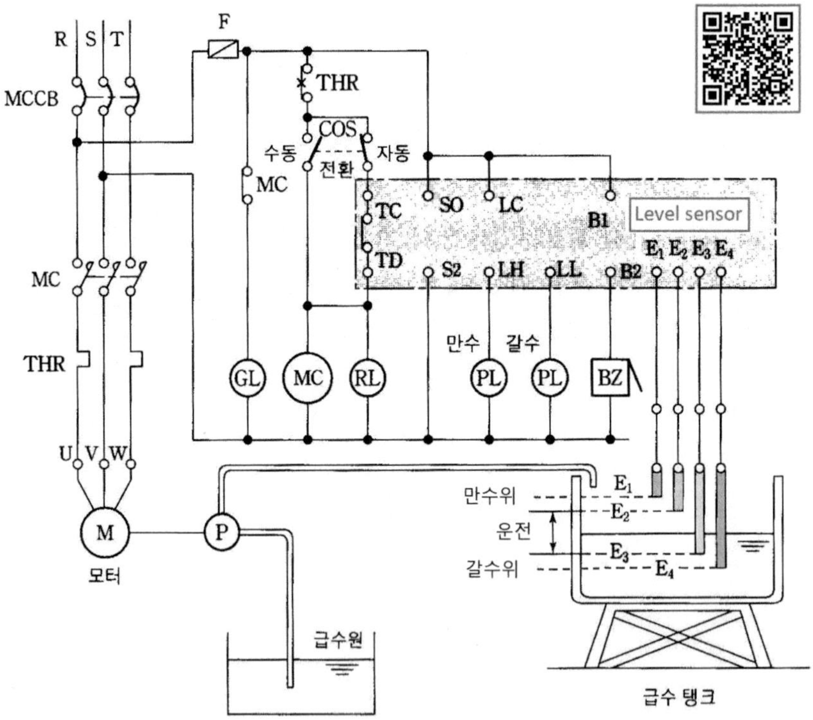

그림 14-49 급수탱크의 만수 및 갈수 경보 회로

Q. 연습문제

01 단상 유도전동기의 정역운전 시퀀스회로에 관하여 설명하라.

02 저층 엘리베이터의 시퀀스 조건에 관하여 설명하라.

03 SET 명령을 사용한 교통신호시스템의 래더선도를 작성하라.

04 스텝모터의 유니폴라 2상 여자방식에 관하여 설명하라.

05 자동차고에 주차대수가 100 대라 할 경우, 입출고 되는 자동차를 표시할 수 있는 프로그램을 작성하라.

A. 해답

01 콘덴서 기동 단상 유도전동기는 콘덴서에 접속된 보조코일에 가하는 전압의 극성을 변환하면 역회전하게 된다. 다음 그림은 단상 유도전동기의 정·역회전을 위한 시퀀스회로를 나타낸다.

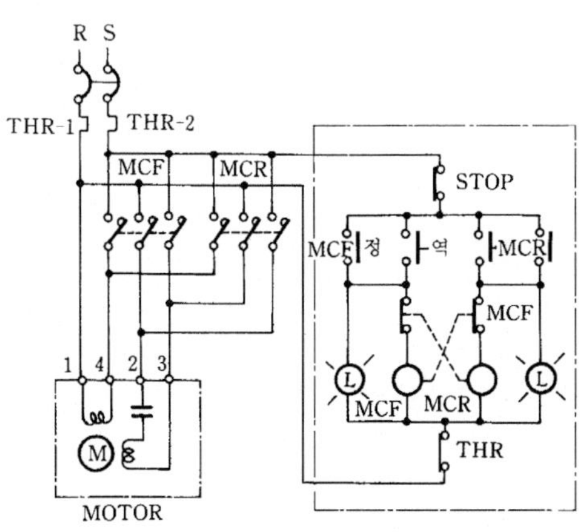

03 SET명령어를 이용한 교통신호 시스템 래더선도

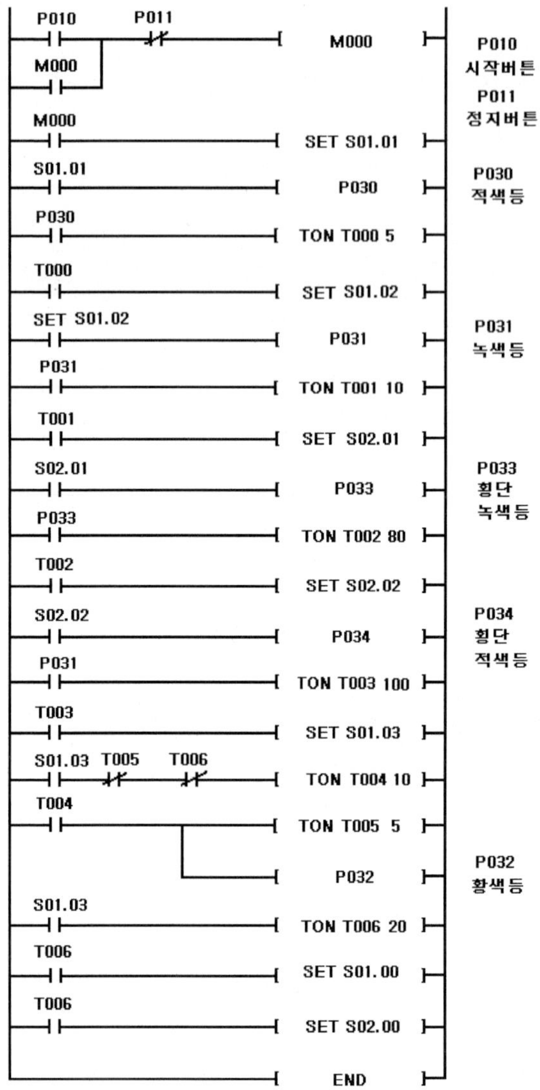

04 스텝모터의 2상 여자방식은 오른쪽 타임 챠트와 같이 두 개의 코일(상)이 동시에 여자되는 방식으로, 1상 여자방식보다 저속 시의 토오크 특성이 우수하나 2배의 전원 용량이 필요하다.

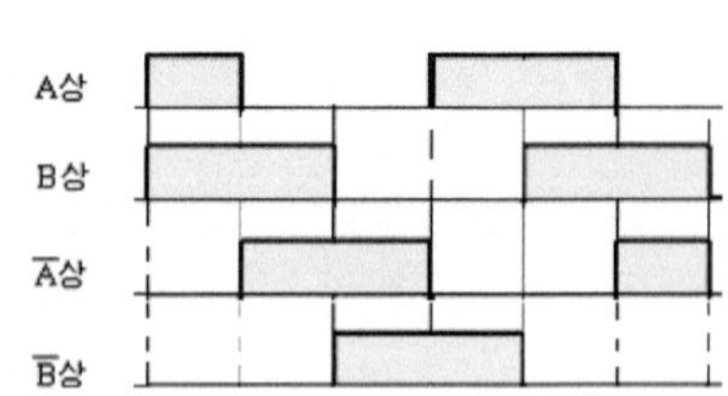

05 디지털 카운터 1개와 근접스위치 2개를 사용하여 아래 그림 (a)와 같이 NPN 근접스위치 $Apx1$은 업카운터(coming in)로, $Apx2$는 다운카운터(coming out)로 이용한다. 주차장으로 들어오고 나가는 자동차의 수를 가감하여 카운터에 디스플레이하면서 세팅값 100을 초과하면 NO 접점 P010이 닫히고 NC 접점 P011은 열린다. 이 때 녹색램프에서 적색램프가 점등되어 주차장 입고를 통제(만차 표시)한다. 디지털카운터를 초기화하기 위해서 P012(RESET) 접점을 닫는다.

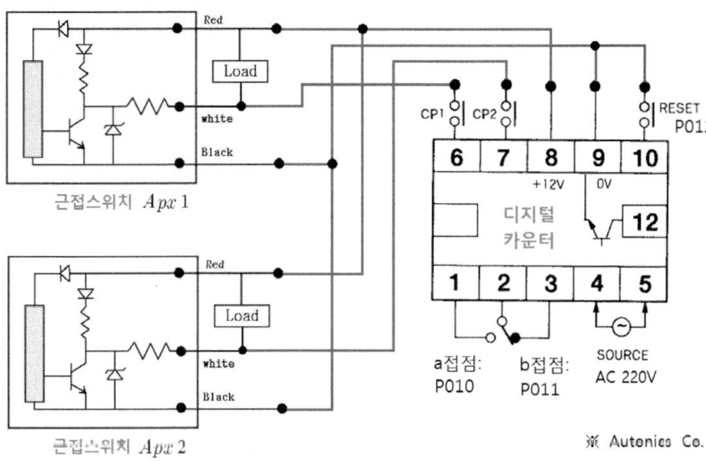

(a) 회로 결선도

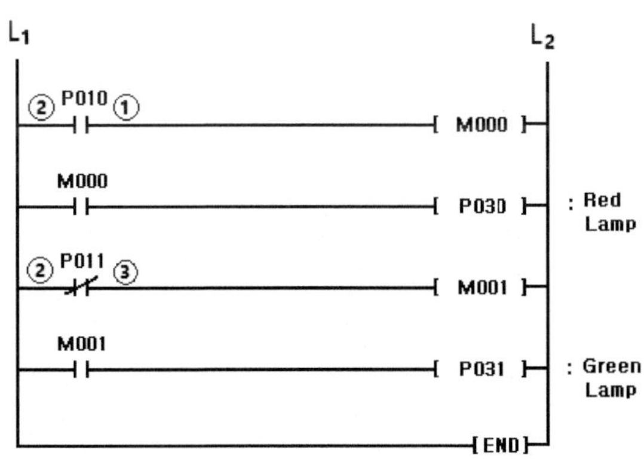

①, ②, ③은 디지털카운터의 단자 번호로 연결함

(b) 주차설비 래더선도

찾아보기

저자소개

정 도 영

- 現, 강원대학교 전기제어계측공학부 교수 (공학박사)
- 주요 저서
  - 회로이론 4U 제12판, 복두출판사, 2023년
  - 원어민녹음 전기전자공학영어, 복두출판사 2020년

저자와의
협의에 의해
인지 생략

시퀀스제어와 XGT-XGK PLC

4판 1쇄 2024년 3월 4일

저 자 정도영
발행인 송광헌
발행처 복두출판사
주 소 서울특별시 영등포구 경인로82길 3-4
센터플러스 807호 (우) 07371
전 화 (02) 2164-2580
FAX (02) 2164-2584
등 록 1993. 11. 22. 제 10-902 호

정가 : 32,000원

ISBN : 979-11-6675-468-5 93560

한국과학기술출판협회 회원사